RICHARD H. HAGEMEYER
PACIFIC TSUNAMI
WARNING CENTER
NATIONAL WEATHER SERVICE

刘瑞丰

作者简介

刘瑞丰，1962 年 5 月生，中国地震局地球物理研究所二级研究员，博士生导师，国际地震学与地球内部物理学协会（IASPEI）震级测定工作组成员。1998 年 7 — 12 月在德国格拉芬堡地震观测中心工作；2000 年 8 — 12 月在美国地震学研究联合会（IRIS）数据管理中心（DMC）工作；2002 年 7 月— 2004 年 6 月被美国拉蒙特—多赫蒂地球观象台聘为兼职研究员；2004 — 2015 年任世界数据中心北京地震学中心（WDC for Seismology, Beijing）主任；1991 — 1997 年任全国测震基本台网技术管理组组长，1998 — 2014 年任中国地震局测震学科技术管理组组长。2004 年享受国务院政府特殊津贴，2005 年获中国地震局“新世纪优秀百人计划”优秀奖，2007 年入选国家人事部“新世纪百千万人才工程”国家级人选。

在地震台网建设方面，主持完成了中国地震局的一些重点项目，曾担任“中国数字地震观测网络” 项目测震分项首席专家、“中国地震台网中心大楼及技术系统建设”总体设计组组长、“中国地震背景场探测”项目总工程师、中国地震台网中心总工程师等职务，在中国地震局的领导下，与广大技术人员一起完成了中国地震监测系统升级换代和技术系统集成工作，地震监测技术系统实现了“数字化、网络化”的突破。

在基础研究方面，主要从事数字地震资料分析处理、震级测定等方面的研究工作，从 2001 年起与 IASPEI 震级测定工作组组长鲍曼教授合作，开展了基于宽频带数字地震资料的震级测定方法研究，作为主要完成人完成了《IASPEI 震级标准》的制订工作。2015 年以后，开展了地震能量、能量震级、能矩比等震源新参数的测定方法研究。在国内外发表论文 136 篇，获中国地震局防震减灾优秀成果奖一等奖 1 次、二等奖 6 次。

在陈运泰院士和许绍燮院士的指导下，2017 年 5 月主持完成了中华人民共和国国家标准《地震震级的规定》（GB 17740—2017）的制订工作，建立了我国震级测定与发布的标准体系。

震　级

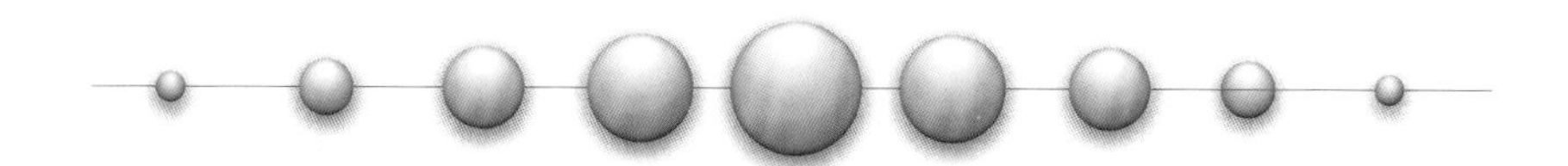

刘瑞丰　著

地震出版社

图书在版编目（CIP）数据

震级/刘瑞丰著. —北京：地震出版社，2024. 3

ISBN 978-7-5028-5643-4

Ⅰ. ①震…　Ⅱ. ①刘…　Ⅲ. ①震级　Ⅳ. ①P315. 3

中国国家版本馆 CIP 数据核字（2024）第 043553 号

地震版　XM4230/P（6472）

震　级

刘瑞丰　著

责任编辑：张　平　梁庆云

责任校对：凌　樱

出版发行：地震出版社

北京市海淀区民族大学南路 9 号　　邮编：100081

销售中心：68423031　68467991　　传真：68467991

总 编 办：68462709　68423029

图书出版部：68467973

http://seismologicalpress. com

E-mail：68462709@ sina. com

经销：全国各地新华书店

印刷：北京华强印刷有限公司

版（印）次：2024 年 3 月第一版　2024 年 3 月第一次印刷

开本：787×1092　1/16

字数：647 千字

印张：24. 5

书号：ISBN 978-7-5028-5643-4

定价：198. 00 元

前言

我国的地震具有震源浅、强度大、分布广的特点，1950 年以后，经过几代地震学家的不断观测和探索，我国已经建立了适合我国地震活动特性和地震波衰减特性的震级标度体系。中华人民共和国强制性国家标准《地震震级的规定》（GB 17740—2017）已于 2017 年 5 月 12 日，由国家质量监督检验检疫总局和国家标准化管理委员会发布，并于 2017 年 12 月 1 日起执行。这标志着我国震级测定与发布工作进入了科学化、标准化的新时代。

《地震震级的规定》（GB 17740—2017）是依据《中华人民共和国防震减灾法》设立的地震应急管理制度要求而编制的。震级实际上是对地震大小的计量，地震的大小、地震的破坏力与人民生命财产安全密切相关，破坏性地震发生以后，震级是启动《国家地震应急预案》、确定地震应急响应等级的重要依据；震级又是开展地震学研究、震源物理研究的基本参数，具有科学性和社会性双重属性。科学准确地测定震级，快速合理地发布震级是地震监测部门的重要职责，是进一步加强防震减灾社会管理、提高社会公共服务能力的重要途径和措施。震级国家标准的实施，对落实《中华人民共和国防震减灾法》和《国家地震应急预案》，决策地震应急响应规模，开展地震趋势判断，规划震后恢复重建，进行科学研究都具有重要的意义。

为了便于震级国家标准的实施，作者利用 5 年的时间编写了本书。本书共分 25 章，所涉及的内容比较广泛，对基本概念、基本原理的阐述清晰，推导了相关的计算公式，给出了不同震级之间的对接关系；介绍了作者最新研究成果，以及国内外最新研究进展，介绍了普通地震（正断层、逆断层、走滑断层）、慢地震、海啸地震、超剪切地震的地震能量、地震矩、能量震级、矩震级、能矩比、慢度参数等震源新参数的测定方法；针对实际工作需要，介绍了爆炸、矿山地震等非天然地震的震级测定方法，以及历史地震、地震预警、地震序列的震级测定或估算方法。章与章之间的内容由浅及深、相互衔接，形成了一个完整的震级标度体系。既可作为初学者入门的向导，亦可作为专业人员开展进一步研究的基础。

在开展震级测定方法研究中和震级国家标准的编制过程中，始终得到了陈运泰院士的指导和帮助，陈老师知识渊博，对待科学问题一丝不苟、追求极致。在震级国家标准的编制中，陈老师始终强调国家标准一定要保证震级测定方法的科学性，震级发布规则的合理性，而且要保证在文字表述上的规范性。陈老师这种科学严谨、精益求精的工作态度，对我影响至深，终身受益，我首先向陈运泰院士表示衷心的感谢！

在开展震级测定方法研究中和震级国家标准的编制过程中，始终得到了IASPEI震级测定工作组组长、德国地学研究中心鲍曼（Peter Bormann）教授的大力支持和帮助，我首先向这位国际著名的地震学家表示衷心的感谢！

在震级国家标准的编制过程中，始终得到了许绍燮院士、陈章立研究员的大力支持和帮助，我向二位前辈表示衷心的感谢！

在开展震级测定方法研究中，得到了陈培善研究员、郭履灿研究员的精细指导和帮助。在开展震源参数测定方法研究中，得到了德国地学研究中心汪荣江教授的支持和帮助，我向这三位老师表示衷心的感谢！

震级国家标准的编制和实施是在中国地震局监测预报司的主持下进行的，并得到了中国地震局测震学科技术协调组各位专家的大力支持和帮助，在此表示衷心的感谢！

2018年以后，在震级国家标准的执行过程中，徐志国、王丽艳、王子博、孔韩东、李赞、谢紫藤、胡岩松、张艺潇、李振月、王钦莹、朱敏、万永愧、王力伟、陈翰林等同学都始终陪伴着我，一方面积极推进震级国家标准在地震、海洋、国土资源、矿山、水库、新闻媒体、地震应急、科学研究、科普宣传等领域的应用；另一方面，开展了地震能量、能量震级、能矩比、震源破裂速度等震源新参数的测定方法研究，取得了非常有意义的成果，一些成果已收录在本书中。我向这些同学们表示衷心的感谢！

震级国家标准的实施，发挥了中国地震局在震级测定与地震信息发布方面的主导作用，有效地提高了其他行业开展相关工作的科学性和准确性，取得了良好的科学效益和社会效益。

震级是地震的一个基本参数，应用的范围很广，不同的应用领域，对震级的理解可能会有所差别。编写本书的目的是为了讲述与震级有关的地震学基础知识，解决震级国家标准在实施过程中的技术问题，记录震级的发展历史，也是对我们多年来不断探索、努力工作的总结与回顾。

作者

2023 年 11 月

目录

第一章　震级标度体系

震级是对地震大小的量度。由于地震的复杂性，表示不同类型地震的大小，使用的是不同的震级标度，多种震级标度并不是相互独立，震级标度之间有着严格的对接与传承关系。由多种震级构成的震级标度称为震级标度体系（Magnitude scale system）。

用一个简单的数来描述复杂的地震现象，确实太过于简单，因此对于较大的地震，一个地震需要测定多个震级，但在地震应急、新闻报道、科普宣传等社会应用中，在地震活动性分析、地震预报、地震信息发布等业务工作中，一个地震只用一个震级。因此，很多人会有这样的疑惑，为何要使用多种震级来表示地震的大小？震级为何不能统一？在地震监测工作中，为何震级之间不能相互转换？为何同一地震的不同震级会有差别？多种震级该如何使用？

震级看似是一个简单的数字，不但与地震辐射能量、地震矩等震源参数密切相关，也与地震应急、地震灾害评估、新闻报道等工作密切相关。地震发生后，人们首先关注的问题之一是这次地震有多大？只有掌握了震级测定原理、震级测定方法、震级标度之间的对接关系等基础知识，才能消除以上疑惑，才能准确地测定震级，正确地使用震级。

地震是一种非常复杂的自然现象，其大小相差极为悬殊，微小的地震只能使用高灵敏度的地震仪器才能监测的到，而强烈的地震可以震撼山岳，山河改观。由地震所产生地面位移的振幅，小可到纳米，大可到十几米，地震能量可相差十几个量级。地震发生在地球内部，震源深度从几千米到七百多千米，而用于观测地震的仪器只能布设在地表或地表附近，要准确测定地震的大小，并不是一件容易的事。

地震始于何时，无从知晓，很可能自地球形成以来，就有了地震。任何文字记载，与天地存在历史相比，都是很短暂的。从远古到现代，经过一代代科学家不断的观测与探索，直到 1935 年，地震定量这一难题才得到初步解决。

1935 年，美国著名地震学家里克特（Charles Francis Richter，1900—1985）提出了震级的概念，发明了测量地震大小的方法，第一次把地震的大小变成了可测量，可相互比较的量，用简单的方法，巧妙地解决了地震定量这一难题，使地震学成为一门定量的科学。震级概念的提出是地震学发展历程中一个具有里程碑意义的进展，为了纪念里克特在震级测定领域做出的突出贡献，普及地震知识，他的生日4月26日被美国设为“里克特震级标度日（Richter Scale Day）”。

震级采用无量纲的数来表示地震的大小，简便易行，通俗实用，贴近公众。为了做好震级与地震能量之间的对接，1956年古登堡（Beno Gutenberg，1889—1960）和里克特给出了震级与地震能量之间的关系，震级的英文是“Magnitude”，之所以把这个英文单词翻译成“震级”，是因为震级表示的是地震大小的“等级”，震级与地震能量之间是对数关系，面波震级相差1.0，地震能量相差大约32倍。震级主要是用来区分地震的大小，划分地震的等级。

传统震级适用于点源震源模型，是对地震规模的简单量度。1990年以后，宽频带数字地震台网的建设和发展，为震源物理和地震学的研究注入了新的活力。地震能量 E_S 和地震矩 M_0 两个重要震源参数的测定，为揭示非点源震源模型震源动态特性和静态特性创造了条件，能量震级 M_e、矩震级 M_W 等现代震级的测定，以及能矩比 e_R、慢度参数 Θ、震源破裂速度 V_R 等震源新参数的测定，对震源动态破裂过程的细节和震源释放地震波的能力有了更深入的研究，对工程地震学和地球动力学研究，以及开展地震灾害评估、地震救援、地震海啸预警都具有重要意义。

第一节 震源的复杂性与多种震级标度

地震同刮风、下雨一样，是一种自然现象。因此，地震可以用科学的方法进行观测和研究。全球的地震台网每年记录到的地震大约是500万次，为了实现地震台网每天测定大量地震大小的需求，测定地震大小的方法必须科学实用。

一、震级标度体系的建立

根据震级的测定方法划分，震级可以分为传统震级和现代震级两类。图1.1给出了震级标度体系与震级之间的传承关系，就像一个家族的家谱一样，后面的震级都可以溯源到1935年的地方性震级 M_L。从本质上讲，震级的计算公式都是经验公式，都是通过很多地震实例求解的最佳拟合公式。

1. 传统震级

传统震级（Traditional magnitude）是用“单一频率”地震波（P波、S波或面波）的振幅 A 和周期 T 测定的震级。地方性震级 M_L、面波震级 M_S 和体波震级 m_B 是3种基本的传统震级。

1935年，里克特提出了震级的概念，发明了地方性震级 M_L 的测定方法，M_L 的测定方法简单，适合表示近震的大小。尽管地方性震级 M_L 具有一定的局限性，不能用来表示远震

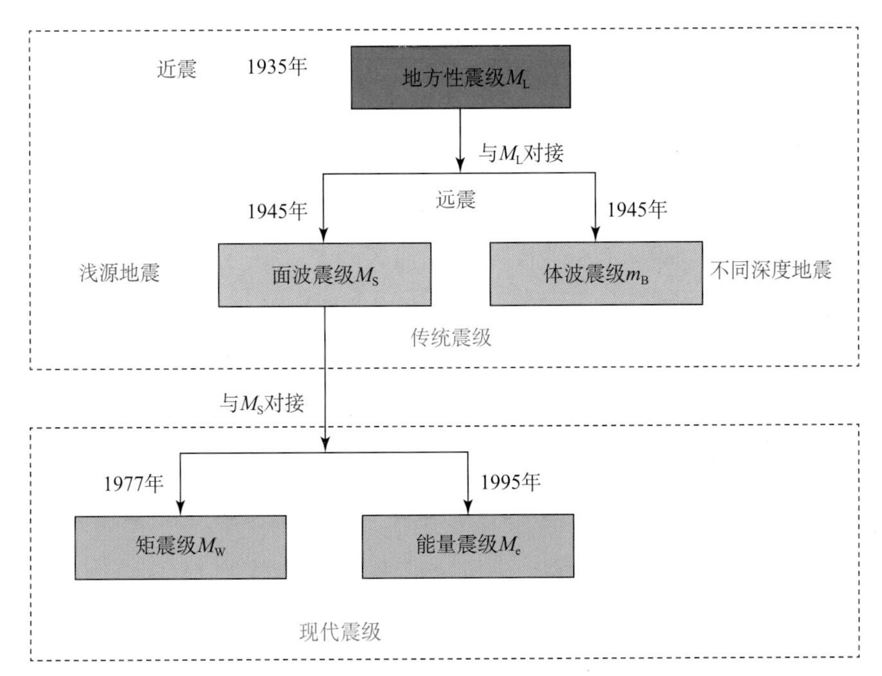

图 1.1 震级标度体系与震级之间的传承关系

的大小，但使用却很方便，更重要的是为其他震级标度的建立奠定了基础。

1945 年，古登堡将测定地方性震级 M_L 的方法推广到远震，提出了面波震级 M_S 标度。M_S 是与 M_L 对接的震级，适合表示浅源远震的大小，M_S 是 M_L 在远震的延续，弥补了 M_L 无法测定远震大小的不足。而对于中源地震、深源地震和地下核爆炸，面波不发育，无法测定面波震级。

1945 年，古登堡又提出了体波震级 m_B 标度。体波震级 m_B 是与地方性震级 M_L 对接的震级，适合表示不同震源深度的地震和地下核爆炸的大小，弥补了地方性震级 M_L 无法用于远震的不足，弥补了面波震级 M_S 无法用于中源地震、深源地震和地下核爆炸的不足。

地方性震级 M_L、面波震级 M_S 和体波震级 m_B 构成了传统震级体系的基本框架。在这 3 种基本震级的基础上，各国的地震学家针对各自国家地震波的衰减特性、不同地震仪器特性和不同的实际需求，又提出了一些新的震级标度，这些震级标度都是与上述 3 种基本震级对接的震级。如：持续时间震级 M_d 是与 M_L 对接的震级；日本震级 M_J 是与 M_S 对接的震级，并与古登堡的面波震级 M_S 做过很好的校准。

传统震级最显著的优点就是测定方法简单，其最明显的缺点，一是其适用范围的局限性，不能做到统一震级；二是具有“震级饱和”现象。

2. 现代震级

现代震级（Modern magnitude）是用断层破裂面的面积 S、断层平均位错量 $\overline{D}$、震源辐射地震波能量 E_S 等震源物理参数测定的震级，包括矩震级 M_W 和能量震级 M_e。

1977 年，金森博雄（Hiroo Kanamori）提出了矩震级 M_W 标度。矩震级 M_W 与断层长度、断层宽度、断层的平均位错量等静态的构造效应密切相关，表示震源的静态特征。

1995 年，乔伊（G. L. Choy）和博特赖特（J. L. Boatwright）提出了能量震级 M_e 标度。能量震级 M_e 与震源破裂速度、震源破裂时间、震源辐射地震波的频率成分等震源动力学特征密切相关，表示震源的动态特征。

实际上，M_W 和 M_e 都是与面波震级 M_S 对接的震级，当面波震级 M_S 没有达到震级饱和时，M_W、M_e 与 M_S 基本一致，当面波震级 M_S 达到震级饱和时，M_W、M_e 是 M_S 的延续。

矩震级 M_W 和能量震级 M_e 是使用震源物理参数测定的震级，用任何一种震级就可以表示所有类型地震的大小。用现代震级可以做到统一震级，并且没有“震级饱和”现象。

3. 传统震级与现代震级的关系

近年来，已有越来越多的地震台网测定矩震级 M_W，能够测定能量震级 M_e 的地震台网还不多。在实际工作中，往往需要进行现代震级与传统震级的分析对比工作，从理论上讲，矩震级 M_W 与传统震级有以下关系，这样用 M_W 才能表示不同类型地震的大小。

（1）对于 4.5 级以下浅源地震，M_W 与 M_L 最为接近；

（2）对于 4.5 级以上浅源地震，M_W 与 $M_{S(BB)}$ 最为接近；

（3）对于中源地震、深源地震，M_W 与 m_b 或 $m_{B(BB)}$ 最为接近。

“最为接近”的意思是两种震级相差为零的地震数量最多，但有些地震两种震级也会有差别，有的地震一种震级比另一种震级偏大，也有的地震偏小，偏大、相等和偏小的地震数量呈正态分布。鲍曼（Peter Bormann，1939—2015）和刘瑞丰已经用几十年的观测资料证明了上述关系，并得到了国际地震学和地球内部物理学协会（International Association of Seismology and Physics of the Earth′s Interior，IASPEI）震级测定工作组的认可（Bormann et al.，2007，2009）。

二、测定地震大小的难度

对于构造地震，岩层在大地构造应力的作用下产生应变，并不断积累应变能，应力一旦超过了极限，岩石就会突然破裂，或沿原破裂面滑动，释放出大量能量，其中一部分能量以地震波的形式向四面八方辐射，这就是地震成因的断层假说。因此，地震学家认识到用地震辐射能量来规定地震的大小最为合适。

在震源附近，震源辐射的原生波为 P 波和 S 波，由于从震源到地震台站之间的几何扩散和介质的非弹性，会造成地震波能量损失，因此利用地震台站记录的地震波形测定地震辐射能量时，需要进行几何扩散衰减校正和非弹性衰减校正，还要考虑所有频率的地震波能量，然而在 1935 年以前的模拟记录时代，在地震台网的日常工作中测定地震辐射能量几乎是不可能做到的事，即使是在实现数字化地震观测的今天，依然很难测定其辐射能量 E_S。

如何测定地震的大小？这是困扰地震学家多年的难题，从 1875 年现代地震仪器诞生，

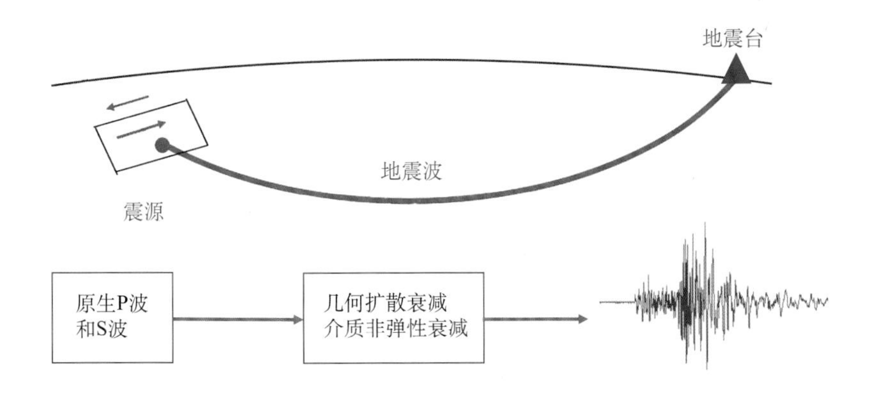

图 1.2 P 波和 S 波的几何扩散衰减和介质非弹性衰减

到 1935 年震级概念的提出，整整用了 60 年的时间。

任何一种波都具有多种频率成分，但对于某一特定的波来讲，在其频谱中却有一个或几个起主导作用的“优势频率”或“优势周期”。对于光波来讲，不同的优势频率决定了不同的“颜色”；对于声波来讲，不同的优势频率决定了不同的“音调”；而对于地震波来讲，其频谱成分及其优势频率与地震的类型有关。地震学家意识到，可以尝试将地震进行分类，使用不同的标度来表示不同类型地震的大小。

1. 近震和远震

按震中距划分，可将地震分为近震和远震两大类。

（1）近震。对于 1000km 以内的近震，主要震相为 P 波和 S 波，周期较小，一般在 0.01～2s 之间。用短周期地震仪器记录 S 波最大振幅的周期一般在 0.8～1.2s 之间，其优势周期为 1.0s 左右。

（2）远震。对于 1000km 以外的远震，主要震相为 P 波、S 波等体波和勒夫波、瑞利波和短周期面波等面波，地震波频带较宽。

2. 浅源地震、中源地震和深源地震

按震源深度划分，可将地震分为浅源地震、中源地震和深源地震。

（1）浅源地震。P 波周期一般在 4～6s，S 波周期一般在 6～10s，面波周期大多在 10～25s。用长周期地震仪器记录面波最大振幅的周期一般在 18～22s 之间，其优势周期为 20s 左右。

（2）中源地震和深源地震。P 波初动尖锐，面波不发育，与相同震级和震中距的浅源地震相比，地震持续时间短。

三、传统震级的巧妙之处

传统震级的巧妙之处就在于采用“单一频率”的多种震级，量度不同类型地震的大小。

不同的震级要用不同频段的地震仪器测定，不同的震级有不同的适用范围。

（1）地方性震级：用短周期地震仪器测定，适合表示近震的大小。里克特提出的地方性震级 M_L 要使用伍德—安德森短周期地震仪（WA 地震仪）测定，该仪器拾震器的固有周期 $T_0=0.8$s。我国使用 DD-1 短周期地震仪器测定 M_L，DD-1 拾震器的固有周期是 1.0s。用 DD-1 短周期地震仪器记录 1000km 内的浅源近震，S 波优势周期为 1.0s 左右。

（2）面波震级：用中长周期地震仪器测定，适合表示浅源远震的大小。我国地震台网要测定水平向面波震级 M_S 和垂直向面波震级 M_{S7}。测定 M_S 使用基式（SK）中长周期地震仪器两水平向记录，测定 M_{S7} 使用 763 长周期地震仪器垂直向记录。基式（SK）和 763 地震仪拾震器的固有周期分别是 12.5s 和 15.0s，记录 4.5 级以上地震面波周期 $T>3.0$s。对于较大远震，当震中距 $\Delta>20°$ 时，记录面波的优势周期为 20s 左右。

（3）体波震级：可用短周期地震仪器测定，也可用中长周期地震仪器测定，适合表示不同震源深度地震的大小，尤其适用于表示中深源远震和地下核爆炸的大小。我国地震台网要测定短周期体波震级 m_b 和中长周期体波震级 m_B。测定 m_b 使用 DD-1 短周期地震仪器记录，短周期仪器记录体波的优势周期是 1.0s。测定 m_B 用基式（SK）中长周期地震仪器记录，中长周期仪器记录体波周期为 0.5~15.0s，优势周期为 5.0s 左右。

地方性震级适合表示近震的大小，又称近震震级；面波震级和体波震级适合表示远震的大小，又称远震震级。地震的类型、常用的 3 种震级及其适用的地震类型见图 1.3。

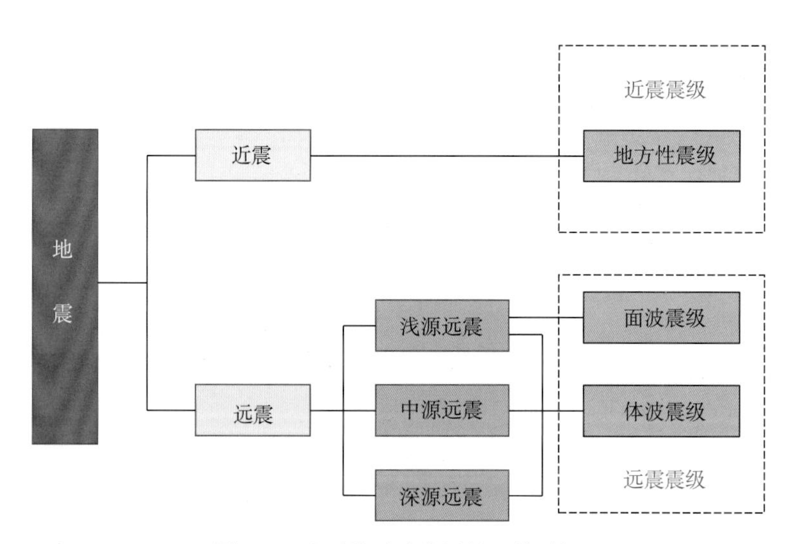

图 1.3　地震类型及常用的 3 种震级

1945 年以后，震级在世界各国得到了普遍的应用，各国和国际地震机构根据自己所使用的地震仪器特性和研究成果，建立了适合于不同区域、满足不同需求的经验公式。由于不同国家的地震台网孔径不同，使用的地震仪器也不同，测定同一震级所使用台站的震中距范围也有所差别。

美国国家地震信息中心（NEIC）使用 20°<Δ<100°的 P 波测定短周期体波震级 m_b，使用 20°<Δ<160°的瑞利波测定面波震级 M_S，NEIC 只使用震中距大于 20°的远震资料测定 m_b 和 M_S。在美国，体波震级 m_b 和面波震级 M_S 适合表示远震的大小，地方性震级 M_L 适合表示近震的大小。

我国地震学家根据我国地震活动特点和地震波衰减特性，已经建立了适合我国实际情况的震级标准体系。根据《地震震级的规定》（GB 17740—2017）的要求，我国地震台网用 1000km 以内的 S 波（或 Lg 波）测定地方性震级 M_L，使用 2°<Δ<130°的面波测定面波震级 M_S，使用 2°<Δ<160°的面波测定宽频带面波震级 $M_{S(BB)}$，使用 5°<Δ<100°的体波测定短周期体波震级 m_b 和宽频带体波震级 $m_{B(BB)}$，对于近震我们也要测定 M_S、$M_{S(BB)}$、m_b 或 $m_{B(BB)}$。因此，我国的地方性震级 M_L 适合表示 4.5 级以下浅源地震的大小，宽频带面波震级 $M_{S(BB)}$ 适合表示 4.5 级以上浅源地震的大小，短周期体波震级 m_b 或宽频带体波震级 $m_{B(BB)}$ 适合不同震源深度地震的大小，尤其是适合表示中源地震和深源地震的大小。中国和美国测定 M_L、M_S 和 m_b 所使用资料的震中距范围见图 1.4。

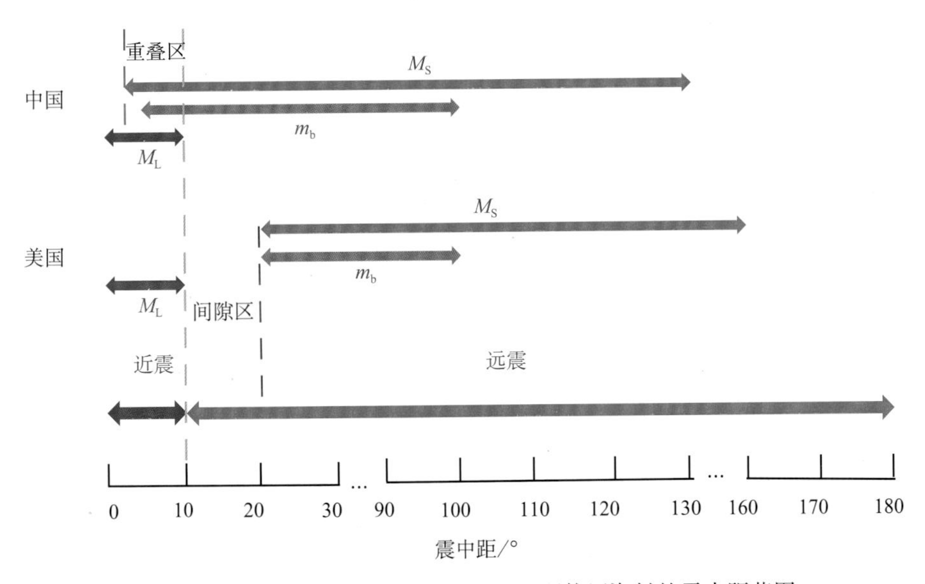

图 1.4 中国和美国测定 M_L、m_b 和 M_S 所使用资料的震中距范围

苏联、捷克斯洛伐克等一些东欧国家与我国一样，除了使用远震资料，也使用近震资料测定面波震级 M_S 和体波震级。

在地震台网的日常工作中，除了上述 3 种常用的震级以外，2000 年以后地震台网已把矩震级 M_W 作为日常产出的首选震级，而在科学研究中使用的震级有近 20 种。

震级是对各种震级的统称，而不具体指某一种类型的震级，用字母“M”表示。如果表示某一种类型的震级，要有下角标，如地方性震级 M_L、面波震级 M_S、宽频带面波震级 $M_{S(BB)}$、短周期体波震级 m_b、宽频带体波震级 $M_{B(BB)}$、矩震级 M_W 等。如果把震级 M 只当成面波震级 M_S，或某一种类型的震级，那就太片面了。

四、为何要使用多种震级

多种震级之所以能够长期并存，必然有其存在的科学性和必要性。

地震的震源非常复杂，而震级的测定方法又非常简单，用简单的方法解决复杂的问题，必然有其固有的局限性。任何一种传统的震级只能表示某一种类型地震的大小，而不能表示所有类型地震的大小。为了表示不同类型地震的大小，只能采用多种震级。

测定震级与听音乐会的原理一样，我们听到的歌声包括声音大小（振幅 A）和声音频率（f）两个参数，我们欣赏音乐会，不只是听声音大小，而是欣赏演唱者音质，即声音大小（振幅 A）随声音频率（f）的变化。由于不同演唱者的声音频率不同，可分为低音、中音和高音等多个声部。同样的道理，地震也有多种类型，不同类型的地震辐射地震波的频谱和优势频率 f 差别很大。按震中距来划分，可分为近震和远震；按震源深度来划分，可分为浅源地震、中源地震和深源地震。地震波的优势频率 f 是区分地震类型的重要依据，为了表示不同类型地震的大小，从而有了地方性震级、体波震级和面波震级等多种震级标度。

近震地震波的震相比较简单，主要包括 P 波和 S 波，其频率以高频成分为主，适合测定地方性震级 M_L；而浅源远震的震相比较复杂，包括穿过地壳、地幔和地核的各种体波，以及沿地球表面或分界面传播的勒夫波、瑞利波和短周期面波等面波，可以测定体波震级和面波震级，其中面波是最明显的震相，用宽频带面波震级 $M_{S(BB)}$ 最适合表示浅源远震的大小；中深源远震和地下核爆，面波不发育，适合测定体波震级。

不同的震级表示的是震源辐射不同频率地震波能量的大小，这些震级都是重要的地震参数，地震学家利用不同震级之间的差别来认识各种震源特征。例如利用体波震级和面波震级的比值 m_b/M_S，可以有效地识别天然地震和地下核爆炸；具有走滑型震源机制的地震，震源辐射勒夫波振幅要比瑞利波的振幅大，使得水平向面波震级 M_S 要比垂直向宽频带面波震级 $M_{S(BB)}$ 偏大；对于 5.0 级以上地震，震源辐射的体波在远场以中长周期为主，使得宽频带体波震级 $m_{B(BB)}$ 要比短周期体波震级 m_b 偏大。

五、为何就不能统一震级

震源辐射地震波的频率范围很大，从 100Hz 的高频小地震，到大地震激发的 0.0001Hz（周期为 10^4s）的地球自由振荡，跨越约为 7 个量级。不同类型地震辐射的地震波具有复杂的频谱结构，而每一种震级都是用一个特定频段地震波测定。因此，任何一种“单一频率”的震级都不能表示所有类型地震的大小，统一震级是不可能做到的。

1945 年，古登堡曾经做过传统震级统一工作，他当时将地方性震级 M_L、面波震级 M_S

和中长周期体波震级 m_B 统一用 m 表示，因为当时他认为这 3 种震级是等价的，称为“统一震级”，但是研究结果发现事实并非如此，只有 6.5 级左右地震 m_B 与 M_S 才基本一致，对于其他的地震，不同震级之间都有差别，有时差别较大。古登堡通过大量的研究工作得到的结论是：不可能使用一种震级表示所有不同类型地震的大小，“统一震级”是不可能做到的（Gutenberg，1945a，b，c）。

1945 年以后，地震学家曾相信通过震级之间相互“换算”，实现统一震级。到了 20 世纪 70 年代，通过大量的工作人们终于发现这种统一不可能实现。作为对统一震级努力的终结，德国地震学家杜达（S. J. Duda）教授发展了一套“谱震级”系统，在 5 个频段上分别给出 P 波和 S 波的 5 个谱震级，并建议将地震分为“蓝地震”（以高频为主的小震）和“红地震”（以长周期为主的大震）（ Duda et al.，1989），这个分类标志着人类对地震认识的一次重要进步。这种进步的意义到了 20 世纪 80 年代得到了地震学家的普遍认同。宽频带数字化地震台网的建设与迅速发展，使得地震学家对地震的描述由“单色”变成“彩色”。20 世纪 70 年代末，地震学家普遍认识到震级之间不能通过相互“换算”而实现统一。

大千世界，五彩缤纷。自然界存在各种各样的颜色，而对于某一具体的自然景观，颜色就会相对单一，例如沙漠是黄色，海洋是蓝色，雪山是白色，等等。如果研究某一具体的自然景观，就可以用单一颜色表示其特征，而用单一色彩去看整个世界，五彩缤纷的色彩就会消失，看到的将是一个颜色失真的世界。因此，颜色是不能统一的。“红绿蓝”被称为三原色光，三原色光模式又称“RGB 颜色模型（RGB color model）”，将红绿蓝三原色以不同的比例相加，就可以产生多种多样的颜色。

同样的道理，不同类型地震辐射地震波的优势频率不同，而对于某一种类型地震，其优势频率就会相对单一，用“单一频率”的震级就可以表示这类地震的大小。如果用“单一频率”的震级表示所有地震的大小，必然造成原震级信息的失真。因此，震级不能统一。地方性震级、面波震级和体波震级是 3 种基本震级，用这 3 种基本震级就可以表示所有类型地震的大小。

六、为何震级不能转换

震级不但与地震波的振幅 A 有关，而且还与地震波的频率 f（周期 T）有关。在实际工作中，人们往往会注意震级与地震波的振幅 A 有关，却忽视震级与地震波周期 T 的关系。而地震波优势周期 T 却是区分不同类型地震的重要参数，不同的震级表示震源辐射不同频段地震波能量的大小，不同的地震产生的地震波的频谱差别很大，如果按经验关系从一种震级转换到另一种震级，必然会产生震级的偏差。因此，在地震监测中，不同震级之间一律不允许相互转换。

地方性震级 M_L 和面波震级 M_S 是最常用的两个震级，测定 M_L 所使用的 S 波的优势频率 f 为 1.0Hz（周期 T 为 1.0s），测定 M_S 所使用的面波的优势频率为 0.05Hz（周期 T 为 20s）。

在进行地震活动性统计时，因小震没有 M_S，有人为了统一震级，按经验公式将 M_L 转换成 M_S，这在形式上似乎统一，但得到的必然是失真的结果。从 1979 年起，在以下 3 本观测手册或教材中明确规定：不同震级之间一律不允许相互转换。

1.《地震观测实践手册》

1979 年，为了规范全球的地震监测工作，世界数据中心（WDC）邀请苏格兰爱丁堡地质研究所威尔莫教授编写了《地震观测实践手册》（Manual of Seismological Observatory Practice，MSOP），国家地震局组织相关专家将该手册翻译成中文，由地震出版社出版。在该手册中明确指出："用震级转换的方式统一震级，必然造成原震级信息的损失"（Willmore，1979）。从此以后，全球的地震监测遵循以下规则：不同震级标度之间一律不允许相互转换。在全球各个国家的地震监测工作中，无论是地震观测报告、地震目录列出的震级，还是对外发布的震级，均是实际测定的震级。

2.《新地震观测实践手册》

2002 年，国际地震学与地球内部物理学协会（IASPEI）邀请德国地学研究中心的著名地震学家鲍曼教授担任主编，重新编写了《新地震观测实践手册》（NMSOP），中国地震局组织相关专家将第一版翻译成中文，由地震出版社出版，2012 年 IASPEI 又推出了第二版（NMSOP-2）。在该手册中进一步指出："到目前为止，地震界仍有个别人在做'统一震级'工作，他们似乎还没有阅读或接触过相关的原始出版物，没有正确理解震级的意义，更不了解不同震级之间差别的涵义"，并进一步明确不同震级之间不允许相互转换（Bormann ea al.，2002）。

3.《地震震级的规定（GB 17740—1999）宣贯教材》

1999 年，在许绍燮院士编写的《地震震级的规定（GB 17740—1999）宣贯教材》中明确指出："深震和小震对社会的影响不大，它不属于本标准规定的目标范围。在个别特殊情况下（如首都圈等敏感区域发生有感的 2 级、3 级小地震时），需要向社会公布本标准不能测得的地震震级 M 时，深震可用体波震级 m_b，小震可用地方性震级 M_L 测定。在对社会公布时不再称地震震级 M，而应称为相应的体波震级 m_b 或地方性震级 M_L"。因此，在 1999 年发布的震级国家标准中，不允许采用震级转换的方式对外发布地震的震级（许绍燮，1999）。

美国地质调查局（USGS）于 2002 年发布"美国地质调查局地震震级的测定与发布管理条例"，该条例从 2002 年 1 月 18 日起执行。在该条例中明确规定，测定的震级一律不允许相互转换，并把矩震级 M_W 作为对外发布的首选震级（USGS，2002）。

但在某些实际工作中，有时会根据需求给出不同震级之间的经验关系，这些经验关系只能给出不同震级之间的总体变化趋势，是一种统计意义上的经验关系。对于任何地震个体，转换后的震级值已不是原震级的本来意义，不能反映地震个体的特性（详见：第九章"不同震级之间的经验关系"）。

震级标度是一个完整的体系，震级之间都有严格的对接关系，震级转换就会打破这种对接传承关系。经过几十年的发展，地震学已经建立了多种经验关系，如震级—能量关系、震级—频度关系、震级—（爆炸）当量关系、主震震级—最大余震震级关系（巴特定律）、主震—余震衰减关系（大森定律）等，以及震级与地震能量、地震矩、断层长度、断层宽度、震源破裂时间、拐角频率等定标关系，这些关系都是建立在实测震级的基础上。如果是转换震级，这些关系不能成立。

从实用性的角度看，m_b/M_S 是区分天然地震与地下核爆炸的重要判据；震级—烈度关系、烈度—灾害关系是快速估算地震灾害的重要依据，等等。如果使用转换震级，这些判据和依据都会失去意义。

七、多种震级的优势互补

在地震台网的日常工作中，多种震级标度会长期共存，优势互补。

传统震级测定方法简单，地方性震级 M_L、面波震级 M_S、宽频带面波震级 $M_{S(BB)}$、短周期体波震级 m_b、宽频带体波震级 $m_{B(BB)}$ 都是重要的地震参数，适合地震台网每天分析大量地震的日常工作需要。

矩震级 M_W 和能量震级 M_e 的测定方法相对复杂，有时在很短的时间内不能测定出准确的结果。近年来，随着数字地震学的发展，很多地震台网都可以测定矩震级 M_W，能量震级 M_e 的测定工作尚属起步阶段。

在地震台网的日常工作中，对于 4.0 级以上地震可以快速测定矩震级 M_W，而对于 4.0 级以下地震，由于地震记录的信噪比较低，再加上速度模型的问题，使得测定 M_W 的结果偏差较大。这样在地震速报时仍需要用传统震级对外发布。

八、如何实现“一个地震只用一个震级”

在地震目录中一个地震会列出多个震级，以满足不同研究目的的实际需求。而在地震活动性分析、地震预报等一些工作中，人们通常认为“一个地震只有一个震级”。实际工作需要大量的地震资料，有近震，也有远震，有浅源地震，也有中深源地震。如何在地震目录中的多个震级中确定一个震级？这是人们普遍关心的问题。

1. “震级优选”方法

1980 年以前，人们曾试图通过震级“转换”的方式实现一个地震只用一个震级，但是后来发现这种转换的震级偏差较大，并且震级的转换公式很多，差异很大，无法统一。从此以后，国际上普遍采用“震级优选”的方法实现一个地震只用一个震级。针对我国各种震级的测定方法和不同震级的适用范围，“震级优选”方法如下：

（1）如果地震目录中有矩震级 M_W，将矩震级 M_W 作为首选；

（2）如果地震目录中无矩震级 M_W，则按以下原则优选震级：

对于 $M_L<4.5$ 的浅源地震，应选择地方性震级 M_L；

对于 $M_L\geqslant4.5$ 的浅源地震，应选择宽频带面波震级 $M_{S(BB)}$；

对于中源地震和深源地震，宜选择短周期体波震级 m_b 或宽频带体波震级 $m_{B(BB)}$。

图 1.5 是美国地质调查局（USGS）对外发布的 2024 年 1 月 23—24 日的地震信息，图中从左到右依次是震级、地震参考地点与震中分布（https：//earthquake. usgs. gov/ ）。每个地震可能有多个震级，但向社会公众发布地震信息时，一个地震只优选一个震级，红色框内就是对外发布的震级，对外称为震级 M。

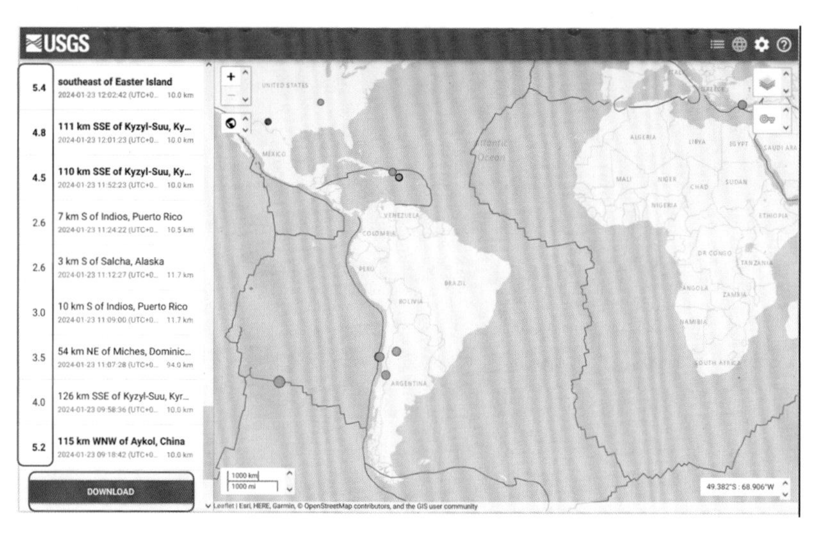

图 1.5　USGS 对外发布的震级

对于专业人员开展研究工作时，可以点击左下角的“Download”按钮下载地震目录，显示的页面如图 1.6 所示。显示的地震目录包括：发震时刻、震中经度和纬度、震源深度、震级（mag）、震级类型（magType）等的信息，对于 4.5 级以下的地震，USGS 一般使用的是地方性震级 M_L；对于震源深度大于 60km 的中深源地震，优选短周期体波震级 m_b；而对于所有的地震，优选矩震级 M_W。经过多年的实际工作，对于较大的地震，USGS 可以快速测定 M_W，因而很少发布面波震级 M_S。如果不能及时测定 M_W，则发布 M_S。

2. 优选震级的表示方法

采用“震级优选”方法确定的震级用“M”表示，称为“地震震级”或“震级”，而不必说明震级的类型。

在地震学研究和地震监测中，采用的是多种震级。而对外向新闻媒体、社会公众、政府机关发布地震的震级时，一个地震只使用一个震级，即使用“震级 M”，而不给出震级的类型。具体的表述方法见“第二十四章：震级的社会应用”。

	A	B	C	D	E	F	G	H	I	J	K
1	time	latitude	longitude	depth	mag	magType	nst	gap	dmin	rms	net
2	2024-01-24T00:37:22.118Z	65.0975	-152.264	8	4.2	ml				0.87	ak
3	2024-01-24T00:22:40.227Z	31.735	-104.119	7	2.7	ml	21	62	0	0.2	tx
4	2024-01-23T23:50:06.263Z	41.2774	78.608	10	4.6	mb	54	166	0.465	0.62	us
5	2024-01-23T23:09:52.501Z	-34.4877	-70.4712	124	4.7	mb	45	89	0.397	0.81	us
6	2024-01-23T21:33:49.390Z	42.4398	145.0291	35	5.1	mw	111	95	1.454	0.68	us
7	2024-01-23T21:02:27.789Z	31.694	-104.299	9	2.7	ml	33	64	0	0.1	tx
8	2024-01-23T20:38:13.184Z	41.1354	78.5548	10	5.2	mw	100	59	1.368	0.92	us
9	2024-01-23T20:14:31.910Z	36.22567	-89.2352	6	2.7	md	60	75	0.06078	0.2	nm
10	2024-01-23T16:06:55.921Z	-30.1564	-72.1573	12	4.6	mw	78	139	0.831	0.76	us
11	2024-01-23T16:06:23.985Z	-29.785	-178.428	124	4.9	mb	86	71	0.684	0.73	us
12	2024-01-23T15:22:26.379Z	25.2785	141.3504	144	5.3	mw	238	28	7.924	0.72	us
13	2024-01-23T14:33:46.209Z	-18.0087	168.0164	37	6.3	mw	129	50	4.337	0.87	us
14	2024-01-23T14:08:53.992Z	41.2981	78.6895	4	4.6	mb	47	124	0.409	0.74	us
15	2024-01-23T13:47:18.402Z	41.3849	78.7063	3	4.5	mb	39	122	0.426	0.67	us
16	2024-01-23T10:02:21.716Z	65.4163	-162.67	10	3.2	ml	25	67	0.803	0.59	us
17	2024-01-23T09:54:40.737Z	-0.7208	135.8716	20	4.5	mb	15	147	4.228	0.72	us
18	2024-01-23T07:54:17.410Z	19.17867	-155.486	32	2.6	ml	50	147		0.12	hv
19	2024-01-23T06:41:09.807Z	41.1146	78.7091	10	4.7	mb	34	134	0.393	0.75	us
20	2024-01-23T05:05:06.237Z	-30.1554	-72.4889	18	4.6	mb	30	196	1.11	1.27	us
21	2024-01-23T04:49:33.262Z	60.6637	-150.5	47	2.8	ml				0.26	ak
22	2024-01-23T04:30:59.092Z	32.509	141.9115	10	4.6	mb	25	140	1.867	0.57	us
23	2024-01-23T04:07:21.463Z	-4.0324	133.7382	10	5.2	mb	27	65	1.853	0.89	us
24	2024-01-23T04:02:42.352Z	-36.1062	-100.796	10	5.4	mw	57	110	22.197	0.72	us
25	2024-01-23T04:01:23.966Z	41.4896	78.7188	10	4.8	mb	49	69	1.037	0.93	us
26	2024-01-23T03:52:23.483Z	41.5065	78.7353	10	4.5	mb	27	69	1.024	0.9	us
27	2024-01-23T03:24:22.610Z	17.92983	-66.8242	12	2.6	md	8	220	0.06909	0.07	pr
28	2024-01-23T03:12:27.916Z	64.4974	-146.912	11	2.6	ml				0.49	ak
29	2024-01-23T03:09:00.230Z	17.89617	-66.8102	11	3.1	md	5	238	0.1024	0.06	pr
30	2024-01-23T01:58:36.362Z	41.3049	78.6483	10	4.7	mb	13	175	1.208	0.7	us
31	2024-01-23T01:18:42.308Z	41.2706	78.8219	10	5.2	mw	80	75	1.268	0.8	us

图 1.6 USGS 的震级优选及震级类型

3. 优选震级的检验

地震台网中心在编辑地震目录时，一个地震可能会有多个震级，而对于地震预报、地震活动性分析等工作，一个地震只用一个震级，该震级要上述采用“震级优选”的方法来优选，所优选的震级是否科学合理，是能够检验的，检验的标准就是古登堡和里克特的震级—频度关系（G—R 关系）检验（详见“第十二章第二节：震级的两个基本关系”）。如果震级测定不准确、或“震级优选”的方法不正确，就会使得地震频度与震级的关系不满足 G—R 关系。

九、如何优选发布震级

在地震信息发布时，一个地震只用一个震级，震级国家标准《地震震级的规定》（GB 17740—2017）规定对外发布的震级要用“震级优选”的方法确定，依据如下：

（1）任何一种传统震级只能表示一种类型地震的大小，要表示所有类型地震的大小，需要使用地方性震级、面波震级和体波震级等三种震级，这样三种震级之间必然存在两个接口。实际上，两种震级接口部分是一个重叠区域。

（2）在两个重叠区域，面波震级与地方性震级、体波震级有两个接口。不同于体波，面波实际上是沿地球表面传播的干涉波，主要受两方面的影响较大，一是地壳厚度和地壳横向不均匀性，二是震源深度。因此，并非所有的面波震级都适合对外发布。

①地壳厚度和地壳横向不均匀性的影响。对于 4.5 级以下较小地震，也有一些台站能够记录到短周期面波，由于地震能量较小，激发的面波不发育，当震中距大于 250km 时能够记录到清晰面波的台站数量很少，并且很难区分瑞利波和勒夫波，短周期面波和 S 波容易混

淆，虽然能够测定宽频带面波震级 $M_{S(BB)}$，但不同台站测定的结果差别较大。而震中距在 250km 内，几乎所有的台站都可以记录到清晰的 S 波，测定的 M_L 要比 $M_{S(BB)}$ 更准确。

根据鲍曼和刘瑞丰的研究结果，对于 4.5 级以上的浅源地震，随着震级的增大，震中距大于 250km 的台站记录到的面波逐渐发育，有些地震能测定出 M_L、m_b、$m_{B(BB)}$、M_S、$M_{S(BB)}$ 等多个震级，相比之下在所测的震级中，$M_{S(BB)}$ 与 M_W 最为接近，用 $M_{S(BB)}$ 表示 4.5 级以上浅源地震更准确（Bormann and Liu，2007；刘瑞丰等，2007）。

②震源深度的影响。实际上，当震源深度大于 60km 时，也有明显的面波，也能测定 $M_{S(BB)}$，但随着震源深度的增加，面波越来越不发育，而 P 波、S 波是明显的震相，用 $M_{S(BB)}$ 已不能准确表示中源地震和深源地震的大小，而用体波震级来表示中源地震和深源地震的大小最为合适。

（3）由于两种震级之间存在重叠区域，如果没有一个明确的标准，不同的人会有不同的做法，对于同一地震有人用 M_L 对外发布，有人用 $M_{S(BB)}$ 发布，使得不同人发布同一地震震级的结果差别较大。GB 17740—2017 把 M_L 与 $M_{S(BB)}$ 的界限确定为浅源地震 4.5 级，把 $M_{S(BB)}$ 与体波震级的界限定为震源深度 60km，就是将不同震级之间的接口定在一个点，便于实际操作，这样涉及的地震最少。

（4）2008 年 5 月 12 日汶川 M_S8.0 地震后的第 3 天发现，中国地震台网中心速报的余震数量与四川省地震局速报的余震数量差别很大。主要原因是虽然 4.5 级以上地震有明显的面波，对于这样的地震应使用 M_S 对外发布，但有人用 M_L 发布，对于 4.5 级以下地震，面波不发育，而 S 波很清晰，对于这样的地震应使用 M_L 对外发布，但也有人用 M_S 发布，使得不同人发布同一余震的震级不同，从而导致不同的单位、不同的人测定余震数量差别很大。GB 17740—2017 的这项规定就是统一标准，确保无论是任何单位来做，任何人来做，得到的余震数量基本一致。

（5）2013—2014 年，项目组通过在四川、云南、新疆、甘肃、湖北、江苏、辽宁、福建和广东等 9 个省级台网的试点表明，对于 4.5 级以上地震，震中距大于 250km 时有明显面波，能够满足地震速报的需求。

（6）国际上对面波震级的测定有严格的规定。IASPEI、NEIC 等国际地震机构对测定面波震级的规定：测定 M_S 所使用的资料必须满足 2 个条件，一是震中距在 $20°<\Delta<160°$ 范围，二是只使用周期在 $18s<T<22s$ 范围的瑞利波。虽然震中距 $\Delta<20°$ 的大量地震有明显的面波，但近场面波受地壳厚度、地壳横向不均匀性性影响，不同台站测定的面波震级相差会比较大，而使用震中距在 $20°<\Delta<160°$ 范围、周期在 $18s<T<22s$ 范围的面波测定 M_S 的一致性就很好。

（7）从理论上讲矩震级 M_W 可以表示所有类型地震的大小。但从实际测定的效果来看，对于较大地震，尤其是 6.0 级以上地震，震源的平均位错量 $\bar{D}$、震源的面积 S 非常明显，矩震级 M_W 适合表示较大地震的大小。而对于较小地震，尤其是 3.0 级以下地震，震源的尺度很小，可以看做是一个点源，很难准确测定平均位错量 $\overline{D}$ 和震源的面积 S，在日常工作中，对于很小的地震很难准确地测定出矩震级 M_W。“国家地震烈度速报与预警工程”完成以后，我国中东部的一些地区的地震监测能力达到 0 级，近场 S 波是最明显的震相，用 M_L 非常适合表示较小地震的大小。

（8）通过使用 2016—2020 年中国地震台网正式目录中的国内 345026 个地震的实际检验结果表明，国内 0 级以上地震的震级—频度满足 G—R 关系，尤其是震级在 4. 5 级附近，地震数量与其他震级段的地震数量协调一致，这说明 GB 17740—2017“震级优选”方法科学合理，适合我国的实际情况（详见“第二十三章第五节：发布震级的检验”）。

十、为何不同台站测定的震级会有差别

在实际工作中会发现，不同地震台站测定同一地震震级会有差别，例如 2008 年汶川地震，中国地震台网中心使用 63 个地震台站测定的平均面波震级 M_S 为 8. 2，台站震中距范围在 4. 7°～26. 4°之间，台站的方位分布比较均匀。大部分台站测定的面波震级 M_S 与平均值相差在±0. 3 级以内，测得的面波震级最大的台站是安西、南京、新安江、巴里坤、乌鲁木齐、富蕴和宾县等 7 个台站，震级为 8. 7，与平均值相差为 0. 5；测得的面波震级最小的台站是蒙城台，震级是 7. 1，与平均值相差为−1. 1（详见“第十章第二节：地震速报与地震编目的实例”）。

实际上，对于任何一个地震，不同地震台站测定的震级总会有差别，主要原因有以下几点：

一是震源的复杂性。震源辐射地震波具有方向性，处于不同方位的地震台站记录到的地震波形会有一定差别。汶川地震的断层长度大约 400km，地震断层总体上是由震中向北东方向的单侧破裂，由于多普勒效应导致震中东北方向振动加强，而震中西南方向减弱，因而在震中东北方向的台站测定的震级偏大，而在西南方向的台站测定的震级偏小。

二是地球介质的复杂性。地震波的传播路径对震级有较大的影响，不同传播路径的地震台站，记录的体波或面波的振幅有一定的差别；

三是地震台站台基的复杂性。安装在基岩上、土层上和井下的地震仪器记录地震波形有差异，使用在不同台基上的地震仪器测定的震级有差别。

因此，在编辑地震目录时，一般都采用多台平均的方法计算地震的震级，这样可以有效地减小单台测定震级的偏差。

十一、为何同一地震的不同震级会有差别

对于 4. 5 级以上浅源地震，在地震目录中一个地震会列出多个震级，不同震级会有一定的差别，有时相差会达到 0. 8 级以上。例如 2008 年汶川地震，在中国地震台网中心的正式目录中，给出的水平向面波震级 $M_S=8.2$，垂直向面波震级 $M_{S7}=8.1$，短周期体波震级 $m_b=$

6.4，中长周期体波震级 $m_B=7.3$，矩震级 $M_W=7.9$（详见“第二十一章第二节：地震目录中的多种震级”）。由于地震较大，m_b 和 m_B 已处于震级饱和状态。出现这种现象的主要原因有以下两个方面：

一是震级对接产生的偏差。震级的计算公式都是经验公式，在震级的计算公式中都有几个常数，这些常数的确定都是通过新的震级标度与已有的震级标度对接得到，以确保新旧震级的一致性。然而在对接的过程中，使用的是一定范围的地震资料，从而使得在这个范围内新旧震级基本一样，而在其他范围，新旧震级之间会有一定的差别。

古登堡在做面波震级 M_S 与地方性震级 M_L 的对接中，使用的是 M_S4.5~6.0 之间的地震资料，从而使得在 4.5~6.0 范围内 M_S 与 M_L 基本一致，而对于 6.0 级以上地震 M_S 与 M_L 会有差别。古登堡在做体波震级 m_B 与地方性震级 M_L 的对接中，使用的是 m_B6.0~8.0 之间的地震资料，大部分地震 6.5~7.0，使得在 6.5~7.0 之间，m_B 与 M_L 基本一致，而在其他范围，m_B 与 M_S 会有差别。

二是震相及周期不同产生的偏差。测定传统震级要使用不同震相的振幅 A 和周期 T，由于所使用地震波的震相不同、周期不同，使得同一地震不同震级之间存在差别，这样的差别反映的是震源辐射不同频段地震能量的差异。

图 1.7 是昆明地震台记录到的 2002 年 8 月 8 日四川新龙地震，震中距为 6.26°，震源深度为 29km。从三分向记录图可以看出，P、S 和面波都很清晰，但不同震相地震波的周期不同，振幅也不同，因此测定出该地震的震级为：$M_L=4.8$、$M_S=5.4$、$M_{S7}=5.3$、$m_B=5.2$、

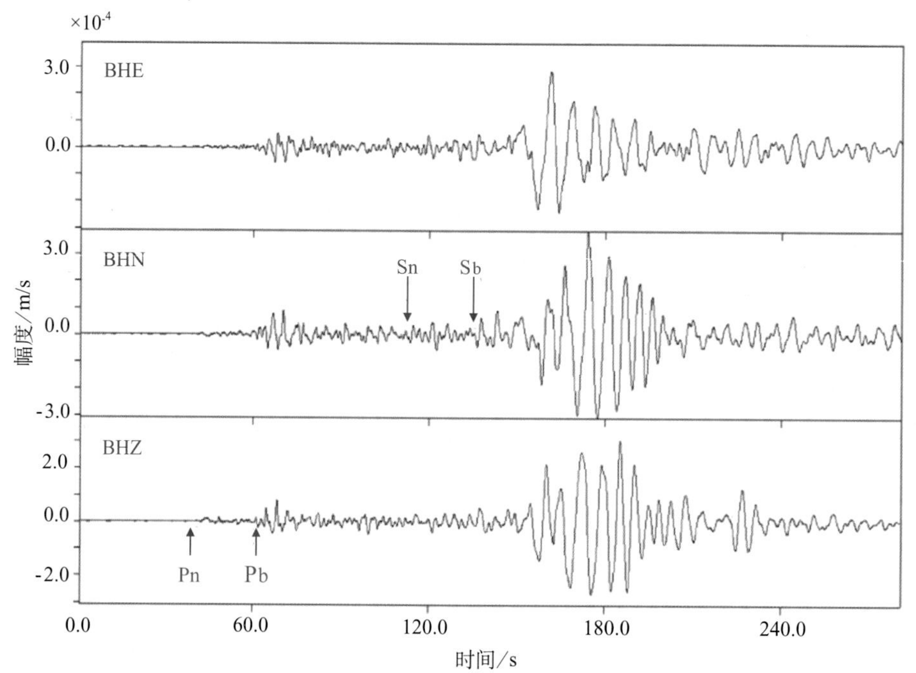

图 1.7　昆明地震台记录到的 2002 年 8 月 8 日四川新龙地震

$m_b=5.1$、$M_W=5.2$。

十二、为何地震速报和地震编目的震级会有差别

地震参数测定是一个动态的过程，随着所使用地震台站资料的数量的增加，地震参数的测定精度会不断提高。在实际工作中，地震速报的震级和地震编目的震级会有差别。例如2008年汶川地震，中国地震台网中心在地震速报时发布的面波震级 M_S 是8.0，而在地震编目时使用63个台站资料，测定的面波震级 M_S 是8.2；美国NEIC在地震速报时发布的面波震级 M_S 是7.8，在地震编目时使用199个台站资料，测定的面波震级 M_S 是8.1。出现这种现象主要原因有以下两点：

一是使用台站数量不同。地震速报是在有限的时间内，利用少量地震台站资料，快速测定出的地震参数，主要是为地震应急服务。而地震编目是利用所有能收集到的地震台站资料精细测定出的地震参数，主要是为科学研究提供基础资料。

二是地震速报有时使用的是近场资料。对于6.0级以上地震，震源的尺度不能忽略，如果用震源附近的地震台站测定震级，台站记录的都是震源破裂的局部特征，不能有效地消除震源尺度的影响。因此，用近场资料测定的震级有时偏差较大。

十三、为何不同台网测定的震级会有差别

不同地震台网测定同一地震的震级也会有差别，例如2008年汶川地震，全球不同机构测定的面波震级 M_S、使用台站数量 N 见表1.1，IDC测定的 M_S 为7.9，SZGRF为8.4，其余机构测定的结果在8.1~8.2。

表1.1 2008年汶川地震全球地震机构测定结果

测定机构	CENC		NEIC		ISC		IDC		MOS		SZGRF
测定结果	M_S	N	M_S	N	M_S	N	M_S	N	M_S	N	M_S
	8.2	64	8.1	199	8.1	307	7.9	49	8.1	94	8.4

注：中国地震台网中心（CENC）；国际地震中心（ISC）；全面禁止核试验条约组织国际数据中心（IDC）；美国国家地震信息中心（NEIC）；俄罗斯科学院地球物理调查局（MOS）；德国格拉芬堡地震观测中心（SZGRF）。

造成这种现象的主要原因有以下两点：

一是震级测定方法不同，或使用的震级计算公式有差别。我国测定面波震级使用的是两水平向资料，而NEIC、ISC、IDC、MOS和SZGRF测定面波震级使用的是垂直向资料。另外，我国所采用的面波震级计算公式，要比其他国家使用的面波震级公式偏大0.2。

二是使用不同地震台站的观测资料。不同的台网在测定震级时，使用台站资料的数量 N

不同，台站分布也不同，测定的震级会有差别。

基于以上原因，国际地震中心（ISC）在编辑《国际地震中心公报》（Bulletin of the Internationa Seismological Centre）时，列出的都是各个国家的地震机构实际测定的震级。

十四、震级的上下限

理论上，震级没有上下限，而实际上，震级不可能没有上限。到目前为止，人们观测到最大的地震是 1960 年 5 月 22 日智利的矩震级 $M_W 9.5$ 地震。

随着数字地震台网台站密度的不断增加，一些地震台站已在震源区附近记录到非常小的地震。奎亚蒂克（G. Kwiatek）等人在南非的姆波能（Mponeng）金矿地下 3500m 深的井下，建立了一个 300m×300m×300m 的小型立体高密度的台网，使用的仪器是三分向加速度仪，频带宽度是 700Hz~200KHz，该台网从 2007—2008 年记录到了一些−4.4~−3.5 级的微小地震，最小震中距为 30m 左右，记录最小的地震的震级是−4.4 级地震（Kwiatek et al.，2010），这是迄今为止人类记录到的最小地震。

2004 年，美国国家广播公司有一个小型的系列节目，节目的名称非常简单，叫作“10.5”，主要与地球物理学家探讨 10.5 级地震有多大？可以得到对于 10.5 级地震，$M_0 = 5.6\times10^{24}$ N·m，如果我们取介质的剪切模量 $\mu = 30$GPa，取非常大的位错量 $\overline{D} = 100$m（这个值是所见到的地壳中最大的地震位错量的 10 倍），得到破裂面积 $A = 1.9\times10^6 \text{km}^2$。如果我们假设断层的宽度不超过 30km，那么断层的长度将超过 60000km，而地球的周长约为 40000km，这样 10.5 级地震的断层长度可以绕地球一圈半，这是不可能的（梁建宏等译，2004）。

第二节　全球震级标度体系的发展

地震仪器在地震观测与理论研究之间架起了桥梁，使地震研究的成果能在实际的地震观测中得到验证，近代地震仪能够完整记录地面运动的全过程，地震学家使用地震仪记录的观测数据，通过数学、物理方法进行定量化研究工作，由此诞生了一门全新的学科—地震学。

1875 年，意大利科学家切基（Filippo Cecchi）发明了第一台近代地震仪器，当时切基发明的地震仪器放大倍数只有 3 倍，只能记录强震。随后，德国著名地震学家帕斯维茨（Ernst Von Rebeur-Paschwitz，1861—1895）对该地震仪加以改进，能够记录更微弱的信号，1889 年 4 月 17 日，位于德国波茨坦的一台地震仪记录到日本的一次地震，地震波形穿过地球内部，走了大约 9000km，这是人类历史上第一次用近代地震仪记录下远震（图 1.8）。

1900 年以后，随着近代地震仪器的发展，全球各地陆续建设了地震台站，地震学家开始研究实际的地面运动，为地震定量研究创造了条件。

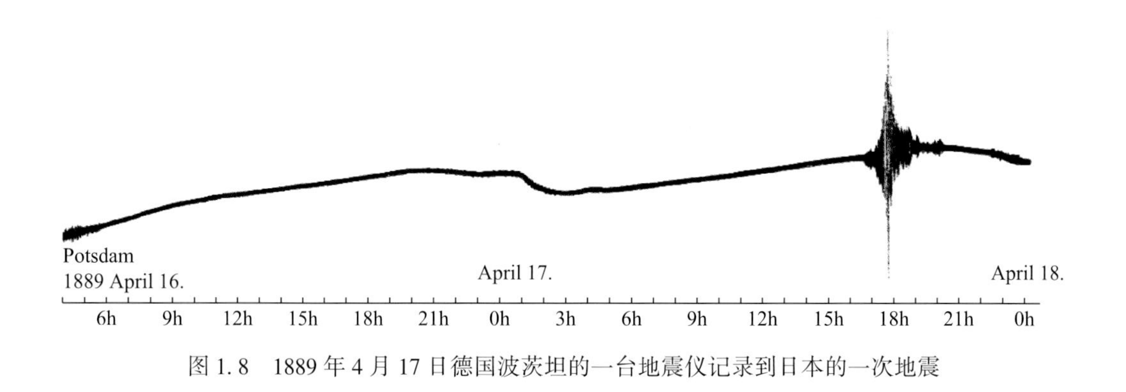

图 1.8　1889 年 4 月 17 日德国波茨坦的一台地震仪记录到日本的一次地震

一、传统震级标度的建立

1925 年，美国地震学家伍德（H. O. Wood）和安德森（J. A. Anderson）设计了著名的伍德—安德森扭力地震仪（Wood-Anderson torsion seismograph，WA），其常数为：摆的固有周期 $T_0=0.8\text{s}$，放大率 $V=2800$，阻尼常数 $h=0.8$。美国南加州地震台网始建于 1921 年，1935 年有 12 个地震台配置伍德—安德森短周期地震仪，记录了几百个地震，地震的大小变化范围很大，从几乎是无感地震直至大地震。

1935 年，里克特在编辑美国加州第一份地震目录，如何定量表示这些地震的大小？这是里克特需要解决的问题。

全球每天都会发生很多地震，当时里克特意识到要一种简单的、便于操作的方法来确定地震的大小。他分析了几百个地震记录发现不同地震的 S 波振幅 A 差别很大，但对 A 取对数却有一定规律，于是提出了第一个震级标度—地方性震级 M_L，用于表示震中距为 0~600km 范围内地震的大小。虽然地方性震级 M_L 很有用，但无法用它来测定全球范围远震的大小。

1945 年，古登堡将测定地方性震级 M_L 的方法推广到远震。在浅源远震的记录图上，面波的振幅最大，对于震中距 $\Delta>2000\text{km}$ 的地震，用长周期地震仪器记录面波振幅最大值的周期一般为 20s 左右。周期在 20s 左右的面波相应于面波波列的频散曲线上的艾里（Airy）震相，古登堡提出了面波震级 M_S（Gutenberg，1945a）。

自从古登堡提出面波震级 M_S 标度以来，世界各地的地震学家根据所在区域地震波衰减特性和所使用地震仪器特性，提出了一些改进的面波震级测定方法。日本气象厅（JMA）根据古登堡的面波震级计算方法和日本的区域构造特性，用 5s 左右周期的地震波测定地震的震级，该震级与古登堡的面波震级做过很好的校准；捷克斯洛伐克与苏联等东欧国家的地震学家，研究了以大陆传播路径为主的面波震级测定问题，1955 年苏联地震学家索罗维耶夫（S. L. Soloviev）提出了用面波质点运动速度的最大值 $(A/T)_{\max}$ 换位代替地面运动位移的振幅 A_{20}；1971 年我国地震学家郭履灿先生（1932—2021）根据古登堡提出的面波震级标度，得到了北京地震台的面波震级 M_S 的计算公式。

对于中源地震、深源地震和地下核爆炸，面波不发育，无法测定面波震级 M_S。在远距离上，P 波是清晰的震相，1945 年古登堡和里克特（Gutenberg，1945b，1945c；Gutenberg and Richter，1942）采用体波 P、PP、S 来确定震级，称为体波震级。几乎所有的地震，无论距离远近，无论震源深浅，都可以在地震图上较清楚地识别出 P、PP、S 波等体波震相。对于爆炸源，特别是地下核爆炸，P 波都很清楚，因此体波震级应用的范围较大（陈运泰，2019）。体波震级有两种，一种是短周期体波震级，用短周期仪器测定，用 m_b 表示。另一种是中长周期体波震级，用中长周期地震仪器测定，用 m_B 表示。

经过里克特、古登堡等地震学家的开创性工作，到 1945 年已经建立了由地方性震级 M_L、面波震级 M_S、短周期体波震级 m_b 和中长周期体波震级 m_B 构成的里克特—古登堡传统震级标度体系。

1964 年以后，美国开始在全球逐步建立世界标准地震台网（World Wide Standard Seismic Network，WWSSN），每个台站都配置相同的三分向短周期仪器（Short Period，SP）和长周期仪器（Long Period，LP）。由于它覆盖的地域广阔，地震仪的一致性好，美国地质调查局（USGS）国家地震信息中心（NEIC）利用 WWSSN 的观测资料所测定震级的准确性和权威性很高。另外，在联合国教科文组织（UNESCO）的主持下，1964 年在英国成立了国际地震中心（ISC）。ISC 是第一个收集全世界范围地震观测资料的组织，在所使用的地震资料中，WWSSN 的资料占有很大的比重。从此以后，NEIC 和 ISC 测定的震级得到了各国地震学家的普遍采用。

由于各国所使用的地震仪器各不相同，多年来地方性震级、面波震级和体波震级的测定方法在不断改进，在演变过程中，各国震级测定方法有一定的差别。对于 6.0 级以上的地震，几乎全球所有的地震台站都可以记录到并能测定其震级，使得不同国家测定同一地震的震级存在偏差，所以震级标度的一致性问题引起了各国地震学家的高度重视。1967 年，在苏黎世举行的 IASPEI 大会上，IASPEI 组委会向全世界发布了《IASPEI 震级标准》，后来许多国家和国际上的地震机构都采用了 IASPEI 所推荐的公式，结果使各国测定的震级比较一致。

1979 年 9 月，苏格兰爱丁堡地质研究所威尔莫（P. L. Willmore）教授编写了《地震观测实践手册》（MSOP），详细介绍了地震台站设计、台站选址和建设、地震仪器配置、震相分析、震级测定等内容（Willmore，1979）。从此以后，全世界各个国家的台站建设、资料分析处理、震级测定有了统一的标准和规范。

二、现代震级标度的建立

20 世纪 60 年代后期，地震学家在研究全球地震活动性时发现，地方性震级、面波震级和体波震级等传统震级具有震级饱和现象。1977 年美国加州理工学院的地震学家金森博雄提出了矩震级标度 M_W（Kanamori，1977），矩震级 M_W 实质上就是用地震矩 M_0 来描述地震的大小。与传统震级标度相比，矩震级具有明显的优点：它是一个绝对的力学标度，不存在饱和问题。无论是对大震还是对小震、微震甚至极微震，无论是对浅震还是对深震，均可测量地震矩 M_0 和矩震级 M_W，并能与已熟悉的面波震级 M_S 衔接起来。由于矩震级具有以上优点，所以国际地震学界推荐矩震级 M_W 为优先使用的震级标度（陈运泰，2004）。

从 1981 年开始，美国哈佛大学的杰旺斯基（Dziewonski et al.，1981）等人利用长周期体波和地幔波进行矩张量反演矩心矩张量解（CMT）。对于全球 5.0 级以上地震，大约在震后两个多小时就可以得出结果公布于其网站上，并通过电子邮件发往世界各地用户。2006 年夏天，哈佛大学 CMT 项目更名为“全球矩心矩张量项目（GCMT）”，由哈佛大学和哥伦比亚大学拉蒙特—多赫蒂地球观象台（LDEO）共同承担该项工作，在其网站上（http：//www. globalcmt. org）免费提供 1966 年以来全球地震的矩心矩张量解、震源机制解和矩震级 M_W。2000 年以后，测定矩震级 M_W 的技术已经非常成熟，目前矩震级 M_W 已是全球各个国家地震台网测定和发布的首选震级。

1995 年乔伊和博特赖特提出了能量震级 M_e 的概念和测定方法（Choy and Boatwright，1995），能量震级 M_e 实质上就是用地震能量 E_S 来描述地震的大小。1998 年，纽曼和奥卡尔对博特赖特和乔伊的计算过程进行了简化，从而适用于大地震之后的近实时处理（Newman and Okal，1998）。2011 年，康弗斯和纽曼（Convers and Newman，2011）采用以上算法，测定了 1990 年以来全球 $M_W \geq 6.0$ 地震的能量和能量震级，并在美国地震学研究联合会（IRIS）的网站（www. iris. edu/spud/eqenerg）公布。

德国国家地球科学研究中心（GFZ）也在积极研究地震能量和能量震级的测定并付诸实践，吉亚科莫和汪荣江等提出浅源中强地震的能量震级 M_e 的测定方法，利用震中距在20°~98°范围内的宽频带远震 P 波信号，测定浅源地震波能量 E_S 和能量震级 M_e（Giacomo et al.，2008）。

矩震级 M_W 和能量震级 M_e 是用震源物理参数测定的震级，不存在“震级饱和”现象，是表示地震大小理想的参数。

三、新的震级国际标准

世纪之交，全球的地震观测基本上完成了由模拟向数字的转变，人类的地震观测进入了数字时代。数字地震仪器具有频带宽、动态范围大等特点，基于模拟记录的震级测定方法已不适应宽频带数字地震仪器。利用宽频带数字地震资料测定震级、识别震相等问题引起了 IASPEI 的高度重视。从 1999 年开始，IASPEI 邀请德国地震学家鲍曼担任主编，组织全球的地震专家编写《新地震观测实践手册》（NMSOP）。2001 年在越南河内召开的 IASPEI 大会上，IASPEI 地震观测与解释委员会（The IASPEI Commission on Seismological Observation and Interpretation，CoSOI）决定成立一个由美国、德国、英国、中国、韩国等国家的 12 名专家组成的震级测定工作组（Working Group on Magnitude Measurements），鲍曼教授任工作组组长，负责制订新的《IASPEI 震级标准》。刘瑞丰研究员是该工作组的主要成员，早在 1996

年刘瑞丰就开展了基于速度平坦型宽频带地震仪器的震级测定研究工作，该研究结果被IASPEI震级工作组采纳，这就是《IASPEI震级标准》中的宽频带面波震级 $M_{S(BB)}$ 和宽频带体波震级 $m_{B(BB)}$（刘瑞丰，1996；Bormann and Liu，2007）。

2002年，由鲍曼教授主编的《新地震观测实践手册》（NMSOP）由IASPEI地震观测与解释委员会（CoSOI）对外发布，该手册共13章，内容非常丰富（Bormann，2002）。在该手册中详细介绍了震级的测定方法，并重点介绍了IASPEI震级工作组提出的宽频带体波震级 $m_{B(BB)}$、宽频带面波震级 $M_{S(BB)}$ 和矩震级 M_W 的测定方法。

2005年10月，在智利圣地亚哥召开的IASPEI会议上，IASPEI通过了震级工作组提交的《IASPEI震级标准》，并由IASPEI将新的震级标度推荐给各个国家使用（IASPEI，2005）。

2007年，在鲍曼和刘瑞丰的组织下，中国地震台网中心率先采用《IASPEI震级标准》测定了531个地震的短周期体波震级 m_b、宽频带体波震级 $m_{B(BB)}$、20s面波震级 $M_{S(20)}$ 和宽频带面波震级 $M_{S(BB)}$，并与中国传统震级进行了对比研究，得到了很有意义的结果，为全球其他地震台网使用《IASPEI震级标准》起到了有益的参考作用（Bormann and Liu，2009）。

2012年，由鲍曼教授组织专家对《新地震观测实践手册》（NMSOP-2）进行修订，从13章增加到16章。2012年底由IASPEI地震观测与解释委员会（CoSOI）对外发布NMSOP-2，在该手册中介绍了新的《IASPEI震级标准》，并详细介绍了新标准在中国地震台网的应用情况。

2013年，IASPEI发布了最终版的《IASPEI震级标准》（IASPEI，2013）。该标准规定了地方性震级 M_L、20s面波震级 $M_{S(20)}$、宽频带面波震级 $M_{S(BB)}$、短周期体波震级 m_b、宽频带体波震级 $m_{B(BB)}$、区域Lg震级 m_b（Lg）和矩震级 M_W 的测定方法。

2019年7月，在加拿大召开的第27届国际大地测量和地球物理学（International Union of Geodesy and Geophysics，IUGG）联合大会上，IASPEI对“震级工作组”进行了改选，新一届IASPEI震级测定工作组由来自加拿大、美国、中国、意大利、俄罗斯、德国、英国、挪威的专家组成，加拿大的艾莉森（B. Allison）任组长，刘瑞丰研究员再次被聘为工作组成员。新一届工作组分为2个小组，第一组继续开展基于宽频带数字地震资料的震级测定方法研究，对《IASPEI震级标准》做进一步完善，并确定需要改进的内容。第二组负责做好《IASPEI震级标准》的推广与应用工作，并根据应用情况提出更好的建议。

通过IASPEI震级工作组多年来开展的各项研究工作，推进了全球震级测定工作的科学化、标准化和规范化进程，使得震级测定精度不断提高，为全球的地震监测工作作出了重要的贡献！

第三节 我国震级标度体系的发展

我国的震级测定工作起步较早，1930 年初李善邦（1902—1980）先生在北京建立了鹫峰地震台，同年 9 月 20 日 13 时 02 分 02 秒（UTC），鹫峰地震台记录到发生在土耳其的一次地震，这是中国科学家第一次用现代地震仪器记录到的地震；1934 年李善邦得到中华教育基金（即当时庚子赔款的管理机构）的资助，赴美国帕萨迪纳的加州理工学院地震实验室学习访问，在此期间结识了国际著名地震学家古登堡教授和里克特教授，向他们学习了地震观测和地震研究的技术和方法，掌握了里克特—古登堡震级测定的基本原理。李善邦先生在美国访问期间加入美国地震学会，成为美国地震学会第一位中国会员。1935 年经古登堡教授推荐，李善邦赴德国耶那（Jena）地球物理研究所学习。

回国后，李善邦先生利用学到的地震观测知识和经验，进一步完善了鹫峰地震台的观测研究和管理工作。他按国际通用的格式编印地震观测报告——《鹫峰地震月报》和《鹫峰地震专报》，用作与世界各国地震台交换的观测资料。在 1931—1937 年短短 7 年中，鹫峰地震台共记录 2472 次地震，编印出版了 60 多期《鹫峰地震月报》和 10 余期《鹫峰地震专报》，受到各国地震学家的重视和好评，鹫峰地震台成为当时世界一流的地震台。

1931 年 3 月，金咏深先生在南京建设了北极阁地震台，隶属于国立中央研究院，1932 年 6 月下旬正式投入观测，1932 年 7 月开始正式出版《国立中央研究院气象研究所地震季报》，1932—1937 年的 5 年时间里，共出版地震季报 4 期 16 卷。

1937 年以后，由于多年的战乱，我国的地震监测工作时断时续，在极其艰苦困难的条件下，1942 年李善邦研制霓式 I 型地震仪，1943 年 5 月，李善邦先生、谢毓寿（1917—2013）先生、秦馨菱（1915—2003）先生在重庆北碚建设了地震台，安装了由李善邦先生主持研制的霓式 I 型地震仪，成为抗战时期国内唯一工作的地震台。从 1943 年 5 月—1946 年 5 月，北碚地震台共记录地震 106 次，编写单台观测报告 4 期。抗战胜利后，1946 年秋由秦馨菱、谢毓寿将北碚地震台迁回南京，命名为南京水晶地震台。

鹫峰地震台、北极阁地震台、北培地震台都是老一辈地震学家建设的标准地震台，从台站选址、台站建设、仪器配置、资料分析处理、震级测定都采用国际标准，为新中国地震台站建设和震级测定工作打下了坚实的基础。

一、震级标度的引进与发展

1950 年 4 月，中国科学院地球物理研究所在南京成立，1951 年李善邦在霓式地震仪的基础上，研制出 51 式地震仪，1954 年以后陆续在我国地震台站使用。1959 年李善邦先生根据我国使用的短周期仪器和中长周期仪器的特性，将里克特在美国南加州建立的地方性震级

标度 M_L 引进到中国，并建立了与中国短周期仪器特性和中长周期仪器特性相对应的地方性震级量规函数 $R_1(\Delta)$ 和 $R_2(\Delta)$，建立了我国地方性震级 M_L 标度，测定 1000km 以内浅源地震的大小，但无法测定远震的大小。

古登堡测定面波震级 M_S 使用的是（20±2）s 的面波，所对应的震中距一般在 20°~160°之间，我国地震台记录的国内地震面波周期一般都小于 15s，尤其是对于 5.0 级一下地震，面波周期 3~15s 之间。也就是说原始的古登堡面波震级测定方法不太适合我国的实际情况。1955 年，东欧的地震学家对古登堡的面波震级的计算方法做了一些改进研究，苏联地震学家索罗维耶夫于 1955 年提出了用地面质点运动速度的最大值（A/T）$_{max}$ 代替地面运动位移的振幅 A_{20}，使测定面波震级所用的面波周期不仅仅限于 20±2s，拓展了面波震级的应用范围，而测定结果与古登堡面波震级一致，没有系统偏差，这种方法比较适合我国的情况。

1957—1965 年底我国的地震报告采用苏联索罗维耶夫和谢巴林（N. V.，Shebalin，1927—1996）提出的面波震级 M_S 计算公式（Soloviev，1955；Soloviev and Shebalin，1957）。

1971 年，郭履灿先生根据古登堡提出的面波震级标度，利用北京地震台和法国的斯特拉斯堡（Strasbourg）、日本的松代（Matsushiro）等 6 个国外地震台 1956—1962 年记录的 143 个地震资料，得到了北京地震台的面波震级 M_S 计算公式，直到 1981 年这项研究成果才正式发表（郭履灿和庞明虎，1981）。1966 年 1 月以后的地震报告采用了北京地震台的面波震级公式。

郭履灿先生得到的面波震级公式与古登堡提出的计算公式相比较有 3 点不同。一是使用地震台站的震中距不同，古登堡使用的震中距是 $15°<\Delta<130°$，郭履灿使用的震中距是 $1°<\Delta<130°$；二是使用面波的周期不同，郭履灿使用的是 $3s<T<25s$，古登堡使用的是 $18s<T<22s$；三是从计算公式来看，郭履灿的面波震级比古登堡的面波震级偏大 0.38。

1985 年以后，我国 763 长周期地震台网建成并投入使用。该仪器的仪器参数与美国的世界标准地震台网（WWSSN）长周期仪器（LP）一样。1988 年，陈培善先生提出了选用垂直向瑞利面波的最大振幅和周期测定 M_{S7} 的方法，使得我国地震台网测定的 M_{S7} 与 NEIC 测定的 M_{SZ} 一致，没有系统差。为了与国际接轨，在地震观测报告中除了给出 M_S 以外，也给出 M_{S7}（陈培善，1988）。

从 1983 年起，中国地震局与美国地质调查局合作建设中美合作的“中国数字地震台网（CDSN）”，1987 年建成了由 10 个宽频带数字地震台组成的台网。从 1996 年起，“中国数字地震监测系统”项目开始实施，这标志着中国开始逐步进入数字地震观测时代。1996 年，刘瑞丰根据 IASPEI 推荐的面波震级公式，提出了用速度平坦型数字地震资料测定面波震级的方法，并使用全球地震台网（GSN）的资料，测定了一些 6.1~6.7 级地震的面波震级，得到了很好的效果（刘瑞丰等，1996）。2005 年，该方法被 IASPEI 震级工作组采纳。

1977—2001 年，我国共制定了三代《地震台站观测规范》。为了适应国际地震资料交换的需要，促进我国地震台站日常工作的科学化、规范化水平，提高地震观测资料质量，1977年10月28日国家地震局颁布了第一代《地震台站观测规范》（国家地震局，1978），主要包括地震台站选址、地震台站建设、地震仪器安装、地震仪工作常数的测定和检查、日常观测和资料处理等内容。该规范中，规定了地方性震级 M_L、面波震级 M_S、短周期体波震级 m_b 和中长周期体波震级 m_B 的测定方法。这是我国颁布的第一部地震台站观测技术规范，标志着我国的地震观测工作进入了标准化和规范化的发展阶段。

1990年6月，国家地震局颁布了第二代《地震台站观测规范》（国家地震局，1990）。该规范对我国Ⅰ类台和Ⅱ类台的观测仪器配置提出了明确要求，进一步规范了台站选址、台站建设、仪器安装、仪器标定、时间服务、脉冲标定、震相分析、震级计算、地震速报和台站观测报告编辑等工作。在震级测定方面，除了地方性震级 M_L、面波震级 M_S、短周期体波震级 m_b 和中长周期体波震级 m_B 以外，增加了面波震级 M_{S7} 的测定方法。

到2001年底我国已经建成了48个国家数字地震台站，353个区域数字地震台站（阴朝民，2001），根据数字地震台站建设、资料分析处理和震级测定工作的实际需求，中国地震局于2001年8月制定了《地震及前兆数字观测技术规范（地震观测）》（中国地震局，2001），这是我国第三代地震观测技术规范。该规范中规定，要将数字地震资料仿真成传统的DD-1、基式（SK）、763记录，然后使用仿真后的记录测定地方性震级 M_L、水平向面波震级 M_S、垂直向面波 M_{S7}、中长周期体波震级 m_B 和短周期体波震级 m_b，确保震级测定的连续性。

由于多方面的原因，我国没有采用1967年《IASPEI震级标准》，使得我国测定的面波震级 M_S 比国际主要地震机构测定的面波震级系统偏大0.2。

二、国家标准的建立与发展

为了规范震级的社会应用，1999年由许绍燮院士等完成的国家标准《地震震级的规定》（GB 17740—1999）正式发布。该标准规定了面波震级 M_S 的测定方法，并规定了震级在地震信息发布、新闻报道、地震预报发布、防震减灾、地震震级认定等方面的使用规定（许绍燮等，1999）。震级国家标准的颁布，使全社会统一了震级的测定方法和使用规定，对推进我国地震科学事业和防震减灾工作的发展，具有重要的意义和深远的影响。

经过十几年的发展，我国的地震观测系统实现了数字化和网络化的历史性突破，到2007年底，我国正式运行的所有地震台站都是数字化的台站。为了满足数字化地震台站震级测定需求，2012年中国地震局成立工作组，刘瑞丰研究员任组长，启动对国家标准《地震震级的规定》（GB 17740—1999）的修订工作。在陈运泰院士和许绍燮院士的指导下，中国地震局地球物理研究所、中国地震台网中心和国家海洋环境预报中心的科技人员开展了相关研究工作和标准编制工作，历经20多次专题研讨和论证，并征求了IASPEI震级工作组、国际地震中心（ISC）等国际机构和全球著名地震学专家的意见，同时广泛征求国家相关部委、高等院校、科研机构的意见，历时 4 年多的时间，于 2016 年 1 月完成。

2017 年 5 月 12 日，国家质量监督检验检疫总局、国家标准化管理委员会发布“中华人民共和国国家标准公告 2017 年第 11 号”公告，发布了强制性国家标准《地震震级的规定》（GB 17740—2017）。新的震级国家标准规定了地方性震级 M_L、短周期体波震级 m_b、宽频带体波震级 $m_{B(BB)}$、面波震级 M_S、宽频带面波震级 $M_{S(BB)}$ 和矩震级 M_W 等 6 种震级的测定方法和震级使用规定。

《地震震级的规定》（GB 17740—2017）的发布与实施，将使我国的震级测定方法和发布规则同国际接轨。

第二章　测定震级的原理

地震过程是一次能量快速释放的过程，其中一部分以地震波的形式向四面八方辐射，从而引起地面振动。如果地震引起的地面振动很强烈，便会造成建筑物破坏，甚至山崩地裂。因此，地震学家认识到用地震波能量可以表示地震的大小。

第一节　地震能量与地震波能量

地震发生时释放出来的能量称为地震能量（Seismic energy）。地震前后整个系统所释放的全部应变能（主要包括弹性应变能和重力势能）为 E_P，在地震断层从滑动到停止的过程中，地球介质克服断层面间的摩擦所做的功称为摩擦能（Friction energy）E_F，地震破裂过程中产生新的断层面所消耗的能量称为破裂能（Rupture energy）E_G，又称表面能（Surface energy）。由于断层滑动，以地震波形式向外传播的能量称为地震波能量（Seismic wave energy）E_S，又称地震辐射能（Seismic radiated energy）、辐射地震能（Radiated seismic energy）、辐射能（Radiated energy，Radiation energy）。根据能量守恒定律可得：

$$E_P = E_F + E_G + E_S \tag{2.1}$$

地震仪器记录到的是地震引起的地面运动，通过对地震引起的地面运动的测量，可以测定地震波能量的大小 E_S。地震波能量 E_S 只是地震释放的总应变能 E_P 的一部分，通常把 E_S 和 E_P 通过下式联系起来：

$$E_S = \eta E_P \tag{2.2}$$

式中，η 称为地震效率（Seismic efficiency），又称地震效率系数（Seismic efficiency coefficient)。地震波能量 E_S 仅占地震所释放总应变能 E_P 很小的一部分，而地震波能量 E_S 却是唯一能用地震学方法测定的物理量，如果有了地震波能量 E_S 就可以估算总应变能 E_P。因此，在提到地震能量时，一般是指地震波能量（陈运泰，2018）。

地震波在传播的过程中，质点具有一定的运动速度，从而将地震能量向远方传播。地震波所携带的能量 E_S 包括质点动能 E_K 和质点势能 E_W（Lay and Wallace，1995），即

$$E_S = E_K + E_W \tag{2.3}$$

地震发生时，震源辐射的原生波为 P 波和 S 波，包含多种频率成分。对于某一固定频率的 S 波，如果其传播方向为 x，S 波质点运动方向为 y，则 S 波质点运动位移为

$$u_y = A\sin(\omega t - kx) \tag{2.4}$$

式中，ω 为角频率，$\omega = 2\pi/T$，T 为 S 波周期；A 为周期为 T 的 S 波位移的振幅；$k = \omega/\beta$，k 为波数，β 为 S 波速度。则 S 波运动速度可以写为

$$\dot{u}_y = A\omega\cos(\omega t - kx) \tag{2.5}$$

单位体积内 S 波质点运动的动能密度为

$$e_k = \frac{1}{2}\rho\dot{u}_y^2 = \frac{1}{2}\rho A^2\omega^2\cos^2(\omega t - kx) \tag{2.6}$$

式中，e_k 为动能密度，ρ 为介质密度。则 S 波平均动能密度为

$$\bar{e}_k = \frac{1}{2}\frac{\rho}{T}\int_0^T \dot{u}_x^2 \mathrm{d}t = \left(\frac{\rho}{2T}\right)\left(\frac{2\pi A}{T}\right)^2\int_0^T \cos^2\left(\frac{2\pi}{T}t - kx\right)\mathrm{d}t = \rho\pi^2\frac{A^2}{T^2} \tag{2.7}$$

地震波质点的势能是恢复力（应力）作用下介质变形（应变）引起的。可以证明（Lay and Wallace et al.，1995），S 波平均势能密度为

$$\bar{e}_W = \frac{1}{4}\rho A^2\omega^2 = \rho\pi^2\frac{A^2}{T^2} \tag{2.8}$$

可以看出，S 波的平均动能密度和平均势能密度相同，则平均能量密度为

$$\bar{e}_S = 2\rho\pi^2\frac{A^2}{T^2} \tag{2.9}$$

同样可以证明，P 波平均能量密度与 S 波相同的形式，则

$$\bar{e}_{\mathrm{P}} = 2\rho\pi^2 \frac{A^2}{T^2} \tag{2.10}$$

因此，P 波和 S 波的平均能量密度与地震波位移振幅的平方成正比，与地震波周期的平方成反比；对于同样的振幅，高频地震波携带能量更多。

由式（2.10）可见，地震波的平均能量密度与 A^2 成正比。如果考虑球面波传播的非弹性衰减校正和几何扩散衰减校正，则“单一周期”地震波能量可以写为（Lay and Wallace，1995）

$$E_{\mathrm{S1}} = F(R,\ \rho,\ c)\left(\frac{A}{T}\right)^2 \tag{2.11}$$

式中，R 为震源距，ρ 为地球介质密度，c 为地震波传播速度，$F(R,\ \rho,\ c)$ 表示对地震波的非弹性衰减和几何扩展衰减校正。上式可以写成下面的形式（Lay and Wallace et al.，1995）：

$$\lg E_{\mathrm{S1}} = \lg F(R,\ \rho,\ c) + 2\lg\left(\frac{A}{T}\right) \tag{2.12}$$

从式（2.11）可以看出，地震辐射“单一周期”地震波能量 E_{S1} 与地震波位移振幅 A 的平方成正比，与地震波周期 T 的平方成反比，并且与地震波的非弹性衰减和几何扩展衰减有关。如果要计算震源辐射总能量 E_{S}，要考虑震源辐射所有频率 f（或周期 T）地震波能量。

第二节 震级的一般形式

从式（2.12）可以看出，“单一周期”的地震波能量 E_{S1} 包含 2 项，第一项与地震波的非弹性衰减和几何扩展衰减有关；第二项与地震波周期 T 和振幅 A 有关，A/T 表示地震波质点运动速度，地震波能量与地震波质点运动速度的平方成正比。

震源辐射的地震波包含多种周期成分，如果某种类型地震辐射的地震波的优势周期为 T，就可以用该周期地震波的能量来表示这类地震的大小。而不同类型地震辐射的地震波的优势周期不同，可以用不同的震级表示不同类型地震的大小。震级作为地震大小的度量，正是依此而定义。

震级标度基于两个基本假设（Richter，1958；傅承义等，1985）。第一个假设是：已知震源与观测点，两个大小不同的地震，平均而言，较大的地震引起的地面震动的振幅也较大。第二个假设是：从统计结果看，从震源至观测点的地震波的几何扩散衰减和非弹性衰减是已知的，因此可以据此预知在观测点的地面震动的振幅。根据这两个基本假设，可以定义震级的一般形式为（Lay and Wallace，1995）：

$$M = \lg\left(\frac{A}{T}\right) + f(\Delta,\ h) + C_s + C_r \tag{2.13}$$

式中，M 是震级，A 是用于测定震级的地动位移振幅；T 是其周期；A/T 是地面运动的速度；$f(\Delta,\ h)$ 是用于对振幅随震中距 Δ 和震源深度 h 的变化作校正的因子；C_S 是台基校正因子，与地壳结构、近地表的岩石的性质、土壤的疏松程度、地形等因素引起的放大效应有关，与方位无关；C_r 是震源校正因子，亦称为区域性震源校正因子，是对震源区所在处的岩性不同所引起的差异作校正的因子。

一、地动振幅及其周期

震级与两个重要的参数有关，即某一震相地动位移的振幅 A 及其周期 T。地震产生的地面震动的幅度和周期范围都很大，一般而言，小地震的地震波周期较短，以高频成分为主，而大地震的地震波频带范围很宽，在近场有丰富的高频 P 波和 S 波，在远场有长周期面波。

对振幅 A 和周期 T 取对数是考虑到地震所产生的地震波的振幅变化范围很大，取对数之后便得到一个数量数，这实际上考虑的是地震波的振幅 A 与其周期 T 之比数量级的变化。

二、量规函数

在不同的观测点上测定震级时，因地震波随震中距 Δ 或震源深度 h 衰减所需要加的校正值称为量规函数（Calibration function）。在式（2.13）中 $f(\Delta,\ h)$ 就是量规函数。

我国境内的地震主要是板内大陆地震，基本是浅源地震。因此，我国的地方性震级 M_L 的量规函数只与震中距 Δ 有关，而没有考虑震源深度 h 的影响。我国台湾地区既有浅源地震，也有中源地震和深源地震，因而台湾地区的地方性震级 M_L 的量规函数就考虑震源深度 h。

面波震级标度 M_S 只适用于浅源地震，面波震级的量规函数只与震中距 Δ 有关。体波震级 m_b 和 m_B 不但适用于浅源地震，也适用于中源地震和深源地震，所以体波震级的量规函数与震中距 Δ 和震源深度 h 有关。

三、校正因子

在式（2.13）中 C_S 是台基校正因子，C_r 是震源校正因子。在一般情况下，地震台站应建在基岩上，但由于各地差异很大，有时在很大的范围内没有出露的基岩，这样一些地震台站有可能建在土层上，或建在井下。由于地震台站所在地的地壳结构、近地表的岩石的性质、土壤的疏松程度、地形等因素影响，需要对由于不同的台基引起的放大效应进行校正，测定地震台站的台基校正值对于震级的测定工作具有重要意义（陈培善，1982）。

我们利用 1985—2001 年中国地震台网的地震资料，计算了 64 个国家地震台站的面波震级台基校正值，结果表明对于单个地震台站而言，台基校正值是存在的，有的台站为正，有的台站为负，大部分台站在-0.2~0.2 之间，最大为-0.31。对于一个台网而言，如果台站呈四象限分布，取多台平均的话，可以有效地消除台基校正值对台网平均震级的影响（包淑娴和刘瑞丰，2016），详见“第四章第四节：面波震级台基校正值”。

同样的道理，对于震源校正因子 C_r，对于单个地震台站而言，震源校正因子是存在的，有的台站为正，有的台站为负。对于一个台网而言，如果台站是四象限分布，取多台平均的话，可以有效地消除震源校正因子对台网平均震级的影响。

在地震台网的日常工作中，一般都没有考虑台基校正因子 C_S 和震源校正因子 C_r。为了克服因为震源辐射地震波的辐射图型、破裂扩展的方向性以及异常的传播路径效应造成的偏差，在地震台网的实际工作中通常使用覆盖面尽量大的多台测定结果作平均。这样式（2.13）就可以简化为：

$$M = \lg\left(\frac{A}{T}\right) + f(\Delta,\ h) \tag{2.14}$$

在上式中，量规函数 $f(\Delta,\ h)$ 是通过二维表格的形式给出，这样测定震级就比较简单了，只需要测定地震波的振幅 A 及其周期 T 就可以计算地震的震级。

第三章　地方性震级

天文学是一门古老的科学，在天文学中也有一个参数的英文是“Magnitude”，译成中文是“星等”。“星等”表示的是星星明亮的“等级”，也用英文字母“*M*”表示。早在2100年前，为了衡量星星的明暗程度，古希腊天文学家喜帕恰斯（Hipparchus，又名依巴谷）在公元前2世纪首次提出了“星等”这个概念，他将星星按亮度分成等级，星等值越小，星星就越亮，星等值越大，星星就越暗，最亮的星为一等星，最暗的星为六等星，中间又有二等星、三等星、四等星、五等星。星等相差1，星星亮度大约相差2.512倍，一等星的亮度恰好是六等星的100倍。喜帕恰斯在2100多年前提出的“星等”一直沿用至今。

1931年，日本地震学家和达清夫（Kiyoo Wadati，1902—1995）利用日本地震台网资料开展地震活动性研究时发现，地震波的振幅随距离的衰减是有规律的，可用来评估地震的规模。1935年，美国著名地震学家里克特在和达清夫的建议下，并受天文学“星等”概念的启发，提出了震级的概念，并发明了用地震仪器记录的地震波来测定震级的方法（Richter，1935）。

用近震记录测定的地震震级称为地方性震级（Local magnitude），用 M_L 表示，这里的L表示地方性（Local）的意思。

第一节　里克特震级

1935年，里克特编辑美国南加州的地震目录，南加州的地震都比较浅，震源深度一般都小于15km，不同台站记录同一地震的波形幅度差别很大，但里克特注意到这样一个事实：设有两次地震发生在同一地点，*A* 为各台两水平方向记录最大振幅的算数平均值，将各台记录的振幅表示为：

$$A = \frac{A_N + A_E}{2}$$

式中，A_N 是北南向记录最大振幅，A_E 是东西向记录最大振幅，A 为北南向和东西向记录最大振幅的算术平均值。对于 A_1 和 A_2 两次地震，共有 n 个地震台记录。

各台第一次地震记录为 A_{11}，A_{12}，A_{13}，…，A_{1n}。

各台第二次地震记录为 A_{21}，A_{22}，A_{23}，…，A_{2n}，则两次地震振幅存在以下近似关系：

$$\frac{A_{21}}{A_{11}} = \frac{A_{22}}{A_{12}} = \frac{A_{23}}{A_{13}} = \cdots = \frac{A_{2n}}{A_{1n}}$$

即各台振幅之比与震中距大小无关，是个常数。

若将同一个地震在各不同距离的台站上所产生的地震记录的最大振幅的对数 $\lg A$ 与相应的震中距 Δ 作图，则大小不同的地震所给出的 $\lg A$-Δ 关系曲线都相似，并且近似地是平行的，如图 3.1 所示。对于 A_1 和 A_2 两个地震，若设 $A_1(\Delta)$ 与 $A_2(\Delta)$ 分别是其产生的地震记录的最大振幅，则有 $\lg A_2(\Delta) - \lg A_1(\Delta) =$ 与震中距 Δ 无关的常数。

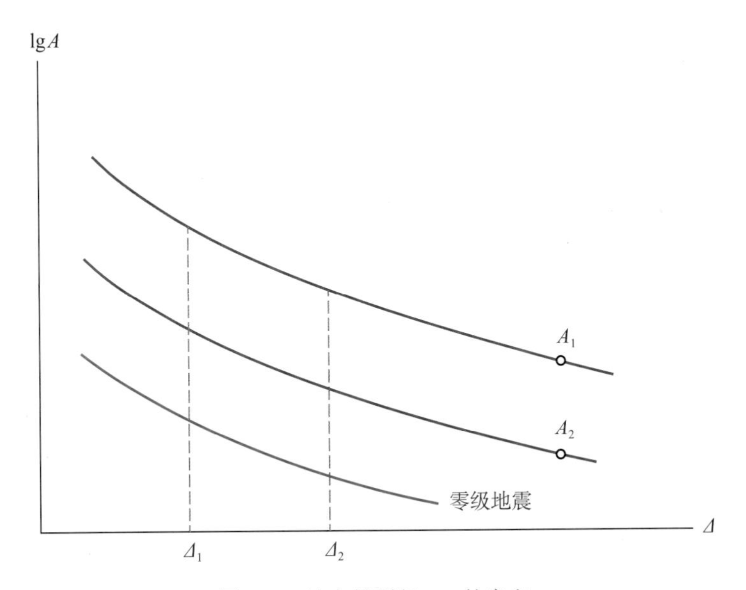

图 3.1 地方性震级 M_L 的定义

既然不同的曲线对应不同大小的地震，那么就可以用这些曲线的相对高度（纵坐标之差）表示地震的大小。如果取某一曲线为标准，规定震级为零，其他地震的曲线都与这条曲线做比较，相对这条标准曲线的高度之差就是该地震的震级。

若取 A_0 为一标准地震即参考事件的最大振幅，则任一地震的地方性震级 M_L 可以定义为：

$$M_L = \lg A(\Delta) - \lg A_0(\Delta) \quad (3.1)$$

式中，$A(\Delta)$ 是任一地震的最大振幅，$A(\Delta)$ 与 $A_0(\Delta)$ 必须在同一距离用同样的地震仪测得。标准地震的选取原则上是任意的，但最好是能使大多数的地震震级都是正值，因而 A_0 不宜太大。

一、零级地震

当伍德—安德森地震仪（地震计固有周期为 0.8s，阻尼为 0.8，放大倍数为 2800 倍）在震中距等于 100km 处，如果记录的两水平分向最大振幅的算术平均值是 1 微米（μm），那么该地震的震级为零级。

里克特作这样的规定，是因为他希望地震的震级不能是负数。现在看来，当时规定的零级地震偏大，随着地震观测技术的发展，地震仪器灵敏度的不断提高，能够记录到的地震越来越小，很多地震台网都能记录到震级是负数的地震，2010 年南非金矿的地震台网记录到的最小地震为-4.4 级（Kwiatek et al.，2010）。

在式（3.1）中，若以微米（μm）为测量单位，在 $\Delta = 100$km 时，因 $\lg A_0 = 0$，所以 $M_L = \lg A$。于是，M_L 也可以定义为：用上述标准仪器在 $\Delta = 100$km 处所测得的最大记录振幅（以 μm 计）的常用对数。若不是在 $\Delta = 100$km 处测定，那么须根据量规曲线来测定，即式（3.1）右边的 $-\lg A_0$。量规曲线是根据实测数据整理出来的，当时里克特得到的量规曲线 $-\lg A_0$ 作为震中距 Δ 的函数，如图 3.2 的虚线所示，具体的数值见表 3.1。

需要说明的是，在“零级地震”的规定中，1μm 是伍德—安德森地震仪的记录值，折合成地动位移是：$1\mu m/2800 = 3.57\times10^{-4}\mu m$。

二、地方性震级的量规函数

地方性震级的量规函数就是上面提到的量规曲线。地方性震级 M_L 是根据地震波水平分量最大振幅随震中距 Δ 的系统地减小定义的。图 3.2 中实心圆圈、空心圆圈、实心三角形、空心三角形、叉号、空心方块是发生于 1932 年 1 月的南加州地震的 $A(\Delta)$ 的实测资料（图 3.2 左边的纵坐标表示 $\lg A(\Delta)$），图右边的纵坐标表示 $\lg A_0(\Delta)$（图中的虚线）。$A(\Delta)$ 与 $A_0(\Delta)$ 均以毫米（mm）为单位（Richter，1935）。

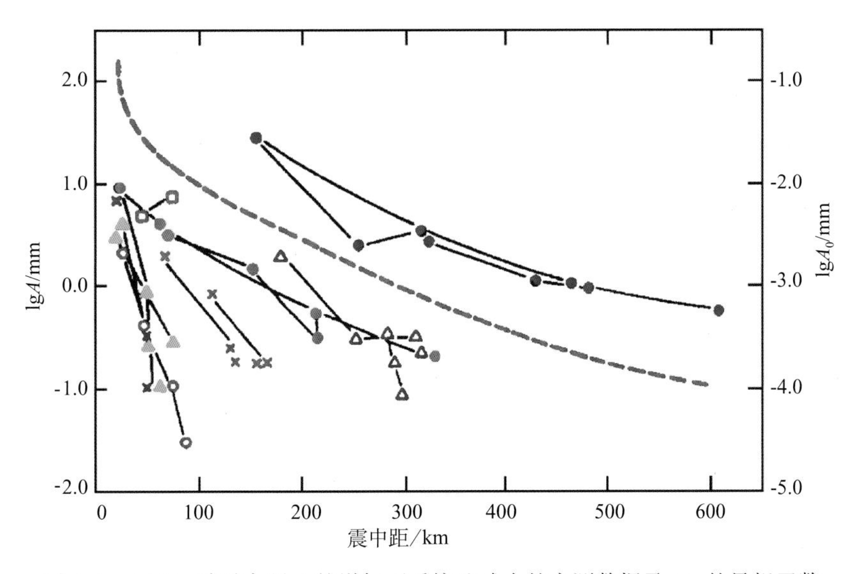

图 3.2 $A(\Delta)$ 随震中距 Δ 的增加而系统地减小的实测数据及 M_L 的量规函数

三、里氏震级

1953 年，里克特给出了 Δ 在 25~260km 的量规函数，1956 年古登堡和里克特又修订该量规函数，并补充了 0~25km 和 260~1000km 的量规函数。按照习惯，式（3.1）写成：

$$M_L = \lg A + R_0(\Delta) \tag{3.2}$$

式中，A 是 S 波（或 Lg 波）位移的振幅，是两水平向最大记录振幅的算术平均值，单位是毫米（mm），$R_0(\Delta)$ 是量规函数，见表 3.1。

表 3.1 里克特地方性震级 M_L 的量规函数 R_0（Δ）

Δ/km	$-\lg A_0(\Delta)$/mm	Δ/km	$-\lg A_0(\Delta)$/mm	Δ/km	$-\lg A_0(\Delta)$/mm	Δ/km	$-\lg A_0(\Delta)$/mm
0	1.4	100	3.0	300	4.0	500	4.7
5	1.4	110	3.1	310	4.1	510	4.8
10	1.5	120	3.1	320	4.1	520	4.8
15	1.6	130	3.2	330	4.2	530	4.8
20	1.7	140	3.2	340	4.2	540	4.8
25	1.9	150	3.3	350	4.3	550	4.8
30	2.1	160	3.3	360	4.3	560	4.9
35	2.3	170	3.4	370	4.3	570	4.9
40	2.4	180	3.4	380	4.4	580	4.9

续表

Δ/km	$-\lg A_0(\Delta)$/mm	Δ/km	$-\lg A_0(\Delta)$/mm	Δ/km	$-\lg A_0(\Delta)$/mm	Δ/km	$-\lg A_0(\Delta)$/mm
45	2.5	190	3.5	390	4.4	590	4.9
50	2.6	200	3.5	400	4.5	600	4.9
55	2.7	210	3.6	410	4.5	620	5.0
60	2.8	220	3.65	420	4.5	650	5.1
65	2.8	230	3.7	430	4.6	700	5.2
70	2.8	240	3.7	440	4.6	750	5.3
75	2.85	250	3.8	450	4.6	800	5.4
80	2.9	260	3.8	460	4.6	850	5.5
85	2.9	270	3.9	470	4.7	900	5.5
90	3.0	280	3.9	480	4.7	950	5.6
95	3.0	290	4.0	490	4.7	1000	5.7

里克特提出的这种震级标度被称为地方性震级，为了表示对里克特的敬意，人们把他在美国南加州提出原始形式的地方性震级 M_L 也称为“里氏震级”（Richter magnitude）或“里氏震级标度”（Richter scale）。

实际上，无论是在其发源地美国加州，还是在世界各地，早已不再使用原始形式的地方性震级—里氏震级，因为大多数地震并不发生于加州，并且 WA 地震仪也早已几乎绝迹，成为博物馆的陈列品。尽管如此，地方性震级 M_L（但并非是原始形式的地方性震级—里氏震级！）仍然被用于报告地方性地震的大小，因为许多建筑物、结构物的共振频率在 1Hz 左右，十分接近于 WA 地震仪的自由振动的频率（1/0.8s = 1.25Hz），因此 M_L 常常能较好地反映地震引起的建筑物、结构物破坏的程度（陈运泰等，2004）。

由于不同地区地震的震源深度不同、地壳对地震波的衰减特性不同、使用地震仪器不同，因此在不同地区测定地方性震级 M_L 的计算公式不同。只有在美国南加州使用 WA 地震仪测定的 M_L 才能称为“里氏震级”，而在其他地区测定的 M_L 只能称为地方性震级，地方性震级 M_L 具有明显的区域特征。

近年来，随着对地方性震级 M_L 研究的不断深入，对 M_L 的研究又有了一些新的进展。

（1）根据 1990 年乌尔哈姆和柯林斯的研究结果，WA 地震仪的参数需要修正，其放大倍数为 2080 ± 60 倍，阻尼为 0.7（Uhrhammer and Collins，1990）。因此，基于原 WA 地震仪测定的地震震级要系统偏小，偏差的大小与地震波频率有关，平均偏小大约为 0.1 级，在 1.25Hz（T=0.8s）的频率附近偏小 0.065 级，最大偏小值为 0.13 级。

（2）在里克特原始的地方性震级计算公式（3.1）中，A 是两水平向 S 波或 Lg 波振幅的算术平均值，而一些地震学家也在使用 A 是两水平向 S 波或 Lg 波振幅的矢量和。这两者是有差别的，使用算术平均值比使用矢量和测定的结果偏小 0.15 级（Bormann，2012）。

（3）1980 年以后，在欧洲正在发展与频率有关的地方性震级 M_L 的量规函数，在德国的 MOX 地震台，当震中距为 320km 时，使用与频率有关的量规函数与传统方法相比，震级相差可以达到 0.5 级（Wahlström and Strauch，1984）。

第二节　我国的地方性震级

原始的地方性震级计算公式只适用美国加利福尼亚地区，并且使用的仪器是 WA 短周期地震仪器，明显存在一定的局限性。20 世纪 50 年代中期，鉴于我国地震台上并非安装用于建立里克特地方性震级 M_L 的 WA 短周期地震仪。因此，里克特提出的地方性震级 M_L 不能原封不动地照搬至我国。

我国大陆地区的地震主要是板内地震，而台湾地区的地震主要是板缘地震，震源深度差别很大，因此我国大陆地区和台湾地区的地方性震级测定方法不同。

一、大陆地区

1959 年李善邦先生将式（3.2）写成一般形式，以后又有人结合我国常用的短周期地震仪（62 型、64 型）和基式中长周期地震仪（SK），建立了这两种类型仪的量规函数 $R_1(\Delta)$ 和 $R_2(\Delta)$（国家地震局地球物理研究所，1977）。设 A 是从 WA 地震仪记录上量取横波（S 波）最大振幅值，在式（3.2）中 A 的单位是 mm，先要把 A 换为 A_μ，A_μ 是地动位移，单位是微米（μm），若设 $V_{WA}(T)$ 是 WA 地震仪器的放大倍数，T 是 S 波最大振幅对应的周期，则

$$A = \frac{A_\mu V_{WA}(T)}{10^3} \tag{3.3}$$

$$M_L = \lg A + R_0(\Delta) = \lg \frac{A_\mu V_{WA}(T)}{10^3} + R_0(\Delta)$$

$$M_L = \lg A_\mu + \lg V_{WA}(T) + R_0(\Delta) - 3.0$$

令

$$R(\Delta) = \lg V_{WA}(T) + R_0(\Delta) - 3.0 \tag{3.4}$$

则

$$M_L = \lg A_\mu + R(\Delta) \tag{3.5}$$

式中，A_μ 是以微米为单位的地动位移，$R(\Delta)$ 是新的量规函数，这个量规函数是从原始的量规函数 $R_0(\Delta)$ “移植”过来的。

由于所使用的地震仪器的幅频特性不同，对于不同震中距，仪器的优势周期也不同，表3.2是当时我国使用的短周期地震仪（62型地震仪）和基式中长周期仪（SK）优势周期 T_1 和 T_2 的实际统计资料。

表3.2　短周期地震仪、中长周期地震仪优势周期与震中距关系

Δ/km	0~15	15~30	45~60	60~100	100~150	150~200	200~250	250~300	300~350
T_1(s)	0.10	0.15	0.20	0.30	0.35	0.40	0.50	0.60	0.70
T_2(s)	0.20	0.30	0.40	0.50	0.60	0.70	0.80	1.10	1.20

Δ/km	350~400	400~450	450~500	500~600	600~700	700~800	800~900	900~1000
T_1(s)	0.80	0.90	1.00	1.20	1.40	1.60	1.80	2.00
T_2(s)	1.40	1.60	1.70	1.90	2.20	2.40	2.60	2.80

从表3.2可以看出，在同一震中距上 $T_1<T_2$，因此短周期仪器的量规函数 $R_1(\Delta)$ 与中长周期的量规函数 $R_2(\Delta)$ 明显不同，应分别计算。

图3.3是WA地震仪与我国当时使用的62型短周期地震仪和基式中长周期地震仪的幅频特性，表3.3是WA仪器的放大倍数表。

表3.3　伍德—安德森（WA）地震仪的放大倍数

T(s)	0.1	0.2	0.3	0.4	0.5	0.6	0.7	0.8	0.9	1.0
V_{WA}	2786	2745	2669	2557	2395	2199	1972	1750	1538	1350
T(s)	1.2	1.4	1.8	2.0	2.5	3.0	3.5	4.0	4.5	5.0
V_{WA}	1033	807	516	424	278	190	144	111	88	71

若计算 Δ=100km 处 R_1（100），先从表3.2中查出在 Δ=100km 短周期仪器的优势周期是 T_1=0.3s，再从表3.3中查出 T_1=0.3s 时WA仪器的放大倍数是2669，并且从表3.1中查出 Δ=100km 的原始量规函数是 $R_0(100)=3.0$，将上述 V_{WA} 和 R_0 值代入式（3.4）得：

$$R_1(100) = \lg(2669) + 3.0 - 3.0 = 3.43$$

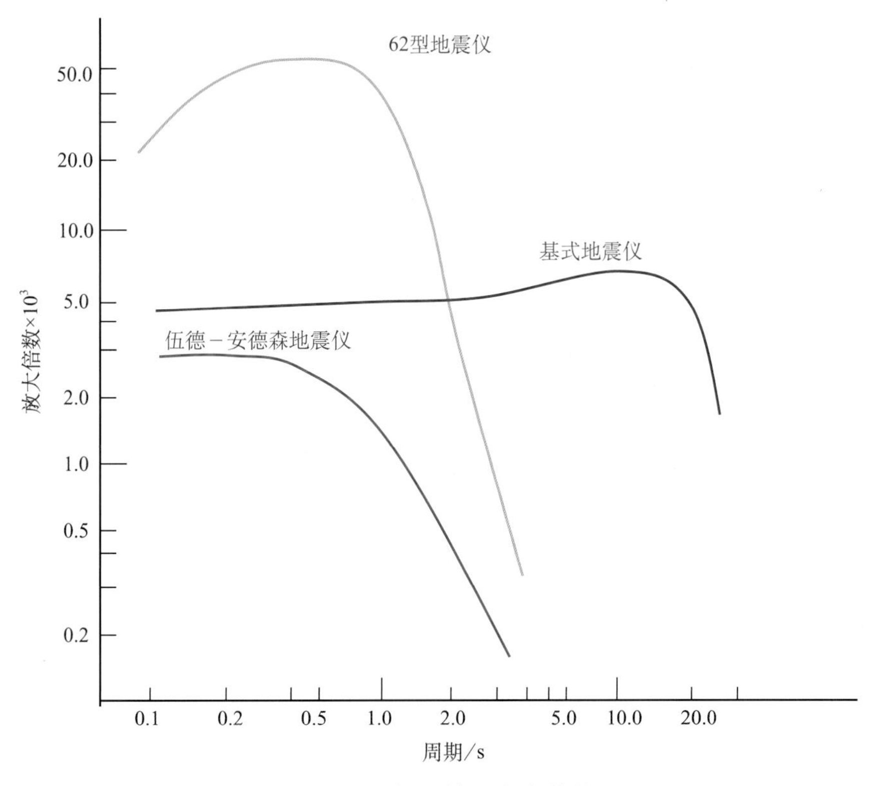

图 3.3 几种地震仪的幅频特性

类似地，若计算 $\Delta=100\text{km}$ 处 $R_2(100)$，重复上述计算过程，得出 $T_2=0.5\text{s}$，$V_{WA}=2395$，$R_0=3.0$，代入（3.4）得到

$$R_2(100)=\lg(2395)+3.0-3.0=3.38$$

用同样的方法，就可以得到不同震中距短周期仪器的量规函数 $R_1(\Delta)$ 与中长周期的量规函数 $R_2(\Delta)$（见表 3.4）。

表 3.4 量规函数 $R_1(\Delta)$ 与 $R_2(\Delta)$ 表

Δ/km	$R_1(\Delta)$	$R_2(\Delta)$	Δ/km	$R_1(\Delta)$	$R_2(\Delta)$
0~5	1.8	1.8	290~300	4.3	4.1
10	1.9	1.9	310~320	4.4	4.1
15	2.0	2.0	330	4.5	4.2
20	2.1	2.1	340	4.5	4.2
25	2.3	2.3	350	4.5	4.3
30	2.5	2.5	360	4.5	4.3

续表

Δ/km	$R_1(\Delta)$	$R_2(\Delta)$	Δ/km	$R_1(\Delta)$	$R_2(\Delta)$
35	2.7	2.7	370	4.5	4.3
40	2.8	2.8	380	4.6	4.3
45	2.9	2.9	390	4.6	4.3
50	3.0	3.0	400~420	4.7	4.3
55	3.1	3.1	430	4.75	4.4
60~70	3.2	3.2	440	4.75	4.4
75~85	3.3	3.3	450	4.75	4.4
90~100	3.4	3.4	460	4.75	4.4
110	3.5	3.5	470~500	4.8	4.5
120	3.5	3.5	510~530	4.9	4.5
130~140	3.6	3.5	530	4.9	4.5
150~160	3.7	3.6	540~550	4.9	4.5
170~180	3.8	3.7	560~570	4.9	4.5
190	3.9	3.7	580~600	4.9	4.5
200	3.9	3.7	610~620	5.0	4.6
210	4.0	3.8	650	5.1	4.6
220	4.0	3.8	700	5.2	4.7
230~240	4.1	3.9	750	5.2	4.7
250	4.1	3.9	800	5.2	4.7
260	4.1	3.9	850	5.2	4.8
270	4.2	4.0	900	5.3	4.8
280	4.2	4.0	1000	5.3	4.8

这样就可以得到利用短周期地震仪和中长周期仪地震测定地方性震级 M_L 的计算公式（国家地震局地球物理研究所，1977）：

$$M_L = \lg A_\mu + R_1(\Delta) \tag{3.6}$$

$$M_L = \lg A_\mu + R_2(\Delta) \tag{3.7}$$

需要指出的是，在地方性震级 M_L 的计算公式中，A_μ 是地动位移。量规函数表 3.4 与里克特规定的“零级地震”做过很好的对接，在 100km 处：$\lg(1/2800) = \lg(3.57\times10^{-4}) = -3.4$，因此 $R_1(100) = R_2(100) = 3.4$。

按《地震及前兆数字观测技术规范（地震观测）》（中国地震局编，2001）的要求，我国地震台网（站）测定地方性震级时要将宽频带数字地震记录仿真成 DD-1 短周期记录，利用 S 波（或 Lg）的最大振幅来测定。其计算公式为式（3.6），其中：

$$A_{\mu} = \frac{A_N + A_E}{2}$$

式中，A_{μ}以 μm 为单位；A_N，A_E 分别为南北向和东西向 S（Lg）波最大振幅（峰—峰值振幅/2），两水平向最大振幅不一定同时到达，只有当振幅大于干扰水平 2 倍以上才予以测定。

需要说明的是，在使用式（3.6）计算地方性震级时，若是为了继续使用原来的量规函数 $R_1(\Delta)$，一定要将宽频带数字地震记录仿真成 DD-1 短周期记录，因为在计算地方性震级 M_L 时，使用的仪器不同，就要采用不同的量规函数。这就是为什么在测定地方性震级 M_L 时一定要仿真的原因。同样，在以后几章中在测定短周期体波震级 m_b，中长周期体波震级 m_B 和面波震级 M_S 和 M_{S7}时，也要把宽频带数字地震资料仿真成短周期 DD-1、中长周期 SK 和长周期 763 仪器记录。

近年来，随着台站密度的增加，区域地震台网会记录到很多爆破，如果用式（3.6）测定地方性震级 M_L，往往会偏大很多。这是因为由爆破激发的地震波，在近距离上主要沿浅层传播，特别是在黄土覆盖层内会激发很强的沉积层面波，这种面波的幅度很大，成为近距离上振动的最大振幅。

二、台湾地区

我国台湾及周边区域是世界上构造最为复杂的区域之一，由于受到太平洋板块和菲律宾板块俯冲，以及欧亚板块、太平洋板块、菲律宾板块的相互碰撞，使得该地区既有浅源地震，也有中源地震和深源地震。因此，在测定地方性震级时要考虑震源深度的影响。

台湾地震测报中心在测定地方性震级 M_L 时，要将宽频带数字地震记录仿真 WA 地震仪记录，按照式（3.8）进行计算（Shin，1993）。

$$M_L = \lg A + C(R) \tag{3.8}$$

式中，$C(R)$ 是量规函数。

对于震源深度小于等于 35km 的浅源地震，量规函数为

$$C(R) = 0.00326R + 0.83\lg R + 1.01$$

而对于震源深度大于 35km 的地震，量规函数为

$$C(R)=\begin{cases}0.00716R+\lg R+0.039 & (0\text{km}<\Delta\leqslant 80\text{km})\\ 0.00261R+0.83\lg R+1.07 & (80\text{km}<\Delta)\end{cases}$$

式中，R 为震源距，即 $R=\sqrt{\Delta^2+h^2}$，其中 Δ 是震中距，单位是千米（km），h 是震源深度，单位是千米（km）。

第三节　使用宽频带资料测定地方性震级

使用宽频带数字地震资料也可以测定地方性震级 M_L，但要将宽频带数字地震资料仿真成 DD-1 短周期记录，然后在短周期记录上测定 M_L。DD-1 短周期仪器参数及仿真方法见“第二十三章第四节：宽频带数字地震资料的仿真”。

最近几年，人工智能（Artificial Intelligence，AI）技术发展迅速，AI 技术在震相识别、地震定位、地震目录产出等方面得到了应用，实现了计算机自动编目，为地震编目注入了活力。

然而，在测定震级时有人在速度型宽频带记录上直接测定 S 波（或 Lg 波）的最大速度 V_{max}，转换成地动位移 A，然后使用式（3.6）测定 M_L。这样在近场 120km 以内，自动测定与人工测定的 M_L 几乎没有差别，而当震中距大于 120km 时，自动测定的 M_L 的偏差会达到 0.2~0.4，有时偏差会达到 0.5 以上。主要原因有以下 2 点。

（1）在 120km 以内，S 波的频率较高，用短周期仪器记录和用宽频带仪器记录差别不大。而当震中距大于 120km 时，地震波高频成分迅速衰减，用宽频带仪器记录的 S 波（或 Lg 波）最大振幅的周期就会达到 2~3s，有时会达到 3s 以上，远大于 1.0s。

（2）在地方性震级 M_L 的计算公式（3.6）中，$R_1(\Delta)$ 是只适用于短周期仪器的量规函数，而不适用于宽频带地震仪器。

第四节　分区量规函数

量规函数对于地方震震级 M_L 测定至关重要，由于不同区域使用的地震仪器不同，地震波的衰减特性也可能不同，从而使得不同区域的量规函数不同。震级是对于地震大小的量度，从地震计量的角度看，地方性震级的量规函数的确定要符合量值传递与量值溯源的规则。

里克特于 1935 年最先提出了原始形式的地方性震级 M_L 及量规函数，1959 年李善邦先生根据我国所使用的地震仪器特性和我国华北地区的地震波衰减规律，将原始形式的地方性震级传递到中国，得到了我国地方性震级的计算方法和量规函数。我国地域辽阔，不同地区的地壳厚度和结构差别很大，地震波的衰减规律与华北地区的差别也很大，因此有必要建立分区地方性震级的量规函数。几十年来，我国地震台网已经积累了大量的地震观测资料，为建立分区地方性震级的量规函数创造了良好的条件。

地方性震级量规函数的量值传递与溯源关系见图 3.4，我们要根据李善邦先生提出的地方性震级公式和基于短周期仪器的量规函数 $R_1(\Delta)$，通过计算每个省不同台站测定同一震中距的震级偏差，将震级偏差不大的邻省合并为一个区域，最终建立了东北与华北地区、华南地区、西南地区、青藏地区和新疆地区共 5 个区域的地方性震级量规函数。

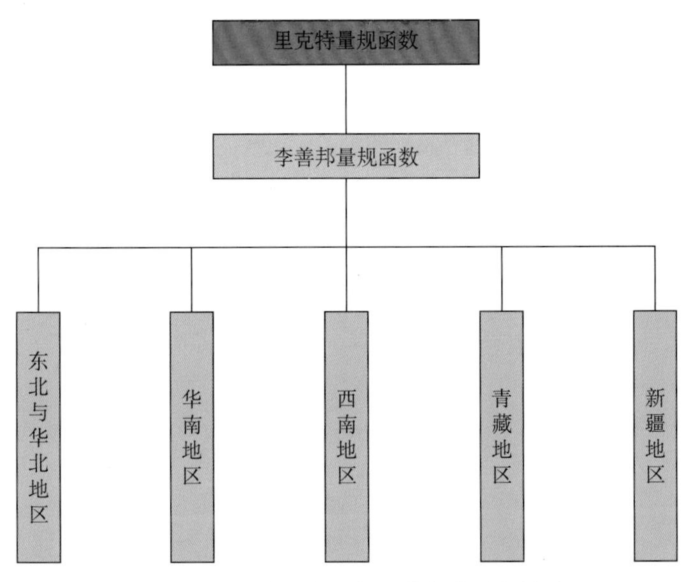

图 3.4　地方性震级量规函数的传递与溯源

一、资料收集

从震级测定来看，2002 年以前，我国使用 DD-1 短周期仪器测定地方性震级；2003 年到 2007 年底，一部分台站使用 DD-1 短周期仪器测定地方性震级，另一部分使用数字地震记录测定地方性震级；2008 年以后所有台站均使用数字地震记录通过仿真的方法测定地方性震级。我们分别使用模拟记录和数字记录测定地方性震级的量规函数，本节介绍的是用模拟记录资料得到的结果。

我们共收集整理了全国 31 个省级地震台网 1973 年到 2002 年的 1308 个台站的震相数据，共整合 0.1 级以上共计 105282 个地震，375744 组数据。表 3.5 列出了各省地震台网记录的地震个数、台站个数、资料组数（王丽艳和刘瑞丰，2016）。

表 3.5 模拟记录观测资料统计表

台网名称	台站数量	地震数量	资料组数	年份
安徽	51	3208	8268	1976—2002
福建	55	7534	47851	1989—2002
甘肃	63	4650	13537	1990—2000
广东	50	3592	3944	1990—2000
广西	27	3043	7492	1980—2002
海南*	17	452	2256	2000—2002
河北、北京、天津	163	4614	8872	1989—2002
河南	31	2542	6406	1981—2002
黑龙江	36	1071	2531	1973—2002
湖北	53	2065	10508	1980—2002
湖南	18	350	1132	1987—2002
吉林	15	252	2561	1990—2001
江苏、上海	33	3831	13224	1982—2002
江西	7	400	748	1991—2002
辽宁	50	2037	11952	1980—2002
内蒙古（东部）	23	2280	10243	1990—2002
内蒙古（中西部）	26	2697	12289	1990—2002
宁夏	17	2858	11785	1990—2002
青海	12	4691	16385	1990—2002
山东	52	3936	24690	1975—2002
山西	63	7884	21402	1991—2000
陕西	21	1244	22202	1990—2002
四川、重庆	92	15300	37462	1990—2002
西藏	26	2363	2738	2001—2002
新疆	54	7238	33926	1990—2000
云南、贵州	235	14900	40684	1990—1999
浙江	18	250	656	1988—2002
合计	1308	105282	375744	

注：2000 年以前资料在广东。

二、测定方法

设 N_e 为地震数量，N_s 为记录地震的台站数量，按照克里斯托斯科夫提出的相似的方法，对第 i 个地震第 j 个台站，求得单台的震级 M_{Lij}（Christoskov et al.，1978）。

$$M_{Lij} = \lg\left(\frac{A_N + A_E}{2}\right) + R_1(\Delta) \tag{3.9}$$

对第 i 个地震，求出对所有台站震级平均值：

$$M_{Li} = \frac{1}{N_s}\sum_{j=1}^{N_s} M_{Lij},\ (i = 1,\ 2,\ 3,\ \cdots,\ N_e) \tag{3.10}$$

将单个台站对应的单个地震的震级值减去单个地震的平均值，可得到单台震级的偏差值。

$$\Delta M_{Lij} = M_{Lij} - M_{Li},\ (i = 1,\ 2,\ 3,\ \cdots,\ N_e),\ (j = 1,\ 2,\ 3,\ \cdots,\ N_s) \tag{3.11}$$

根据单台震级的偏差值可以画出震级偏差 ΔM_{Lij} 随震中距 Δ 的变化曲线图，如果量规函数正确，则震级偏差随震中距的变化的曲线就应该在 0 附近摆动。曲线的偏差值的负值为量规函数的校正值，将校正值加到量规函数 $R_1(\Delta)$ 上，就可得到新的量规函数（陈继峰等，2013）。

依次计算每个省的震级偏差，画出每个省的震级偏差随震中距变化的曲线和量规函数曲线，将相邻省的震级偏差随震中距变化曲线、量规函数曲线进行对比，并依据我国地质构造情况和地方性震级的精度允许范围，将区别不大的省份合并为一个区域。内蒙古自治区占地面积较大，将其分为东部和中西部地区，经对比发现，内蒙古东部和中西部差别不大，可以合并。最终，将全国 31 个省分为五个大区。分别为东北与华北地区、华南地区、西南地区、青藏地区、新疆地区。

从实用性和方便性的角度，将五大分区所对应的新的地方性震级量规函数分为 $R_{11}(\Delta)$、$R_{12}(\Delta)$、$R_{13}(\Delta)$、$R_{14}(\Delta)$、$R_{15}(\Delta)$，五大分区及其对应的量规函数所适用的区域分别为：

东北与华北地区 $R_{11}(\Delta)$：黑龙江、吉林、辽宁、内蒙古、北京、天津、河北、山西、山东、河南、宁夏、陕西。

华南地区 $R_{12}(\Delta)$：福建、广东、广西、海南、江苏、上海、浙江、江西、湖南、湖北、安徽。

西南地区 $R_{13}(\Delta)$：云南、四川、重庆、贵州。

青藏地区 $R_{14}(\Delta)$：青海、西藏、甘肃。

新疆地区 $R_{15}(\Delta)$：新疆。

三、测定结果

选择各分区地震资料比较集中的范围，将计算出的单台震级的残差值进行曲线拟合，并按10km的震中距间距进行平滑，做震级偏差随震中距的变化曲线，得到了东北与华北地区、华南地区、西南地区、青藏地区、新疆地区地方性震级的量规函数（王丽艳等，2016）。

如图3.5所示，东北与华北地区，总计497个台站，31415个地震，135033组震级资料。在100~200km、580~600km范围内，偏差波动较小；在0~100km范围内，偏差小于0，200~580km范围内偏差大于0，偏差波动较大。

华南地区总计329个台站，24725个地震，96079组震级资料。在80~240km、320~450km、580~600km范围内，偏差波动较小；在0~80km、240~320范围内，偏差小于0，450~580km范围内，偏差大于0，偏差波动较大。

西南地区总计327个台站，30200个地震，78146组震级资料。在40~200km范围内，偏差波动较小；在0~40km范围内，偏差小于0，在200~300km范围内，偏差大于0，偏差波动较大。

青藏地区总计101个台站，11704个地震，32660组震级资料。在40~280km范围内，偏差波动较小；在0~40km、570~580km范围内，偏差小于0，280~570km、580~600km范围内，偏差大于0，偏差波动较大。

新疆地区总计54个台站，7238个地震，33926组震级资料，在150~350km、460~550km范围内，偏差波动较小；在0~150km范围内，偏差小于0，350~460km范围内，偏差大于0，偏差波动较大。

从以上可以看出，震级偏差在0~100km左右范围内基本小于0，在100~300km范围内无太大波动，在大于300km的范围基本大于0。说明量规函数 $R_1(\Delta)$ 在0~100km左右范围内是偏小的，在100~300km范围内偏差较小，在大于300km的范围外量规函数 $R_1(\Delta)$ 偏大。

曲线偏差值的负值即为量规函数的校正值，将校正值加到量规函数 $R_1(\Delta)$ 上，即可得到各分区的新量规函（陈培善等，1983）。图3.6给出了各分区新量规函数与量规函数 $R_1(\Delta)$ 对比图。对于东北与华北地区来说，0~100km范围内，东北与华北区新量规函数 $R_{11}(\Delta)$ 比量规函数 $R_1(\Delta)$ 比偏大；在100km~300km和580~600范围内，$R_{11}(\Delta)$ 与 $R_1(\Delta)$ 基本一致；在300~600km范围内，$R_{11}(\Delta)$ 比 $R_1(\Delta)$ 的偏小。

对于华南地区来说，0~80km范围内，华南地区新量规函数 $R_{12}(\Delta)$ 比量规函数 $R_1(\Delta)$ 偏大；在80~450km和580~600km范围内，$R_{12}(\Delta)$ 与 $R_1(\Delta)$ 基本一致；在450~580km范围内，$R_{12}(\Delta)$ 比 $R_1(\Delta)$ 偏小。

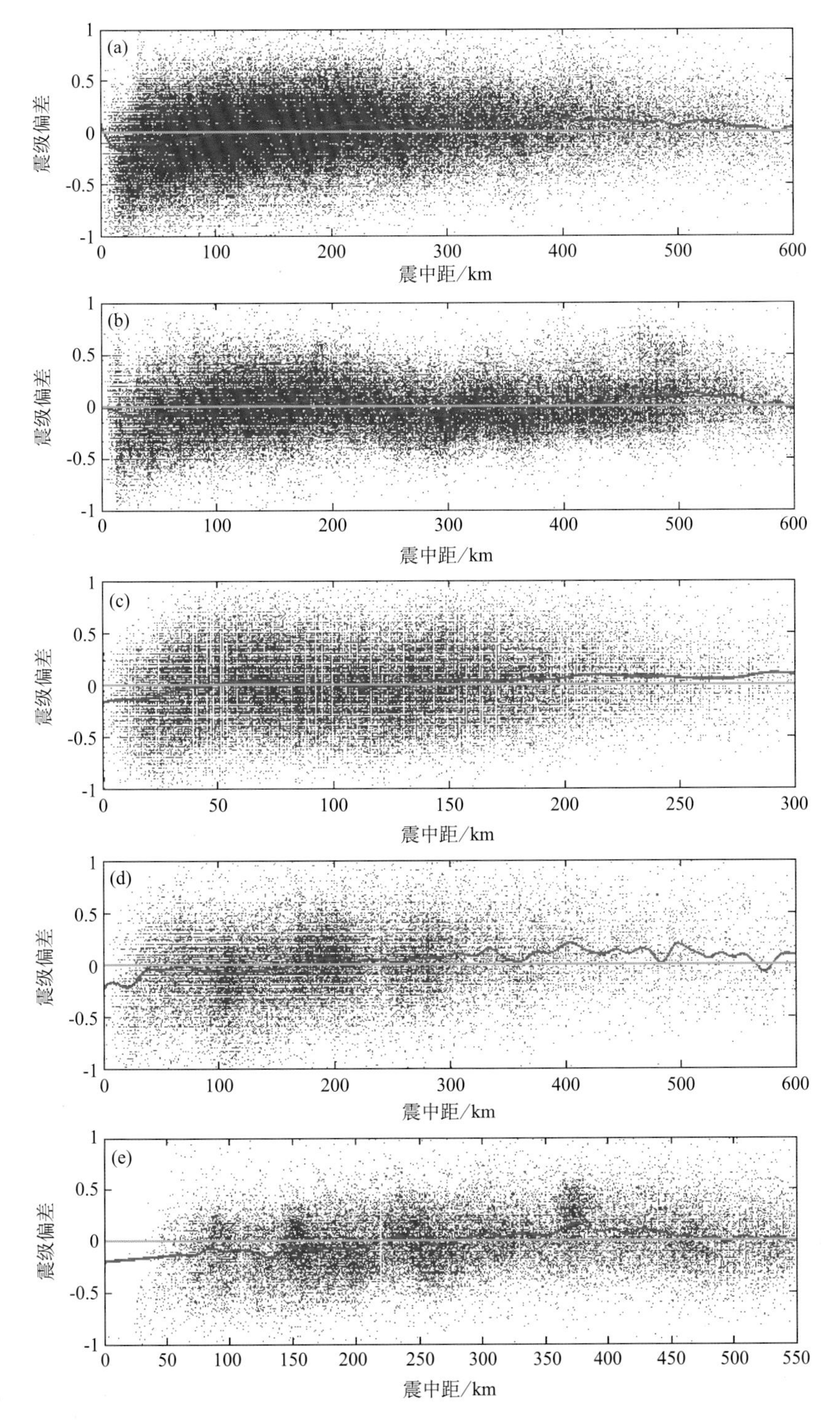

图 3.5 震级偏差随震中距变化图

(a) 东北与华北地区；(b) 华南地区；(c) 西南地区；(d) 青藏地区；(e) 新疆地区

(蓝色点为单台震级偏差值，红色曲线为震级偏差平滑曲线，绿色曲线为零点基线)

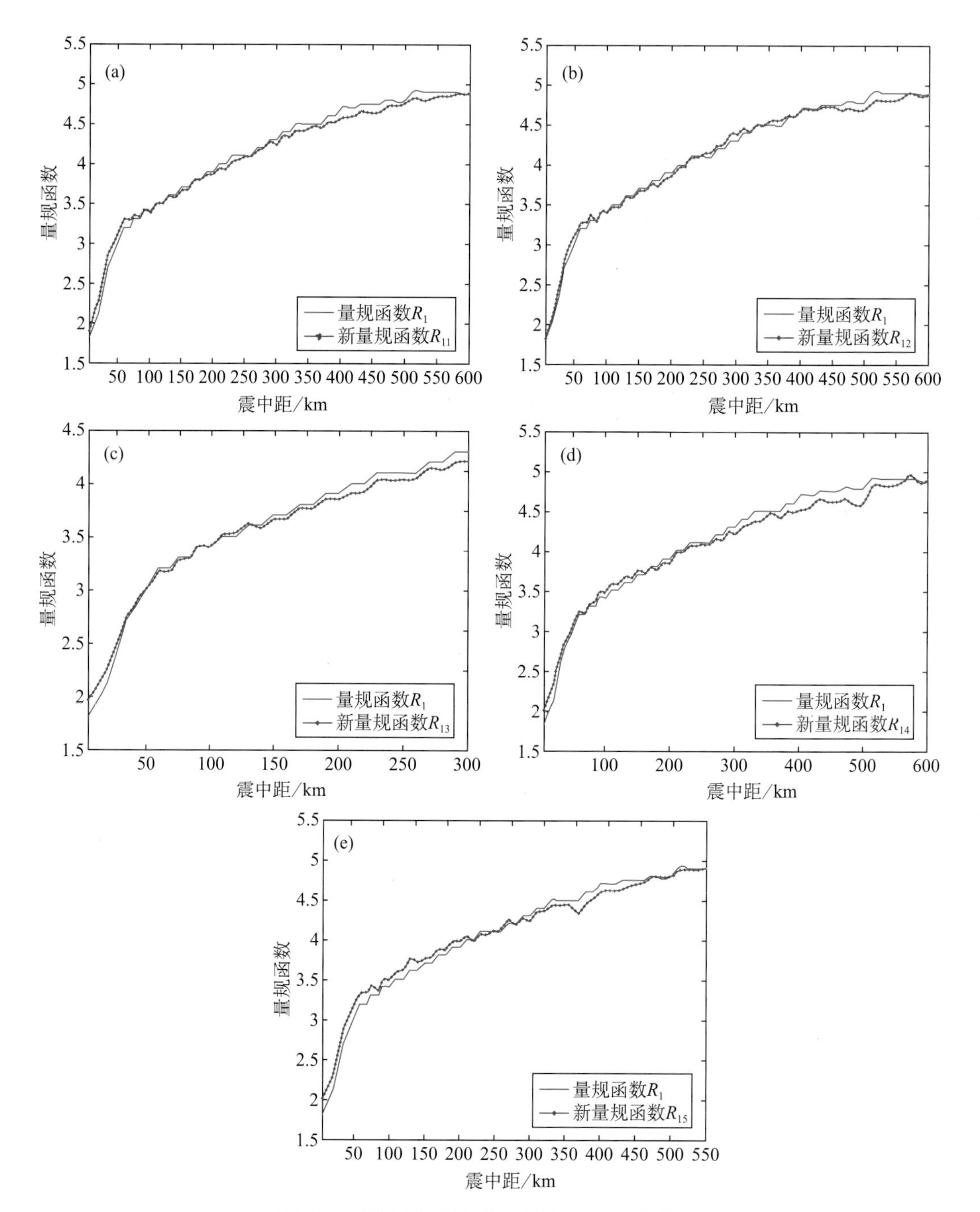

图 3.6　新量规函数与量规函数 $R_1(\Delta)$ 对比图

(a) 东北与华北地区；(b) 华南地区；(c) 西南地区；(d) 青藏地区；(e) 新疆地区

对于西南地区来说，0~40km 范围内，西南地区新量规函数 $R_{13}(\Delta)$ 比量规函数 $R_1(\Delta)$ 偏大；在 40~200km 范围内，$R_{13}(\Delta)$ 与 $R_1(\Delta)$ 基本一致；在 200~300km 范围内，$R_{13}(\Delta)$ 比 $R_1(\Delta)$ 偏小。

对于青藏地区来说，在 0~40km 和 570~580km 范围内，青藏地区新量规函数 $R_{14}(\Delta)$ 比量规函数 $R_1(\Delta)$ 偏大；在 50~280km 和 580~600km 范围内，$R_{14}(\Delta)$ 与 $R_1(\Delta)$ 基本一致；在 280~570km 范围内，$R_{14}(\Delta)$ 比 $R_1(\Delta)$ 偏小。

对于新疆地区来说，在 0~200km 范围内，新疆地区新量规函数 $R_{15}(\Delta)$ 比量规函数 $R_1(\Delta)$偏大，在 200~350km 和 460~550km 范围内，$R_{15}(\Delta)$ 与 $R_1(\Delta)$ 基本一致，在 300~460km 范围内，$R_{15}(\Delta)$ 比 $R_1(\Delta)$ 偏小。

附录 1 为经计算所得的新量规函数表。在计算过程中，每个分区地震资料集中的震中距范围并不一致，东北与华北地区、华南地区、青藏地区集中在 0~600km 范围，西南地区集中在 0~300km 范围，新疆地区集中在 0~550km 范围内。但考虑到新量规函数的实用性以及地方性震级的定义，根据量规函数 $R_1(\Delta)$ 和观测资料拟合曲线，将新量规函数的震中距范围扩展到 0~1000km。

四、量规函数的检验

为了检验新的地方性震级量规函数的精度和可用性，我们分别采用原量规函数 $R_1(\Delta)$ 和新的分区量规函数 $R_{11}(\Delta)$、$R_{12}(\Delta)$、$R_{13}(\Delta)$、$R_{14}(\Delta)$ 和 $R_{15}(\Delta)$ 重新测定了 1973 年到 2002 年所有地震的地方性震级，进行了单台震级偏差统计对比和标准误差对比（王丽艳和刘瑞丰，2016）。

1. 单台震级偏差统计对比

由量规函数 $R_1(\Delta)$ 和新的分区量规函数 $R_{11}(\Delta)$、$R_{12}(\Delta)$、$R_{13}(\Delta)$、$R_{14}(\Delta)$ 和 $R_{15}(\Delta)$，测定单台震级偏差绝对值在≤0. 2、0. 3~0. 5、0. 6~0. 8、≥0. 9 的 5 个区域地震数量比例见表 3. 6 至表 3. 10。

表 3.6 东北与华北地区

值	≤0. 2	0. 3~0. 5	0. 6~0. 8	≥0. 9
$R_1(\Delta)$	66. 4%	27. 7%	5. 0%	0. 9%
$R_{11}(\Delta)$	68. 4%	27. 2%	4. 3%	0. 1%

表 3.7 华南地区

值	≤0. 2	0. 3~0. 5	0. 6~0. 8	≥0. 9
$R_1(\Delta)$	72. 2%	24. 7%	2. 7%	0. 4%
$R_{12}(\Delta)$	74. 1%	23. 6%	2. 1%	0. 2%

表 3.8　西南地区

值	≤0.2	0.3~0.5	0.6~0.8	≥0.9
$R_1(\Delta)$	65.3%	28.6%	5.2%	0.9%
$R_{13}(\Delta)$	66.3%	28.4%	4.8%	0.5%

表 3.9　青藏地区

值	≤0.2	0.3~0.5	0.6~0.8	≥0.9
$R_1(\Delta)$	65.3%	26.3%	6.9%	1.5%
$R_{14}(\Delta)$	67.2%	25.8%	5.9%	1.1%

表 3.10　新疆地区

值	≤0.2	0.3~0.5	0.6~0.8	≥0.9
$R_1(\Delta)$	64.2%	29.3%	5.2%	1.3%
$R_{15}(\Delta)$	65.9%	28.4%	4.7%	1.0%

总的来看，由新量规函数 $R_{11}(\Delta)$、$R_{12}(\Delta)$、$R_{13}(\Delta)$、$R_{14}(\Delta)$ 和 $R_{15}(\Delta)$ 计算所得的单台震级偏差绝对值与由量规函数 $R_1(\Delta)$ 计算所得相比，震级偏差在 0.2 以内的地震数量在增加，震级偏差在 0.3~0.5 范围的地震数量在降低，说明使用新量规函数会减小单台震级偏差。

2. 标准误差对比

标准误差是评判地方性震级优劣程度的一个依据。对第 i 个地震，求出对所有台站震级的标准误差：

$$SD(M_{Li}) = \left(\frac{1}{N_s}\sum_{j=1}^{N_s}(M_{Lij} - M_{Li})^2\right)^{½}, \ (i = 1, 2, 3, \cdots, N_e) \tag{3.12}$$

对所有地震的标准误差为：

$$SD(M_L) = \frac{1}{N_e}\sum_{i=1}^{N_e} SD(M_{Li}) \tag{3.13}$$

我们首先使用 $R_1(\Delta)$ 计算 1973 年到 2002 年所有震级值，利用公式（3.12）和公式（3.13），可算出各个省的标准误差，继而算出各分区的标准误差 $SD1$；然后用表 3.6 的新量规函数重新计算 1973 年到 2002 年所有震级值，从而算出各分区的标准误差 $SD2$。求得结果如表 3.11 所示，两个标准误差的值在 0.22~0.28 之间，而由新量规函数计算所得的标准误

差 $SD2$ 小于由 $R_1(\Delta)$ 计算所得的标准误差 $SD1$，表明用新量规函数计算的震级值优于 $R_1(\Delta)$，使用新的量规函数能够提高地方性震级的测定精度。

表 3.11 两种量规函数计算所得的震级标准误差

区域	$SD1$	$SD2$
东北与华北地区	0.25	0.24
华南地区	0.24	0.22
西南地区	0.26	0.25
青藏地区	0.26	0.25
新疆地区	0.29	0.28

从这 5 个新量规函数与旧量规函数 $R_1(\Delta)$ 的对比可以看出，新旧量规函数的变化在 0.1~0.2 之间。由于省级地震台网的观测资料主要集中在震中距 $\Delta \leqslant 600$km，因此震中距 $\Delta \leqslant 600$km 新量规函数比旧量规函数有一定变化，而 600km$<\Delta \leqslant$1000km 的量规函数没有变化。通过实际地方性震级测定表明，使用新量规函数 $R_{11}(\Delta)$、$R_{12}(\Delta)$、$R_{13}(\Delta)$、$R_{14}(\Delta)$ 和 $R_{15}(\Delta)$，计算所得的单台震级偏差绝对值与由量规函数 $R_1(\Delta)$ 计算所得相比，震级偏差在 0.2 以内的地震数量在增加，震级偏差在 0.3~0.5 范围的地震数量在降低，并且测定地方性震级的标准差有一定的减小，说明使用新的量规函数能够提高地方性震级的测定精度。

第五节 小 结

（1）自从 1935 年里克特提出了地方性震级标度 M_L 以来，M_L 得到了各个国家的普遍使用。尽管 M_L 是一个没有量纲的地震参数，但测定和使用都很方便，更重要的是它为面波震级、体波震级标度的建立提供了思路与方法，为定量研究地震奠定了基础。

（2）地方性震级 M_L 适合表示近震的大小，由于不同地区的震源深度、地壳结构、地震波的衰减特性不同，使用的地震仪器也可能不同，因此不同地区的 M_L 的计算公式也会不同，这也就是“地方性”的涵义。

（3）在计算 M_L 时，里克特只考虑了最大地动位移的振幅 A，而没考虑 S 波（或 Lg 波）周期 T，理由是南加州的地震都是浅源地震，震源深度一般都小于 15km，WA 地震仪是短周期模拟记录，走纸速度有限，最大振幅震相（在地方震中，一般为 Sg，Lg 或 Rg）一般具有相同的周期，用 WA 短周期地震仪记录的 S 波的周期基本都在 1.0s 左右。

而有一些地区，地震的震源深度大于美国南加州（如我国台湾地区），所以需要测定与

震中距 Δ 和震源深度 h 相关的地方性震级 M_L 量规函数 f（Δ, h），或者在 M_L 计算公式中用“倾斜”的震源距 $R=\sqrt{\Delta^2+h^2}$ 代替震中距 Δ。

（4）对于同一地震，由处在不同方位上的地震台站测定的地方性震级有时差别比较大，特别是 250km 以内的台站测定的地方性震级有时差别更大。其原因之一就是震源能量辐射不均匀，即与震源机制有关。地震发生的机制十分复杂，在这种情况下，处在不同范围上的地震台站计算出的震级各不相同，这是一种正常现象。为了消除这种差异，现在通用的方法是利用不同方位的地震台站测定的震级取平均值。

（5）近年来，强震动台站的建设得到了迅速的发展，加速度仪器具有在强震发生时记录近场强地面运动不限幅的特点，利用加速度数据测定 M_L 的方法有了较快的发展（Lee et al.，1990；Hatzidimitriou et al.，1993）。利用加速度记录合成 WA 短周期记录的技术最早由金森博雄和詹宁斯提出（Kanamori and Jennings，1978），为了使测定的结果与标准的 M_L 相一致，需要将宽频带加速度记录仿真成 WA 短周期位移记录，这样才能测定 M_L。

第四章　面波震级

伍德—安德森地震仪是一种短周期地震仪，它可以很好地记录近震短周期地震波。在地震波的传播过程中，由于高频地震波的衰减要远远大于低频地震波，当地震仪距离震中较远时，这种地震仪的记录能力变得有限，用地方性震级 M_L 就无法测定全球范围远震的大小。1945 年，古登堡提出了面波震级标度，弥补了地方性震级 M_L 的局限性。

用地震面波测定的震级称为面波震级（Surface wave magnitude），用 M_S 表示，其中 S 表示面波（Surface wave）。面波震级 M_S 是与地方性震级 M_L 对接的震级，是 M_L 在远震的延续。

第一节　古登堡面波震级

在远震的地震记录图上，最大的振幅是面波，对于震中距 $\Delta>2000$km 的浅源地震（震源深度 $h<60$km），面波水平向振幅最大值的周期一般都在 20s 左右，这个 20s 左右周期的面波相应于面波波列的频散曲线上的艾里（Airy）震相，相应于瑞利面波群速度频散曲线的局部最小值。

一、面波震级与地方性震级的对接

1945 年，古登堡将测定地方性震级 M_L 的方法应用于远震，提出了利用 20s 左右周期的面波测定面波震级 M_S 的方法，采用与地方性震级 M_L 相一致的公式测定面波震级 M_S（Gutenberg，1945a）：

$$M_S = \lg A(\Delta) - \lg B(\Delta) + C + D \tag{4.1}$$

式中，A 是面波最大地动振幅（自零点至波峰），$A=\sqrt{A_N^2+A_E^2}$，A_N 与 A_E 分别是北南向，东西向地动位移，均以微米（μm）计；$B(\Delta)$ 是零级地震在不同震中距 Δ 两水平向最大地动振幅值，$-\lg B(\Delta)$ 是量规函数，如果给定震源深度 h，$B(\Delta)$ 只与震中距 Δ 有关。上式虽不包含地震波的周期 T，但实际意味着周期 T 在 20s 左右；C 是台基校正值，与地震台站下方的地质结构和所使用的仪器有关；D 是震源校正值，与震源深度、震源辐射地震波的方向性（辐射图型）、地震波沿传播路径不规则的吸收效应有关。古登堡在忽略了 D 的情况下，计算了全球 40 个地震台站的 C，其中包括古登堡所在的帕萨迪纳（Pasadena）地震台、我国鹫峰（Chiufeng）地震台，计算结果表明大部分地震台的 C 基本在 0.1 左右，海参崴（Vladivostok）地震台最大是+0.43，鹫峰地震台的是+0.06。这些值是使用 20s 左右面波得到的，对于其他周期的地震波其数值会有所变化。

从式（4.1）我们可以看出，如果忽略 C 和 D，量规函数 $-\lg B(\Delta)$ 是当 $M_S=0$ 时面波最大值对数的负值，它是一个用来补偿振幅随距离的衰减效应的半理论、半经验的公式。古登堡通过实际观测数据拟合，当震中距大于 20°时，用 WA 短周期地震仪记录面波的振幅 b 有如下关系：

$$\lg b=\lg B-2.5 \tag{4.2}$$

式中，B 的单位是微米（μm），b 的单位是毫米（mm）。当震中距小于 20°时，面波周期小于 20s，上面的关系不成立（Gutenberg，1945a）。

古登堡用不同震中距的观测数据，得到了 $\lg B$ 和 $\lg b$ 随震中距 Δ 变化曲线。他发现当震中距 $\Delta=90°$时，$\lg B=-5.04$，该点确定了面波震级零点的位置，但对其他地震在 $\lg B$ 随震中距 Δ 变化曲线中的相对位置没有影响，从而得到了测定面波震级的量规函数和面波震级计算公式中的常数。

二、面波震级的量规函数

从理论上讲，当震中距 $\Delta>20°$时，面波的周期大约是 20s，零级地震的水平向面波振幅 B 由下面的公式给出：

$$-\lg B=5.04+\frac{1}{2}\left[48.25K(\Delta-90)+\lg(\sin\Delta)+\frac{1}{3}(\lg\Delta-1.954)\right] \tag{4.3}$$

式中，Δ 是震中距，单位是度（°）；K 是面波的吸收系数（每千米），对于不同的路径取不同的值，大陆地区 $K=0.00016$，环绕地球或穿过太平洋 $K=0.0003$，沿太平洋边缘 $K=0.005$。对于 20s 面波，取其平均值为 $K=0.0003$。在上式中，当 $\Delta=90°$时，$\lg(\sin\Delta)=0$，$\lg\Delta=1.954$，从而得到 $\lg B=-5.04$，该值控制着震级的零点，但对不同地震震级的差别没有影响。

古登堡由实测数据采用最小二乘法得到了量规函数，当 15°<Δ<130°时（Gutenberg，1945a）

$$-\lg B = 1.818 + 1.656\lg\Delta \tag{4.4}$$

表4.1是$-\lg B$的实测值和利用公式（4.3）～（4.4）计算值，可以看出当$15° < \Delta < 130°$时，观测值与公式（4.4）基本一样；当$\Delta > 140°$时，观测值与公式（4.3）基本一样。

表4.1　$-\lg B$的实测值和利用公式（4.3）～（4.4）计算值

$-\lg B$	Δ(°)											
	15	20	30	40	60	80	100	120	140	160	170	175
观测值	3.90	3.90	4.30	4.50	4.80	5.00	5.10	5.30	5.30	5.30	5.30	5.20
公式（4.3）	4.07	4.19	4.37	4.52	4.76	4.96	5.12	5.24	5.34	5.35	5.25	5.13
公式（4.4）	3.77	3.97	4.26	4.47	4.75	4.97	5.13	5.26	5.37	5.47	5.51	5.53

（1）当$15° < \Delta < 130°$时，采用下面的面波震级公式：

$$M_S = \lg A_{20} + 1.656\lg\Delta + 1.818 \tag{4.5}$$

式中，A_{20}表示周期为20s的面波（一般是瑞利波的水平向）的最大地动振幅，以微米（μm）计；Δ是震中距，以度计。面波震级的计算公式（4.5）适用于浅源地震，公式中的量规函数只与震中距Δ有关，而没有考虑震源深度h。

（2）当震中距为$130° < \Delta < 180°$时，采用半理论、半经验的方法求得的公式（4.3）计算量规函数，面波震级的计算公式为：

$$M_S = \lg A_{20} + 5.04 + \frac{1}{2}\left[48.25K(\Delta - 90) + \lg(\sin\Delta) + \frac{1}{3}(\lg\Delta - 1.954)\right] \tag{4.6}$$

实际观测表明，在震级大于7.0级的地震或以海洋路径为主的地震记录中，面波最大周期往往是20s左右，而对于小于7.0级地震或震源深度小于40km地震，面波周期一般小于20s，测定的面波震级偏低。

第二节　国际地震机构和一些国家的面波震级

古登堡提出了面波震级标度以后，面波震级在世界各国得到了普遍的应用，各国的地震学家根据自己的研究成果和观测数据，对面波震级计算方法进行了改进，从而使得不同国际机构和不同国家测定的面波震级存在一定差别。

一、苏联及东欧国家

古登堡提出的面波震级公式（4.5）使用的是（20±2）s 的面波，所对应的震中距一般在 15°~130°之间，这意味着震中距在 15°以内的地震台站不能测定面波震级，这对于国土面积比较小的国家就不适用。

20 世纪 40 年代，苏联地震学家基尔诺斯（D. P. Kirnos，1905—1995）设计了基尔诺斯中长周期地震仪（简称“基式地震仪”，英文缩写 SK）。该仪器记录在很宽的周期范围内与地动位移成正比，在苏联和东欧许多国家得到普遍应用。

1950 年以后，在苏联、东欧大多数国家，以及中国、蒙古国、古巴的地震台站都配置基式中长周期地震仪。早期的基式地震仪的频带为 0.1~10s，后来的基式地震仪的频带范围为 0.1~20s。在此期间，很多国家都利用 2~25s 的面波测定 M_S。捷克斯洛伐克和苏联地震学家使用基式仪器记录，研究了以大陆传播路径为主的面波震级测定问题。1955 年，苏联地震学家索罗维耶夫利用基式地震仪器记录测定的面波震级表明，在很大的震中范围（2°~160°）内，在面波周期很宽的周期范围（3~30s）内，地动位移振幅 A 除以周期 T 即（A/T）的最大值 $(A/T)_{max}$ 很稳定，而不是最大位移振幅 A_{max} 很稳定。于是索罗维耶夫提出了用地面质点运动速度的最大值 $(A/T)_{max}$ 代替地面运动位移的振幅 A_{20}。这是因为，一方面 $(A/T)_{max}$ 与地震能量有着密切的关系，另一方面也能更好地解释了最大面波振幅（艾里震相）周期的变化范围，艾里震相依赖于速度结构和距离，对于大多数地区，瑞利面波艾里震相的周期约为 20s，的确在古登堡规定的 20±2s 的范围内。在 10°距离时，观测到面波的周期是 7s，在 100°的距离时，观测到面波的周期是 16s。在陆地路径时，面波最大周期可达 28s，在海洋路径时观测到的周期会更大（Soloviev，1955）。

1955 年，索罗维耶夫提出了用 $(A/T)_{max}$ 测定面波震级的公式，1957 年索罗维耶夫和谢巴林得到了相应的量规函数（Soloviev and Shebalin，1957）。

$$M_S = \lg\left(\frac{A}{T}\right)_{max} + \sigma_{SO}(\Delta) \tag{4.7}$$

$$\sigma_{SO}(\Delta) = 1.656\lg\Delta + 3.119(15° < \Delta < 130°) \tag{4.8}$$

$$\sigma_{SO}(\Delta) = 1.60\lg\Delta + 3.2(4° < \Delta < 80°) \tag{4.9}$$

式中，$\sigma_{SO}(\Delta)$ 是面波震级的量规函数，A 是两水平向地动位移的矢量和的最大值，T 是相应的周期。可以看出，量规函数式（4.8）与古登堡提出的量规函数式（4.4）一样，若取式（4.7）中的 T=20s，则式（4.7）+式（4.8）就与式（4.5）完全一样。式（4.9）式是考虑到震中距较小时面波衰减较慢的影响。

二、国际地震学与地球内部物理学协会（IASPEI）

20 世纪 60 年代，世界多国的地震学家都认识到计算震级比计算地震能量有优势，因为计算震级的方法比较简单，比较适合于地震台网的日常工作。虽然计算面波震级的基本方法都是以古登堡提出的面波震级公式为基础，但有的使用瑞利波，有的使用勒夫波。由于使用面波的类型不同，量规函数也不同，因而对于同一地震，不同国家测定的震级值存在一定的差别，这一问题得到了世界多国地震学家的高度重视。

1960 年，第 12 届国际大地测量学与地球物理学联合会（International Union of Geodesy and Geophysics，IUGG）在芬兰首都赫尔辛基举行，会议决定成立一个地震震级测定工作组，讨论并解决当时震级测定存在的问题，1960 年 12 月 7—14 日，来自苏联、捷克斯洛伐克和一些东欧地震学家聚集在布拉格，对目前全世界的震级测定工作进行了总结，并对下一步工作提出意见。1961 年初又在莫斯科等地开会，参加会议的以东欧的地震学家为主，在会上提出了震级测定标准计算公式如下：

$$M = \lg\left(\frac{A}{T}\right)_{\max} + \sigma(\Delta) \tag{4.10}$$

式中，M 既可以是体波震级，也可以是面波震级，$(A/T)_{\max}$ 是所使用地面运动位移的振幅与相应周期之比的最大值，$\sigma(\Delta)$ 是量规函数。

1962 年，卡尔尼克等人研究了索罗维耶夫和谢巴林等 14 个不同作者的量规函数，得到面波震级的量规函数 $\sigma(\Delta)$，提出了一个新的量规函数 $\sigma(\Delta)$（Karnik et al.，1962）：

$$\sigma(\Delta) = 1.66\lg\Delta + 3.3$$

$$M_S = \lg\left(\frac{A}{T}\right)_{\max} + 1.66\lg\Delta + 3.3 \tag{4.11}$$

$$(2° < \Delta < 160°,\ h < 60\text{km})$$

式中，A 为两水平分向面波质点运动位移的矢量和，$A = \sqrt{A_N^2 + A_E^2}$，可以是瑞利波也可以是勒夫波。若只有一个分向，则用 $\sqrt{2}A_N$ 或 $\sqrt{2}A_E$。为了在地震图上找出 $(A/T)_{\max}$，需要量取几组记录振幅极大值计算（A/T），然后在它们当中选取最大的（A/T）。公式（4.11）中的面波震级量规函数是基于苏联的基式（SK）地震仪器，这也是当时东欧一些国家使用的地震仪器。

1967 年，在苏黎世召开的 IASPEI 会议上，正式推荐该震级公式为浅源（$h \leqslant 60$km）地震的标准震级公式，这就是著名的莫斯科—布拉格公式。由于当初的地震仪器只有水平向，古登堡提出的面波震级公式和莫斯科—布拉格面波震级公式都是基于水平向记录。

通过对 IASPEI 推荐的面波震级计算公式（4.11）和古登堡的面波震级公式（4.5）对比发现，（4.11）式已是一个全新的面波震级计算公式，该公式比古登堡的面波震级公式系统偏大 0.18。

IASPEI 推荐的面波震级计算公式发布以后，得到了国际主要地震机构和很多国家的积极响应。从 1967 年以后，各国纷纷采用 IASPEI 的面波震级公式测定面波震级，使得全世界不同地震台网测定震级的一致性得到了普遍的提高。

三、美国

从 1960 年起，美国陆续在全球建立由 120 个台站组成的世界标准地震台网（World Wide Standard Seismic Network，WWSSN），每个台站都配置三分向短周期仪器（Short Period，SP）和三分向长周期仪器（Long Period，LP）。从此以后，三分向地震仪器陆续在地震台站使用。

1968 年美国国家地震信息中心（NEIC）采用 IASPEI 的建议，使用两水平向记录测定面波震级 M_{S20}，但对使用资料的周期和震中距做了更严格的限制，只使用震中距在 $20° < \Delta < 160°$ 范围、周期在 $18s < T < 22s$ 范围的资料。

水平向地震仪器记录了叠加的勒夫波和瑞利波，由于勒夫波具有扭转剪切成分，使得不同震中距、不同方位角的台站使用水平向记录测定面波震级时，有时偏差较大。而垂直向地震仪器记录的面波只有瑞利波，在测定面波震级时不同台站之间的偏差较小。因此，利用垂直向地震仪器测定面波震级引起了地震学家的普遍关注，但地震学家也意识到利用水平向记录和垂直向记录测定面波震级的一致性问题。

1972 年，亨特开展了用水平向资料与用垂直向资料测定面波震级的对比工作，研究结果表明对于单个地震台二者会有一定差别，但对于多台平均二者的差别可以忽略（Hunter，1972）。1975 年，鲍曼等人利用正交回归的方法得到了用水平向和垂直向资料测定面波震级之间的经验公式如下：

$$M_{LV} = 0.97M_{LH} + 0.19 \tag{4.12}$$

对于 4.0~8.5 级之间，二者的偏差小于 0.07 级，从而解决了用垂直向资料测定的面波震级与用水平向资料测定面波震级的一致性问题（Bormann and Wylegalla，1975）。

从 1975 年 5 月起，美国地质调查局（USGS）决定只使用垂直向资料测定面波震级 M_S，为了和以前使用水平向测定的面波震级相区别，1975 年 5 月以后美国国家地震信息中心（NEIC）测定的面波震级用 M_{SZ} 表示，其意思是使用垂直向的资料。

$$M_{SZ} = \lg\left(\frac{A}{T}\right)_{max} + 1.66\lg\Delta + 3.3 \tag{4.13}$$

$$(20° \leqslant \Delta \leqslant 160°,\ 18 \leqslant T \leqslant 22s)$$

NEIC 对使用资料的范围进行了严格的限制，只使用 20°~160°震中距范围内，周期在 18~22s 之间的垂直向记录测定 M_{SZ}，但从震级测定的角度看，这种对震中距和周期范围的限制是不必要的，它限制了测定区域地震面波震级的可能性。

四、国际地震中心（ISC）

国际地震中心（ISC）是一个国际性非政府组织，负责收集全球 310 多个地震台网约 6000 多个地震台站的观测资料。对于大多数地震，ISC 利用所收集到的震相数据重新测定地震参数。在震级测定方面，ISC 利用式（4.11）测定震源深度 $h \leqslant 60\text{km}$ 浅源地震的面波震级，而不必指定地震波的类型，也不必考虑使用水平向，还是垂直向资料。ISC 使用的是 5°~160°震中距范围内，周期在 10~60s 之间的垂直向和水平向的面波资料测定 M_S。而从实际使用的资料来看，震中距在 20°~160°范围内的资料居多。

在 ISC 所收集的资料中，WWSSN 的资料占了相当大的比例，使用面波周期大多数在 20s 左右。1980 年，安芸敬一和理查兹在《Quantitatives Seismology Theory and Methods》一书中指出，小于 15s 周期的面波受到浅层非均匀性散射的影响，而周期大于 25s 的面波，由于穿透到软流层，能量损失较大。因此，大约 20s 周期的面波是衰减最小的面波（Aki and Richards，1980）。

由于 WWSSN 覆盖的地域广阔，地震仪的一致性好，再加上所使用资料的震中距范围和周期范围都是面波比较稳定的范围，NEIC 测定的面波震级 M_{SZ} 和 ISC 测定的面波震级 M_S 的精度和一致性都很好，NEIC 和 ISC 逐步在全世界范围内确立了其地震参数测定的权威性。

五、CTBTO 国际数据中心（IDC）

全面禁止核试验条约组织（CTBTO）国际数据中心（International Data Center，IDC，又称 PIDC，EIDC）则用替代 IASPEI 的方法测定面波震级 M_S，使用震中距为 2°~100°的面波，而不是 20°~160°。由于使用了近场资料，IDC 测定的地震数量比 NEIC 多出 10 倍左右，IDC 测定面波震级比 NEIC 平均偏小 0.1 级左右（Stevens and McLaughlin，2001）。

美国使用的震级公式（4.13）在实际应用中也遇到了一些问题，其最大的问题是不适用于区域小地震的面波震级测定。20 世纪 60 年代以来，面波震级与体波震级之比 M_S/m_b 是区分天然地震和地下核爆破的重要判据。然而，美国使用的面波震级却不适用于区域小地震和地下核爆破。1971 年，埃文登将式（4.11）应用于小地震和地下核爆破的检测，短周期体波震级 $3.8<m_b<5.3$，震中距 $1°<\Delta<36°$，大地震震中距到 100°，并取得了很好的效果（Evernden，1971）。

1973 年，纳特利在北美 2°~40°范围内观测到最大面波振幅周期为 3~12s 短周期瑞利面波，并且在 2°~20°范围内面波衰减满足 $1.66\lg\Delta$，这与卡尔尼克等人（Karnik et al.，1962）的结果（4.11）是一致的（Nuttli，1973）。这些研究结果表明，使用短周期面波资料也可以得到稳定、可靠的面波震级，这对于测定中小地震和地下核爆破的面波震级是非常有用的，并且适合于国土面积不是很大的国家测定面波震级。

六、日本

日本气象厅（Japan Meteorological Agency，JMA）在日常工作中使用日本震级 M_J，测定 M_J 时使用震中距 $\Delta<2000$km 的台站记录的地动位移的最大振幅 A，地震仪器的固有周期为5s，最大振幅 A 既可以是体波，也可以是面波。根据震源深度的不同，使用两种量规函数（Katsumata，1996）：

（1）对于震源深度 $h<60$km 的浅源地震，采用坪井（C. Tsuboi）的公式，该公式与古登堡和里克特的面波震级 M_S 公式做过很好的校准（Tsuboi，1954）：

$$M_J = \lg\sqrt{A_N^2 + A_E^2} + 1.73\lg\Delta - 0.83 \tag{4.14}$$

式中，A_N 和 A_E 分别北南向和东西向地震波的最大振幅，单位是微米（μm），地震波的周期 $T<10$s；Δ 是震中距，单位是千米（km）。

（2）对于震源深度 $h\geqslant60$km 的中深源地震，采用胜又护（A. Katsumata）的公式：

$$M_J = \lg A + K \tag{4.15}$$

式中，K 是震中距 Δ 和震源深度 h 的函数，通过二维表格的形式给出。该公式也与古登堡和里克特的体波震级公式做过很好的校准（Katsumata，1964；Koyama，1982；Nuttli，1985）。对于7.0级地震 M_S 与 M_J 一样。然而，对于较小的地震 M_J 比 M_S 偏大，当 M_J 为5.0时 M_J 比 M_S 偏大大约1.0。

坪井的公式（4.14）是基于中周期维歇尔地震仪水平向记录得到的，该仪器在0.1~5.0s周期范围对地动位移的响应是平坦的，在实现数字化以后，日本气象厅将宽频带记录仿真成维歇尔记录，然后测定 M_J。而对于5.5级以下地震，则使用频率在1~30Hz范围的速度型记录测定 M_J。

就面波震级而言，IASPEI 公式以及 NEIC、ISC、IDC 所使用时公式形式上都一样，但所测定面波震级的内涵（波型、波的周期范围、使用的震中距范围等）不尽相同。日本只用式（4.14）和（4.15）测定日本国内的地震的大小，其 M_J 自成体系。所以不同机构测定同一地震的面波震级 M_S 可能会有些不同。

从理论上讲，使用垂直向测定面波震级得到的结果更稳定，因为垂直向只包含了独立的瑞利波。而水平向却包含了叠加在一起的瑞利波和勒夫波，不同台站测定的震级相差较大，从而使得面波震级测定结果不稳定。

第三节 我国的面波震级

新中国成立以后，我国也开始着手面波震级的研究。由于当时我国使用的中长周期地震仪器记录国内地震的面波周期一般都小于15s，在10°距离时，观测到的面波周期是7s，在100°的距离时，观测到的周期是16s。因此，中国不能直接采用古登堡定义的20s面波震级公式。

一、1957—1965年

1956年，根据中苏科技合作协议，我国决定采用基式地震仪作为中国基准地震台网的主要仪器，1956年下半年开始在国内仿制基式地震仪器。1957年3—5月使用我国生产的基式地震仪先后建立了昆明、成都、兰州、南京、佘山、拉萨、广州和北京8个基准地震台。1958年前后，又在原有的长春、西安、包头等中强震台站上配备了基式地震仪，还增设了武汉台。至此，全面完成了在全国兴建第一批12个基准台的任务。

1957—1965年，我国的地震报告采用苏联索罗维耶夫和谢巴林提出的计算公式（4.7）~（4.8）式（陈培善，1989）。可以看出，在相同震中距时，我国当时采用的面波震级公式比IASPEI推荐的公式（4.11）偏小0.18。

二、1966年以后

从1966年以后，我国根据所使用地震仪器的特性和地震波衰减的特点，建立了自己的面波震级测定方法，分别使用水平向记录和垂直向记录测定面波震级。

1. 水平向面波震级

从1945年起，古登堡和里克特将公式（4.1）应用于帕萨迪纳（Pasadena）地震台的面波震级测定，后来又有法国斯特拉斯堡（Strasbourg）、瑞典的乌普萨拉（Uppsala）和基卢纳（Kiruna）、意大利的罗马（Roma）、捷克的布拉格（Praha）和日本的松代（Matsushiro）等6个地震台以古登堡和里克特所在的帕萨迪纳地震台所报出的面波震级作为该台制定震级量规函数的标准，他们假定式（4.1）中的$C=0$，$D=0$。因此，上述6个地震台站是严格按古登堡—里克特的面波震级公式测定面波震级。

郭履灿先生收集了上述6个地震台1960—1964年的地震资料，统计了这6个地震台报出的面波震级与帕萨迪纳面波震级的偏差，这些地震台站每年震级偏差的平均值为±0.14，因此可以认为这几个地震台与帕萨迪纳地震台测定的面波震级是一致的。为了在一定程度上消除面波辐射能量的方向性效应，将6个地震台的平均震级记为M_6。可以认为平均震级M_6维持了古登堡—里克特的面波震级水平。

郭履灿结合我国的实际情况，参考捷克和苏联等国的经验，把面波震级公式写为：

$$M_S = \lg\left(\frac{A}{T}\right)_{max} + \sigma(\Delta) \tag{4.16}$$

在实际计算时，必须选用 $T \geqslant 3.0$s 的面波，否则容易与 S 波相混淆，取几组（A/T）中的最大者（A/T）$_{max}$。

北京地震台配置了基式地震仪器，当地震波周期为 0.3s 到 10s 之间，基式仪的放大倍数接近于常数，当震中距 $\Delta \geqslant 1°$，它记录的地震面波周期 $T \geqslant 3$s，用基式地震仪记录的面波适合测定面波震级。郭履灿从 1956—1962 年北京地震台基式仪记录选出已知 M_6 的 143 个地震的面波震级，计算面波震级的量规函数。

$$\sigma(\Delta) = M_6 - \lg\left(\frac{A}{T}\right)_{max}$$

在 $\Delta = 8° \sim 130°$之间，上述 143 个地震的 $\sigma(\Delta)$ 与 $\lg(\Delta)$ 之间的关系近于直线，用最小二乘法拟合，求得

$$\sigma(\Delta) = (1.66 \pm 0.09)\lg\Delta + (3.5 \pm 0.14)(8° < \Delta < 130°) \tag{4.17}$$

上式符合古登堡—里克特所在的帕萨迪纳地震台的震级水平，其标准误差又比用帕萨迪纳单台测定的震级为标准震级得到的误差偏小，在一定程度上减小了能量辐射的方向性效应。

对于 $\Delta = 130° \sim 180°$之间，使用古登堡的半经验半理论的面波震级量规函数（4.3）。

我国 1966 年 1 月以后的地震观测报告，采用了郭履灿等人提出的以北京地震台为基准的面波震级公式，并一直使用至今。由于我国地震台网孔径的限制，在测定面波震级时都使用 130°以内的资料，计算公式为：

$$M_S = \lg\left(\frac{A}{T}\right)_{max} + (1.66 \pm 0.09)\lg\Delta + 3.5 \pm 0.14 \tag{4.18}$$

在实际使用中往往忽略±0.09 和±0.14 这两个系数的标准偏差。

我国地震台网实际使用的面波震级的计算公式为：

$$M_S = \lg\left(\frac{A}{T}\right)_{max} + 1.66\lg\Delta + 3.5 \quad (1° < \Delta < 130°) \tag{4.19}$$

式中，A 是两水平分向面波地动位移的矢量和，$A = (A_E^2 + A_N^2)^{\frac{1}{2}}$，以微米（μm）为单位；$T$

是相应的周期，以秒（s）为单位；Δ 是震中距离，以度（°）为单位。取 A/T 的最大值。测量两水平分量最大合成地动位移时，要取同一时刻，或相差在1/8周期之内，若两分量周期不一致时，则取加权和为：

$$T = (T_N A_N + T_E A_E)/(A_N + A_E)$$

以上研究结果当时并未及时发表，1981年才在《地震学报》发表（郭履灿，1981）。

在短距离上，短周期面波容易与Sg震相混淆，为了便于使用，许绍燮院士在《地震震级的规定》（GB 17740—1999）中规定了对应于不同震中距面波的周期范围见表4.2。

表4.2 不同震中距（Δ）选用地震面波周期（T）值

Δ/（°）	T/s	Δ/（°）	T/s	Δ/（°）	T/s
2	3~6	20	9~14	70	14~22
4	4~7	25	9~16	80	16~22
6	5~8	30	10~16	90	16~22
8	6~9	40	12~18	100	16~25
10	7~10	50	12~20	110	17~25
15	8~12	60	14~20	130	18~25

2. 垂直向面波震级

1985年以后，我国763长周期地震台网陆续建成并投入使用，该仪器的参数与美国世界标准地震台网（WWSSN）长周期（LP）完全一样，地震计周期 $T_S = 15.0$s，电流计周期 $T_g = 100$s，地震计阻尼 $D_S = 1.0$，电流计阻尼 $D_g = 1.0$，使得我国拥有一个与WWSSN的长周期B类地震仪的频率特性相同的地震台网，为我国地震观测与研究提供了新的手段。图4.1是我国地震台网和美国地震台网使用的地震仪器特性。国家地震台网主要配置DD-1短周期笔绘记录地震仪、基式（SK）中长周期照相纸记录地震仪和763长周期照相纸记录地震仪器；美国世界标准地震台网（WWSSN）的台站均配置短周期SP地震仪和长周期LP地震仪器，从图4.1可以看出763和WWSSN-LP仪器的幅频特性也完全一样，幅频响应的峰值周期在16s处。

1988年陈培善先生利用20个地震台的763长周期地震仪器记录的103个地震，测定了瑞利波垂直向最大振幅 A 和相应的周期 T，得到763长周期地震仪器记录的最大面波振幅所对应周期一般在17~23s范围内，所观测到的最大面波振幅的周期在22s左右。考虑到与国际接轨，陈培善先生提出了利用763垂直向记录测定面波震级的方法，为了与利用水平向测定的面波震级 M_S 相区别，用763仪器测定的面波震级用 M_{S7} 表示。测定 M_{S7} 要使用763长周

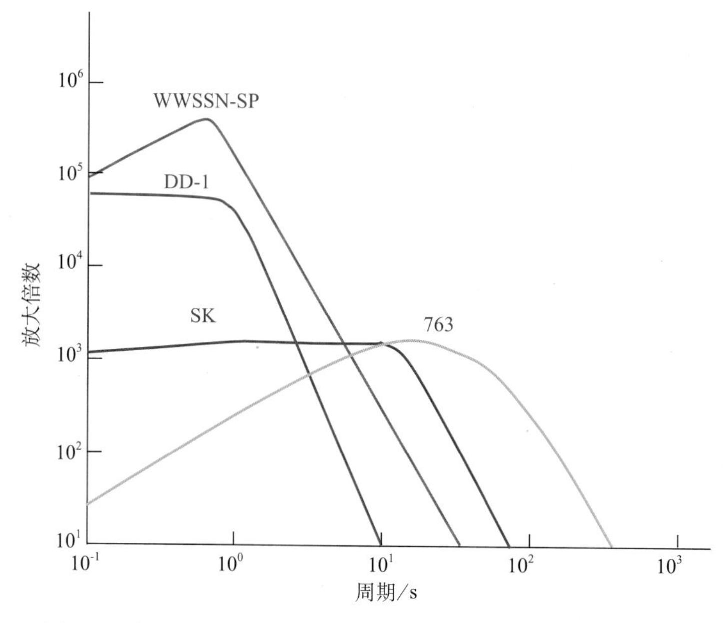

图 4.1　我国地震台网与美国地震台网使用的地震仪的幅频特性

期地震记录，以垂直向瑞利波质点运动最大速度测定震级 M_{S7}，计算公式为（陈培善，1988）：

$$M_{S7} = \lg\left(\frac{A}{T}\right)_{max} + \sigma_{763}(\Delta) \tag{4.20}$$

$$(3° < \Delta < 177°;\ T > 6s)$$

表 4.3 是中长周期地震仪面波震级的量规函数 $\sigma_{763}(\Delta)$。从 1990 年起，我国地震台网除了测定面波震级 M_S，也测定面波震级 M_{S7}。

表 4.3　中长周期地震仪面波震级的量规函数 $\sigma_{763}(\Delta)$ 表

Δ/(°)	σ(Δ)	Δ/(°)	σ(Δ)	Δ/(°)	σ(Δ)	Δ/(°)	σ(Δ)
3	4.48	45	6.04	90	6.54	135	6.86
5	4.81	50	6.11	95	6.59	140	6.89
10	5.13	55	6.18	100	6.63	145	6.93
15	5.34	60	6.24	105	6.65	150	6.96
20	5.51	65	6.30	110	6.69	155	6.98
25	5.65	70	6.35	115	6.72	160	6.99
30	5.77	75	6.40	120	6.76	165	6.98

续表

$\Delta/(^\circ)$	$\sigma(\Delta)$	$\Delta/(^\circ)$	$\sigma(\Delta)$	$\Delta/(^\circ)$	$\sigma(\Delta)$	$\Delta/(^\circ)$	$\sigma(\Delta)$
35	5.87	80	6.45	125	6.79	170	6.94
40	5.96	85	6.50	130	6.82	175	6.83
						177	6.62

从表中可以看出，震中距在 20°～160°之间时，$\sigma_{763}(\Delta)$ 与 IASPEI 推荐的量规函数 $1.66\lg\Delta+3.3$ 是一致的，它们的差别在于，M_{S7}计算的震中距范围是 $3^\circ<\Delta<177^\circ$，而 IASPEI 推荐的计算 M_S 的震中距范围是 $20^\circ<\Delta<160^\circ$。

1990 年以后，我国测定的 M_{S7}与 NEIC 测定的 M_{SZ}一致，没有系统差。为便于比较，在地震观测报告中除了给出 M_S 以外，也给出 M_{S7}（刘瑞丰，2006）。

3. 宽频带面波震级

1983—1986 年国家地震局与美国地质调查局合作建成了由 10 个宽频带数字地震台站组成的中美合作的中国数字地震台网（CDSN）。从 1996 年起，中国地震局开始建设由 48 个宽频带数字地震台站组成的国家数字地震台网，由 353 个宽频带和短周期组成的 20 个区域数字地震台网和首都圈数字地震台网。同模拟记录地震仪器相比，数字地震仪器的特性发生了根本的变化，如何利用数字地震资料测定震级？这是我国地震台网要考虑的重要问题。

1996 年，刘瑞丰提出了用速度平坦型数字地震资料测定面波震级的计算方法：

$$M_S = \lg\left(\frac{V_{max}}{2\pi}\right) + 1.66\lg\Delta + 3.3 \tag{4.21}$$

式中，V_{max} 是垂直向面波速度的最大值，使用上式测定震级方法简单；通过使用全球地震台网（GSN）的资料，测定了 1992 年 9 月 28 日台湾东部海域 M_S6.1 地震、1993 年 10 月 2 日新疆若羌 M_S6.3 地震、1994 日 9 月 16 日台湾海峡 M_S6.7 地震和 1993 年 3 月 20 日西藏羊八井 M_S6.7 地震的面波震级，通过与美国 NEIC 测定结果的对比，震级平均偏差均为 0.05（刘瑞丰，1996）。

2005 年，基于宽频带数字地震资料的面波震级测定方法及测定公式（4.21）被 IASPEI 震级工作组采纳，称为宽频带面波震级，用 $M_{S(BB)}$ 表示。

第四节　面波震级台基校正值

根据古登堡提出的面波震级公式（4.1），测定面波震级要考虑台基校正值。我们收集了1985—2000年国家地震台网记录43510个全球地震的资料，计算了国家地震台站的面波震级台基校正值。

一、测定方法

计算面波震级的台基校正值C的公式为（郭履灿等，1981）

$$M_S = \lg\left(\frac{A}{T}\right)_{max} + \sigma(\Delta) + C_{ik} \tag{4.22}$$

令

$$M_0 = \lg\left(\frac{A}{T}\right)_{max} + \sigma(\Delta) \tag{4.23}$$

故

$$C_{ik} = M_S - M_0 \tag{4.24}$$

式中$i=1, 2, 3, \cdots, N_s$为地震台的序号；k为台基校正值按震中距离所划分的区间：

当$1° \leqslant \Delta < 10°$，$k=1$；当$10° \leqslant \Delta < 20°$，$k=2$；

当$20° \leqslant \Delta < 30°$，$k=3$；当$30° \leqslant \Delta < 40°$，$k=4$；

当$40° \leqslant \Delta < 80°$，$k=5$；当$80° \leqslant \Delta < 130°$，$k=6$；

当$130° \leqslant \Delta \leqslant 180°$，$k=7$。

首先以北京地震台基式地震仪未加校正的M_S为基准，用迭代法求台基校正值和台网的平均震级。具体方法如下：在式（4.22）中，C_{ik}为第i个地震台在第k个Δ区间的台基校正值，它与台基的土质或岩石性质有关，又与台基附近的地壳厚度和分层结构有关。其他各台站相对于北京地震台的震级偏差为

$$E_{ij} = M_{BJIj} - M_{0ij}$$

式中j为地震序号，$j=1, 2, 3, \cdots, N$，N为地震数量。

设第i个台在震中距离第k个区间内有G_{ik}个地震数据，则平均的台基校正值为：

$$C_{0ik} = \sum_{1}^{G_{ik}} E_{ij}/G_{ik} \tag{4.25}$$

把C_{0ik}代入（4.22）式的C_{ik}，即求得每个台经台基校正之后的震级M_{S1ij}，它应当与北京台的平均震级水平在统计意义上说是一致的。但因地震能量辐射的方向性，应当用尽可能

多的台来求平均震级 $\bar{M}_{S1}$，则较能接近于真正的震级，设有 N_j 个台记录到第 j 个地震，则第一轮的平均震级为

$$\bar{M}_{S1j} = \sum_{i=1}^{N_j} M_{S1ij}/N_j \tag{4.26}$$

第二次迭代，即以 $\bar{M}_{S1}$ 为标准震级，来求各地震台第二次的震级偏差

$$E_{1ij} = \bar{M}_{S1j} - M_{Oij}$$

把它分配到第六个震中距离区间内，求得第二轮平均的台基校正值

$$C_{1ik} = \sum_{1}^{G_{ik}} E_{1ij}/G_{ik}$$

以后再按上述步骤，把 C_{1ik} 代替式（4.22）的 C_{ik}，即求得每个台站第二轮经台基校正之后的震级 M_{S2ij}，再按地震归类平均，求得第二轮的平均震级为

$$\bar{M}_{S2j} = \sum_{i=1}^{N_j} M_{S1ij}/N_j \tag{4.27}$$

以上述相同的程序继续求第三次迭代的震级偏差 E_{2ij}，第三轮平均的台基校正值 C_{2ik}，和第三轮的平均震级 $\bar{M}_{S3j}$。按此方式循环迭代 10 次，求出包括北京台在内的面波震级的台基校正值 C_{ik}。计算表明，在第三轮迭代之后 C_{ik} 的变化就已经不大了。同时也相应地求得所有地震的平均震级 $\bar{M}_{Sj}$。

在以上迭代过程中，考虑到有个别的原始资料，即振幅和周期的数据可能有差错，因此用了一种舍弃不良数据的办法：设某次迭代中的震级残差定义为

$$DM_{Sij} = \bar{M}_{Slj} - (M_{0ij} + C_{(l-1)ik}) \tag{4.28}$$

式中，l 为迭代序号，在第 1~3 轮迭代的过程中，如果 $DM_{Sij} > 1.0$ 则将该数据舍弃，估计这可能出现的情况为，把振幅的数据的小数点点错一位数。在第 4~10 轮迭代的过程中如果 $DM_{Sij} > 0.48$，即地动振幅偏大或偏小二倍以上，这可能是过份偏大或偏小的能量辐射所致，我们也将它舍去。在完成 10 次迭代之后，计算平均台基校正值 C_{ik} 的标准误差公式为：

$$SD = \left[\sum_{j=1}^{G_{ik}} (C_{ik} - E_{ij})^2/G_{ik}(G_{ik} - 1) \right]^{\frac{1}{2}} \tag{4.29}$$

所有地震台站分配在每个距离区间的 SD 值列入表 4.4 中，计算每个地震震级平均值 $\bar{M}_{Slj}$ 的

标准误差公式为：

$$\mu_{M}=\left\{\sum_{i=1}^{N_j}\left[\bar{M}_{Slj}-\left(M_{0ij}+C_{ik}\right)\right]^{2}/N_j(N_j-1)\right\}^{1/2} \tag{4.30}$$

对于所有地震求得平均震级的标准误差为±0.03~0.11 级，说明用这种方法测定震级误差是比较小的。

二、测定结果

我们测定面波震级的震中距范围是 1°<Δ<180°，在表 4.4 中列出的是测定的结果，其中 *C* 为台基校正值，*SD* 为标准误差，*G* 为地震事件数量。

表 4.4　国家地震台站面波震级的台基校正值及其标准误差表

		1°~10°	10°~20°	20°~30°	30°~40°	40°~80°	80°~130°	130°~180°	1°~180°
北京	*C*	0.12	0.2	0.07	0.08	0.16	0.21	0.05	0.15
	SD	±0.03	±0.01	±0.01	±0.02	±0.02	±0.05	±0.13	±0.00
	G	75	972	510	87	58	15	3	1715
成都	*C*	−0.13	−0.19	−0.11	−0.08	−0.09	−0.09	−0.11	−0.15
	SD	±0.01	±0.01	±0.01	±0.02	±0.02	±0.03	±0.04	±0.00
	G	523	977	253	72	99	26	16	1964
长春	*C*	−0.22	0.02	0.07	−0.05	−0.09	−0.05	−0.07	0.02
	SD	±0.04	±0.01	±0.01	±0.01	±0.01	±0.03	±0.11	±0.01
	G	27	386	537	173	113	17	6	1256
大连	*C*	0.25	0.15	0.17	0.05	−0.02	0.06	−0.27	0.14
	SD	±0.06	±0.01	±0.01	±0.02	±0.02	±0.04	±0.14	±0.01
	G	12	407	217	66	76	9	8	793
高台	*C*	0.18	0.08	0.05	0.11	0.14	0.11	0.23	0.09
	SD	±0.01	±0.01	±0.01	±0.04	±0.02	±0.03	±0.04	±0.00
	G	266	483	980	1402	1481	307	120	5039
贵阳	*C*	−0.09	−0.05	0.08	0.01	0.01	−0.03	0.03	−0.05
	SD	±0.01	±0.01	±0.01	±0.02	±0.01	±0.04	±0.03	±0.00
	G	572	1263	180	108	89	26	13	2243

续表

		1°～10°	10°～20°	20°～30°	30°～40°	40°～80°	80°～130°	130°～180°	1°～180°
广州	C	0. 14	−0. 08	0. 02	0. 09	0. 04	0. 12	0. 03	0. 08
	SD	±0. 01	±0. 02	±0. 02	±0. 02	±0. 02	±0. 04	±0. 09	±0. 01
	G	636	173	102	60	36	7	5	1011
呼和浩特	C	0. 06	0. 05	−0. 03	−0. 02	−0. 06	−0. 02	−0. 03	0. 01
	SD	±0. 02	±0. 01	±0. 01	±0. 02	±0. 01	±0. 03	±0. 05	±0. 00
	G	49	928	541	58	153	28	20	1774
昆明	C	−0. 1	−0. 09	0. 05	−0. 07	−0. 02	−0. 01	0	−0. 06
	SD	±0. 01	±0. 01	±0. 01	±0. 02	±0. 02	±0. 04	±0. 04	±0. 00
	G	143	840	856	627	945	340	82	3833
喀什	C	−0. 41	−0. 3	−0. 13	−0. 13	−0. 38	−0. 41	−0. 28	−0. 31
	SD	±0. 01	±0. 01	±0. 01	±0. 05	±0. 01	±0. 03	±0. 07	±0. 01
	G	211	423	218	35	413	30	11	1323
拉萨	C	0. 12	0. 3	0. 22	0. 23	0. 17	0. 17	0. 03	0. 19
	SD	±0. 01	±0. 02	±0. 01	±0. 04	±0. 03	±0. 11	±0. 00	±0. 01
	G	475	267	232	24	35	5	1	1020
兰州	C	−0. 03	−0. 03	−0. 02	−0. 67	−0. 75	−0. 62	−0. 48	−0. 06
	SD	±0. 01	±0. 00	±0. 01	±0. 03	±0. 02	±0. 06	±0. 08	±0. 00
	G	617	1206	764	30	67	18	12	2718
牡丹江	C	−0. 21	0. 21	0. 04	0. 01	0. 13	0. 13	−0. 01	0. 09
	SD	±0. 06	±0. 02	±0. 01	±0. 02	±0. 01	±0. 02	±0. 03	±0. 01
	G	23	463	338	348	1289	285	77	2823
南京	C	−0. 01	−0. 07	−0. 12	−0. 19	−0. 51	−0. 49	−0. 52	−0. 08
	SD	±0. 01	±0. 01	±0. 02	±0. 03	±0. 03	±0. 04	±0. 12	±0. 01
	G	917	337	217	99	56	10	4	1635
泉州	C	0. 32	−0. 09	−0. 04	0. 04	0. 02	0. 05	0	0. 19
	SD	±0. 01	±0. 02	±0. 03	±0. 04	±0. 05	±0. 09	0	±0. 01
	G	534	92	72	29	15	3	0	738
琼中	C	0. 26	0. 19	0. 14	0. 1	0. 16	0. 2	0. 22	0. 19
	SD	±0. 01	±0. 01	±0. 01	±0. 02	±0. 02	±0. 03	±0. 04	±0. 01
	G	157	829	198	113	98	32	23	1445

续表

		1°~10°	10°~20°	20°~30°	30°~40°	40°~80°	80°~130°	130°~180°	1°~180°
沈阳	*C*	0.03	0.14	0.09	−0.01	0.04	0.17	0.13	0.1
	SD	±0.04	±0.01	±0.01	±0.01	±0.01	±0.03	±0.11	±0.00
	G	36	642	378	135	84	12	6	1290
佘山	*C*	0.26	0.12	−0.02	0.06	0.27	0.21	0.09	0.18
	SD	±0.01	±0.02	±0.01	±0.02	±0.02	±0.03	±0.03	±0.00
	G	1238	231	240	129	85	18	7	1958
泰安	*C*	0.22	0.1	0.03	0.04	0.3	0.27	0.23	0.1
	SD	±0.03	±0.01	±0.01	±0.02	±0.03	±0.08	±0.05	±0.01
	G	42	662	221	76	43	7	6	1059
太原	*C*	0.1	−0.03	−0.05	0.06	0	0	−0.04	−0.03
	SD	±0.01	±0.00	±0.01	±0.03	0	0	±0.00	±0.00
	G	143	1791	470	35	0	0	1	2432
武汉	*C*	−0.07	−0.1	−0.14	−0.18	−0.25	−0.37	−0.24	−0.11
	SD	±0.01	±0.01	±0.01	±0.02	±0.02	±0.03	±0.04	±0.00
	G	778	655	240	133	75	20	17	1915
乌鲁木齐	*C*	−0.08	0	0.12	−0.12	−0.35	−0.13	−0.56	−0.06
	SD	±0.01	±0.01	±0.02	±0.01	±0.03	±0.11	±0.10	±0.01
	G	108	199	104	567	2145	287	84	3494
西安	*C*	0	−0.07	−0.04	0.01	0.03	−0.08	−0.08	−0.06
	SD	±0.01	±0.00	±0.01	±0.04	±0.03	±0.04	±0.06	±0.00
	G	362	1445	239	24	42	17	10	2139
安西	*C*	0.12	0.1	0.02	−0.18	−0.17	−0.12	−0.14	0.04
	SD	±0.01	±0.01	±0.01	±0.02	±0.02	±0.02	±0.04	±0.00
	G	272	647	434	78	152	25	16	1622
宾县	*C*	−0.08	−0.09	0.03	−0.16	−0.21	−0.33	0.11	−0.06
	SD	±0.11	±0.03	±0.02	±0.03	±0.04	±0.16	±0.04	±0.01
	G	7	77	243	83	67	6	5	484
恩施	*C*	−0.13	−0.21	0.13	0.39	0.42	0.54	0.3	−0.16
	SD	±0.02	±0.01	±0.03	±0.04	±0.04	±0.06	±0.14	±0.01
	G	107	456	99	60	78	25	9	697

续表

		1°~10°	10°~20°	20°~30°	30°~40°	40°~80°	80°~130°	130°~180°	1°~180°
格尔木	C	-0.27	-0.17	-0.2	-0.05	0	-0.03	-0.08	-0.18
	SD	±0.02	±0.02	±0.02	±0.06	±0.03	±0.05	±0.04	±0.01
	G	250	175	189	26	59	8	6	726
桂林	C	-0.2	-0.2	-0.23	-0.24	-0.5	-0.52	-0.58	-0.22
	SD	±0.01	±0.01	±0.03	±0.03	±0.03	±0.03	±0.17	±0.01
	G	236	526	94	69	33	10	3	970
合肥	C	-0.37	-0.23	-0.11	-0.09	-0.03	0.06	0	-0.21
	SD	±0.02	±0.02	±0.02	±0.02	±0.02	±0.07	0	±0.01
	G	115	133	63	42	37	4	0	394
海拉尔	C	-0.12	-0.03	-0.02	-0.06	0.03	0.01	0.09	-0.02
	SD	±0.02	±0.01	±0.01	±0.01	±0.01	±0.02	±0.02	±0.00
	G	76	164	1052	253	151	28	25	1745
红山	C	-0.01	-0.06	-0.13	-0.18	-0.33	-0.27	-0.43	-0.09
	SD	±0.03	±0.01	±0.01	±0.04	±0.04	±0.07	±0.08	±0.01
	G	47	860	272	50	54	8	5	1297
和田	C	-0.13	-0.06	-0.08	-0.1	-0.57	-0.92	-0.79	-0.16
	SD	±0.01	±0.02	±0.04	±0.02	±0.04	±0.02	±0.18	±0.01
	G	222	176	72	146	68	14	2	704
连云港	C	-0.13	-0.16	-0.05	0.18	0.26	0.29	0.14	-0.12
	SD	±0.02	±0.01	±0.02	±0.04	±0.02	±0.04	±0.08	±0.01
	G	89	608	118	37	52	5	4	886
南昌	C	-0.07	-0.03	0	0.04	0.06	0.06	0.03	-0.01
	SD	±0.02	±0.02	±0.03	±0.03	±0.04	±0.09	±0.04	±0.01
	G	145	166	65	46	26	7	5	460
攀枝花	C	0.17	0.12	0.24	0.15	0.17	0.04	0.21	0.16
	SD	±0.01	±0.01	±0.01	±0.03	±0.03	±0.04	±0.06	±0.01
	G	224	503	175	72	87	18	11	1084
腾冲	C	-0.25	-0.01	-0.12	-0.28	-0.12	-0.4	0.46	-0.11
	SD	±0.03	±0.02	±0.01	±0.04	±0.03	±0.06	±0.05	±0.01
	G	65	118	313	23	34	3	2	559

续表

		1°~10°	10°~20°	20°~30°	30°~40°	40°~80°	80°~130°	130°~180°	1°~180°
温州	*C*	0.3	0.01	−0.01	0.07	0.06	0.08	0	0.2
	SD	±0.01	±0.02	±0.02	±0.02	±0.02	±0.04	0	±0.01
	G	993	172	144	83	83	16	0	1489
银川	*C*	−0.07	−0.11	−0.11	−0.11	−0.07	−0.2	−0.04	−0.1
	SD	±0.01	±0.01	±0.01	±0.02	±0.02	±0.07	±0.07	±0.00
	G	219	888	667	57	104	14	5	1953
包头	*C*	0.14	−0.06	−0.05	−0.05	0	0	−0.04	−0.05
	SD	±0.02	±0.01	±0.01	±0.00	0	0	±0.00	±0.01
	G	106	845	340	1	0	0	1	1295

在实际使用中，如果采用表4.4中给出的分段台基校正值，那就意味着每个台站有多个台基校正值，不便于使用。我们按按上述方法将所有地震在$1°\leqslant\Delta\leqslant180°$计算出一个平均的台基校正值，结果见表4.5。

表4.5　国家地震台面波震级台基校正值

序号	台站	地震数	校正值	序号	台站	地震数	校正值
1	北京	1715	0.15	15	泉州	738	0.19
2	成都	1964	−0.15	16	琼中	1445	0.19
3	长春	1964	0.02	17	沈阳	1290	0.10
4	大连	1357	0.14	18	佘山	1958	0.18
5	高台	5039	0.09	19	太原	2432	−0.03
6	贵阳	2243	−0.05	20	泰安	1059	0.10
7	广州	1011	0.08	21	武汉	1915	−0.11
8	呼和浩特	1774	0.01	22	乌鲁木齐	3494	−0.06
9	昆明	3833	−0.06	23	西安	2139	−0.06
10	喀什	1323	−0.31	24	天水	1098	0.20
11	拉萨	1020	0.19	25	安西	1622	0.04
12	兰州	2718	−0.06	26	宾县	484	−0.06
13	牡丹江	2862	0.09	27	恩施	697	−0.16
14	南京	1635	−0.08	28	格尔木	726	−0.18

续表

序号	台站	地震数	校正值	序号	台站	地震数	校正值
29	桂林	970	-0. 22	47	锡林浩特	582	0. 01
30	长沙	615	-0. 10	48	延边	762	-0. 01
31	合肥	394	-0. 21	49	湟源	364	0. 03
32	黑河	1085	-0. 03	50	张家口	693	-0. 16
33	海拉尔	1745	-0. 02	51	蒙城	257	-0. 10
34	红山	1297	-0. 09	52	灌云	271	0. 01
35	和田	704	-0. 16	53	五大连池	522	-0. 23
36	洛阳	673	-0. 02	54	吉首	683	-0. 18
37	连云港	886	0. 02	55	库尔勒	392	-0. 09
38	南昌	460	-0. 01	56	鹤岗	171	0
39	攀枝花	1084	0. 16	57	克拉玛依	194	-0. 13
40	腾冲	559	-0. 11	58	新安江	784	-0. 12
41	温州	1489	0. 20	59	密山	243	-0. 13
42	都兰	851	-0. 22	60	巴里坤	171	-0. 24
43	乌加河	1152	-0. 24	61	通化	393	-0. 12
44	赤峰	660	-0. 02	62	攀枝花	654	0. 03
45	重庆	727	-0. 16	63	银川	1953	-0. 10
46	丹江	778	-0. 06	64	包头	1295	-0. 05

三、结果分析

为了研究单个地震台站测定震级与台网平均震级的差别，我们对中国地震台网测定面波震级和一些地震台站单台测定的震级。我们对昆明、乌鲁木齐、牡丹江和高台做了进一步分析，使用的数据是 1985—2004 年。

1. 昆明地震台

下面以昆明地震台为例，说明单台测定的震级与台网平均震级之间的偏差之间的关系。对于一个地震而言，设 M_S 是台网测定该地震的平均震级，M_{SK}是昆明地震台测定的震级。

如果 $M_{SK}-M_S>0$，说明昆明地震台测定的震级“大于”台网平均震级；

如果 $M_{SK}-M_S<0$，说明昆明地震台测定的震级“小于”台网平均震级；

如果 $M_{SK}-M_S=0$，说明昆明地震台测定的震级“等于”台网平均震级。

图 4. 2 是在平面极坐标系上，昆明地震台测定面波震级 M_{SK}与台网平均面波震级 M_S 之

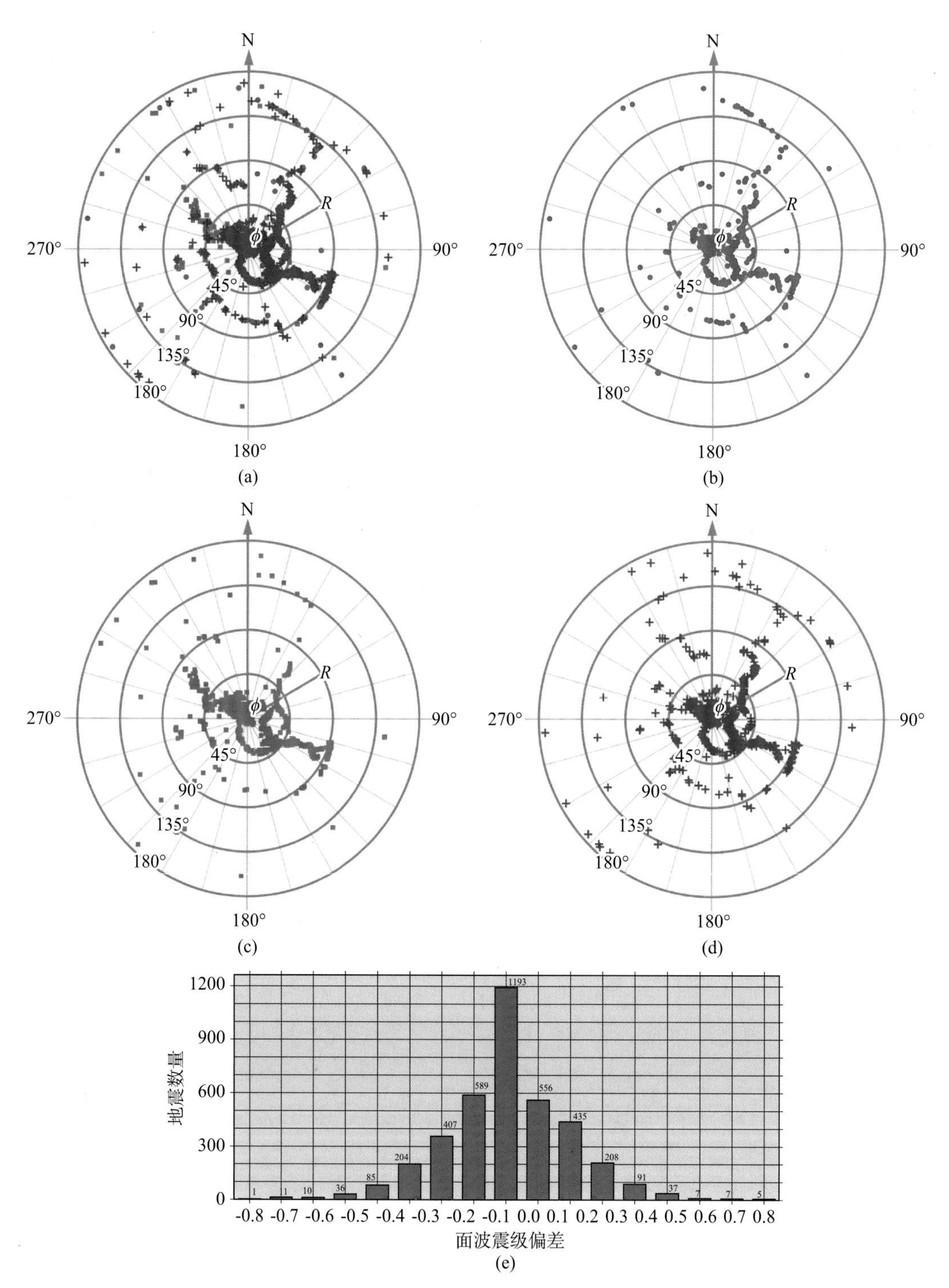

图 4.2 昆明地震台测定的面波震级 M_{SK} 与台网平均震级 M_S 之间的偏差示意图

（a）全部（3833 个地震）；（b）偏大（1346 个地震）；（c）偏小（1294 个地震）；（d）相等（1193 个地震）；（e）面波震级偏差统计

间的偏差示意图。以昆明地震台为坐标的中心，N 是正北方向，φ 是地震相对于台站的方位角（注意：不是台站相对于地震的方位角），R 是震中距。红色圆圈表示对于该地震 $M_{SK}-M_S>0$，说明昆明地震台测定的面波震级偏大；绿色方块表示对于该地震 $M_{SK}-M_S<0$，说明昆明地震台测定的面波震级偏小；蓝色十字表示对于该地震 $M_{SK}-M_S=0$，说明昆明地震台测定的面波震级与台网平均面波震级相等。图 4.2（a）是对于全部地震。为了表示清楚，我们把昆明地震台测定的面波震级分为"偏大""偏小"和"相等"三种情况，分别如图 4.2（b）、（c）和（d）表示，图 4.2（e）是面波震级偏差统计。

从图 4.2（e）可以看出，昆明地震台对比的资料是 3833 个地震，面波震级偏大的有 1346 个地震，面波震级偏小的有 1294 个地震，没有偏差的是 1193 个地震，对于个别地震面波震级有可能偏大或偏小 0.8，但对于大量地震而言昆明地震台面波震级平均偏大 0.06 级。从图 4.2 可以看出昆明地震台是我国非常好的地震台站，能够测定不同震中距（0~180°）和不同方位（0~360°）地震的面波震级，震级的偏差随震中距和方位角的变化不明显，并且对于所有地震与台网平均面波震级相比，有的偏大，有的偏小，也有的相等。

对于一个台站，如果所测定的震级总是偏大或偏小，说明该台站的震级测定存在问题，需要对仪器工作状态、仪器参数、软件等进行检查，找出存在的问题。

2. 高台地震台

图 4.3 是高台地震台测定的面波震级 M_{SG} 与台网平均震级 M_S 之间的偏差示意图。从图 4.3 可以看出，高台地震台对比的资料是 5039 个地震，面波震级偏大的有 1170 个地震，面波震级偏小的有 2394 个地震，没有偏差的是 1475 个地震，对于个别地震面波震级有可能偏大 0.8，或偏小 0.9，但对于大量地震而言高台地震台面波震级平均偏小 0.09 级。高台地震台我国台基最好的地震台站，能够测定不同震中距（0~180°）和不同方位（0~360°）地震的面波震级，震级的偏差随震中距和方位角的变化不明显。

3. 乌鲁木齐地震台

图 4.4 是乌鲁木齐地震台测定的面波震级 M_{SW} 与台网平均震级 M_S 之间的偏差示意图。

4. 牡丹江地震台

图 4.5 是牡丹江地震台测定的面波震级 M_{SM} 与台网平均震级 M_S 之间的偏差示意图。

从图 4.2 至 4.5 可以看出，只有牡丹江地震台测定面波震级偏小的大部分地震的震中距在 0~90°之间。

由于受震源机制、地震波传播路径和地震台站台基的影响，处在不同方位、不同震中距的地震台站测定的面波震级会有一定的差别，从图 4.2 至图 4.5 可以看出：

（1）昆明、高台、乌鲁木齐和牡丹江这 4 个台站的面波震级与台网平均震级之间存在一定偏差，但这种偏差并不大，震级偏差随震中距和方位角的变化并不明显；

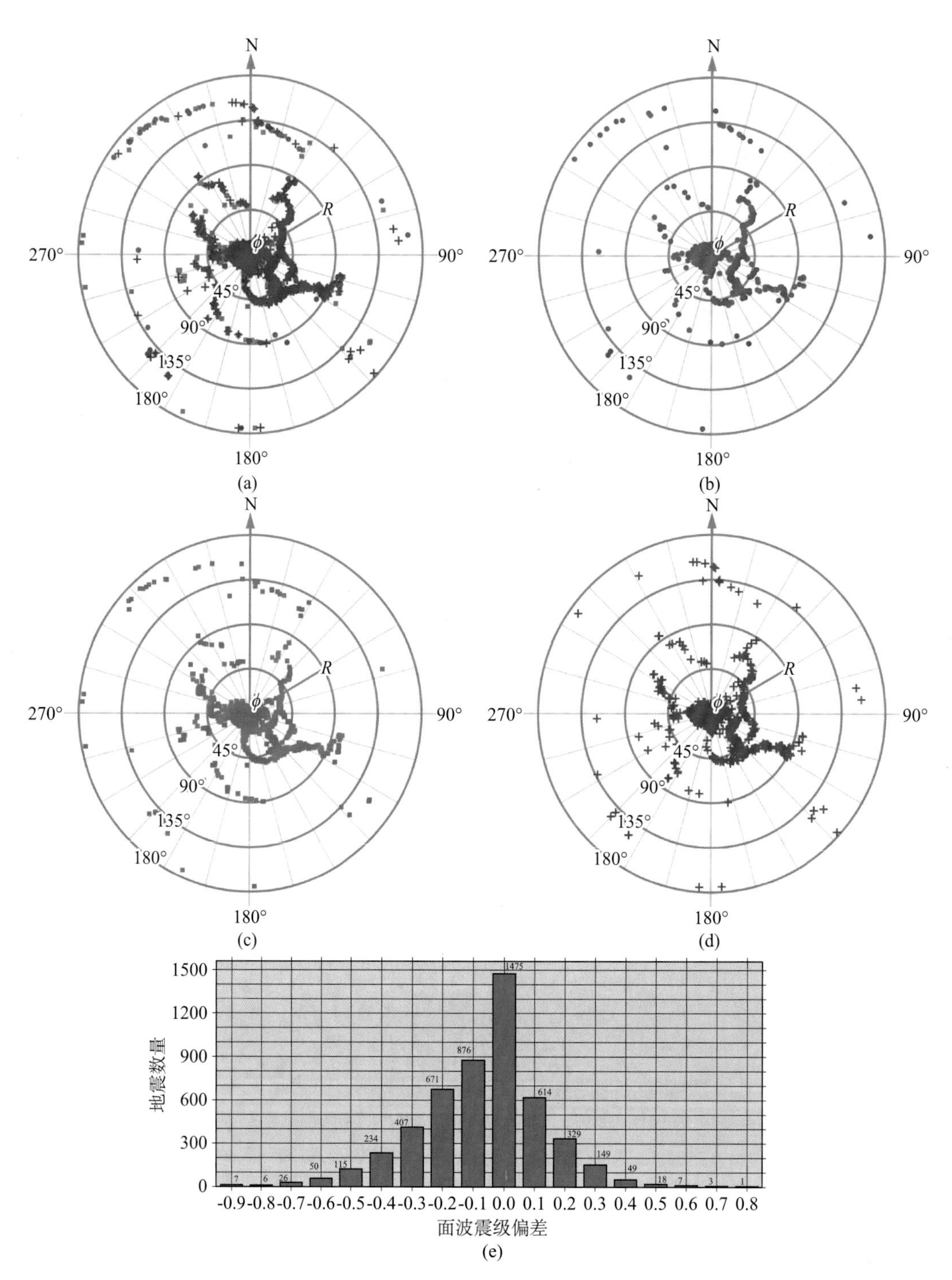

图 4.3　高台地震台测定的面波震级 M_{SG} 与台网平均震级 M_S 之间的偏差示意图

（a）全部（5039 个地震）；（b）偏大（1170 个地震）；（c）偏小（2394 个地震）；（d）相等（1475 个地震）；（e）面波震级偏差统计

（2）对于一个台站而言，以昆明台为例，计算得到的台基校正值为-0.06，面波震级偏差统计图符合正态分布，有的地震的震级偏大，有的地震的震级偏小，而大部分地震的震级与台网的平均震级没有偏差；

（3）对于一个台网而言，有的台站震级偏差为正，有的台站震级偏差为负。例如：高台的台基校正值为0.09，乌鲁木齐的台基校正值为-0.06，牡丹江的台基校正值为0.09，如果取多台平均的话，台站的台基校正值对台网的平均震级几乎没有影响。

这些结果经过IASPEI震级工作组讨论以后，决定在计算单台地方性震级、面波震级和体波震级时，暂不考虑台基校正值。

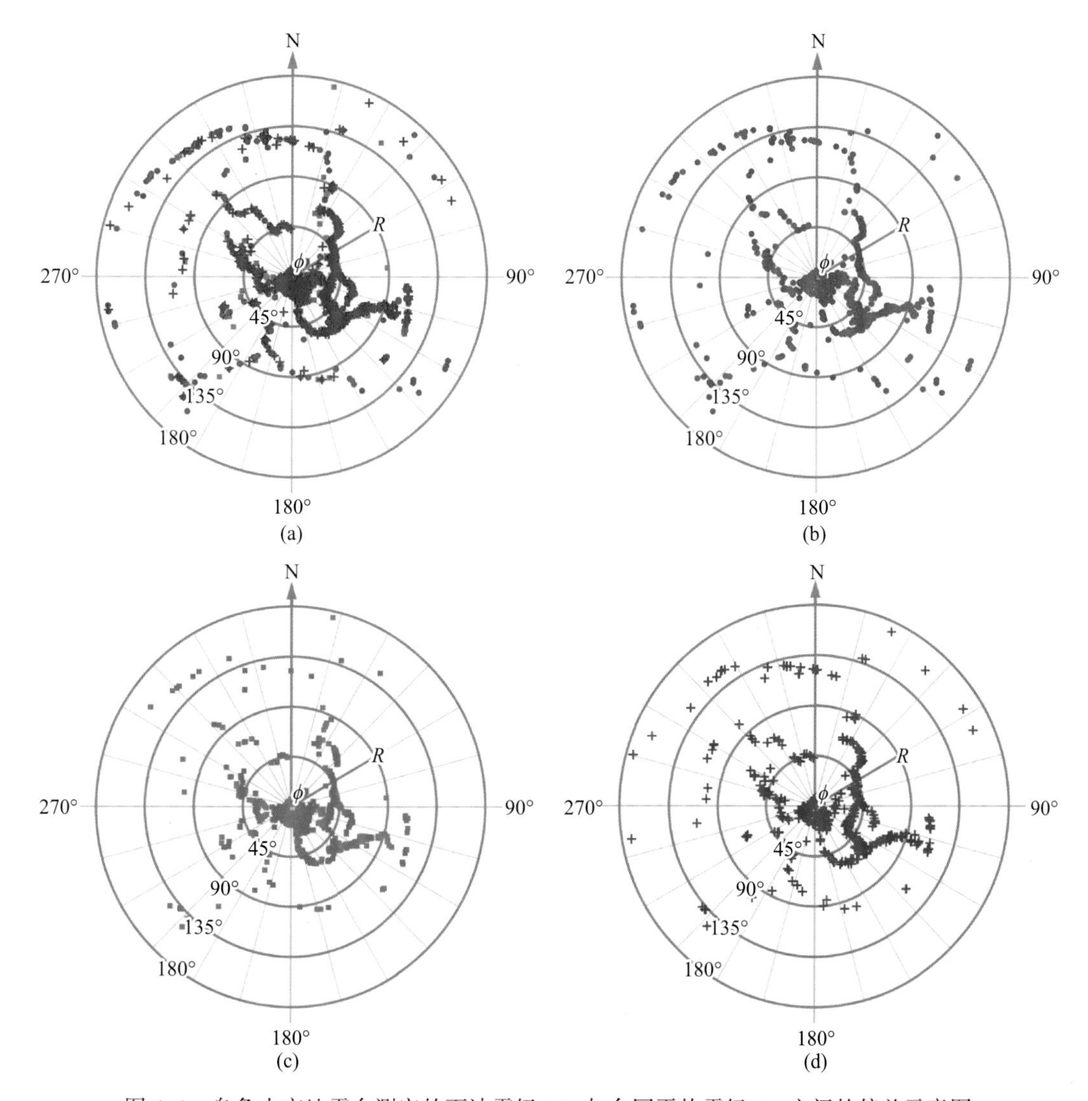

图4.4 乌鲁木齐地震台测定的面波震级M_{SW}与台网平均震级M_S之间的偏差示意图

（a）全部（3494个地震）；（b）偏大（1478个地震）；（c）偏小（1245个地震）；（d）相等（771个地震）

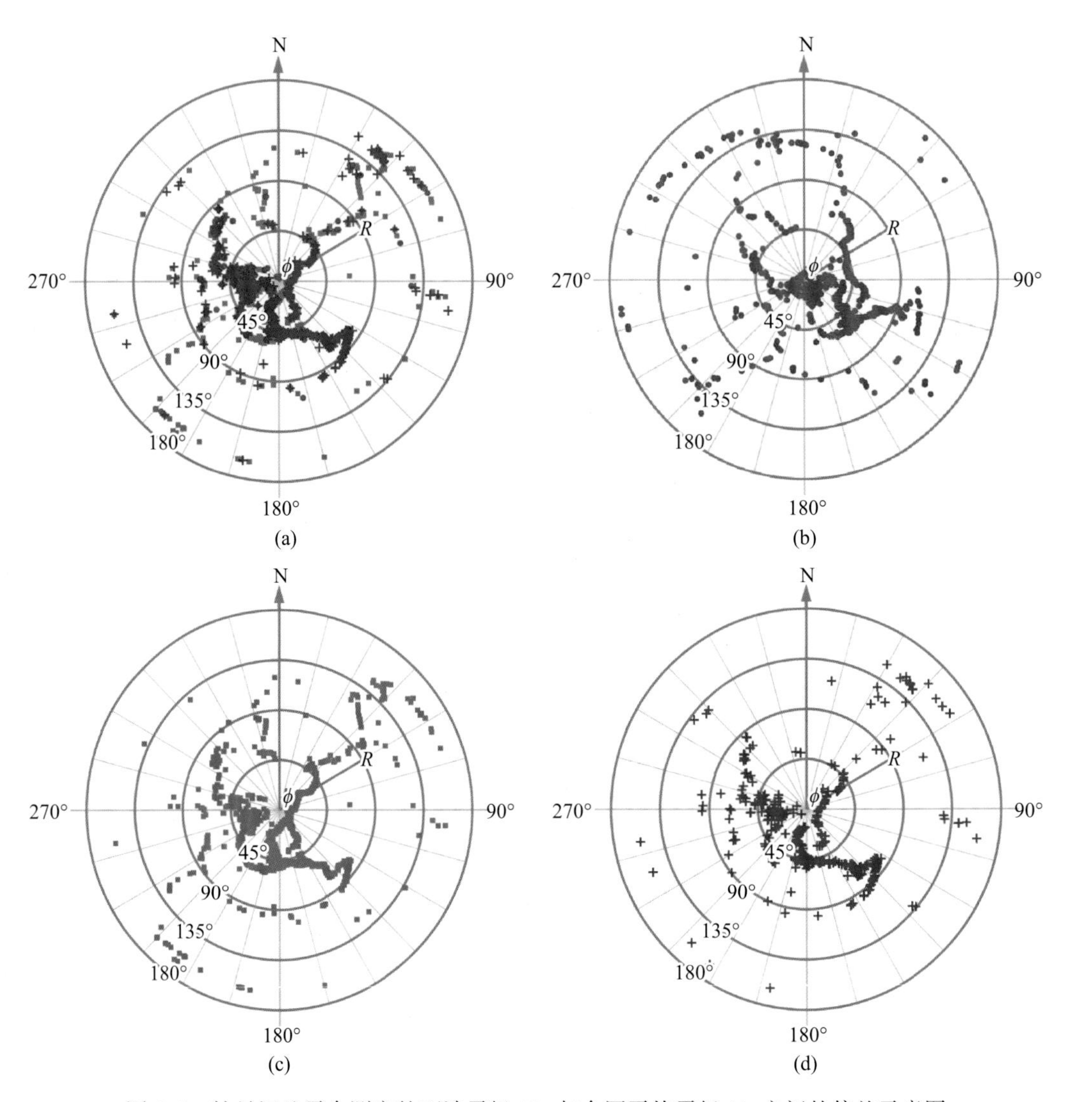

图 4.5　牡丹江地震台测定的面波震级 M_{SM} 与台网平均震级 M_S 之间的偏差示意图

（a）全部（2862 个地震）；（b）偏大（443 个地震）；（c）偏小（1865 个地震）；（d）相等（554 个地震）

第五节　小　　结

（1）1967 年，IASPEI 推荐的面波震级与古登堡提出的面波震级有一定的差别，比古登堡的面波震级大 0.181 震级单位。阿部藤征于 1981 年已经证明了这一点，他给出二者之间的关系式为（Abe，1981）：

$$M_{S(IASPEI)} = M_{S(Gutenberg)} + 0.181$$

实际上，IASPEI 推荐的面波震级计算公式已是一个全新的面波震级，该公式比古登堡的面波震级公式偏大 0.181。

（2）美国 NEIC 在 IASPEI 推荐的面波震级（4.11）式的基础上，将使用资料限制在震中距 20°~160°范围内，周期在 18~22s 范围内，这实际上是限制了使用短周期面波测定面波震级的可能性，不适用于对区域小地震和地下核爆破的监测，这一点已经被我国和欧洲一些国家的研究结果所证实（Bormann，2012）。

（3）在不同阶段，我国使用的面波震级计算公式不同。1957—1965 年底的地震报告采用苏联的计算公式（4.7）~（4.8），当面波周期为 20s 时，该公式与古登堡公式（4.5）一样；从 1966 年至今，我国使用郭履灿等人提出的面波震级计算公式（4.19）。公式（4.19）比 IASPEI 推荐的公式（4.11）偏大 0.20，比 1957—1965 使用的面波震级公式（4.7）+（4.9）偏大 0.38（陈培善，1989）。

（4）我国既使用两水平向资料测定面波震级 M_S，也使用垂直向资料测定面波震级 M_{S7}，这样可以从水平和垂直两个维度表示地震的大小。

（5）受传播路径的影响，面波震级有很明显的区域差别。这是因为地震波在地壳和地幔内的速度横向不均匀和板块边缘的折射都能引起很明显的聚焦和焦散作用，这使得局部的面波震级会偏高或偏低（Lazareva and Yanovskaya，1975）。

第五章 体波震级

用面波震级 M_S 可以表示远距离地震的大小，但对于中源地震、深源地震和地下核爆炸，面波不发育，无法测定面波震级。1945 年，古登堡提出了体波震级标度，完善了对远距离地震大小的量度。体波震级是与地方性震级 M_L 对接的震级。

用地震体波测定的震级称为体波震级（Body wave magnitude）。其中用短周期体波记录测定的体波震级称为短周期体波震级，用 m_b 表示，用中长周期体波记录测定的体波震级称为中长周期体波震级，用 m_B 表示，b 或 B 表示体波（Body wave）。由于体波震级是由体波最开始时的最大振幅确定的，因此它代表了地震开始时的“大小”，而不是整体“大小”。

几乎所有的地震，无论距离远近，无论震源深浅，都可以在地震图上较清楚地识别 P 波等体波震相。对于爆炸源，特别是地下核爆炸，P 波都很清楚，因此用体波测定地震的大小具有广泛的应用。

第一节 古登堡体波震级

1945 年，古登堡基于理论计算，对振幅做了几何扩散和衰减校正，提出了测定体波震级的方法，使用周期在 0.5~12s 的 P、PP 和 S 波测定体波震级 m_B（Gutenberg，1945b，c）。

一、体波震级与地方性震级的对接

地震波能量与地震波的振幅 A 的平方成正比，与其周期 T 的平方成反比。由（2.11）式 $E_{S1}=F(R,\ \rho,\ c)\left(\dfrac{A}{T}\right)^2$ 可以看出，单一频率的地震波的能量 E_{S1} 与地动位移的振幅 A 可用下面的公式表示：

$$A=\frac{T\sqrt{E_{S1}}}{\sqrt{F(R,\ \rho,\ c)}}=TN\sqrt{E_{S1}} \tag{5.1}$$

式中，$N=\frac{1}{\sqrt{F(R,\ \rho,\ c)}}$是对地震波的非弹性衰减和几何扩展衰减校正；$R$ 为震源距，ρ 为地球介质密度，c 为地震波传播速度。P、SH 和 SV 具有不同的传播速度和振动方向，对于水平向体波和垂直向体波，N 有不同的值。在水平向，N 用 U 表示，在垂直向，N 用 W 表示。

在水平向，体波产生地动位移可以用下面的公式表示：

$$A=TU\sqrt{E_{S1}} \tag{5.2}$$

式中，E_{S1}是单一频率的地震波能量，T 是周期；U 是在水平向对地震波的非弹性衰减和几何扩展衰减校正。由上式可得：

$$\lg A=\lg T+\lg U+\frac{1}{2}\lg E_{S1} \tag{5.3}$$

对于垂直向，也可以得到类似的公式。

1942 年，古登堡和里克特利用美国南加州地震台网的观测资料，开展了震级与地震能量之间的关系研究。研究结果表明，震级与地震能量之间的关系与震源深度有关，美国南加州一般都是浅源地震，震源深度大多在 18km 附近。古登堡和里克特得到了该地区在震源深度为 18km 时，地方性震级 M_L 与地震能量 E_S 之间的关系式如下（Gutenberg and Richter, 1942）：

$$\lg E_S=11.3+1.8M_L \tag{5.4}$$

式中，E_S 的单位是尔格（ergs）。

地震波包含有多种频率成分，单一频率（周期）体波能量 E_{S1}只占地震波能量 E_S 的一定比例，即 $E_{S1}=qE_S$。在震中距 Δ 处，对于 P、PP 和 S 波，q 是不同的常数，由上两式可得：

$$0.9M_L-\lg A+\lg T+0.7=-\lg U-\frac{1}{2}\lg q-4.95 \tag{5.5}$$

对于浅源地震，等号右边的 3 项就可以用 $Q(\Delta)$ 来表示。这样，上式就可以写成：

$$M_L-\lg A+\lg T-0.1(M_L-7)=Q(\Delta) \tag{5.6}$$

由于是使用体波测定的震级，因此用一个新的震级 m_B 代替 M_L，这样就可以定义用 P、PP、S 测定的体波震级 m_B，计算公式如下（Gutenberg，1945b）：

$$m_B - \lg A + \lg T - 0.1(m_B - 7) = Q(\Delta) \tag{5.7}$$

$$m_B = \lg\left(\frac{A}{T}\right) + Q(\Delta) + 0.1(m_B - 7) \tag{5.8}$$

式中，$Q(\Delta)$ 表示随震中距变化对地震波非弹性衰减和几何扩展衰减校正补偿，A 是体波的最大振幅，T 是其周期。

二、浅源地震的体波震级

1945 年，古登堡和里克特给出了 P、PP 和 S 波水平向和垂直向震中距 $16° < \Delta < 157°$ 的 $Q(\Delta)$ 值表。当时古登堡和里克特研究的是 6.0~8.0 级地震，大部分地震的 m_B 为 7.0 级左右，因此 $0.1(m_B-7)$ 的绝对值很少能大于 0.1，对于 m_B 7.0 的地震，$0.1(m_B-7.0)=0$，这实际上这是一个校正值（Gutenberg，1945b）。对于浅源地震，采用下面的公式测定体波震级。

$$m_B = \lg\left(\frac{A}{T}\right) + Q(\Delta) \tag{5.9}$$

为便于使用，古登堡和里克特给出了浅源地震 10 倍 $Q(\Delta)$ 值列表，表 5.1 是 10 倍 P、PP 和 S 波 $Q(\Delta)$ 值表。

表 5.1　浅源地震的 10 倍 $Q(\Delta)$ 值表

Δ	PZ	PH	PPZ	PPH	SH	Δ	PZ	PH	PPZ	PPH	SH	Δ	PZ	PH	PPZ	PPH	SH
16	59	60			72	25	65	66			62	34	67	69	68	69	65
17	59	60			68	26	64	66			62	35	67	69	68	69	66
18	59	60			62	27	65	67			63	36	66	68	67	68	66
19	60	61			58	28	66	67			63	37	65	67	67	68	66
20	60	61			58	29	66	67			63	38	65	67	67	68	66
21	61	62			60	30	66	68	67	68	63	39	64	66	66	67	67
22	62	63			62	31	67	69	67	68	63	40	64	66	66	67	67
23	63	64			62	32	67	69	68	69	64	41	65	67	65	66	66
24	63	65			62	33	67	69	68	69	64	42	65	67	65	66	65

续表

Δ	PZ	PH	PPZ	PPH	SH	Δ	PZ	PH	PPZ	PPH	SH	Δ	PZ	PH	PPZ	PPH	SH
43	65	67	66	67	65	73	69	72	71	73	69	103	75	79	72	74	73
44	65	67	67	68	65	74	68	71	70	72	68	104	76	79	73	75	73
45	67	69	67	68	65	75	68	71	69	71	68	105	77	81	73	75	72
46	68	71	67	68	66	76	69	72	69	71	68	106	78	82	74	76	72
47	69	72	67	68	66	77	69	72	69	71	68	107	79	83	74	76	72
48	69	72	67	68	67	78	69	73	69	71	68	108	79	83	74	76	72
49	68	71	67	68	67	79	68	72	69	71	68	109	80	84	74	76	72
50	67	70	67	68	66	80	67	71	69	71	67	110	81	85	74	76	72
51	67	70	67	68	65	81	68	72	70	72	68	112	82	86	74	76	
52	67	70	67	68	65	82	69	72	71	73	69	114	86	90	75	77	
53	67	70	67	68	66	83	70	74	72	74	69	116	88		75	77	
54	68	71	68	69	66	84	70	74	73	75	69	118	90		75	77	
55	68	71	69	70	66	85	70	74	73	75	68	120			75	77	
56	68	71	69	70	66	86	69	73	73	75	67	122			74	76	
57	68	71	69	70	66	87	70	73	72	74	68	124			73	75	
58	68	71	70	71	66	88	71	75	72	74	68	126			72	74	
59	68	71	70	72	66	89	70	74	72	74	68	128			71	74	
60	68	71	71	73	66	90	70	73	72	74	68	130			70	73	
61	69	72	72	74	67	91	71	75	72	74	69	132			70	73	
62	70	73	73	74	67	92	71	74	72	74	69	134			69	72	
63	69	73	73	74	67	93	72	75	72	74	69	136			69	72	
64	70	73	73	75	68	94	71	74	72	74	70	138			70	73	
65	70	74	73	75	69	95	72	76	72	74	70	140			71	74	
66	70	74	73	74	69	96	73	73	72	74	71	142			71	74	
67	70	74	72	74	69	97	74	78	72	74	72	144			70	73	
68	70	74	71	73	69	98	75	78	72	74	73	146			69	72	
69	70	74	70	72	69	99	75	78	72	74	73	148			69	72	
70	69	73	70	72	69	100	74	77	72	74	74	150			69	72	
71	69	73	71	73	70	101	73	76	72	74	74	152			69	72	
72	69	73	71	73	70	102	74	77	72	74	74	154			69	72	

续表

Δ	PZ	PH	PPZ	PPH	SH	Δ	PZ	PH	PPZ	PPH	SH	Δ	PZ	PH	PPZ	PPH	SH
156			69	72		160			69	72							
158			69	72		170			69	72							

三、中深源地震的体波震级

1956 年，古登堡和里克特对振幅做了几何扩散和衰减校正（只与震中距 Δ 有关），再调整震源深度 h，给出了用 P、PP 和 S 波测定体波震级量规函数 $Q(\Delta, h)$（Gutenberg and Richter，1956b）。测定不同震源深度地震的体波震级使用下面的公式：

$$m_B = \lg\left(\frac{A}{T}\right) + Q(\Delta, h) \tag{5.10}$$

式中，$Q(\Delta, h)$ 是量规函数，图 5.1（a）是垂直向记录 P 波（PZ）的 $Q(\Delta, h)$，图 5.1（b）是垂直向记录 PP 波（PPZ）的 $Q(\Delta, h)$。如果用两水平向记录测定体波震级，$A = (A_N^2 + A_E^2)^{\frac{1}{2}}$，$Q(\Delta, h)$ 值还需要加校正值，该值列于 Q 值图的顶部，校正值在 0.1～0.3 之间。图 5.1（c）是水平向 S 波（SH）的 $Q(\Delta, h)$，用 S 波测定体波震级要使用两水平向 S 最大振幅的矢量和。

从图 5.1（a）可以看出，利用 P 波测定体波震级，使用资料的震中距范围是 5°～100°。由于地球介质横向不均匀性，在震中距 5°～20°范围内 $Q(\Delta, h)$ 曲线很复杂，这样会使不同地震台站测定的体波震级偏差较大。因此，美国国家地震信息中心（NEIC）使用震中距 20°～100°范围的 P 波资料测定体波震级。从图 5.1（b）可以看出，利用 PP 波测定体波震级，使用资料的震中距范围是 20°～160°。

20 世纪 60 年代，美国陆续在全球建立世界标准地震台网（WWSSN），美国国家地震信息中心（NEIC）利用该台网短周期仪器记录的 P 波测定体波震级，即短周期体波震级，用 m_b 表示。虽然使用的体波的周期和振幅与 m_B 有很大区别，但计算公式与 m_B 一样。为了表示二者的区别，m_B 被称为中长周期体波震级，使用 P、PP 和 S 波的周期在 0.5～12s 之间。短周期体波震级 m_b 主要用于地下核爆炸，用于天然地震时要注意其适用范围，m_b 适合表示较小地震的大小。此外，m_b 仅由 P 波确定，受震源机制的影响更大。一般来说，走滑断层地震的 m_b 要比倾滑断层地震的 m_b 偏小，最大可偏小 1.0 级。如果测定体波震级不仅用 P 波，还使用 PP、S 波，震源机制的影响将大大降低。因此，在地下核爆炸的监测中，m_b 是非常有效的，而对于较大的天然地震，m_b 的应用范围就很有限，m_B 就变得非常有用。

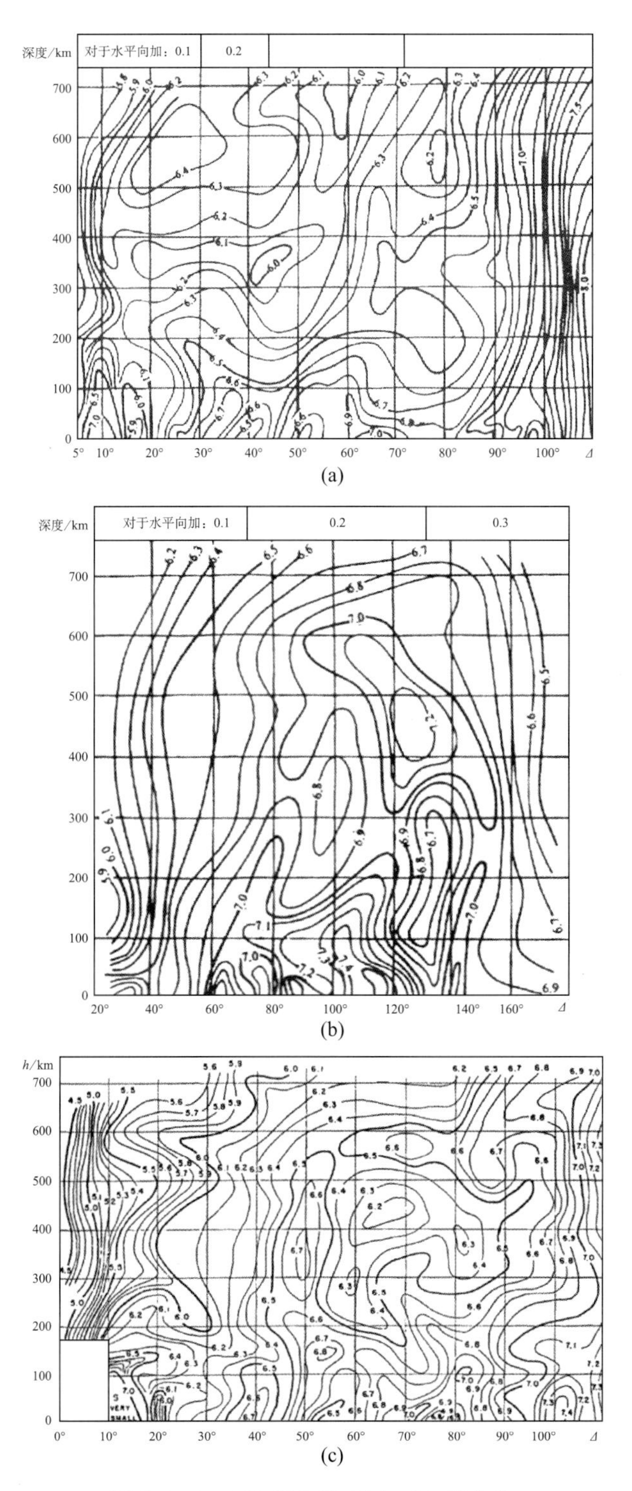

图 5.1　P、PP 和 S 波 $Q(\Delta,\ h)$ 值曲线

(a) P (PZ) 波；(b) PP (PPZ) 波；(c) S (SH) 波

为了便于计算机处理，美国 NEIC 将古登堡和里克特的 $Q(\Delta, h)$ 按不同震中距 Δ 和不同震源深度 h 按一定步长进行差值，得到了 P 波 $Q(\Delta, h)$ 二维表，NEIC 和 ISC 都用这个二维表利用 P 波测定短周期体波震级 m_b，P 波 $Q(\Delta, h)$ 二维表见附录 2。

综上所述，体波震级适用于测定不同震源深度的地震和地下核爆炸的大小，弥补了地方性震级 M_L 无法用于远震的不足，弥补了面波震级 M_S 无法用于中源地震、深源地震和地下核爆炸的不足。

第二节　IASPEI 推荐的体波震级

1967 年，在苏黎世召开的 IASPEI 大会上，给出了测定体波震级的计算公式，并推荐给各个国家使用，IASPEI 要求使用 P、PP 或 S 波测定体波震级。测定体波震级可以使用短周期记录，也可以使用中长周期记录，而多数是用中长周期记录，计算公式都一样：

$$m_B(m_b) = \lg\left(\frac{A}{T}\right)_{max} + Q(\Delta, h) \tag{5.11}$$

式中，m_B 为中长周期体波震级，用 5s 左右的地震体波振幅测定；m_b 为短周期体波震级，用 1s 左右的地震体波振幅测定。所以，m_B 和 m_b 是对不同频段地震波位移谱分别进行的震级测量，两者不能混为一谈。A 为 P、PP 或 S 波质点运动最大速度所对应的地动位移振幅，单位是 μm；T 为相应的周期，单位是 s；$(A/T)_{max}$ 是 P、PP 或 S 波质点运动的最大速度；$Q(\Delta, h)$ 是量规函数，是对震中距 Δ 和震源深度 h 的校正因子，它是按体波的振幅随深度的变化作理论计算，并根据实测数据计算得到的。古登堡和里克特提出的 $Q(\Delta, h)$ 主要是由中周期仪器记录数据求得的结果。

测定短周期体波震级 m_b 时，由于震源辐射地震波具有方位依赖性（辐射图型和破裂扩展的方向性），并且由于震源有一定的深度，使得波形变得很复杂，因此通常要测量头 5s 的 P 波记录，包括周期小于 3s（一般是 1s）的体波记录。即便如此，因为全球地震台网和许多区域性地震台网的短周期地震仪的峰值响应大多数在 1s 左右，许多大地震的最大振幅在初至波到达 5s 之后才出现，所以对一个地震而言，各个地震台对 m_b 的测定结果差别可达±0.3。因此，必须对方位覆盖均匀的大量台站的测定结果进行平均才能得到该地震的震级（陈运泰等，2004）。

随着 WWSSN 的短周期地震仪的使用，NEIC 只用垂直向短周期地震仪器记录 P 波测定 m_b，NEIC 建议用最初几个周期的最大振幅代替整个 P 波序列的最大振幅（Willmore，1979）。之所以这样做，是由于人们对地震和地下核爆炸之间的差别更感兴趣。而对于 5.0 级以上的地震，短周期体波震级 m_b 值低于中长周期体波震级 m_B，结果对千吨级爆破相当的小地震年发生次数估计过高。此外，m_b 也比原始的古登堡—里克特体波震级 m_B 或长周期面波震级 M_S 更易达到饱和。因此，在 1978 年，IASPEI 发布了一个修订过的建议（Willmore，1979）：对中小地震测量初至后 20s 内的最大振幅，对大地震测量初至后 60s 内的最大振幅，这在某种程度上减少了 m_B 和 m_b 之间的差异，但任何地震的短周期体波震级 m_b 都比中长周期体波震级 m_B 更易达到饱和。

第三节 1s 短周期体波震级

1972 年，魏思和克劳森从 19 个不同试验场的地下核爆炸资料中获得大量短周期 P 波垂直向振幅数据，得到了另外一个利用窄带垂直向短周期资料测定 m_b 的量规函数 $P(\Delta, h)$，峰值位移放大倍数对应的仪器周期为 1s（Veith and Clawson，1972），新的量规函数 $P(\Delta, h)$ 如图 5.2。

$$m_b = \lg\left(\frac{A}{T}\right)_{\max} + P(\Delta, h) \tag{5.12}$$

式中，m_b 为短周期体波震级；A 为 P 波的前几个周期体波质点运动最大速度所对应的地动位移振幅，单位是纳米（nm）；T 为相应的周期，单位是秒（s）；$P(\Delta, h)$ 是量规函数。需

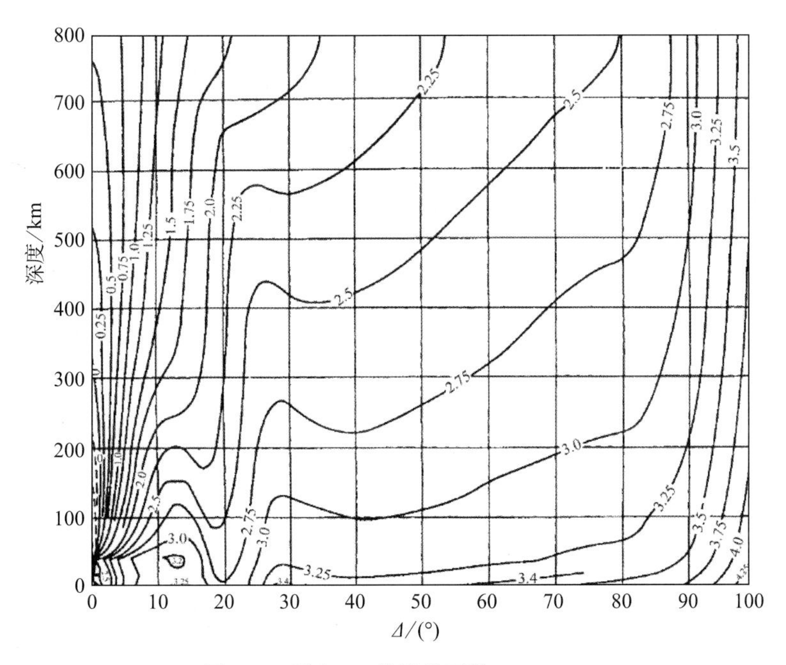

图 5.2 测定 m_b 的量规函数 $P(\Delta, h)$

要说明的是在利用该公式计算短周期体波震级 m_b 时，A 的单位是纳米，而不是微米。

由图 5.2 可见，与 $Q(\Delta, h)$ 相比，$P(\Delta, h)$ 看上去更平滑。震中距 $\Delta \geqslant 30°$ 即远震距离时，校正值随 Δ 和 h 的变化相当均匀。但是，在上地幔距离（即 $13° \leqslant \Delta \leqslant 30°$ 时），校正值随 Δ 和 h 的变化相当复杂。特别是在震中距减小到 $\Delta = 20°$ 时，校正值大幅度下降。这是因为地震波走时曲线在 $\Delta = 20°$ 的地方出现了所谓的上地幔三分支现象，导致波的振幅急剧增大。

由于 $P(\Delta, h)$ 来自于短周期数据，该量规函数还未被 IASPEI 接受为测定 m_b 的标准量规函数，但全面禁止核实验条约组织（CTBTO）国际数据中心（IDC）已将该公式用于地震核查的日常监测工作。

第四节　我国的体波震级测定

对于我国地震台网（站），按《地震及前兆数字观测技术规范》（地震观测）的要求，体波震级采用 P 或 PP 波垂直向质点运动最大速度来测定，计算公式为：

$$m_B \text{ 或 } m_b = \lg\left(\frac{A}{T}\right)_{max} + Q(\Delta, h) \tag{5.13}$$

式中，m_B 为中长周期体波震级，要在仿真 SK 中长周期地震上测定；m_b 为短周期体波震级，要在仿真 DD-1 短周期记录上测定；A 为体波质点运动最大速度所对应的地动位移振幅；T 为相应的周期；Q 为量规函数，浅源地震的 10 倍 Q 值表见表 5.1。

量取 P 波最大振幅的范围：对仿真短周期地震记录，取 P 波到时之后 5s 之内；对仿真中、长周期记录一般取 P 波到时之后 20s 之内；大地震允许延长至 60s。

我国始终按古登堡和里克特提出的体波震级的方法测定周期体波震级 m_b 和中长周期体波震级 m_B。

第五节　不同机构测定体波震级的差别

2005 年，奥尔森和艾伦给出了震源破裂时间和震级之间的关系（Olson and Allen, 2005）：

$$\lg T_{Rav} \approx 0.6M - 2.8 \tag{5.14}$$

式中，T_{Rav} 是震源平均破裂时间，单位是秒（s）。由上式可知，如果知道震级 M 的大小，就可以估计震源破裂时间 T_{Rav}，表 5.2 是震级 M 与震源破裂时间 T_{Rav} 之间经验关系。

表 5.2 震级 M 与震源破裂时间 T_{Rav} 之间经验关系

M	3.0	4.0	5.0	6.0	7.0	8.0	9.0
T_{Rav}/s	0.1	0.4	1.6	6	25	100	400

从表 5.2 可以看出，对于6.0级以下地震，震源破裂时间小于6s，一般就可以把震源当做点源；而对于6.0级以上地震，震源破裂时间大于6s，随着震级的增大，震源破裂时间不断变长，震源就不能当做点源。需要指出的是，表 5.2 只是震级 M 与震源破裂时间 T_{Rav}之间经验统计关系，对于具体的地震，有时偏差会比较大。

在测定体波震级时，各个国家量取 P 波的范围差别较大，一些国家和国际组织至今仍在非常有限的时间窗内测定 m_b 的 $(A/T)_{max}$的习惯。在 WWSSN 投入运行的最初几年，美国海岸和大地测量局（USCGS）要求数据分析人员在前 5 个周期内测量 P 波列中的 A_{max}，然后拓展到 P 波开始后 5s 内。全面禁止核试验条约组织（CTBTO）的地震监测部门不论事件的大小，仍然只用6s 的时间窗（P 波初之后 5.5s）；我国地震台网测定短周期体波震级 m_b 时，要取 P 波到时之后 5s 之内；NEIC 在早期与我国一致，在测定 m_b 时量取 P 波到时之后 5s 之内，而现在是用计算机自动测定 P 波最大振幅，对于大地震要到 P 波之后 60s 之内；苏联测定短周期体波震级 m_b 时，始终都测量整个记录上真正的最大值。

然而，对于震级大于 6.0 级、平均破裂持续时间超过 6s 的地震来说，选择如此短的时间窗测定 m_b，从而出现震级饱和现象。因此，1972 年 IASPEI 提议将 P 波振幅的测量时间窗口延长到 15s 或 25s。1975 年鲍曼总结了大量震例指出，将测量（A/T）最大值的时间延长至 15s 或 25s，这对于特大地震来讲是不够的，建议将测量范围延长至 P 波开始后至少 1 分钟（Bormann and Khalturin，1975）。1976 年 IASPEI 会议接受了这一建议，并将其纳入威尔莫的 1979 年版《地震观测实践手册》，在该手册中规定：对于中小地震测定体波震级的最大振幅要在 P 波之后 20s 之内测量，对于大地震要在 P 波之后 60s 之内测量。美国国家地震信息中心（NEIC）就采用了这样的做法，在一定程度上减少了短周期体波震级 m_b 和中长周期体波震级 m_B 之间的差异，但在任何情况下，两者都与面波震级 M_S 和矩震级 M_W 存在差别。

然而，后来几次特大地震证实，震源破裂持续时间可能长达几分钟，而 P 波最大振幅甚至在震后 60s 后到达。1986 年，休斯敦和金森博雄建议在不设置固定时间窗限制的情况下，根据 WWSSN－SP 记录上记录的整个 P 波形的最大振幅来测量 m_b（Houston and Kanamori，1986）。

CTBTO 和我国测定的短周期体波震级 m_b 时，使用的时间窗都很短，这主要是由于 20 世纪 60 年代区分地震和地下核爆炸（Underground Nuclear Explosions，UNE）的需求。对于地震，震源破裂时间的范围较大，小地震震源破裂时间很短，大地震的震源破裂时间达到几百秒甚至上千秒。而地下核爆炸的时间是毫秒量级，P 波的最大振幅在较短的时间内就可以观测到。

虽然使用的短周期体波震级 m_b 计算公式一样，但由于不同机构的测定方法不同，使得不同机构测定的 m_b 相差很大。由于一些国家在测定短周期体波震级 m_b 时，一般量取 P 波之后 5s 的记录，对于 6.0 级以上地震震源破裂还没有完成，也就是所测量的 A_{max} 或 V_{max} 的时间窗口远小于震源破裂的持续时间，或远小于震源谱的拐角周期 T_c（$T_c=1/f_c$）。因此，此时测定 m_b 时就会出现震级饱和现象。短周期体波震级 m_b 最早出现饱和现象，对于 6.5 级以上地震 m_b 就完全饱和。

根据鲍曼和刘瑞丰提供的结果，美国国家地震信息中心（NEIC）和国际数据中心（IDC）所测定的短周期体波震级 m_b 就有很大的差别（Bormann and Liu，2007）。图 5.3 是这两个机构 1995 年到 2000 年测定的结果，横坐标是 NEIC 和 EIDC 测定结果的偏差值，纵坐标是对应不同偏差值地震数量，4 张图分别是对应 4.0 级以下地震、4.0～4.9 级地震、5.0～5.9 级地震和 5.9 级以上地震。

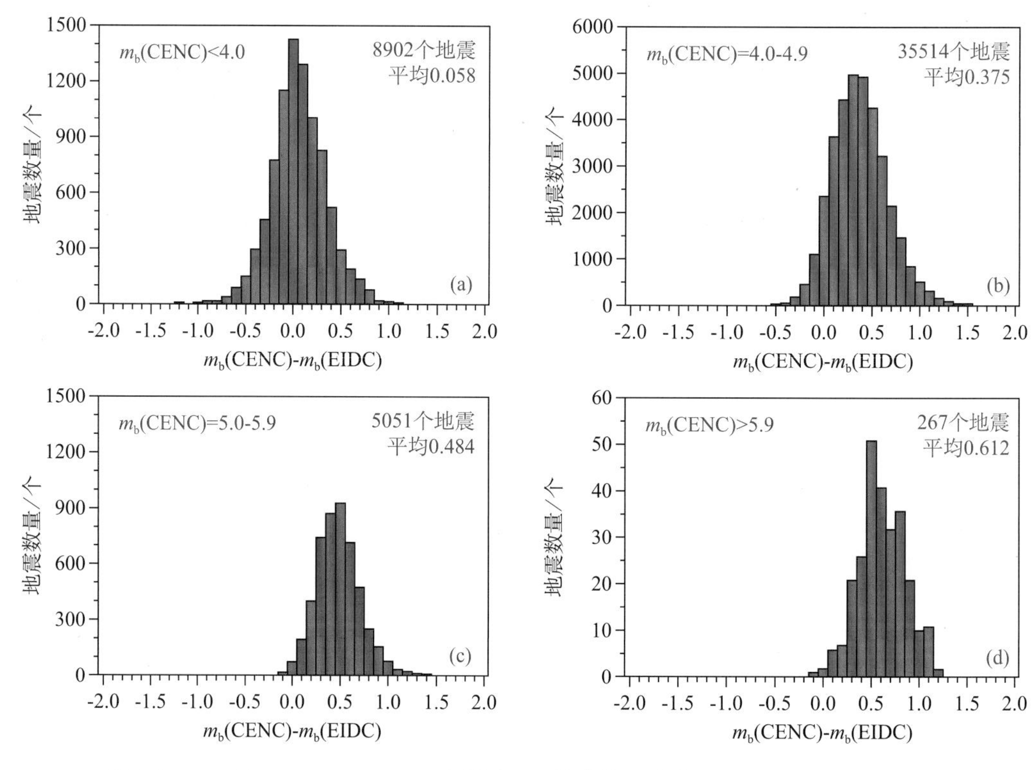

图 5.3　NEIC 和 EIDC1995—2000 年测定 m_b 的偏差（引自 Bormann and Liu，2007）

对于 4.0 级以下地震，NEIC 比 IDC 测定的短周期体波震级 m_b 平均偏大 0.06，对于 5.9 级以上地震 NEIC 平均偏大 0.61，而对于 2004 年 12 月 26 日印度尼西亚苏门答腊岛—安达曼西北海域 M_W9.0 地震，NEIC 的结果是 m_b7.0，EIDC 的结果是 m_b5.7，二者相差 1.3，我

国测定该地震是 m_b6.8。因此，非常有必要对震级的测定方法进行统一的规定，才能保证震级测定的一致性。

第六节 面波震级与体波震级的差别

地震波在地球深部的横向速度变化只有百分之几，用一维速度模型就能很好地表示地震波的传播衰减，这使得我们能制定出适用于全球的远震震级标度。图 5.4 给出了归一化到 4 级地震的短周期 P 波、PKP 波和长周期面波的振幅与震中距（A–Δ）平滑关系图。

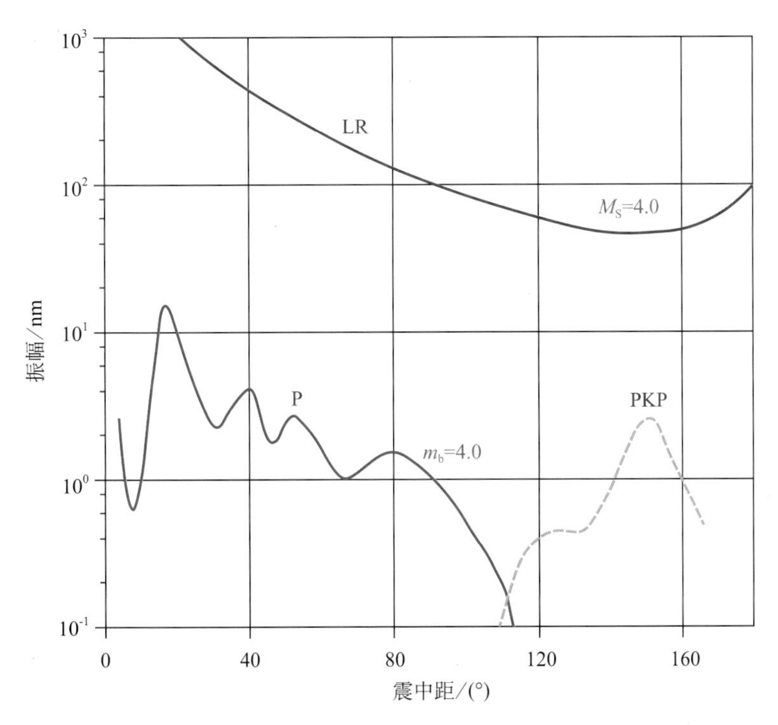

图 5.4 4 级地震的体波 P、PKP（约 1Hz）和长周期瑞利面波（LR，Airy 震相，$T\approx20$s）的振幅与震中距近似平滑关系图（引自 Bormann，2012）

从图 5.4 我们能总结出以下几点：

（1）面波、体波具有不同的传播路径和衰减特性，面波在二维空间内传播，而体波在三维空间内传播。对同样震级的浅源地震，面波振幅大于体波振幅。

（2）面波振幅随距离的变化很平稳。一般随距离衰减到 140°，然后再随距离增加到 150°~160°。后者是由于地球半球面向对蹠点的聚焦作用，减小了振幅随距离的衰减。

（3）体波振幅随震中距的变化比较快。第一个到达的纵波（P 和 PKP）其振幅随震中距（$A-\Delta$）的变化非常大。PKP 波的振幅变化主要是由于地球深部速度不连续面对地震波能量的聚焦和散焦作用引起的。在 20°和 40°左右的振幅峰值与上地幔内 410km 和 670km 深的速度不连续面有关。短周期 P 波的振幅在距离超过 90°以后由于核幔边界（地核影区）速度的突然减少，PKP 的振幅在 145°附近由于外核的聚焦作用而形成峰值。

除了第一个到达的纵波以外，也用其他的一些体波来测定震级，PP 震相是 P 波在震源和台站中间地球表面的一次反射震相。PP 震相没有地核影区问题，从震中到对蹠点都能很好地观测到。此外，无论是深源还是浅源地震都有体波产生，而面波则不是这样。因此，在测定震级时，对不同深度的体波和面波要用不同的量规函数。

第七节　小　　结

（1）在里克特提出地方性震级 M_L 标度 10 年以后，1945 年古登堡将震级的概念拓展到利用远震体波和面波测定地震的大小，提出了体波震级和面波震级标度，首次实现在全球尺度测定震级的大小。而无论是浅源地震，还是中源地震和深源地震的所有震源深度，利用体波震级标度都能测定地震的大小。

（2）古登堡在提出体波震级测定方法时，需要满足 2 个条件。一是从震源至观测点的地震波的几何扩散衰减和非弹性衰减是已知的，因此可以据此预知在观测点的地面震动的振幅。二是地震能量 E_S 和地方性震级 M_L 满足 $\lg E_S=11.3+1.8M_L$，该经验关系是在美国南加州地震台网得到的结果。因此，体波震级是与地方性震级 M_L 对接的震级，是 M_L 在远距离不同震源深度地震的延续。

（3）我国地震台网利用 P，PP 或 S 波测定两种体波震级，一是短周期体波震级 m_b，要在仿真短周期 DD-1 记录测定，二是中长周期体波震级 m_B，要在仿真中长周期 SK 记录测定。而 NEIC、IDC 等地震机构只采用短周期地震仪垂直向记录的周期为 $T\leqslant 3s$ 的 P 波测定短周期体波震级 m_b，不测定中长周期体波震级 m_B。我国测定的中长周期体波震级 m_B 在震级达到 8.0 级以后才达到饱和状态，由于测定中长周期体波震级 m_B 需要的时间较短，因此可以快速测定出较大地震的震级，这就是我们测定 m_B 的优势。

（4）虽然不同地震机构使用的体波震级的计算公式都相同，但由于量取 P 波之后资料的长短不同，使得不同机构测定的短周期体波震级 m_b 有时差别较大。其主要原因是由于在测定体波震级时如果量取 P 波到时之后的时间窗小于震源破裂时间，体波震级出现饱和现象。

第六章 矩 震 级

1935年以后，震级在全球各个国家得到了普遍的应用。但是后来发现，当震级大到一定的规模时，测得的震级不再随地震的增大而增大。1977年美国加州理工学院的著名地震学家金森博雄提出了矩震级标度。

用地震矩换算的震级称为矩震级（Moment magnitude），用 M_W 表示。矩震级 M_W 的引入，使历史上的一些大地震露出了真实面目。比如1957年3月9日阿留申群岛地震的面波震级 M_S 为8.1，现修订矩震级 M_W 为9.1；1960年5月22日智利地震的面波震级 M_S 为8.5，现修订矩震级 M_W 为9.5；1964年3月28日美国阿拉斯加地震的面波震级 M_S 为8.4，现修订矩震级 M_W 为9.2；等等。

第一节 传统震级的主要特点

一、优点

1. 容易测定

传统震级的测定方法简单，无须进行繁琐的地震信号处理和计算，适合地震台网每天测定大量地震参数的实际需求。

2. 通俗实用

震级采用数量级为1的无量纲的数来表示地震的大小，于是：$M < 1$，称为极微震（Ultra microearthquake）；$1 \leq M < 3$，称为微震（Micro earthquake）；$3 \leq M < 5$，称为小震（Small earthquake）；$5 \leq M < 7$，称为中震（Moderate earthquake）；$7 \leq M < 8$，称为大震（Large earthquake）；$M \geq 8$，称为特大地震（Great earthquake）；等等。简单明了，贴近公众。

二、缺点

1. 经验性

震级是一个重要的地震参数，但不是一个物理量。震级的测定方法完全是经验性的，与地震发生的物理过程并没有直接的联系，物理意义不清楚。在传统震级的计算公式中，都是通过对振幅 A 或 A 与周期 T 的比值取对数求得的。

2. 局限性

每一种震级都有其适用范围，任何一种震级只能表示一种类型地震的大小，而不能表示所有类型地震的大小，具有其固有的局限性。另外，对于大地震具有“震级饱和”现象。

第二节 震级饱和

利用观测到的地震波振幅确定震级时，由于测定不同震级使用的是特定频段地震波振幅，当地震大到一定的规模时，测量的最大振幅不再增加，致使测得的震级不再随地震的增大而增大的现象，称为震级饱和（Magnitude saturation）。因此，当出现震级饱和现象时，用震级就会低估地震的大小，这对于地震活动性的统计非常不利。

一、震级饱和现象

1973 年，希尔曼在统计美国南加州 40 多年的地震观测资料发现，该地区记录地震的最大震级是 M_L6.8，而在地震观测报告中 1934 年 12 月 31 日地震的面波震级 M_S 为 7.1，1952 年 7 月 21 日地震的面波震级 M_S 为 7.7，这说明对于 7.0 级以上地震来说，地方性震级 M_L 出现饱和现象（Hileman，1973）。

1975 年，钦尼瑞和诺斯在研究全球地震的年频度时，发现缺少 $M_S>8.5$ 的地震，缺少 $m_b>6.5$ 的地震，但用地震矩 M_0 求年频度关系时，竟有 M_W 大于 8.6 级以上的地震（Chinnery and North，1975）。

1977 年，金森博雄在研究大地震能量时发现：对于大地震，当地震震源破裂尺度大于测定震级所使用的地震波的波长时，所测定的震级达到饱和；特别是当震源破裂尺度大于 100km 时，地方性震级、体波震级和面波震级都可能处于饱和状态（Kanamori，1977）。

1983 年，金森博雄对各种震级标度之间的关系进行了总结，并给出了由于观测误差和应力降、断层的几何形状、震源深度等震源性质的复杂性所产生的震级变化范围。不同的震级标度，震级饱和情况也不一样。各种震级的优势周期和饱和震级的大小见表 6.1，各种震级之间的关系见图 6.1（Kanamori，1983）。

表 6.1 各种震级的饱和震级

震级名称	优势周期/s	饱和震级
m_b	$T≈1$	6.5
M_L	$T≈0.1\sim3$	7.0
m_B	$T≈0.5\sim15$	8.0
M_S	$T≈20$	8.5
M_W	$T≈10\to\infty$	无

从表 6.1 可以看出，测定震级所使用地震波的优势周期不同，饱和震级也不同，优势周期越短，饱和震级就越小。最早出现饱和的是短周期体波震级 m_b，然后是地方性震级 M_L 和中长周期体波震级 m_B，最后达到饱和的是面波震级 M_S，而矩震级 M_W 不会出现饱和现象。

1982 年，宇津德治系统地总结了各种震级标度的测定结果，见图 6.2（Utsu，1982，2002）。图 6.2 上方的横坐标是以对数表示的地震矩 M_0，下方的横坐标是矩震级 M_W，纵坐标是各种震级 M 与 M_W 之差。在图 6.2 所表示的 $M-M_W$ 与 M_W 的关系图中，$M-M_W=0$ 表示两种震级标度给出一致的结果；$M-M_W<0$ 表示该标度给出低于 M_W 的测定结果，即开始出现震级饱和；当曲线的斜率为-1 时，则表明该震级标度达到完全饱和。图中 M_J 是日本气象厅（JMA）震级。

自从 2001 年以来，我国地震台网共遇到 2 次面波震级饱和现象。2004 年 12 月 26 日，在印度尼西亚苏门答腊岛—安达曼西北海域发生了一次强烈地震，中国地震台网中心速报的面波震级 M_S 为 8.7。美国国家地震信息中心（NEIC）对此次地震的速报震级 M_W 为 9.0。由于面波震级处于饱和状态，因此中国地震台网中心的速报震级明显偏低。

2011 年 3 月 11 日，日本东北部海域发生了强烈地震，中国地震台网中心利用国家地震台网的实时观测数据立即进行了分析和计算，测定的面波震级 M_S 为 8.6。

中国地震台网中心利用国家地震台网和全球地震台网记录的远场波形资料，反演了此次地震震源破裂时空过程。根据波形资料的信噪比和台站分布情况，选取了 24 个 P 波、21 个 SH 波数据。同时，为了更好地约束标量地震矩的大小，增加了 48 个长周期的面波资料（周期范围为 167~333s）。基于波形反演技术计算得到了断层面上的时空破裂过程，反演得到的标量地震矩约为 4.8×10^{22}N·m，矩震级 M_W 为 9.0。在 3 月 16 日将该地震的震级修订为矩震级 M_W 9.0，并向社会发布。

我国地震台网遇到的地方性震级 M_L、体波震级 m_b 饱和的情况就很多，如 2001 年 11 月 4 日昆仑山口西 8.1 级地震、2008 年 5 月 12 日四川汶川 8.0 级地震、2022 年 5 月 22 日青海玛多 7.4 级地震，等等。

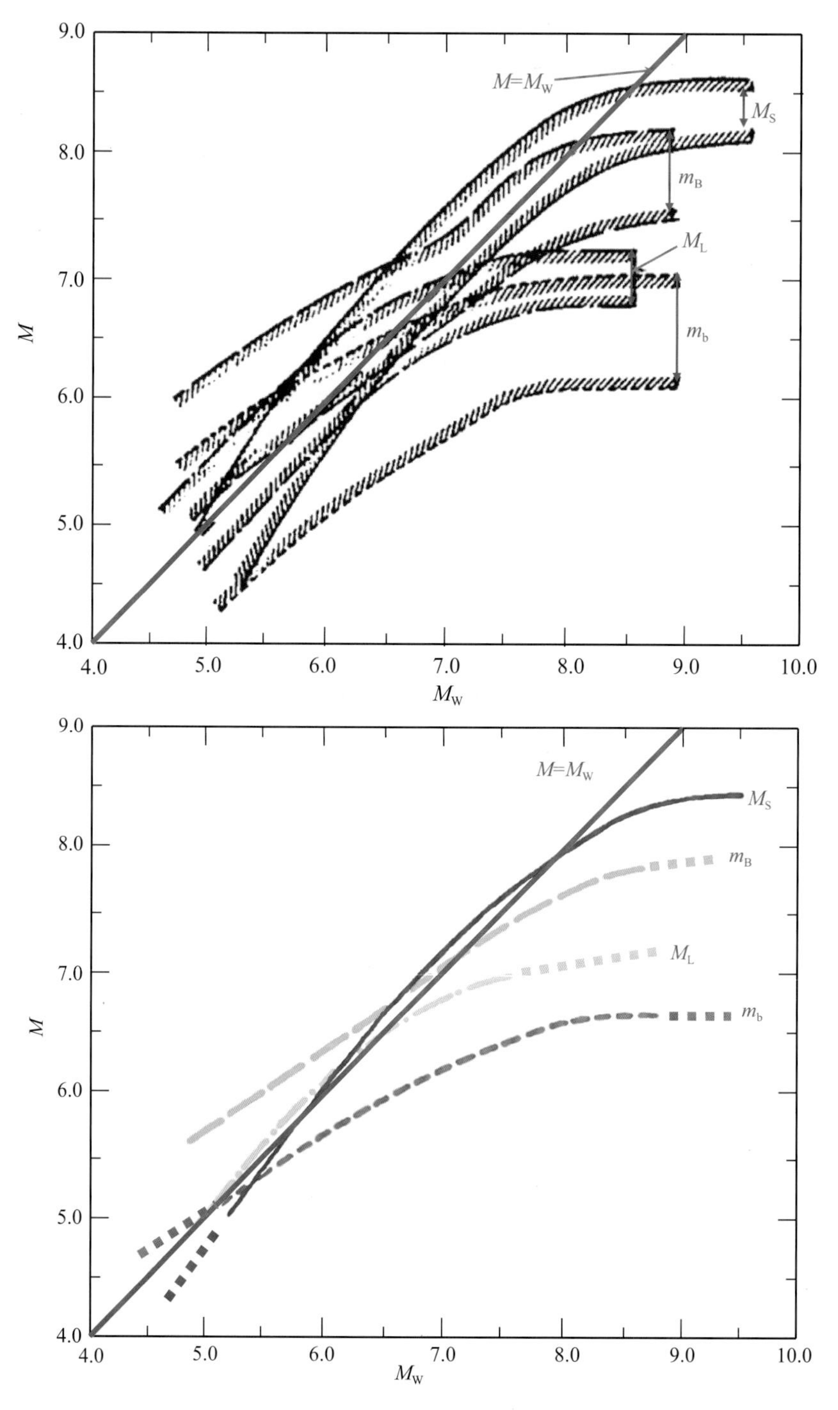

图 6.1　各种震级之间的关系（引自 Kanamori，1983）

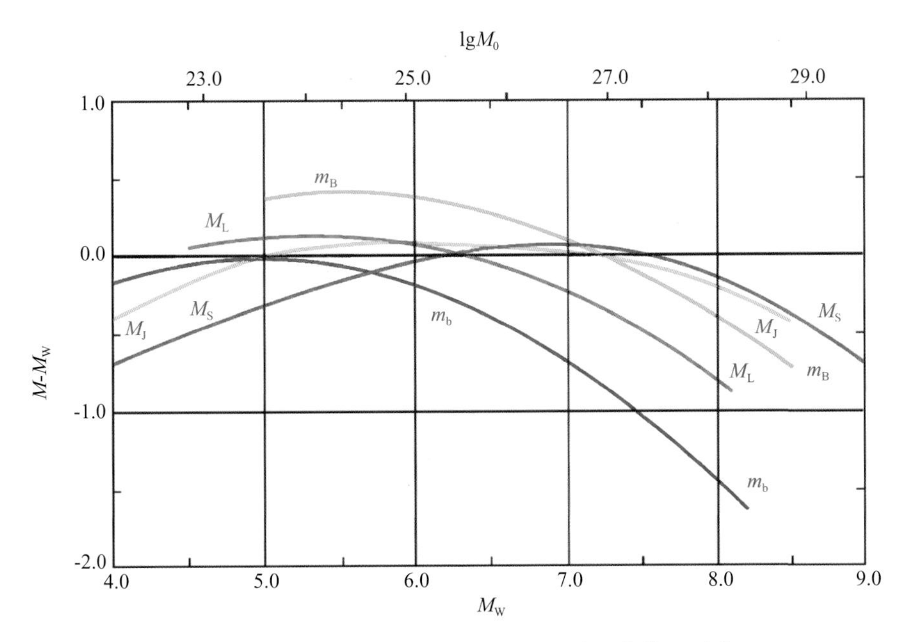

图 6.2 平均震级之差 $M-M_W$ 与 M_W（或 lg M_0）的关系曲线（引自 Utsu，1982）

二、震级饱和原因

产生震级饱和的根本原因就是，传统震级标度是建立在“单一频率”地震波振幅的基础上。最常用的 2 个震级——M_L、M_S，是在频率 f 为 1.0Hz 和 0.05Hz（周期 T 为 1.0s 和 20s）附近测得的“单色震级”。对于大地震，地下岩石破裂的长度达数百千米，激发了更长周期的地震波，并且携带更多的能量，地震波优势周期就会以低频震动为主，即便对很强的低频信号，也不能用 M_L、M_S 准确地反映出来，故产生了震级饱和现象。因此，震级饱和现象是震级标度与频率有关的反映。

震级饱和现象的另一种解释是，传统震级只适用于点源模型，而对于非点源模型，震源破裂不是一次完成，而测定震级只使用了一个周期地震波资料，因此产生了震级饱和现象（Okal and Talandier，1989）。

震级饱和现象也可以用震源谱来解释，详见“第十一章第一节　震源谱与震级”。

第三节　地震矩与矩震级

由于地方性震级、面波震级和体波震级等传统震级都具有“饱和现象”，因此对于大地震就不能由传统震级估算出地震能量。如何能够准确地测定大地震的震级？这是地震学家一直在努力解决的问题。

一、地震矩

地震矩（Seismic Moment）是对地震大小的一种绝对量度，用 M_0 表示。地震矩是用来表示断层滑动引起地震强度的基本参数，是表示地震大小的物理量。

1964 年 6 月 16 日，日本新潟（Niigata）发生 7.5 级地震。1966 年，安艺敬一（Ketti Aki，1930—2005）在研究新潟地震时提出了地震矩的概念，并用全球标准地震台网记录的长周期勒夫波第一次计算出该地震的地震矩。地震矩既可以使用波长远大于震源尺度的地震波远场位移谱测定，也可以用近场地震波、地质与大地测量等资料测定。安艺敬一用各种不同资料测定新潟地震的地震矩，结果非常一致。这一结果对于地震的断层说是一个相当有力的、定量的支持（Aki，1966）。从 1935 年里克特第一次测定震级发展到 1966 年安艺敬一提出并测定地震矩，其间经历了 30 余年（陈运泰，刘瑞丰，2018）。

地震是岩层两盘的相对错动，力学上必定存在力矩：两个大小相等、方向相反的力偶与其距离之积。地震矩 M_0 是震源等效双力偶中一个力偶的力偶矩，是继地震波能量 E_S 后的第 2 个关于震源定量的特征量，一个描述地震大小的绝对力学量，是反映震源区不可恢复的非弹性形变的量度。地震矩 M_0 可以通过下列关系式得到：

$$M_0 = \mu \bar{D} S \tag{6.1}$$

式中，μ 是介质的剪切模量；$\bar{D}$ 是破裂的平均位错量；S 是破裂面的面积。

地震矩是反映震源区不可恢复的非弹性形变的量度。由此可见，地震矩是对断层滑动引起的地震强度的直接量度。M_0 由地震波振幅的低频成分的大小决定，它反映了震源处破裂的大小，断层面积越大，激发的长周期地震波的能量也越大，周期越长。因此，地震矩是与地震所产生断层长度、断层宽度、震源破裂的平均位错量等静态的构造效应密切相关。

由于地震矩与断裂破裂过程的物理过程直接联系，根据地震矩能推断活动断裂带的地质特性。

二、矩震级与面波震级的对接

假设地球是一个孤立系统，既没有能量从这个系统内输出，也没有能量从外界输入到这个系统内。在这个假设前提下，地震前后整个系统所释放的总弹性应变能 E_P，它等于地震前后整个地球介质系统对外界所做的功 W。

$$E_P = W = \frac{1}{2}(\sigma^0 + \sigma^1)\bar{D}S \tag{6.2}$$

式中，σ^0 与 σ^1 分别称为初始应力（Initial stress）与最终应力（Final stress）；S 为断层面的面积；$\bar{D}$ 为断层的平均位错量。地震前后断层面上应力的下降值称为应力降（Stress drop），

$\Delta\sigma=\sigma^0-\sigma^1$。$\bar{\sigma}=\frac{1}{2}(\sigma^0+\sigma^1)$ 称为平均应力（Average stress），$\sigma_a=\eta\bar{\sigma}$ 称为视应力（Apparent stress），η 称为地震效率（Seismic efficiency）。

从地震学的角度看，地震是地下岩石的快速破裂过程，地震时断层附近的介质通过断层错动释放出所储存的应变能，把它转化为摩擦热、破裂能量和地震波能量，迄今我们尚不能测定地震时所释放出的应变能。然而，对于大地震我们可以准确地测定出断层长度、断层面的面积、地震的平均位错量等静态的震源参数，进而可以测定地震的地震矩 M_0。由地震矩 M_0 就可以估计出应变能 E_P 和地震前后整个地球介质系统对外界所做的功 W，如果应力完全释放，W 的最小值 W_0 就是地震辐射能量 E_S。假定地壳和上地幔有一个合理的剪切模量 μ，约在 3×10^4~6×10^4 兆帕（MPa）之间，对于大地震应力降 $\Delta\sigma$ 基本是个常量，其值在2~6 MPa之间，这样就有可以取一个平均值，得到下列关系：

$$W=W_0=E_S=\frac{\Delta\sigma}{2\mu}M_0 \tag{6.3}$$

$$\frac{E_S}{M_0}=\frac{\Delta\sigma}{2\mu}=\frac{\sigma_a}{\mu} \tag{6.4}$$

$$\lg E_S=\lg M_0+\lg\left(\frac{\sigma_a}{\mu}\right) \tag{6.5}$$

式中，μ 是介质的剪切模量；σ_a 是视应力，根据全球地震活动统计，平均视应力为0.47MPa，变化范围为0.03~6.69MPa。

根据金森博雄（Kanamori，1977）的研究，在地壳与地幔中，应力降 $\Delta\sigma\approx(2\sim6)$ MPa，$\mu\approx(3\sim6)\times10^4$MPa；若取 $\Delta\sigma=5$MPa，$\mu=5\times10^4$MPa，即得

$$\frac{\Delta\sigma}{2\mu}\approx5\times10^{-5} \tag{6.6}$$

地震辐射能量 E_S 和地震矩 M_0 之间的关系（Stein and Wysession，2003）为

$$\frac{E_S}{M_0}\approx5\times10^{-5} \tag{6.7}$$

从上式可以看出，满足上述条件的地震辐射能量和地震矩比值，对其比值取对数，用 Θ_K 表示。

$$\Theta_K=lg\frac{E_S}{M_0}=-4.3 \tag{6.8}$$

或

$$\lg E_S = \lg M_0 - 4.3 \tag{6.9}$$

式（6.7）或与其等价的式（6.9）称为金森博雄条件（Kanamori's condition）。将式（6.9）代入古登堡—里克特的地震能量与面波震级之间的关系式：$\lg E_S = 1.5M_S + 4.8$，可以得到

$$\lg M_0 = 1.5M_S + 9.1 \tag{6.10}$$

可以定义一个完全是由地震矩决定的、新的震级标度，金森博雄于1977年提出了矩震级标度 M_W（Kanamori，1977；Hanks and Kanamori，1979），在式（6.10）中，如果用 M_W 取代 M_S，则有：

$$M_W = \frac{2}{3}(\lg M_0 - 9.1) \tag{6.11}$$

式中，M_W 称作矩震级，M_0 单位是牛顿·米（N·m）。矩震级不会饱和，因为它是由地震矩 M_0 通过上式计算出来的，而地震矩不会饱和。

从1935年震级概念的提出，到1977年矩震级概念的提出用了42年的时间，从此开启了人类用震源物理参数测定地震大小的新时代。

综上所述，矩震级 M_W 是与面波震级 M_S 对接的震级，当 M_S 达到饱和状态时，M_W 是 M_S 的自然延续。

第四节　矩震级的测定方法

从理论上讲，无论是使用远场、近场地震波资料，还是使用大地测量和地质资料中的任何资料，或使用历史文献资料、地震现场考察资料，均可测量矩震级，并能与熟知的面波震级 M_S 相衔接。如果能够得到可靠的地震矩 M_0，就可以计算出可靠的矩震级 M_W，大地震和小地震测定地震矩的方法有所不同，本节介绍3种测定地震矩 M_0 常用的方法。

一、宏观调查法

从物理学的角度，式（6.1）将地震矩与断层参数联系在一起，如果通过宏观考察或利用历史文字记载能够给出地震断层的平均位错量 $\bar{D}$ 和破裂面的面积 S，就可以由式（6.1）得到 M_0。

金森博雄利用上述方法测定了1900—1977年39个大地震的地震矩 M_0 和矩震级 M_W，并将这段时间的地震从大到小重新进行了排序，测定结果见表6.2（Kanamori，1977），其中

矩震级 M_W 和面波震级 M_S 是金森博雄文中的结果，而发震时间、震中位置和参考地名是USGS网站上的结果。

表 6.2　1900—1977 年 39 个大地震的震级

序号	发震时间（UTC）		震源位置			震级		参考地名
	年-月-日	时：分：秒	纬度(°)	经度(°)	深度/km	M_W	M_S	
1	1960-05-22	19：11：17	-38.29	-73.06	35	9.5	8.3	智利蒙特港
2	1964-03-28	03：36：12	61.02	-147.63	6	9.2	8.4	阿拉斯加南部
3	1957-03-09	14：22：33	51.59	-175.42	35	9.1	$8\frac{1}{4}$	阿留申群岛
4	1952-11-04	16：58：27	52.76	160.06	22	9.0	$8\frac{1}{4}$	俄罗斯堪察加半岛东部近海
5	1906-01-31	15：36：00	1.00	-80.00	33	8.8	8.6	厄瓜多尔沿海
6	1965-02-04	05：01：21	51.21	178.50	29	8.7	$7\frac{3}{4}$	阿留申群岛
7	1950-08-15	14：09：36	28.29	96.66	35	8.6	8.6	中国西藏察隅—印度阿萨姆邦交界
8	1963-10-13	05：17：55	44.76	149.80	26	8.5	8.1	千岛群岛
9	1922-11-11	04：32：45	-28.55	-70.76	35	8.5	8.3	智利阿塔卡玛
10	1938-02-01	19：04：21	-5.05	131.62	35	8.5	8.2	班达海
11	1905-07-09	09：40：24	49.40	97.30	33	8.4	$8\frac{1}{4}$	蒙古国—俄罗斯交界
12	1905-07-23	02：46：12	49.30	94.90	33	8.4	$8\frac{1}{4}$	蒙古国西部
13	1933-03-02	17：31：00	39.22	144.62	35	8.4	8.5	日本三陆
14	1923-02-03	16：01：48	53.85	160.76	35	8.3	8.3	俄罗斯堪察加半岛东海
15	1958-11-06	22：58：09	44.31	148.65	35	8.3	8.7	千岛群岛
16	1906-08-17	00：40：00	-32.40	-71.40	25	8.2	8.4	智利瓦尔帕莱索
17	1938-11-10	20：18：46	55.33	-158.37	35	8.2	8.3	阿拉斯加半岛
18	1959-05-04	07：15：46	53.37	159.66	35	8.2	$8\frac{1}{4}$	俄罗斯堪察加半岛东海
19	1968-05-16	00：49：00	40.90	143.35	26	8.2	7.9	日本本州
20	1940-05-24	16：33：58	-11.12	-77.63	50	8.2	8.0	秘鲁中部

续表

序号	发震时间（UTC）		震源位置			震级		参考地名
	年-月-日	时：分：秒	纬度(°)	经度(°)	深度/km	M_W	M_S	
21	1942-08-24	22：50：31	-14.98	-74.92	35	8.2	8.1	秘鲁中部
22	1958-07-10	06：15：58	58.48	-136.28	15	8.2	7.9	阿拉斯加东南部
23	1943-04-06	16：07：16	-31.37	-71.43	35	8.2	7.9	智利科金博
24	1969-08-11	21：27：37	43.48	147.82	46	8.2	7.8	千岛群岛
25	1932-06-03	10：36：53	19.46	-104.15	25	8.1	8.1	墨西哥哈利斯科
26	1944-12-07	04：35：41	33.65	136.25	20	8.1	8.0	日本本州东南海
27	1946-12-20	19：19：10	33.06	135.69	35	8.1	8.2	日本本州东南海
28	1949-08-22	04：01：19	53.69	-133.10	35	8.1	8.1	阿拉斯加
29	1952-03-04	01：22：46	42.14	143.90	29	8.1	8.3	日本十胜—冲绳
30	1957-12-04	03：37：51	45.18	99.22	25	8.1	8.3	蒙古国中部
31	1966-10-17	21：41：57	-10.80	-78.68	34	8.1	7.5	秘鲁
32	1934-01-15	08：43：25	26.77	86.76	35	8.1	8.3	印度比哈尔—尼泊尔加德满都
33	1974-10-03	14：21：34	-12.25	-77.52	36	8.1	7.6	秘鲁中部
34	1976-08-16	16：11：11	6.29	124.09	59	8.1	8.2	菲律宾棉兰老岛
35	1928-06-17	03：19：33	16.03	-97.04	35	8.0	7.8	墨西哥瓦哈卡
36	1931-08-10	21：18：47	46.57	89.97	35	8.0	8.0	中国新疆富蕴
37	1906-04-18	13：12：26	37.75	-122.55	10	7.9	$8\frac{1}{4}$	美国旧金山
38	1923-09-01	02：58：37	35.41	139.08	35	7.9	8.2	日本横滨
39	1970-05-31	20：23：32	-9.25	-78.84	73	7.9	7.8	秘鲁

从表6.2可以得出一个非常有意义的结果：当震源破裂长度在100km左右时，M_S 和 M_W 基本一样，如：1944年12月7日的日本本州地震、1946年12月20日的日本本州地震、1952年3月4日的日本十胜—冲绳地震、1923年9月1日的日本横滨地震和1970年5月31日的秘鲁地震。只有破裂长度更长时它们的差别才明显起来，这毫不奇怪，如式（6.10）与式（6.11）所示，矩震级原本就是按面波震级不饱和时，两者的测定结果应当一致的原则定义的，矩震级 M_W 是面波震级 M_S 达到饱和时，地震震级的延续。

美国地质调查局在2002年制订了“美国地质调查局地震震级的测定与发布管理条例”（USGS，2002）中明确规定，对于没有地震记录的历史地震要使用地震现场的宏观调查信息（如断层面的大小、地面破坏等宏观资料）来确定矩震级 M_W，而不能使用传统震级经简单

换算得到矩震级 M_W。

我国许多历史地震只有来自宏观考察或历史文字记载，为了研究我国地震和全球地震活动规律，统一地把历史地震与现代地震一起用于地震学研究，1984 年周慧兰教授利用这些宏观考察和历史文字记载，得到了 53 个地震的地震矩 M_0 和矩震级 M_W（周慧兰，1984）。

表 6.3　中国历史大地震的矩震级

序号	日期	M_S	M_W	参考地名	序号	日期	M_S	M_W	参考地名
1	143	7	7.9	陇西	16	1668-07-25	$8\frac{1}{2}$	8.2	山东郯城
2	1038	$7\frac{1}{4}$	6.8	山西定襄	17	1679-09-02	8	7.7	河北三河—平谷
3	1067-11	$6\frac{3}{4}$	7.2	广东南澳	18	1683-11-22	7	7.6	山西原平
4	1125-08-30	7	6.4	兰州	19	1695-05-18	8	7.8	山西临汾
5	1303-09-17	8	7.6	山西洪洞	20	1709-10-14	$7\frac{1}{2}$	7.7	宁夏中卫
6	1501-01-19	7	6.7	陕西朝邑	21	1713-02-26	$6\frac{1}{2}$	6.9	云南寻甸
7	1515-06-17	$7\frac{1}{2}$	7.5	云南永胜	22	1718-07-19	$7\frac{1}{2}$	7.4	甘肃通渭
8	1536-03-19	$7\frac{1}{4}$	6.9	四川西昌—冕宁	23	1733-08-02	$7\frac{1}{2}$	7.7	云南东川
9	1556-01-23	8	7.9	陕西华县	24	1739-01-03	8	8.0	宁夏银川—平罗
10	1561-07-25	$7\frac{1}{4}$	7.3	宁夏中卫	25	1786-06-01	$7\frac{1}{2}$	7.7	四川泸定
11	1600-09-29	7	7.3	广东南澳	26	1789-06-07	$6\frac{1}{2}$	6.5	云南通海—华宁
12	1605-07-13	$7\frac{1}{2}$	7.8	广东琼山—文昌	27	1815-10-23	$6\frac{3}{4}$	7.1	山西平陆
13	1622-10-25	7	7.7	宁夏固原	28	1830-06-12	$7\frac{1}{2}$	7.5	河北磁县
14	1626-06-28	7	7.6	山西灵正	29	1833-09-16	8	7.7	云南嵩明
15	1626-06-28	$7\frac{1}{2}$	7.9	甘肃天水	30	1850-09-12	$7\frac{1}{2}$	7.2	四川西昌

续表

序号	日期	M_S	M_W	参考地名	序号	日期	M_S	M_W	参考地名
31	1879-07-01	$7\frac{1}{2}$	7.8	甘肃武都	43	1936-04-01	$6\frac{3}{4}$	7.0	广西灵山
32	1888-06-13	$7\frac{1}{2}$	7.5	渤海湾	44	1937-08-01	7	7.5	山东菏泽
33	1913-12-21	$6\frac{1}{2}$	7.0	云南峨山	45	1954-02-11	$7\frac{1}{4}$	7.2	甘肃山丹
34	1917-07-31	$6\frac{1}{2}$	7.3	云南大关	46	1955-04-14	$7\frac{1}{2}$	7.2	四川康定
35	1918-02-31	$7\frac{1}{2}$	7.4	广东南澳	47	1966-03-08	6.8	6.6	河北邢台
36	1920-12-16	$8\frac{1}{2}$	8.3	宁夏海源	48	1967-08-30	6.8	6.6	四川甘孜
37	1925-03-16	7	6.8	云南大理	49	1970-01-05	7.7	7.2	云南通海
38	1927-05-23	8	7.7	甘肃古浪	50	1973-02-06	7.9	7.4	四川炉霍
39	1932-12-25	$7\frac{1}{2}$	7.8	甘肃昌马	51	1974-05-11	7.1	6.4	云南永善—大关
40	1933-08-25	$7\frac{1}{2}$	7.3	四川迭溪—茂汶	52	1975-02-04	7.3	7.1	辽宁海城
41	1935-04-21	7	6.8	台湾新竹	53	1976-07-28	7.8	7.5	河北唐山
42	1936-02-07	$6\frac{3}{4}$	7.3	甘肃康乐					

本方法适用于历史地震的地震矩 M_0 和矩震级 M_W。

二、地震矩张量反演法

当震中距和地震波的波长远大于震源的尺度时，震源可用点源表示，由地震点源所产生的位移场可以表示为（Aki et al.，1980）

$$U_n(x, t) = M_{ij} * G_{ni,j} \qquad (n, i, j = 1, 2, 3) \tag{6.12}$$

式中，U_n 为在场点 n 方向的质点位移，$G_{ni,j}$ 表示格林函数 G_{ni} 对震源坐标 ξ_j 的微商，M_{ij}为地震矩张量的分量。对于力的三个分量和三个可能的力臂方向，有 9 个广义力偶，因此对于一般的地震点源的等效力，可表示为 9 个力偶的组合，矩张量的分量 M_{ij}代表了归一化的力偶 (i, j) 激发地震波的强度。由于地震震源满足内源的条件，因此地震矩张量是一个对称的张量，只有 6 个独立的分量，当 $i \neq j$ 时，$(i, j) + (j, i)$ 表示为一无矩双力偶，而 (i, j) 则量表示线性矢偶极（无矩单力偶）。

根据式（6.12）可知，在频率域内场点的位移和地震矩张量的关系为

$$U_n(x,\ \omega)=M_{ij}G_{ni,\ j} \tag{6.13}$$

在圆柱坐标系内，剪切位错点源在垂向 z、径向 r 和切向 θ 位移分量的表达式可以写成

$$\begin{cases} w_z(r,\ \theta,\ z,\ t)=\dfrac{M_0}{4\pi\rho}\dfrac{\mathrm{d}}{\mathrm{d}t}\left[\dot{D}(t)*\sum\limits_{m=0}^{2}A_m(\lambda,\ \delta,\ \theta)W_m(t)\right] \\ q_r(r,\ \theta,\ z,\ t)=\dfrac{M_0}{4\pi\rho}\dfrac{\mathrm{d}}{\mathrm{d}t}\left[\dot{D}(t)*\sum\limits_{m=0}^{2}A_m(\lambda,\ \delta,\ \theta)Q_m(t)\right] \\ v_\theta(r,\ \theta,\ z,\ t)=\dfrac{M_0}{4\pi\rho}\dfrac{\mathrm{d}}{\mathrm{d}t}\left[\dot{D}(t)*\sum\limits_{m=1}^{2}A_{m+3}(\lambda,\ \delta,\ \theta)V_m(t)\right] \end{cases} \tag{6.14}$$

式中，

$$\begin{aligned} &A_0(\lambda,\ \delta,\ \theta)=\frac{1}{2}\sin\lambda\sin2\delta \\ &A_1(\lambda,\ \delta,\ \theta)=\cos\lambda\cos\delta\cos\theta-\sin\lambda\cos2\delta\cos\theta \\ &A_2(\lambda,\ \delta,\ \theta)=\cos\lambda\sin\delta\sin2\theta+\frac{1}{2}\sin\lambda\sin2\delta\cos2\theta \\ &A_4(\lambda,\ \delta,\ \theta)=-\cos\lambda\cos\delta\sin\theta-\sin\lambda\cos2\delta\cos\theta \\ &A_5(\lambda,\ \delta,\ \theta)=\cos\lambda\sin\delta\cos2\theta-\frac{1}{2}\sin\lambda\sin2\delta\sin2\theta \end{aligned} \tag{6.15}$$

式中，$\dot{D}(t)$ 是震源的远场时间函数，$W_m(t)$、$Q_m(t)$、$V_m(t)$ 分别为在圆柱坐标系中由力偶 $(i,\ j)$ 的线性组合构成的垂向、径向和切向的介质响应，即格林函数。利用广义射线理论（GRT）计算格林函数，震中距在 $2°<\Delta<12°$、$12°<\Delta<30°$ 和 $30°<\Delta<90°$ 范围内，分别对应于地球介质的地壳、上地幔和下地幔的响应，可以采用不同的近似模型和计算方法来计算格林函数。

对于剪切位错源，所给出的地震矩张量只是剪切位错部分，不包括体积的变化和线性补偿部分，地震矩张量与断层走向 φ、倾角 δ 和滑动角 λ 有如下关系：

$$
\begin{aligned}
M_{xx} &= -M_0(\sin\delta\cos\lambda\sin2\varphi + \sin2\delta\sin\lambda\sin^2\varphi) \\
M_{xy} &= M_0(\sin\delta\cos\lambda\cos2\varphi + \frac{1}{2}\sin2\delta\sin\lambda\sin2\varphi) \\
M_{xz} &= -M_0(\cos\delta\cos\lambda\cos\varphi + cos2\delta\sin\lambda\sin\varphi) \\
M_{yy} &= M_0(\sin\delta\cos\lambda\sin2\varphi - \sin2\delta\sin\lambda\cos^2\varphi) \\
M_{yz} &= -M_0(\cos\delta\cos\lambda\sin\varphi - \cos2\delta\sin\lambda\cos\varphi) \\
M_{zz} &= M_0\sin2\delta\sin\lambda = -(M_{xx} + M_{yy})
\end{aligned}
\tag{6.16}
$$

设台站方位角为 φ_s，则台站相对于断层面走向的方位角 $\theta = \varphi_s - \varphi$，由此可以得到震源的方向性函数和地震矩张量的关系式为：

$$
\begin{aligned}
M_0A_0 &= \frac{1}{2}M_{zz} \\
M_0A_1 &= -(M_{xz}\cos\varphi_s - M_{yz}\sin\varphi_s) \\
M_0A_2 &= \frac{1}{2}(M_{xx} - M_{yy})\cos2\varphi_s + M_{xy}\sin2\varphi_s \\
M_0A_4 &= M_{xz}\sin\varphi_s - M_{yz}\cos\varphi_s \\
M_0A_5 &= \frac{1}{2}(M_{yy} - M_{xx})\sin2\varphi_s + M_{xy}\cos2\varphi_s
\end{aligned}
\tag{6.17}
$$

这样我们就可以把位移表达式（6.14）转换成地震矩张量的线性表达式，利用不同台站（方位角 θ 不同）的观测资料 $O(t, \theta)$，就可以得到线性方程组

$$
CM = O \tag{6.18}
$$

式中，O 是 $N\times1$ 矩阵，C 是 $N\times6$ 矩阵，M 是 $N\times6$ 矩阵，N 是资料的数据量。利用奇异值分解法解方程组即可得到地震矩张量 M_{ij}（$i=x, y, z$; $j=x, y, z$），由就可以求出它的本征值和本征矢量。

M_{ij} 的 3 个本征值按大小排列为 $M_1 > M_2 > M_3$，而对于纯剪切断层模型，地震矩张量的迹为零，即：

$$
M_1 + M_2 + M_3 = 0
$$

最佳双力偶地震矩为：

$$
M_0 = \frac{|M_1| + |M_3|}{2} \tag{6.19}
$$

用这种方法不但可以得到地震矩 M_0，还能快速反演地震矩张量和震源机制解。由于使用了震中距在一定范围内所有可能的地震体波记录，并且利用了地震波幅值的绝对大小，这样就充分利用了地震波所包含的信息，使结果更加可靠。

这种方法比较适合测定 5.0 级以上地震的地震矩。

三、震源谱法

地震仪记录到的地震波是一种综合信息，包含了地震震源效应、地震波的传播路径效应、台站场地响应、仪器响应和噪声。要想测定震源参数，就必须首先对地震记录扣除传播路径效应、台站场地响应及仪器响应等，分离出震源部分，即首先要求出震源谱。

对于某次地震的某个台站记录，从振幅谱中扣除仪器响应、噪声影响、传播路径影响、场地响应，就可以得到该条台站记录的震源位移谱 $S(f)_j$。再通过式（6.20）求平均震源谱，并以此作为该地震的观测震源谱。

$$\bar{S}(f) = \frac{1}{N}\sum_{j=1}^{N} D(f)_j \tag{6.20}$$

式中，N 为该地震的波形记录数。

采用由式（6.21）表示的 ω 平方震源谱模型（Brune，1970）作为理论震源谱。

$$S(f) = \frac{\Omega_0}{1+\left(\frac{f}{f_c}\right)^2} \tag{6.21}$$

式中，Ω_0 为震源谱的零频极限值，f_c 为拐角频率。

定义目标函数：

$$\varepsilon = \sum_{k=1}^{n} \frac{[S(f_k) - \bar{D}(f_k)]^2}{\sqrt{S(f_k)\bar{D}(f_k)}} \tag{6.22}$$

式中，k 为第 k 个采样的频率点，n 为采样的频率点数目。采用遗传算法求解使目标函数 ε 为极小的理论震源谱参数 Ω_0 和 f_c。

利用下面的关系求取地震矩

$$M_0 = \frac{4\pi\rho V_S^3 \Omega_0}{2R_{\theta\varphi}} \tag{6.23}$$

式中，ρ 是密度，V_S 是 S 波速度。对所研究区域 ρ 和 V_S 可能存在一定差异，最好使用实测值，如没有实测值，一般取 $\rho = 2.7\mathrm{g/cm^3}$，$V_S = 3.4\mathrm{km/s}$，$R_{\theta\varphi}$是平均的震源辐射花样因子，对 S 波为（$\sqrt{2/5}$），对 SH 波为 0.41。

这种方法比较适合测定 5.0 级以下地震的地震矩。

第五节　小　　结

（1）金森博雄在提出矩震级 M_W 测定方法时，需要满足以下 2 个条件。一是介质的应力降 $\Delta\sigma$ 和剪切模量 μ 之比是常数，即满足金森博雄条件 $\lg E_S = \lg M_0 - 4.3$；二是震级与能量之间的关系满足古登堡—里克特的能量与震级关系 $\lg E_S = 1.5M_S + 4.8$。

从理论上讲，矩震级 M_W 是与面波震级 M_S 对接的震级，当面波震级 M_S 没有饱和时，面波震级 M_S 和矩震级 M_W 基本一致。而当面波震级 M_S 饱和时，矩震级 M_W 是面波震级 M_S 的自然延续。

（2）与地方性震级、面波震级和体波震级不同，矩震级 M_W 是用震源参数测定的震级，不存在饱和问题。无论是对大震还是对小震、微震甚至极微震，无论是对浅震还是对深震，均可测量矩震级，也就是说用矩震级可以表示所有不同类型地震的大小。

（3）矩震级 M_W 是一个均匀的震级标度，适于震级范围很宽的统计，目前矩震级已成为全世界大多数地震台网和地震观测机构优先使用的震级标度（USGS，2002）。

第七章　能量震级

地震实际上是震源在很短的时间内释放出大量能量，其中一部分能量以地震波的形式向外传播，用地震能量更适合表示地震的大小。1995 年乔伊和博特赖特提出了能量震级标度（Choy and Boatwright，1995）。

用地震能量换算的震级称为能量震级（Energy magnitude），用 M_e 表示。能量震级实质上就是用地震能量来表示地震的大小。

第一节　地震能量测定方法

地震能量 E_S 是关于震源定量的特征量，地震能量的测定是地震定量化研究中一个重要的基本问题，也是数字地震学中重要的研究课题，对地震定量化和工程地震学等研究具有重要的推动作用。

1964 年，哈斯克尔对计算地震能量的理论方法进行了详细的论述和推导，这一工作为地震能量的测定打下了坚实基础（Haskell，1964）；1968 年怀斯等人做出了开创性的工作，他第一次利用数字地震记录，通过对地动速度的平方进行积分计算能量；1986 年，博特赖特和乔伊提出了利用数字化宽频带记录的远震 P 波测定地震能量 E_S 的方法（Boatwright and Choy，1986）。

1995 年乔伊和博特赖特提出了能量震级 M_e 的概念（Choy and Boatwright，1995）。1998 年，纽曼和奥卡尔对博特赖特和乔伊的计算方法和过程进行了改进与简化，从而适用于大地震之后的准实时处理（Newman and Okal，1998）。从 1986 年 11 月起，美国国家地震信息中心（NEIC）采用博特赖特和乔伊的方法，测定了全球范围内 6.0 级以上浅源地震的地震能量 E_S，进而得到能量震 M_e，在 NEIC 常规产出的《震中初步报告》（Preliminary Determination of Epicenters，PDE）中列出能量震级 M_e。由于不同的震源机制辐射地震波的花样不同，在测定能量震级时需要震源机制解，NEIC 利用美国哈佛大学和哥伦比亚大学拉蒙特—多赫蒂地球观象台的“全球矩心矩张量项目”（GCMT）产出的震源机制对地震的震源进行校正。美国地震学研究联合会（IRIS）在地震能量查询网站（http：//www. iris. edu/spud/eqenergy）及时发布 NEIC 测定的全球 $M_W \geq 6.0$ 地震的地震能量 E_S 和能量震级 M_e。

2002 年，德国国家地球科学研究中心（GFZ）也开展了研究地震能量和能量震级的测定，鲍曼对能量震级的计算公式做了进一步的改进（Bormann et al.，2002；Choy et al.，2006）。2008 年，吉亚科莫和汪荣江等开展了浅源中强地震的能量震级 M_e 的测定方法研究（Giacomo et al.，2008）。

一、用远场资料测定地震能量

在震源附近，震源辐射的原生波为 P 波和 S 波，面波是 P 波和 S 波在地球表面或分界面相互作用形成的干涉波。利用地震台站记录测定地震能量时，只考虑 P 波和 S 波即可，不用考虑面波，这是因为地震波以体波的形式传播时，能量已经被测量了。

根据哈斯克尔的研究成果，假设地震发生在无限大、无衰减的介质中，地震辐射能量的计算公式如下（Haskell，1964）：

$$E_S = \int_{-\infty}^{\infty} \int_S \rho [\alpha \dot{u}_\alpha^2 + \beta \dot{u}_\beta^2] \mathrm{d}S\mathrm{d}t \tag{7.1}$$

式中，ρ 是介质密度；α 和 β 是 P 波和 S 波的波度；$\dot{u}_\alpha$ 和 $\dot{u}_\beta$ 分别是在远场记录的 P 波和 S 波质点运动的速度，并对时间和对包围震源的球面积分。

P 波和 S 波从震源到地震台站传播时，随着距离的增大以及地球介质的非弹性，会造成 P 波和 S 波的能量损失，因此利用地震台站记录测定地震能量时，需要进行几何扩散衰减校正和非弹性衰减校正。

距震源为 r 处的地面位移 $u_{\alpha,\beta}(t)$ 取决于地震矩率 $\dot{M}(\mathrm{t})$（Aki and Richards，1980）

$$u_\alpha(t) = \frac{R_\alpha(\theta, \varphi)}{4\pi r \alpha^3} \dot{M}(t) \tag{7.2}$$

$$u_\beta(t) = \frac{R_\beta(\theta, \varphi)}{4\pi r \beta^3} \dot{M}(t) \tag{7.3}$$

式中，$R_\alpha(\theta, \varphi)$ 和 $R_\beta(\theta, \varphi)$ 分别是 P 波和 S 波的辐射场型。由上面的 3 个公式可以得到地震辐射能量的计算公式如下：

$$E_S = \int_{-\infty}^{\infty} \int_S \rho \left[\alpha \left(\frac{R_\alpha(\theta, \varphi)}{4\pi r \alpha^3} \ddot{M}(t) \right)^2 + \beta \left(\frac{R_\beta(\theta, \varphi)}{4\pi r \beta^3} \ddot{M}(t) \right)^2 \right] \mathrm{d}S\mathrm{d}t \tag{7.4}$$

式中，ρ 是介质密度；α 和 β 是 P 波和 S 波的波度；r 为震源距；$\dot{M}(t)$ 为地震矩率的导数；$R_\alpha(\theta,\ \varphi)$ 和 $R_\beta(\theta,\ \varphi)$ 分别是 P 波和 S 波的辐射场型。

$$dS = r^2 \sin\theta d\theta d\varphi \tag{7.5}$$

$$\begin{aligned} E_S = & \frac{1}{16\pi^2 \rho\alpha^5}\int_0^\infty \ddot{M}(t)^2 dt \int_\varphi\int_\theta \frac{R_\alpha(\theta,\ \varphi)}{r^2} r^2 \sin\theta d\theta d\varphi \\ & + \frac{1}{16\pi^2 \rho\beta^5}\int_0^\infty \ddot{M}(t)^2 dt \int_\varphi\int_\theta \frac{R_\alpha(\theta,\ \varphi)}{r^2} r^2 \sin\theta d\theta d\varphi \end{aligned} \tag{7.6}$$

$$E_S = \frac{\bar{R}_\alpha^2}{4\pi\rho\alpha^5}\int_{-\infty}^\infty \ddot{M}^2(t) dt + \frac{\bar{R}_\beta^2}{4\pi\rho\beta^5}\int_{-\infty}^\infty \ddot{M}^2(t) dt \tag{7.7}$$

式中，$\bar{R}_\alpha^2$ 和 $\bar{R}_\beta^2$ 分别是 P 波和 S 波平均辐射花样系数（Wu，1966）。

$$\bar{R}_\alpha^2 = \frac{1}{4\pi}\int_0^\pi\int_0^{2\pi} R_\alpha^2(\theta,\ \varphi) d\theta d\varphi = \frac{4}{15} \tag{7.8}$$

$$\bar{R}_\beta^2 = \frac{1}{4\pi}\int_0^\pi\int_0^{2\pi} R_{SH}^2(\theta,\ \varphi) + R_{SV}^2(\theta,\ \varphi) d\theta d\varphi = \frac{2}{5} \tag{7.9}$$

$$E_S = \frac{1}{15\pi\rho\alpha^5}\int_{-\infty}^\infty \ddot{M}(t) dt + \frac{1}{10\pi\rho\beta^5}\int_{-\infty}^\infty \ddot{M}^2(t) dt \tag{7.10}$$

根据帕塞瓦尔定理（Parseval’s theorem）

$$\int_{-\infty}^\infty |g(t)|^2 dt = \frac{1}{2\pi}\int_{-\infty}^\infty |\hat{g}(\omega)|^2 d\omega = \frac{1}{\pi}\int_0^\infty |\hat{g}(\omega)|^2 d\omega \tag{7.11}$$

我们可以将式（7.11）写成：

$$E_S = \left(\frac{1}{15\pi^2\rho\alpha^5} + \frac{1}{10\pi^2\rho\beta^5}\right)\int_0^\infty \left|\hat{\dot{M}}(\omega)\right|^2 d\omega \tag{7.12}$$

式中，$\hat{\dot{M}}(\omega)$ 是地震矩率的导数的谱。

如果我们认为地震的震源可以看作一个质点震源，震源的附近由均匀球面包围，可以将 E_S 写成（Giacomo et al.，2008）：

$$E_S = \left(\frac{2}{15\pi\rho\alpha^5} + \frac{1}{5\pi\rho\beta^5}\right)\int_0^\infty \left|\hat{\dot{M}}(f)\right|^2 df \tag{7.13}$$

$$E_S = \left(\frac{2}{15\pi\rho\alpha^5} + \frac{1}{5\pi\rho\beta^5}\right)\int_{f_1}^{f_2} \left| \hat{\dot{M}}(f) \right|^2 \mathrm{d}f \tag{7.14}$$

使用远震 P 波的垂直分量计算辐射能量 E_S：

$$E_S \approx \left(\frac{2}{15\pi\rho\alpha^5} + \frac{1}{5\pi\rho\beta^5}\right)\int_{f_2}^{f_1} \left| \frac{\dot{u}(f)}{G(f)/2\pi f} \right|^2 \mathrm{d}f \tag{7.15}$$

式中，α，β 和 ρ 分别是 P 波速度、S 波速度和介质密度；f 为频率，f_1 和 f_2 分别代表积分的下限与上限；$\dot{u}(f)$ 代表 P 波的速度谱；$G(f)$ 代表位移场的格林函数谱。

从式（7.15）可知，计算地震波能量主要包含 2 部分内容，一是积分号内的部分，这部分是对不同频率地震波衰减的校正，二是圆括号内的部分，主要包含震源附近介质参数。

1. 地震波衰减校正

地震波从震源出发到达地震台站的过程中，地球介质就像一个滤波器，造成地震波能量的衰减，为了能够利用地震台站记录测定出地震能量，就必须考虑传播路径对地震波衰减进行校正。由于地球介质的复杂性，计算地震能量最具挑战性的问题就是地震波衰减校正。

地震波在传播过程中，波的振幅（或者说能量）总体上随传播距离的增大而减小的现象称为地震波衰减（Seismic wave attenuation）。地震波衰减必然造成地震波在传播过程中的能量损失，主要包括几何扩散衰减和介质非弹性衰减。

1）几何扩散衰减

当地震波在地下介质传播时，由于波前面随传播距离的增大不断扩大，而地震能量是一定的，从而使得波前面单位面积的能量不断减小，使地震波振幅随传播距离的增大而不断减小，这种现象称为几何扩散（也称波前扩散），由此产生的地震波衰减称为几何扩散衰减。

2）非弹性衰减

在研究地震波传播的运动学问题时，往往把地球介质看成是完全弹性的。完全弹性是指在外力作用下，介质的体积和形状发生变化，去掉外力后，介质体积和形状完全恢复。然而，地球介质不是理想的弹性介质，介质的形变在应力移去后能够恢复但不是立即恢复，出现介质应变落后于应力的现象，这种现象称为滞弹性。地震波在传播过程中，由于滞弹性造成震动能量的损耗，使机械能散发为热能，引起介质滞弹性吸收（Anelastic absorption），从而产生地震波的衰减，这种衰减称为滞弹性衰减或非弹性衰减。

地球介质的滞弹性可以用地球介质震动时能量的耗散程度表示。地震激发的震动很快消失，说明地球介质具有相当大的滞弹性。地球介质的滞弹性衰减通常用 Q 值来描述。

Q 值（Q value）又称介质的品质因子，是指在一个周期中储藏在震动系统中的能量与所损耗能量的比值，即：

$$\frac{2\pi}{Q}=\frac{\Delta E}{E} \tag{7.16}$$

上式也可以写成：

$$\frac{1}{Q}=\frac{1}{2\pi}\frac{\Delta E}{E} \tag{7.17}$$

式中，E 为一定体积的地球介质在地震波的一个周期 T（或一个波长 λ）的运动中所积累的能量，ΔE 为同一体积的地球介质在地震波的一个周期 T（或一个波长 λ）的运动中所衰减的能量。

Q 值反映了介质的滞弹性效应所造成的能量损耗，Q 值越小，说明能量耗损越大，Q 值越大，说明能量耗损越小。

2. 位移场的格林函数谱 $G(f)$

地震波从震源到地震台站传播过程的衰减，称为传播路径效应，或格林（Green）函数。格林函数包含了几何扩散衰减和介质非弹性衰减。

由于记录地震波衰减与频率密切相关，要做到快速校正波的传播效应，必须计算出不同频率的振幅衰减谱函数。而且，对波的传播效应进行的校正必须适用于整个地球（Duda and Yanovskaya，1993）。我们使用了参考地球模型 AK135 作为理论地震图的震相走时模型，利用汪荣江老师采用的正交规范化技术开发的 QSSP（Complete synthetic seismograms based on a self-gravitating earth model with the atmosphere-ocean-mantle-core structure）软件计算球面地球模型的理论地震图和格林函数（Wang，1999），克服了经典的 Thomson-Haskell 传播矩阵方法中存在的数值不稳定问题，能够快速校正波传播效应，计算出不同频率的谱振幅衰减函数。

在具体操作中，采用点源模型，从已知的点源函数出发，可以考虑不同频率下的传播效应。计算震中距在 20°~35°之间的远震 P 波理论地震图时以 1°为一个间隔，35°以上以 2.5°为一个间隔，这样区分是因为震中距处于 20°~35°这个范围内时 P 波会受到上地幔和转换断层衰减的强烈影响。

一般来说，QSSP 提供了比反射率法更可靠的格林函数，特别是在低频范围内，因此我们可以将计算中考虑的频带下限 f_1 从 16.6MHz 扩展至 12.4MHz（Giacomo，2008）。

3. P 波速度谱 $\dot{u}(f)$

在宽频带记录的地震波形中，截取 P 波波形数据，对 P 波的波形做傅里叶变换，就可以得到 P 波速度谱 $\dot{\boldsymbol{u}}(\boldsymbol{f})$。我们只测定 5.5 级以上的浅源地震，使用震中距 20°~98°的远震宽频带 P 波记录，这样使用一维层状结构地球模型就可以满足计算理论地震图的需求。

截取 P 波波形的时间窗 t_P 一般要大于破裂持续时间，这样就得到的截取的垂直向速度

记录 $\dot{u}(t)$，对 $\dot{u}(t)$ 进行快速傅里叶变换就能得到公式（7.15）中的 $\dot{u}(f)$。然后做出每一个台站的 P 波速度谱 $\dot{u}(f)$。

选择远震 P 波主要原因有 2 点：①P 波速度大于 S 波，是最先从震源到达地震台站的地震波，适合快速测定地震能量；②P 波在传播过程中的能量损失比 S 波小。

4. 积分频率 f_1 和 f_2

从理论上讲，式（7.15）的积分上下限 f_1 和 f_2 要包含震源所辐射地震波的所有频段。从实际情况看，地震释放的地震波能量主要集中在拐角频率附近，所以选用数据的带宽必须能够覆盖拐角频率，震源谱的积分至少包含辐射总能量的 80%，这样测定的 M_e 偏差才可以接受（Giacomo et al.，2008）。远震体波的辐射能量主要集中在 0.01 ~ 5Hz（Bormann，2009；Bormann，2015；Convers and Newman，2011）。

频率的下限 f_1 要根据 P 波时间窗的长度 t_P 来选择，f_1 一般不低于 $1/t_P$。时间窗的长度应包括地震破裂的整个持续时间（即震源动态破裂的时间 T_{Rav}，见表 5.2，以避免时间窗饱和效应（Bormann et al.，2007）。高于 1Hz 的地震信号信噪比很差，做依赖频率的地震波衰减校正非常困难。经研究表明，时间窗在 80s 左右能够覆盖大多数地震，因此我们将积分截止频率的下限 f_1 定为 0.0125Hz。在极端情况下的特大地震，例如 2004 年 12 月 26 日印度尼西亚苏门答腊岛—安达曼西北海域 M_W9.0 地震，震源破裂持续时间达到 540s，拐角频率为 0.00185Hz，对辐射能量的低估也小于 10%（Convers and Newman，2011）。

频率的上限 f_2 主要由低信噪比决定，对于 5.5 级以上地震，选择 1Hz 比较合适。对于小于 5.5 级地震，就需要大于 1Hz 的更高频率。目前我们的研究对象是 5.5 级以上地震，因此积分频率的上限 f_2 为 1Hz。

这样，积分下限 f_1 为 0.0124Hz，积分上限 f_2 为 1Hz，对应的周期为 80.7s 和 1.0s。

5. 震源附近介质参数

在计算地震能量的公式中，圆括号中的部分与震源附近的介质密度、P 波和 S 波的速度有关，用 k 表示：

$$k = \frac{2}{15\pi\rho\alpha^5} + \frac{1}{5\pi\rho\beta^5} \tag{7.18}$$

k 的量纲为 $s^3/N \cdot m$（$s^5/(kg \cdot m^2)$）。对于远场分层介质模型，K 与震源深度 h 有关。在 AK135Q 一维地球模型中，震源深度大于和小于 18km 就有差别。对于震源深度 18km 以下的地震，取 $\alpha = 6.8$km/s，$\beta = 3.9$km/s，$\rho = 2.92$g/cm^3；对于震源深度 18km 以上的地震，取 $\alpha = 8.0355$km/s，$\beta = 4.4839$km/s，$\rho = 3.641$g/cm^3。对于震源深度为 18km 附近的地震，介质两边参数对测量的能量震级影响很小。在实时或准实时地震参数测定时，如果对震源深度 h 定位较差，$h < 18$km 或 18km $\leq h \leq$ 70km 时，使地震能量产生的偏差不会超过

±0.25，能够满足地震快速响应的需求。

二、用布龙模型测定地震能量

远场震源时间函数随时间变化的函数称为远场震源时间函数。若用地震矩张量描述地震的震源，远场位移可以用下面的公式表示（陈运泰，顾浩鼎，2023）：

$$u_i(x,\ t) = \iint_{\Sigma} G_{ij,\ k}(x,\ t;\ \xi,\ \tau) * \dot{m}_{jk}(\xi,\ t)\,\mathrm{d}\Sigma \tag{7.19}$$

式中，$G_{ij,k}$是格林函数在断层面ξ点对k方向的导数；$\dot{m}_{jk}(\xi,\ t)$是断层面上点的地震矩率张量；“ * ”号表示卷积。

对于点源模型，上式可以简化为：

$$u_i(x,\ t) = G_{ij,\ k}(x,\ t) * \dot{m}_{jk}(t) = G_{ij,k}(x,\ t) * S(t) \tag{7.20}$$

式中，$S(t)$是远场震源时间函数。在频率域，垂直向的地动位移谱可以表示为：

$$\dot{u}(f) = G(f)\cdot S(f) \tag{7.21}$$

这样，公式（7.15）就变为：

$$E_{\mathrm{S}} = \left(\frac{2}{15\pi\rho\alpha^5} + \frac{1}{5\pi\rho\beta^5}\right)\int_{f_1}^{f_2}(2\pi f)^2 S^2(f)\,\mathrm{d}f = \left(\frac{8\pi}{15\rho\alpha^5} + \frac{8\pi}{10\rho\beta^5}\right)\int_{f_1}^{f_2} f^2 S^2(f)\,\mathrm{d}f \tag{7.22}$$

若采用布龙震源模型，其震源频谱高频部分按ω^2衰减，即$n=2$，地动位移的震源谱可以写成（Brune，1970）：

$$S(f) = \frac{M_0}{1 + \left(\dfrac{f}{f_{\mathrm{c}}}\right)^2} \tag{7.23}$$

$$E_{\mathrm{S}} = \left(\frac{2\pi^2}{15\rho\alpha^5} + \frac{2\pi^2}{10\rho\beta^5}\right)M_0^2 f_{\mathrm{c}}^3 = (1+q)\cdot\frac{2\pi^2}{15\rho\alpha^5}M_0^2 f_{\mathrm{cP}}^3 = \left(\frac{1}{q}+1\right)\cdot\frac{2\pi^2}{15\rho\beta^5}M_0^2 f_{\mathrm{cS}}^3 \tag{7.24}$$

式中，ρ为接收点处介质的密度；α和β分别为P波和S波速度；f_{cP}为P波的拐角频率；f_{cS}为S波的拐角频率；q为$E_{\mathrm{S}}^{\mathrm{P}}$和$E_{\mathrm{S}}^{\mathrm{S}}$的比值，$E_{\mathrm{S}}^{\mathrm{P}}$为P波辐射能量，$E_{\mathrm{S}}^{\mathrm{S}}$为S波辐射能量，博特赖特和乔伊给出的结果为15.6（Boatwright and Choy，1986）。上式表明，若采用布龙模型，如果测定出地震矩M_0和拐角频率f_{c}，即可计算出地震辐射能量。

三、用区域资料测定地震能量

我们所说的区域资料是指震中距 $5° \leqslant \Delta < 20°$ 的资料，也可以拓展到 35°。

地震能量包括 P 波能量和 S 波能量，E_S^P 计算 P 波辐射能量的理论公式为（王子博，刘瑞丰，2023）：

$$E_S^P = 4\pi \langle F^P \rangle^2 \left(\frac{R^P}{F^{gP}} \right) \varepsilon_P^* \tag{7.25}$$

式中，球面上的平均辐射花样系数的平方 $\langle F^P \rangle^2 = \frac{4}{15}$；$F^{gP}$ 为 P 波组（P，pP 和 sP 波）的广义辐射花样系数，作用是根据震源机制解校正不同震中距和离源角上的台站对应的辐射花样系数；$R^P = a/g(\Delta)$，a 为地球半径，$g(\Delta)$ 为几何扩展项；ε_P^* 为 P 波组能量通量，公式为：

$$\varepsilon_P^* = \frac{\rho\alpha}{\pi} \int_0^\infty |\omega \cdot u(\omega)|^2 e^{\omega t^*(\omega)} d\omega \tag{7.26}$$

其中，ω 为频率，$u(\omega)$ 为不同频率对应的速度谱，$t^*(\omega)$ 为非弹性衰减因子，等于震相走时与 Q 值的比。几何扩展项 $g(\Delta)$ 反映了地球径向不均匀的特征，即地震波从震源到达接收台站后不再具有球面对称性，其结果可以通过对 Jeffreys-Bullen 走时表求微分得到的（Okal，1992）。如图 7.1 所示，当 $\Delta > 35°$ 时，$g(\Delta)$ 随着震中距平稳变化且对震源深度变化不敏感；当 $15° \leqslant \Delta < 35°$ 时，由于 Jeffreys-Bullen 地球模型没有反映地幔间断面的影响，导致直接利用 Jeffreys-Bullen 走时表计算的几何扩展项 $g(\Delta)$ 与实际存在偏差，震中距在 15°到 25°附近的结果受到 410km 间断面影响，震中距在 20°到 30°附近的结果受到 660km 间断面的影响，震中距在 15°、20°和 25°左右时 $g(\Delta)$ 出现极值。因此对 410km 和 660km 间断面连续采样处理导致了震中距在 15°到 35°范围内的 $g(\Delta)$ 结果不可靠（Newman and Okal，1998）。当震中距小于 15°时，浅层地壳的不均匀性随着震中距的减小而增大，对于辐射能量测定的主要影响变为使用一维平均地球模型模拟地下介质对地震波的非弹性衰减效应与实际衰减的偏差，即对能量通量项 ε^* 的影响。

为了解决这个问题，我们提出了区域辐射能量校正系数 $r(\Delta)$：

$$r(\Delta) = \frac{\sum_{i=1}^{n} \log_{10}(E_{\text{station}}^i(\Delta) / E_{\text{event}})}{n} \tag{7.27}$$

式中，$E_{\text{station}}^i(\Delta)$ 为利用区域地震记录测定的单台辐射能量；E_{event} 为利用远震记录计算的事件辐射能量，等于该事件单台远震结果的算术平均值；n 为每个震中距范围内的台站记录数。我们利用 2009—2021 年发生中国大陆 M_W>5.0 的 66 次地震的宽频带垂直向 P 波记录，得到不同震中距对应的区域辐射能量校正系数 $r(\Delta)$ 见图 7.2 和表 7.1。

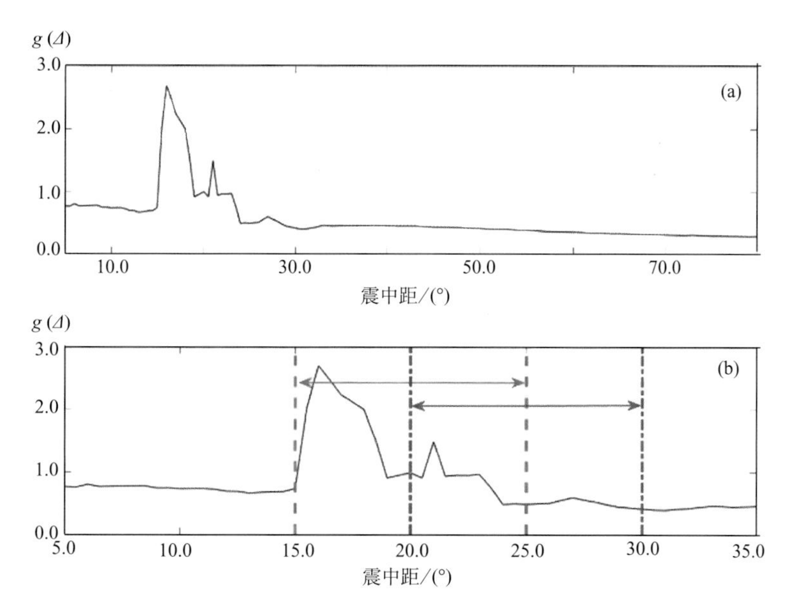

图 7.1 基于 Jeffreys-Bullen 走时表计算的几何扩展项 $g(\Delta)$

（a）本研究中使用的震中距范围（5°<Δ<80°），（b）区域地震记录（5°<Δ<35°）

红色虚线和蓝色虚线分别代表 410km 和 660km 间断面造成的影响

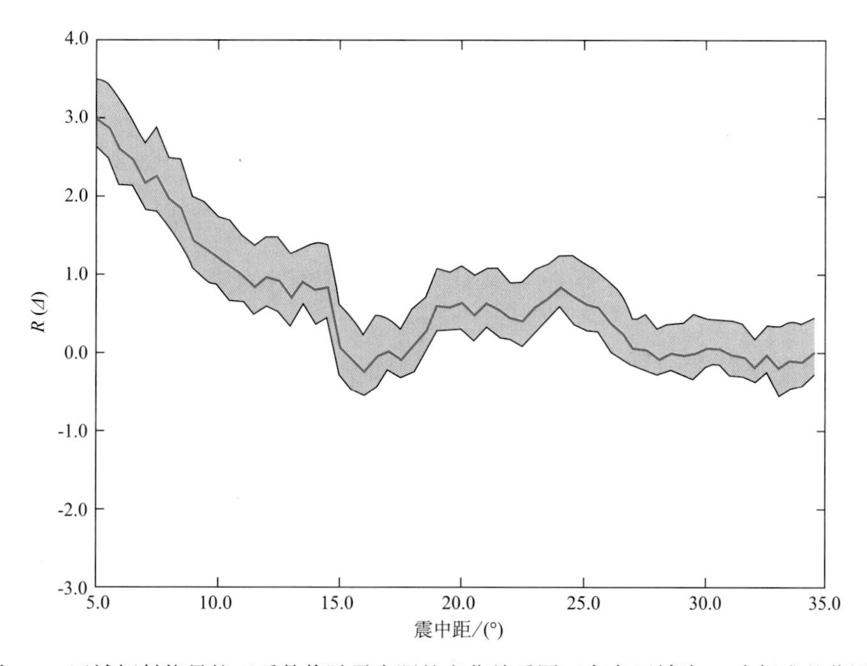

图 7.2 区域辐射能量校正系数值随震中距的变化关系图（灰色区域为±1 个标准差范围）

表 7.1 震中距对应的区域辐射能量校正系数

震中距/(°)	$r(\Delta)$	震中距/(°)	$r(\Delta)$	震中距/(°)	$r(\Delta)$	震中距/(°)	$r(\Delta)$
5.0	3.06	12.5	0.99	20.0	0.70	27.5	0.13
5.5	2.96	13.0	0.78	20.5	0.56	28.0	0.12
6.0	2.67	13.5	0.98	21.0	0.69	28.5	0.00
6.5	2.55	14.0	0.88	21.5	0.63	29.0	0.07
7.0	2.25	14.5	0.91	22.0	0.52	29.5	0.05
7.5	2.33	15.0	0.15	22.5	0.48	30.0	0.06
8.0	2.05	15.5	−0.02	23.0	0.65	30.5	0.13
8.5	1.93	16.0	−0.17	23.5	0.76	31.0	0.13
9.0	1.52	16.5	0.02	24.0	0.91	31.5	0.06
9.5	1.41	17.0	0.11	24.5	0.81	32.0	0.03
10.0	1.30	17.5	−0.02	25.0	0.71	32.5	−0.10
10.5	1.17	18.0	0.15	25.5	0.65	33.0	0.05
11.0	1.07	18.5	0.34	26.0	0.47	33.5	−0.12
11.5	0.92	19.0	0.68	26.5	0.34	34.0	−0.03
12.0	1.03	19.5	0.65	27.0	0.70	34.5	−0.04

该方法的原理可以解释为：当震源与台站间的距离在15°~35°时，引起地震辐射能量偏差主要影响因素为几何扩散项 $g(\Delta)$，几何扩散项的结果只与震源和台站的相对位置有关，与震源机制解、能量通量等因素无关，对辐射能量的影响是线性的，这时得到的 $r(\Delta)$ 代表了对走时表连续采样计算的几何扩散项与实际的平均偏差；当震中距小于15°时，选择固定时间窗和积分频段避免了波形因素对结果的影响后，$r(\Delta)$ 代表了理论衰减与实际衰减的平均偏差。由于震源和我们使用的大部分台站位置都处于大陆，地下介质的各向异性变化较大，利用小于5°的台站得到的计算结果偏差过大，因此我们将最小震中距设定为5°（Burdick，1981）。在这个区间内，通过每个震中距内不同方位角的大量台站的测定结果与远震结果比值的平均值作为校正系数，可以显著降低由于理论衰减和实际衰减的差异造成的偏差。

通过引入区域辐射能量校正系数，计算P波辐射能量的公式变为：

$$E_{\mathrm{R}}^{\mathrm{P}} = 4\pi\langle F^{\mathrm{P}}\rangle^2\left(\frac{a}{F^{g\mathrm{P}}g(\Delta)10^{r(\Delta)/2}}\right)^2\varepsilon_{\mathrm{P}}^* \tag{7.28}$$

一般仅通过计算P波或S波辐射能量确定地震辐射能量，P波与S波能量的关系为：

$$E_R = (1 + q)E_R^P = \left(1 + \frac{1}{q}\right)E_R^S \tag{7.29}$$

对于双力偶源，S 波与 P 波能量比 $q = 15.6$（Boatwright and Choy，1986）。综上所述，可以得到基于区域地震记录的单台地震辐射能量测定公式（王子博，刘瑞丰，2023）：

$$E_R = 4(1 + q)\rho\alpha \frac{\langle (F^P) \rangle^2}{(F^{gP})^2}\left(\frac{a}{g(\Delta)10^{r(\Delta)/2}}\right)^2 \int_0^{\infty} |\omega \cdot u(\omega)|^2 e^{\omega t^*(\omega)} d\omega$$
$$(5° \leqslant \Delta < 35°) \tag{7.30}$$

第二节 能量震级测定方法

1995 年，乔伊和博特赖特收集了美国国家地震信息中心（NEIC）测的 1986—1991 年 5.8 级以上 397 个地震的面波震级 M_S，并测定了这些地震的地震波能量 E_S（图 7.3），得到

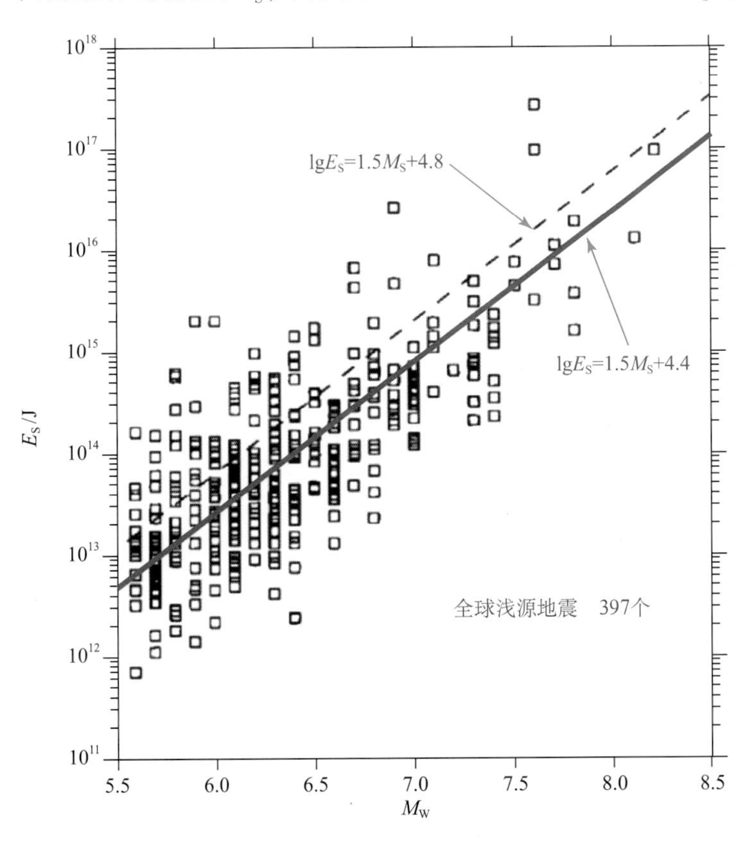

图 7.3 全球浅源地震的地震能量与面波震级

（引自修改自 Choy and Boatwrigh，1995）

了地震能量 E_S 和地震矩 M_0 的平均结果为 $E_S = 1.6\times10^{-5}M_0$，全球平均视应力为 0.47MPa（在计算中他们取地壳介质的剪切模量 $\mu\approx0.3\times10^5$MPa），地震能量 E_S 与面波震级 M_S 之间的关系为（Choy and Boatwrigh，1995）：

$$M_S = \frac{2}{3}(\lg E_S - 4.4) \tag{7.31}$$

2006 年，乔伊等人利用 1987—2003 年 5.8 级以上 1754 个全球浅源地震（$h<70$km）的地震能量 E_S 和面波震级 M_S 重新得到的 E_S 与 M_S 的分布图见图 7.4，由此得到的二者之间的关系仍为式（7.31）。

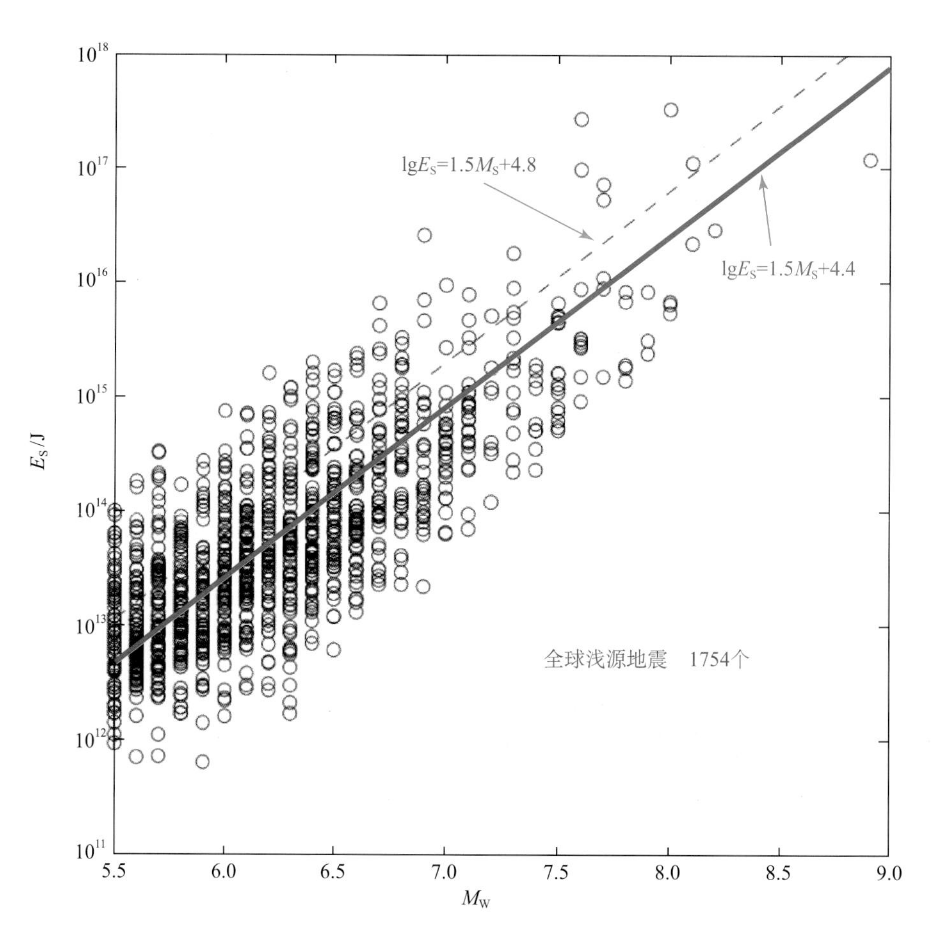

图 7.4　全球浅源地震的地震能量与面波震级

（引自修改自 Choy et al.，2006）

用“单一频率”的面波震级 M_S 不能表示大地震震源的几何尺寸，因此会产生震级饱和现象。为了克服这一问题，根据公式（7.31），定义一个新的震级 M_e 与面波震级 M_S 对接，将公式（7.31）中的 M_S 用新的震级 M_e 替换：

$$M_e = \frac{2}{3}\lg E_S - 2.9 \tag{7.32}$$

在上式中等号右边的第一项是除不尽的小数，而第二项 2.9 实际上是 2.9333 保留小数点后一位的结果，这样计算出的 M_e 有可能会产生 0.1 的偏差。2002 年，鲍曼对能量震级的计算公式做了进一步的改进，建议公式（7.32）变为（Bormann et al.，2002）：

$$M_e = \frac{2}{3}(\lg E_S - 4.4) \tag{7.33}$$

上式就是测定能量震级的公式。

综上所述，能量震级 M_e 是与面波震级 M_S 对接的震级，当 M_S 达到饱和状态时，M_e 是 M_S 的自然延续。

第三节　能量震级测定

我们根据地震能量测定方法和能量震级测定方法，设计了具有自主知识产权的软件系统。

一、软件设计

该软件系统主要包括数据处理、快速震源机制反演、时窗计算、理论格林函数计算和地震辐射能量计算等 5 个主要模块，软件各模块的主要功能及流程如图 7.5 所示（孔韩东，刘瑞丰，2022）。

1. 数据处理模块

该模块的主要功能是对原始的地震波形数据进行预处理，并去除仪器响应后还原成真实的地动速度记录。模块采用时间域剔除仪器响应的技术从观测数据中去除仪器响应。

2. 快速震源机制反演模块

该模块的主要功能是快速反演震源机制，得到的震源机制解用于合成理论地震图。计算地震辐射能量时加入震源机制校正，可以提高测定结果的可靠性和稳定性。震源参数中的地震矩还可以用于计算矩震级、能矩比、慢度系数和等效震级差等新的震源参数，丰富软件产出，为地震灾害评估机构提供更多参考。

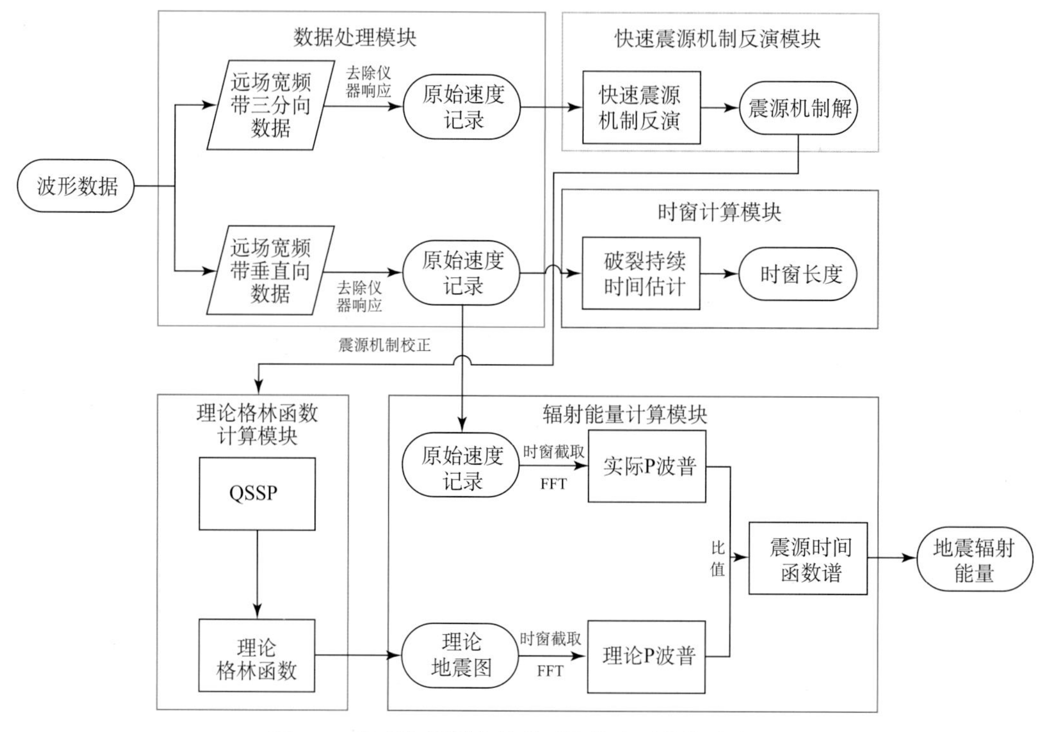

图 7.5　地震能量测定软件系统的主要模块及流程

3. 时窗计算模块

该模块的主要功能是计算时窗长度。测定地震辐射能量时需要截取 P 波，我们将截取 P 波的时间窗口的长度称为时窗长度。

4. 理论格林函数计算模块

该模块的主要功能是计算理论格林函数，用于校正地震波在地球内部介质中传播的路径效应。模块使用 QSSP 软件包计算理论格林函数，然后合成理论地震图。QSSP 利用广义反透射系数法，数值稳定性高，在球状地球模型下的低频部分可以给出更可靠的格林函数（Wang，1999）。

5. 辐射能量计算模块

该模块的主要功能是计算地震辐射能量，通过求震源时间函数谱，并利用式（7.15）计算地震能量。

二、2017 年九寨沟地震的能量测定

据中国地震台网测定，北京时间 2017 年 8 月 8 日 21 时 19 分，四川省阿坝州九寨沟县发生 M_S7.0 地震，震源深度为 9km。

我们使用全球地震台网（GSN）的 69 个地震台站的宽频带波形数据，并使用了国家地

震台网的9个地震台站的宽频带波形数据，地震台的震中距在20°~98°范围内。得到的78个台站的能量震级见表7.2，KMBO台的能量震级最小，为5.92，TSUM台的最大，为7.07，得到的平均能量震级 M_e 为6.3。

表7.2 九寨沟地震能量震级单台数据

台站名	震中距/(°)	能量震级	台站名	震中距/(°)	能量震级	台站名	震中距/(°)	能量震级
IU. MAKZ	21.46	7.02	IU. MBWA	56.42	6.22	IU. PAB	81.55	6.18
IC. MDJ	22.91	6.55	IU. WAKE	57.19	6.47	IU. FUNA	82.63	6.21
II. AAK	24.86	6.70	IU. KBS	57.87	6.24	IU. KIP	84.85	6.31
II. KURK	25.44	6.45	IU. ADK	58.32	6.46	II. TAU	85.86	6.34
IU. MAJO	28.23	6.36	IU. PMG	59.25	6.16	IU. LSZ	86.81	6.12
II. SIMI	28.57	6.50	II. MSEY	59.38	6.17	II. MSVF	87.12	6.66
II. BRVK	31.06	6.19	II. WRAB	60.58	6.06	IU. POHA	87.71	6.53
II. ERM	32.05	6.08	II. KWAJ	63.29	6.58	II. FFC	89.31	6.47
IU. YSS	32.37	6.12	IU. KONO	63.83	6.15	IU. COR	91.20	6.34
IU. DAV	32.98	6.76	II. ALE	64.10	6.08	IU. AFI	92.97	6.75
IU. YAK	33.20	6.30	IU. FURI	64.42	6.24	GT. LBTB	94.43	6.58
II. ARU	38.59	6.09	IU. MIDW	66.27	6.45	II. CMLA	94.85	6.48
IU. MA2	40.40	6.09	IU. CTAO	66.90	6.05	IU. XMAS	96.14	6.28
II. KAPI	41.07	6.31	IU. NWAO	67.31	6.56	IU. KOWA	96.41	6.95
IU. GUMO	42.06	6.53	IU. COLA	67.41	6.12	IU. RAO	96.80	6.22
II. UOSS	42.10	6.25	IU. HNR	68.24	6.57	IU. TSUM	97.39	7.07
IU. PET	43.32	5.89	II. KDAK	68.99	6.36	BK. CMB	97.75	6.66
IU. GNI	47.05	6.22	II. BFO	69.18	5.94	碾子山	20.30	6.63
II. KIV	47.89	6.29	IU. KMBO	71.25	5.92	五常	21.50	6.55
IU. BILL	49.33	6.47	IU. TARA	71.83	6.85	讷河	21.77	6.01
II. DGAR	50.38	6.52	II. ESK	71.91	6.02	宾县	21.97	6.35
II. OBN	50.66	6.18	II. BORG	73.18	6.28	宝清	21.98	6.47
II. RAYN	51.60	6.23	II. ABPO	75.12	6.18	靖宇	21.06	6.14
II. LVZ	51.76	6.03	II. MBAR	76.27	6.63	柳河	20.95	6.21
IU. KEV	54.58	5.97	IU. SFJD	77.95	6.41	丰满	21.55	6.42
IU. ANTO	55.99	6.19	IU. JOHN	78.17	6.01	抚松	20.65	6.31
平均能量震级：6.3								

图 7.6 是单台能量震级与平均能量震级之间的偏差，可以看出单台能量震级与平均能量震级之间的偏差在-0.4~0.4 之间。

从图 7.6 可以看出，不同台站的能量震级的测定基本与台站震中距无关，而且数据及其稳定地集中在 5.9 到 6.8 之间，平均能量震级为 6.3。

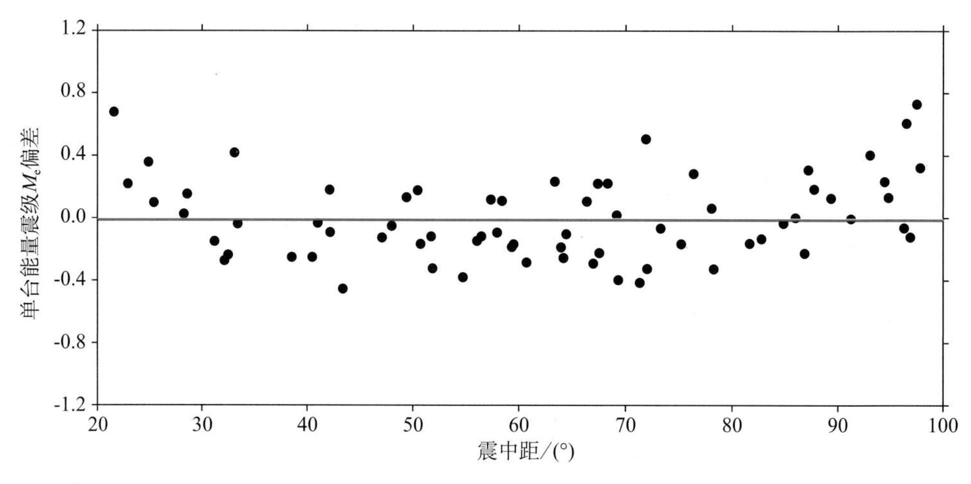

图 7.6　台站测定能量震级与平均能量震级的偏差分布图

第四节　矩震级与能量震级的对比

我们测定了 2014—2019 年矩震级 M_W=6.0~8.3 的 112 个浅源地震的地震能量和能量震级。我们收集了美国哈佛大学和哥伦比亚大学拉蒙特—多赫蒂地球观象台的“全球矩心矩张量项目”（GCMT）产出的震源机制，按震源机制划分，将所有地震事件按照正断层（NF）、逆断层（TF）和走滑断层（SS）进行分类后发现，数据集中的地震的震源机制主要为逆断型和走滑型，正断型地震数量较少（表 7.3）。

表 7.3　按震源机制解分类

震源机制解	逆断层	走滑断层	正断层	合计
地震数量	56	37	19	112

我们将测定的能量震级 M_e 与 M_W（GCMT）进行了对比。结果表明，M_e 的平均值大于 M_W（GCMT）的平均值 0.14。

按照震源机制分类，对于正断层（NF），Me 比 M_W 平均偏大 0.13。对于逆断型，M_e 比

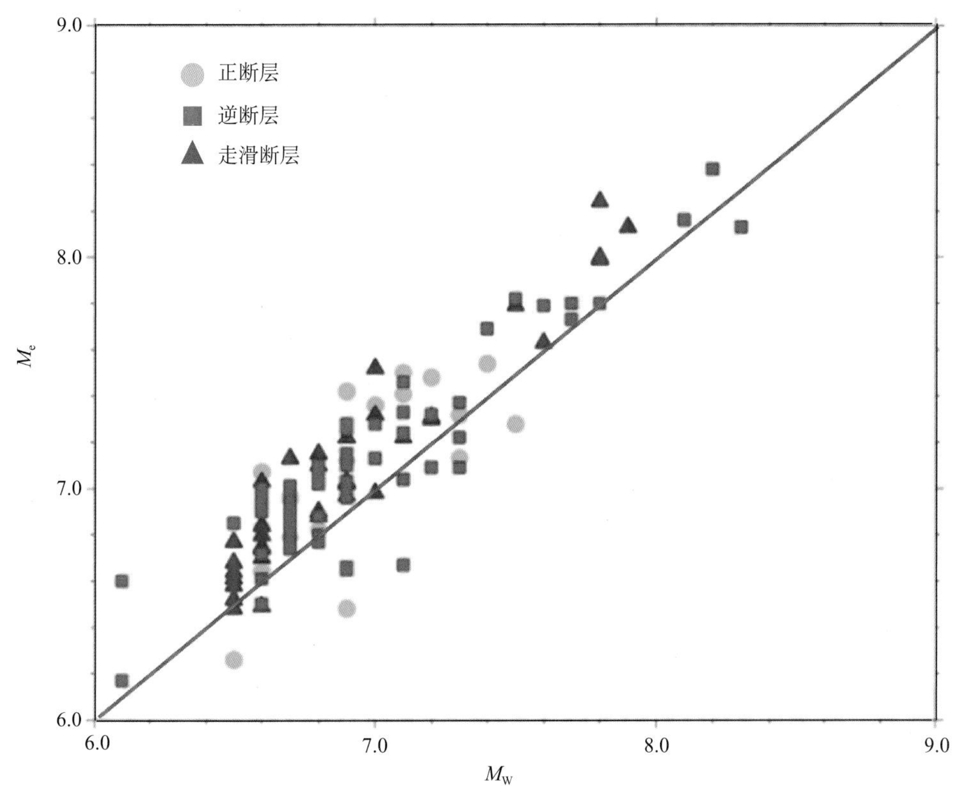

图 7.7 M_e 与 M_W（GCMT）对比

M_W 平均偏大 0.12。对于走滑断层，M_e 比 M_W 平均偏大 0.18。可以看出，走滑型的地震的能量震级与矩震级差别较大。

从震源机制看，走滑型地震其辐射地震能量的效率要高于正断层和逆断层的地震。例如 2016 年 3 月 2 日印尼 M_W7.8 地震，是一次走滑型地震，我们测定的 M_e 为 8.0，M_e 明显大于 M_W，说明此次地震释放能量的效率较高。同样的现象也在震源机制是走滑型的 2016 年 8 月 12 日洛亚蒂群岛 M_W7.8 地震、2016 年九州岛 M_W7.0 地震等地震事件中出现。

从单个地震的角度分析，比较一个地震的 M_e 和 M_W 的差异更能反应此次地震的特征，即反映此次地震的应力变化和能量释放过程。如果这次地震的 M_e 大于 M_W，说明此次地震释放的能量较多，造成的灾害较大。例如：2014 年 8 月 3 日云南鲁甸 M_W6.2 地震，我们测定的能量震级 M_e 为 6.4，GCMT 的矩震级 M_W 为 6.2，从而使得灾区最高烈度为Ⅸ度，从而造成了严重的人员伤亡和财产损失。

如果地震的 M_e 小于 M_W，说明此次地震的能量释放较少，地震造成的直接灾害会相对较小。例如：2017 年 8 月 8 日四川九寨沟地震，台网中心测定的面波震级 M_S 为 7.0，我们测定的能量震级 M_e 为 6.3，GCMT 的矩震级 M_W 为 6.5，由于能量震级比矩震级、面波震级都小，该地震产生的破坏并不严重。如果这类地震发生在大洋深处，则会有引发海啸的潜能。例如：1994 年 6 月 2 日印尼爪哇地震，IRIS 测定的能量震级 M_e 为 6.8，GCMT 的矩震级 M_W 为 7.8，M_W 比 $M_{e偏}$ 大 1.0。2004 年 12 月 26 日印度尼西亚苏门答腊岛—安达曼西北海域地震和 2011 年 3 月 11 日日本东北部海域地震，矩震级 M_W 都明显大于能量震级 M_e。这些地震均产生了海啸，造成了非常严重的海啸灾害。

第五节　小　结

（1）能量震级 M_e 是与面波震级 M_S 对接的震级，即 $\lg E_S = 1.5M_S + 4.4$。从理论上讲，如果面波震级 M_S 没有达到震级饱和时，能量震级 M_e 和面波震级 M_S 基本一致，当 M_S 出现饱和现象时，M_e 是 M_S 的自然延伸。

（2）能量震级 M_e 是用地震能量 E_S 转换得到的震级，也不存在饱和问题。无论是对大震还是对小震、微震甚至极微震，无论是对浅震还是对深震，均可测量能量震级 M_e，也就是说用能量震级 M_e 可以表示所有不同类型地震的大小。

（3）地震能量 E_S 和地震矩 M_0 是 2 个重要的物理量，目前是衡量地震大小最好的量，能量震级 M_e 与矩震级 M_W 是表示地震大小最理想的震级。

（4）没有单独一个震级能从静态和动态表示震源破裂的空间和时间特性，矩震级 M_W 和能量震级 M_e 实际上是反映地震震源的静态特性和动态特性，二者相互补充，综合使用才能更好地表示震源的性质与地震造成的灾害（Kanamori 1983；Bormann et al.，2012）。

第八章　其他震级

除了前几章讲述的常用震级以外，还有其他一些震级，目前这些震级还不是在我国地震台网日常工作测定的震级，但这些震级已在地震学研究、海啸预警、地震危险性评估等实际工作中应用，并取得了很好的效果。

一、Lg 波震级 m_{bLg}

Lg 波震级 m_{bLg}（Lg wave magnitude）是使用 Lg 波测定的震级。

Lg 波是指在大陆地区的区域地震记录中出现的主要为剪切振动的短周期、大振幅的持续波列。只有当传播路径全为大陆路径时才能观测到 Lg 波，经过海洋路径距离大约超过 200km 就可使 Lg 波消失。Lg 震相是一种复杂的地震信号，包含多种高阶面波振型，Lg 波沿地表的传播速度与大陆地壳上部的平均剪切波速度相近，大约 3.5km/s，通常传播速度范围是 3.3~3.6km/s。

由于地壳的各向异性，Lg 波能量散射线很强，这是因为震源辐射效果和地壳介质不均匀性共同导致了 Lg 波的这种复杂性（Knopoff et al.，1973；Bouchon，1982）。周期 $T<3s$ 的短周期 Lg 波在海洋地区观测不到，但在低衰减的大陆地区传播距离却很远（相对于 Sg 波），尤其是在克拉通地台地区可以在震中距 30°可记录到清晰的 Lg 波（徐果明等，2013）。在固定的路径上准确测定 Lg 波的震级，对于地下核爆炸识别具有重要意义。

关于 Lg 波的形成机制，有人将其解释为限制在大陆地壳内部传播的导波。短周期 S 波在地面与莫霍面间，或在地面与地壳内其他波速间断面间，反复反射并相互干涉叠加，就会产生比 Sg 波晚到的 Lg 波列（面波类型），下标 g 表示花岗岩（granite）层中的波。在震中距超过数百千米后，Lg 波就成了在整个地壳中传播的导波，是在地面和莫霍面间临界反射形成的。也有人将 Lg 波解释为短周期的高阶振型的面波（Kennett，1985；Xie and Lay，1994，1995）。

在地方和区域距离内，周期 $T<3s$ 的 Sg 和 Lg 波常被记录到并用来计算地方性震级 M_L。

Lg 波在大陆地台地区传播得很好，在 30°以内非常突出。Lg 波震级在近距离被标度为地方性震级 M_L，在远距离被标度为 m_b 震级。Lg 波震级要与地方性震级 M_L，或与远震体波震级 m_b 对接与校准，后者被通常称为 m_{bLg} 或 Mn（Ebel，1982）。1973 年纳特利首次提出了适用北美东部地区的 m_{bLg} 震级标度（Nuttli，1973）。

$$m_{bLg} = 3.75 + 0.90\lg\Delta + \lg(A/T) \qquad (0.5° \leqslant \Delta \leqslant 4°) \tag{8.1}$$

$$m_{bLg} = 3.30 + 1.66\lg\Delta + \lg(A/T) \qquad (4° \leqslant \Delta \leqslant 30°) \tag{8.2}$$

式中，A 是 Lg 波的最大地动位移，以 μm 为单位；T 的周期范围为 $0.6s \leqslant T \leqslant 1.4s$。$m_{bLg}$ 震级标度是连接地方性震级 M_L 和远震（$\Delta > 20°$）体波震级 m_b 的桥梁，NEIC 使用上两式测定 m_{bLg}。在式（8.2）中测定 m_{bLg} 的震中距范围是 4°~30°，涵盖了 M_L 大部分震中距范围和远震 m_b 部分震中距范围。要准确测定 Lg 震级，首先要得到不同射线路径的区域量规函数。

此外，即使是单台，m_{bLg} 震级也是一种稳定的震级（Mayeda，1993），不同台站测定的 m_{bLg} 震级离散度较小，非常适合于测定地下核试验（UNE）的震级（Xie and Lay，1995；Nuttli，1986；Hansen et al.，1990）。此外，当远震体波震级 $m_b < 4.0$ 时，基于 $M_S - m_{bLg}$ 判据就能够有效识别地下核试验和天然地震（Patton and Schlittenhardt，2005；Richards，2002），因而在禁核试中都比较喜欢使用 m_{bLg} 震级（Zhao et al.，2008）。在北美、南亚和北欧的一些国家，如丹麦、芬兰、挪威的日常地震监测中都使用 m_{bLg}。

二、持续时间震级 M_d

持续时间震级 M_d（Duration magnitude）是使用地震信号持续时间测定的震级。1958 年，匈牙利地震学家比兹特里萨尼提出了用地震信号持续时间测定震级的方法（Bisztricsany，1958），持续时间震级 M_d 被广泛用于测定地方震的大小，持续时间震级 M_d 是与地方性震级 M_L 对接的震级。

在实际观测中有这样的现象，对于同一个近震，各地震台记录地震的持续时间都比较稳定，地震越大振动持续时间就越长，地震越小，振动持续时间就越短。振动的时间几乎与震中距无关，整个信号持续时间 D 主要由 Sg 后面的尾波长度决定。1975 年，赫尔曼对尾波作为随时间衰减的指数函数做了详细的理论阐述，他给出了一个测定持续时间震级的一般公式（Herrmann，1975）：

$$M_d = a_0 + a_1\lg D + a_2\Delta \tag{8.3}$$

式中，a_0，a_1 和 a_2 是与区域地震波衰减特性有关的常数；D 是 P 波持续时间。

北京地震台网利用记录到的 148 次地震，每个地震都有 4 个以上地震台站记录，地方性震级 M_L 为 1.0~5.5，震中距 Δ 为 0~1000km，从而得到了北京地震台网持续时间震级计算公式（中国科学院地球物理研究所，1977）：

$$M_d = 2.47\lg(F - P) - 1.66 \tag{8.4}$$

P 为 P 波起始时间；F 为 P 波结束时间（至此信号已衰减到了噪声水平），对于震中距大于 500km 的地震，还应该加上 0.0014Δ 项，这里 Δ 的单位是 km。

1981 年，叶家鑫利用 1978 年 1 月—1980 年 6 月上海佘山地震台记录到的震中距 $\Delta <$ 500km 的地震共 118 次资料，得到了佘山地震台的持续时间震级公式如下（叶家鑫，1981）：

$$M_d = 2.36\lg(F - P) - 1.16 \tag{8.5}$$

1967 年，津村建四郎给出了一个测定日本中部纪伊（Kii）半岛持续时间震级的早期公式，并且标注为日本气象厅的 M_{JMA} 震级（Tsunnura，1967）：

$$M_d = 2.85\lg(F - P) + 0.0014\Delta - 2.53 \qquad (3.0 < M_{JMA} < 5.0) \tag{8.6}$$

式中，P 为 P 波起始时间；F 为 P 波结束时间（在这里信号已衰减到了噪声水平）；$F-P$ 的单位为 s；Δ 的单位为 km。

1972 年，李宏鉴给出了美国加州北部地震台网（NCSN）的另一个同样形式的持续时间震级公式。持续时间 D（单位 s）是从 P 波起始到地震图上尾波振幅衰减到 1cm 的时间，是把地震图在电影屏幕上放大 20 倍后测量的。Δ 的单位为 km 时作者给出了下式（Lee，1972）：

$$M_d = 2.00\lg D + 0.0035\Delta - 0.87 \qquad (0.5 < M_L < 5.0) \tag{8.7}$$

定位程序 HYPO71 用式（8.7）计算持续时间震级，称为 FMAG。但是，已经发现式（8.7）对于 $M_L>3.5$ 的地震严重低算了震级。所以，北加州台网（NCSN）现在有几个新的计算持续时间震级的公式，都归算到了 M_L 震级。1992 年，伊顿给出了最新的震级公式，他用了短周期垂直向记录，正常的仪器灵敏度，对 $\Delta<40$km，40km$\leq\Delta\leq$350km 和 $\Delta>350$km 给出了不同的距离校正值和 $h>10$km 的深度校正值（Eaton，1992）。

值得注意的是，不同区域的地壳结构和地震波衰减特性不同，因而也就没有一个普遍适用的持续时间震级公式。对于任何一个给定的台站或台网都必须重新确定持续时间震级标度，它要和使用振幅测定的地方性震级 M_L 一致。此外，具体方程式与 D 的定义，与当地的背景噪声水平、台站所使用地震计的灵敏度有关。用 M_d 也估算历史强震的地震矩 M_0。

用振动时间确定地方震的震级特别方便，因为不需要精确知道地震的位置和震中距，而且不依赖于地震波的周期、振幅，也不依赖于地震仪器频率特性等参数。特别是当记录限幅时，已不能用最大振幅测定震级时，用持续时间震级可发挥其独特的作用。

三、累积体波震级 m_{BC}

累计体波震级 m_{BC}（Cumulative body-wave magnitude）是采用累计多个体波震级的方法测定的震级。

传统的地方性震级、体波震级和面波震级都是基于地震点源模型，因此在计算公式中 $(A/T)_{max}$ 所取地震波形都是测定一个波形的振幅和周期值，因此传统震级都是使用一个波形的静态值。

而对于一个大地震，地震的震源就不是一个点源，例如：对于 8 级以上地震，断层长度会超过 300km，整个震源过程是由多次破裂构成，震源破裂时间要超过 100s。对于这样的大地震如果测定中长周期体波震级 m_B 的话，所测定的体波的振幅和周期只是其中的一次破裂，因此测定的结果就会低估了地震能量的大小。早在 1975 年鲍曼教授就提出了累积体波震级的方法，计算公式为（Bormann and Khalturin，1975）：

$$m_{BC} = \lg\Sigma\left(\frac{V_{max}}{2\pi}\right) + Q(\Delta, h) \tag{8.8}$$

式中，V_{max} 是体波地面运动速度的最大值；$Q(\Delta, h)$ 是量规函数，与中长周期体波震级的量规函数一样；Σ 是相加符号，一般相加 10 次左右。图 8.1 是德国 RUE 地震台测定 2004 年 12 月 26 日印度尼西亚苏门答腊岛—安达曼西北海域地震的 m_{BC} 的主要过程，当累积 10 个体波振幅时，就可以将累积体波震级 m_{BC} 的值达到 9.2，而当时哈佛大学发布的矩震级 M_W 为 9.0。

从式（8.8）可以看出，累积震级的物理意义很明确，实际上就是考虑到大地震的震源过程是由多次破裂组成。根据鲍曼教授的研究结果，有 80%左右的地震的累积体波震级 m_{BC} 与哈佛大学测定的矩震级 M_W 的偏差在 0.25 以内（Bormann and Wylegalla，2005）。这样累积体波震级 m_{BC} 在测定大地震的震级时具有明显的优势，能够在比较短的时间测定的震级与矩震级相一致，特别是能够在地震海啸预警中发挥作用。

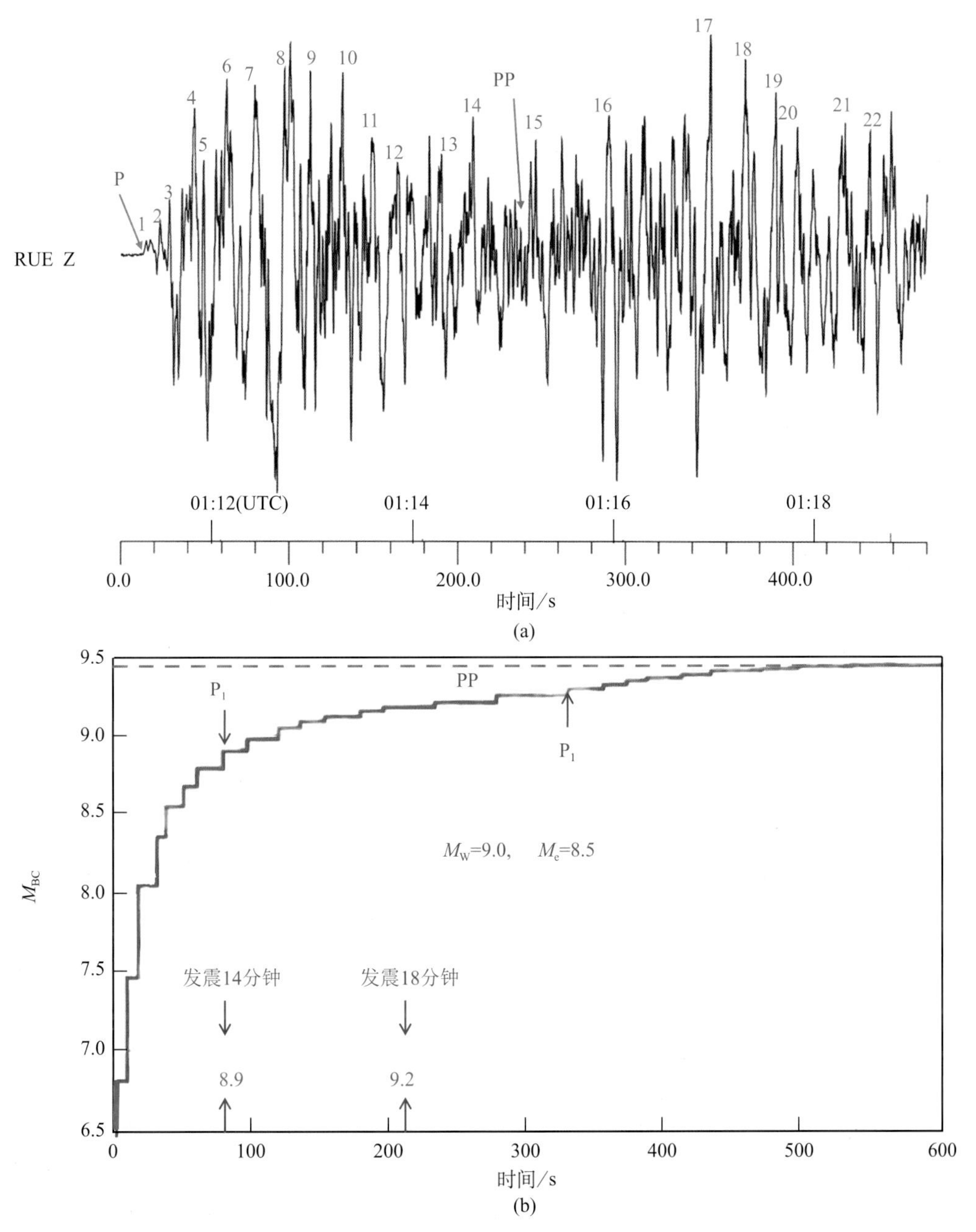

图 8.1 测定累积体波震级 m_{BC} 的方法（Bormann 提供）

（a）RUE 地震台垂直向记录；（b）累积震级 m_{BC} 计算

（RUE 地震台测定 2004 年 12 月 26 日印度尼西亚苏门答腊岛—安达曼西北海域地震的 m_{BC}）

四、海啸震级 M_t

1989 年，阿部胜征提出了海啸震级（Tsunami magnitude）标度 M_t，M_t 是与矩震级 M_W

对接的震级。

$$M_t = \lg H_{max} + a\lg\Delta + C \tag{8.9}$$

式中，H_{max}为海啸波的最大单一振幅（波峰或波谷），以米（m）为单位，由潮汐计量器测得；Δ为各个潮汐台站的震中距，以千米（km）为单位；a和C为常量（$a\approx1$）（Abe，1989）。在长波近似情况下，最大海啸高度与洋底垂直形变紧密相关，这就涉及到了地震矩M_0。因此，在一般条件下把M_t校准到$M_t=M_W$，结果如下：

$$M_t = \lg H_{max} + \lg\Delta + 5.8 \tag{8.10}$$

上式表明M_t没有饱和问题。1960年的智利大地震，$M_t=9.4$，而$M_W=9.5$。有时，震源破裂尺度很大，有很大的地震矩但破裂却非常慢，这样的地震会引起很强的海啸，海啸震级M_t要比预期的面波震级M_S、能量震级M_e和体波震级m_b大得多。一个很突出的例子就是1946年1月4日的阿留申群岛地震，$M_S=7.3$，而$M_t=9.3$。如此强烈却非常慢的地震在高频区内的能量小到可以忽略不计，在近场震感并不强烈，没有或只引起很小的地震灾害。

五、地幔震级M_m

地幔波（Mantle wave）又称地幔面波（Mantle surface wave），是一种波长很长的面波，波长多在2000km以上，周期往往有8~10min之久，据认为几乎整个地幔参与了这种震动，故称为地幔波。地幔波分为地幔勒夫波和地幔瑞利波（徐世芳等，2000）。对于大地震，勒夫波和瑞利波沿着大圆圈路径环游全球，可绕地球几圈，利用宽频带地震仪可以记录到绕地球7圈的地幔波，持续时间长达12小时。

1967年，布龙提出了地幔波震级的概念，利用地幔波测定的震级称为地幔波震级（Mantle Magnitude）。

浅源大地震所激发的周期大于90s的基本振型瑞利波，这种波称为地幔瑞利波，可以在长周期地震仪和应变仪上清楚地记录到地幔瑞利波。布龙使用周期是100s的地幔瑞利波测定了一些大地震的震级，1969年布龙又使用周期是100s的地幔勒夫波测定了一些大地震的震级（Brune et al.，1967；1969）。应该指出，布龙所提出的地幔波震级存在问题，那就是同其他传统震级一样，使用100s固定周期的瑞利波和勒夫波测定震级，不可避免地会出现震级饱和问题。

1989年，奥卡尔和塔兰迪耶基于简正振型理论，发展了一种使用50~300s可变周期地幔波测定地幔震级M_m的方法（Okal and Talandier，1989），并在南太平洋的法属塔希提岛帕皮提海啸中心（Centre Polyne′sien de Pre′vention des Tsunamis，CPPT）使用，多年来CPPT一直在海啸预警的日常工作中使用地幔震级M_m。在地震海啸预警中，很少使用面波震级M_S，主要是由于测定面波震级使用的是20s左右的面波，而对于8.3级以上地震，M_S会出

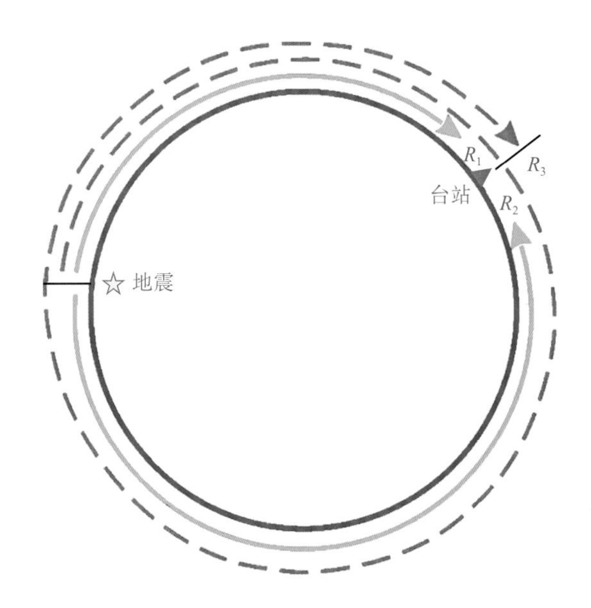

图 8.2 瑞利波传播三次的大圆路径（修改引自 Bormann，2012）

现震级饱和现象。地幔震级 M_m 的最大优势是使用 50~300s 的可变周期的面波，可实时快速测定大地震的大小，而不用考虑震源机制和震源深度的影响。

在实际工作中，使用瑞利波的频谱测定地幔震级 M_m，计算公式如下：

$$M_m = \lg X(\omega) + C_S + C_D - 0.90$$

式中，$X(\omega)$ 是瑞利波的振幅谱，单位是微米-秒（μm-s）；C_D 是与震中距有关的校正值，用于补偿球形地球上的几何扩散衰减和地震波在传播过程中的滞弹性衰减；C_S 是与地震波频率有关的校正值，用于补偿单位地震矩位错对激发不同频率瑞利波能力。奥卡尔和塔兰迪耶从理论上证明了 C_S 和 C_D 的精确表达式，并得到了地幔震级 M_m 与地震矩 M_0 之间的关系为（Okal and Talandier，1989）：

$$M_m = \lg M_0 - 20$$

式中，M_0 的单位是达因·厘米。

地幔波震级 M_m 与矩震级 M_W 都是解决面波震级 M_S 饱和问题的途径，矩震级 M_W 是地震远场位移谱的低频极限，而地幔波震级 M_m 实质上是在震源谱低于拐角频率的水平部分恢复地震矩 M_0。矩震级 M_W 与地震矩 M_0 的关系反映了当频率高于拐角频率时，震源位移谱与地震矩 M_0 之间的定量关系，而地幔波震级 M_m 与地震矩 M_0 之间的关系实质上反映了当频率低于拐角频率时，震源位移谱与地震矩 M_0 之间的定量关系。由此可见，这两种途径都是利用震源谱长周期的水平部分（左兆荣，1992）。

太平洋海啸预警中心（Pacific Tsunami Warning Center，PTWC）和法属塔希提岛帕皮提海啸中心（CPPT）使用 USGS 的实时传输的宽频带地震观测资料测定幔震级 M_m。

六、地震能级 *K*

20 世纪 50 年代，为了量化地方震和区域震的大小，苏联提出了地震能级 K（The Russian K-class，seismic energy K-class）。在“苏联地震目录”中，中小地震只给出能级 K，只有大地震和全球地震才利用体波和面波测定震级。

地震能级是直接用地震能量的对数表示地震大小的一种震级标度，用 K 表示，即

$$K = \lg(E_s) \tag{8.11}$$

式中，E_s 的单位是焦耳（J）。在通常情况下，对于一个 M_S6.0 地震，能级 K 约为 13.8。

研究苏联地震活动性的西方地震学家对能级 K 的性质、起源和方法知之甚少。然而，对于那些对苏联地震活动进行详细研究的人来说，能级 K 与全球其他地区的兼容性非常重要，尤其是苏联不同地区的能级 K 标度与国际地震中心（ISC）的短周期体波震级 m_b、面波震级 M_S、矩震级 M_W 之间的经验关系。

由于地震仪器和数据分析处理方法的不断发展，在日常工作中不同地区的能级 K 有一些差异，不同地区的能级 K 测定方法不同，很难给出统一的 K 与其他震级之间的转换关系，鲍曼根据里兹尼琴科的结果（Riznichenko，1992）推出了一下保守的公式：

$$\lg E_S \approx K = 1.8M + 4.1 \tag{8.12}$$

或

$$M = 0.556K - 2.3 \tag{8.13}$$

式中，M 所表示的震级类型与震中距和地震大小有关。粗略地讲，6.0 级以下地震 M 是地方性震级 M_L，4.0~5.5 级地震 M 是短周期体波震级 m_b，5.5~7.5 级地震 M 是中长周期体波震级 m_B，对于 6~8.5 级地震 M 是面波震级 M_S。

根据 1960 年劳季安的研究结果，对于矩震级 3.0~6.5 地震，塔吉克斯坦地区经验公式为（Rautian，1960）：

$$M = (M_L) = 0.56K - 2.22 \tag{8.14}$$

基本上与式（8.13）一样。

七、宏观震级 M_{ms}

震级的测定需要一定的时间，在震级发布之前，由于地震分类、地震危险性评估等方面

的需求，需要得到震级与强震参数之间的关系。其中，震级与烈度之间的关系是人们关注的焦点之一。

宏观震级（Macroseismic magnitude）M_{ms}对历史地震的分析和统计尤为重要。1942 年古登堡和里克特给出了震级与震中烈度 I_0 的经验关系（Gutenberg and Richter，1942）。1951 年川崎将自己的震级 M_K 与地震烈度 I 在震中距为 100km 处联系起来，这种方法在物理上是相当合理的，因为对于大多数地震来说，100km 的距离已经是远场，震源的有限性可以忽略不计。川崎的震级经验公式如下（Kawasumi，1951）：

$$M_K = 0.5\ I_{100} + 4.85 \tag{8.15}$$

式中，I_{100} 是震中距 100km 处的地震烈度。1989 年劳季安等人进一步发展了这种方法（Rautian et al.，1989）。

也有一些方法给出了震级 M 与震中烈度 I_0、最大烈度 I_{max}之间的关系。在一般情况下，震中烈度 I_0 和最大烈度 I_{max} 差别不大，但有时二者相差达到 2 度。在实际工作中人们大多用 M 与 I_0 的关系，但是 I_0 的定义基于点源模型，有一定的误导性。但是对于历史地震目录，也只有这种方法。

2009 年，格林塔尔等人使用欧洲地震目录，得到了矩震级 M_W、震中烈度 I_0 和震源深度 h 之间的关系如下（Grünthal，2009）：

$$M_W = 0.667 I_0 + 0.30 \lg(h) - 0.10 \tag{8.16}$$

如果没有震源深度 h，计算公式为

$$M_W = 0.682 I_0 + 0.16 \tag{8.17}$$

上面两个公式适用的范围为：$5 < I_0 < 9.5$，$3.0 < M_W < 6.4$，$5\text{km} \leq h < 22\text{km}$。

第九章　不同震级之间的经验关系

震级与地震波的频率有关，不同的震级表示的是震源辐射不同频率地震波能力的大小。由于震源的复杂性，不同震级之间没有必然的对应关系。但在实际工作中，有时会根据需求给出不同震级之间的经验关系。

需要说明的是以下3点，一是不同震级之间的经验关系，一般不称为震级之间的转换公式。两个震级之间的经验关系，只有在两个震级同时存在的情况下，才有意义。如果只有一个震级，不能利用经验关系外推给出另一个震级。二是两个震级之间的经验关系只能给出两个震级之间的总体变化趋势，是一种统计意义上的经验关系。而对于单个地震个体，根据经验关系得到的转换值与实测值存在偏差，有时偏差会很大。三是震级之间的经验关系具有区域特征，对于不同的构造区域，震级之间的经验关系会有差别。

第一节　古登堡和里克特的震级经验关系

1956年，古登堡与里克特利用全球6.0~8.0级地震资料，研究了不同震级之间的关系，大部分地震的震级为7.0级左右，他们发现面波震级 M_S 和体波震级 m_B 之间存在下列经验关系（Gutenberg and Richter，1956b）：

$$M_S - m_B = a(M_S - b) \tag{9.1}$$

式中，a 和 b 是常数，$a=0.37$，$b=6.76$。这样上式变成：

$$M_S - m_B = 0.37(M_S - 6.76) \tag{9.2}$$

即

$$m_B = 0.63M_S + 2.5 \tag{9.3}$$

或者

$$M_S = 1.59m_B - 3.97 \tag{9.4}$$

同时也给出了地方性震级 M_L 与体波震级 m_B 之间的关系如下：

$$m_B = 1.7 + 0.8M_L - 0.01M_L^2 \tag{9.5}$$

这样就可以得到地方性震级 M_L 与面波震级 M_S 之间的关系如下：

$$M_S = 1.27(M_L - 1) - 0.016M_L^2 \tag{9.6}$$

从上面的经验关系可以看出，对于6.0~8.0级地震，m_B 与 M_S 只有在 $M_S \approx 6.5$ 时才是一致的。不同的震级，其适用的范围也不同，当 $M_S<6.5$ 时，$m_B>M_S$，用 m_B 可以较好地表示地震的大小；当 $M_S>6.5$ 时，$m_B<M_S$，用 M_S 可以较好地表示地震的大小。M_S 标度在 $M<6.5$ 时低估了较小的地震的震级，但在 $6.5<M_S<8.0$ 的震级范围内可以较好地表示较大地震的大小。

第二节 华北地区早期研究结果

1966年3月8日河北省邢台地区隆尧县发生 M_S6.8地震，1966年3月22日河北省邢台地区宁晋县发生 M_S7.2地震。1966年4月中国科学院地球物理研究所在北京周边建立了中国第一个遥测地震台网——北京遥测地震台网，该台网由8个子台组成。

从1966年4月开始，中国科学院地球物理研究所又在红山、宁晋、新河、巨鹿、任县、黄壁庄、康二城、沧州、衡水小侯、临城、临县建立固定地震台站，这样在邢台震区形成了内外圈结合的地震台网。1967年3月河间 M_S6.3地震以后，中国科学院地球物理研究所和北京大学先后在河间、文安、武清、宝坻、昌黎凤凰山建立了固定地震台站。这些地震台站能够测定华北地区面波震级 M_S4.0以上地震的大小。

郭履灿先生收集了华北地区的能够测定地方性震级 M_L 和面波震级 M_S 的地震观测资料，这些地震的震级范围是 M_L4.5~6.0，通过回归分析得到了 M_L 和 M_S 的经验关系为：

$$M_S = 1.13M_L - 1.08 \tag{9.7}$$

从上式可以看出，对于 M_L4.5~6.0地震，M_S 比 M_L 偏小0.5~0.3。该结果于1971年在河北三河召开的全国地震工作会议上通过审定，会议决定该经验公式可以在华北地区使用。但由于当时特定的历史条件，该项研究成果始终未能正式发表，直至1990年，在该年出版的《地震工作手册》(国家地震局震害防御司，1990）中才收录了该结果。对于只能测 M_L，而没有 M_S 的小地震，公式（9.7）不能成立，在这种情况下 M_L 与 M_S 没有关系。如果将 M_L 转换成 M_S，其后果是使得地震的震级变小，造成地震活动性偏低的假象。

第三节　中国地震台网不同震级的经验关系

2004年12月26日，在印度尼西亚苏门答腊岛—安达曼西北海域发生了 M_W9.0地震。地震发生以后，不同的地震机构收集了更多的资料，对该地震的震级进行了详细的测定，不同的地震机构测定结果相差较大，其中相差最大的是体波震级 m_b。美国国家地震信息中心（NEIC）测定的 m_b 为7.0，中国地震台网中心（CENC）测定的 m_b 为7.0，全面禁止核试验条约组织（CTBTO）测定的 m_b 为5.7，俄罗斯科学院（RAS）测定的 m_b 为7.8，最大偏差达到2.1级！

2005年3月28日，同样在印度尼西亚苏门答腊岛—安达曼西北海域又发生了一次 M_W8.6地震。NEIC测定的 m_b 为7.1，CENC测定的 m_b 为6.3，CTBTO测定的 m_b 为5.6，RAS测定的 m_b 为7.6，最大偏差达到2.0级！

对于这2次有影响的大地震，全球不同的地震机构采用同样的计算公式，测定出的体波震级 m_b 相差如此之大，这种现象以前从未出现过。这是由地震仪器频带变宽引起的？还是测量体波振幅 A 和周期 T 的方法不同引起的？这些问题引起了IASPEI震级工作组的高度重视。

IASPEI震级工作组决定对全球不同地震机构震级测定方法和测定结果进行对比研究，刘瑞丰和鲍曼负责组织人员开展了相应的工作，工作组收集了1983—2004年中国地震台网测定的46238个地震的地方性震级 M_L、面波震级 M_S 和 M_{S7}、体波震级 m_B 和 m_b 的观测资料，开展了中国地震台网测定的不同震级之间经验关系的研究工作（刘瑞丰等，2006，2007）。

一、回归方法

1. 线性回归方法

对于2个或多个存在统计相关的随机变量，可根据大量观测数据确定其统计定量关系，即求出一定数学公式来表达定量关系，则数学公式称作回归方程。考虑将 N 个数据点（x_i，y_i），其中 $i=1$，2，3，…，N，拟合为以下直线模型的问题

$$Y = AX + B \tag{9.8}$$

通常利用线性最小二乘回归（SR）方法即可确定系数 A 和 B。

SR 回归方法适用于 2 个变量中，一个变量产生偏差较大的情况。确定系数 A 和 B 的拟合线性式（9.1）有以下 2 种可能。

第 1 种可能情况是

$$\text{SR1} \qquad Y \leftarrow A_1X + B_1 \tag{9.9}$$

适用条件为 $\sigma_{xx}^2 \rightarrow >0$ 和 $\sigma_{yy}^2 >0$，其中 σ_{xx}^2 和 σ_{yy}^2 分别为 X、Y 的方差。

第 2 种可能情况是

$$\text{SR2} \qquad Y \rightarrow A_2X + B_2 \tag{9.10}$$

此种可能又称为反标准回归（Carroll et al.，1996），适用条件为 $\sigma_{xx}^2 >0$ 和 $\sigma_{yy}^2 \rightarrow 0$。

线性回归方法只考虑一个变量产生的偏差比另一个变量产生的偏差大，因此线性回归关系不能使用等号，而使用箭头符号表示，见式（9.9）和式（9.10）。

2. 正交回归方法

若 2 个变量 A 和 B 均有可能发生较大变化，通常采用正交回归方法，以 OR 表示正交回归方法，则

$$Y = A_3X + B_3 \tag{9.11}$$

对于正交回归通常采用赫塞（Hesse）表示方法（Carroll et al.，1996），即 2 个变量均放在等号右边，表示右边 2 个变量均在变化，即

$$p = nx\ X + ny\ Y \tag{9.12}$$

式中，$p = B_3/q$，$nx = -A_3/q$，$ny = 1/q$，$q = (1 + A_3{}^2)^{1/2}$，$-nx/ny = A_3$。

若把上述关系应用于 X 和 Y，SR1 适用于在 X 测量偏差较大情况下对 Y 产生的影响，SR2 适用于在 Y 测量偏差较大情况下对 X 产生的影响。然而，不同震级在测量时都可能存在一定误差，无论是 SR1 还是 SR2，均与实际震级测定有一定差别。因此，理论上而言，用正交回归方法研究 X 和 Y 之间的关系，应当更接近实际情况。

二、主要经验关系

我们采用一般线性回归方法（SR1 和 SR2）和正交回归方法（OR）（Carroll et al.，1996）分别对不同震级之间的关系进行了回归分析与对比，所得到的不同震级之间的关系

见图9.1，(a) 表示 m_b 与 M_L 之间的关系；(b) 表示 M_L 与 M_S 之间的关系；(c) 表示 m_b 与 m_B 之间的关系；(d) 表示 M_{S7} 与 M_S 之间的关系；(e) 表示 m_B 与 M_S 之间的关系；(f) 是色标，表示每个点地震的数量，例如红色表示该点有127~252个地震。

在图9.1中直线1和直线2分别表示由一般线性回归SR1和SR2得到的结果，直线3表示由正交回归OR得到的结果。N 表示所使用的地震事件数量，RXY表示用OR方法得到的相关系数，RMS表示均方根，RMSO表示用OR方法得到的均方根。通过对比分析，我们得出采用正交回归方法更能接近实际情况，因此在下面的分析中，主要使用正交回归方法得到的结果。

从图9.1可以看出，分布在直线3（红色）上的地震只占很少部分，如果按经验关系进行震级转换的话，所有的散点都在这条直线上，这样就会与实际情况会有很大的差别。同一地震不同震级相差一般在0.2~0.3之间，也有的相差达到0.5，少数可达1.5级，甚至达到2.0级。

经验公式给出只是不同震级之间的总体变化趋势。从图9.1 (b) 可以看出，由直线3的斜率几乎等于1，即对于大小不同的地震，虽然 m_b 与 M_L 之间离散度较大，但从大量地震的统计来看，M_L 与 M_S 总体上差别不大。从图9.1 (a) 可以看出，没有地震的 M_L 超过7.0级，没有地震的 m_b 超过6.5级；从图9.1 (b) 可以看出，没有地震的 M_S 超过8.5级；从图9.1 (c) 可以看出，没有地震的 m_B 超过8.0级。从而可以得到与表6.1完全一致的各种震级的饱和震级。

1. 地方性震级 M_L 与短周期体波震级 m_b

我国测定 M_L 的震中距范围是1000km以内，测定 m_b 的震中距的范围是5.0°~105°。本文用以进行回归分析的资料是1988—2004年的7024次地震，其震中距的范围是 $5.0° < \Delta < 10°$，震级的范围是 $3.0 \leq M_L \leq 6.5$，大多数地震在 $3.0 \leq M_L \leq 5.5$ 范围。由正交回归方法（OR）得到的结果为：

表9.1是根据上式得到的地方性震级 M_L 和短周期体波震级 m_b 对照表，从图9.1 (a) 和表9.1可以看出，M_L 和 m_b 之间的离散度较大，这是因为由于上地幔低速层和地壳的横向不均匀性的影响，致使在震中距小于20°时体波震级的量规函数 $Q(\Delta, h)$ 的不确定性较大。因为这个缘故，ISC、NEIC等机构测定体波震级的震中距范围是20°以上，而不使用区域地震的资料测定体波震级。

$$m_b = 0.59M_L + 1.86 \tag{9.13}$$

表9.1　地方性震级 M_L 与短周期体波震级 m_b 对照表

M_L	3.0	3.5	4.0	4.5	5.0	5.5	6.0	6.5
m_b	3.7	4.0	4.3	4.5	4.8	5.1	5.4	5.7
$M_L - m_b$	-0.7	-0.5	-0.3	0	0.2	0.4	0.6	0.8

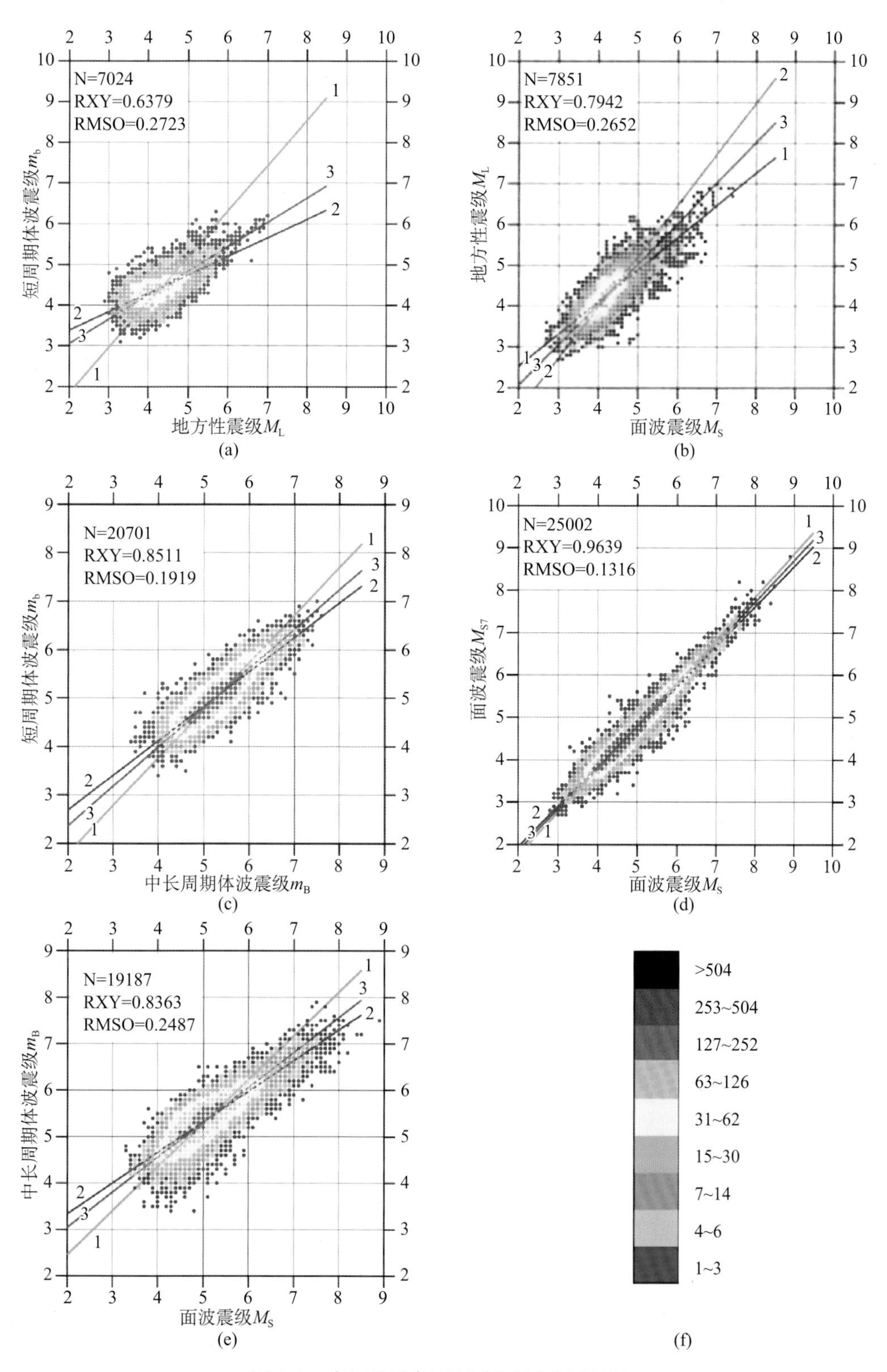

图 9.1　中国地震台网不同震级之间的对比

2. 地方性震级 M_L 与面波震级 M_S

用以回归分析的资料是1983—2004年的7851次地震，其震中距的范围是1000km以内，在地震分析时大多数地震的面波震级 M_S 在3.5以上。在地震速报时，对于 M_S4.5以上地震，当震中距大于250km时，才能测定面波震级。

由图9.1（b）可以看出，绝大多数地震的 M_S 与 M_L 差值在-0.5~0.5级之间，以差值在0.0的地震数量居最多。由正交回归（OR）得到的 M_L 与 M_S 关系直线3的斜率几乎等于1，并且介于线性回归（SR1和SR2）得到的直线1与直线2中间。

由正交回归方法（OR）得到的结果为

$$M_S = 1.01M_L - 0.07 \tag{9.14}$$

从上式得到的结果见表9.2。可以看出对于 M_S4.0~6.0之间的地震，M_L 与 M_S 基本一致，说明在实际应用中无须对它们进行震级的换算。这是因为在1000km以内Lg波的周期在2s左右，而区域面波的周期也很短，大约在3~10s之间，Lg波和区域面波都在上地壳中传播。卡尔尼克等通过对大量的地震观测资料的分析对比发现，如果测定面波的震中距降低到2°，面波的周期就在3s左右（Kárnĭk et al.，1962）。

表9.2 地方性震级 M_L 和面波震级 M_S 对照表

M_L	3.5	4.0	4.5	5.0	5.5	6.0
M_S	3.5	4.0	4.5	5.0	5.5	6.0
M_L-M_S	0	0	0	0	0	0

本文用一般线性回归方法SR1得到的结果为

$$M_L = 0.79M_S + 0.95 \tag{9.15}$$

这个结果与1971年郭履灿得到结果基本一致。

从图9.1（a）和（b）可以看出，M_L 和 M_S、M_L 和 m_b 的离散度都比较大，这主要是因为 M_L 是地方性震级，区域特征明显。由于不同地区的S波衰减特性不同，M_L 的计算公式不同，量规函数也可能不同。在中国大陆大多数地震都是浅源地震，因此量规函数没有考虑震源深度的影响，而在中国台湾地区，除了浅源地震，还有中源地震和深源地震，量规函数中使用的震源距 R，而不是震中距 Δ。即使是在同一地震台网，不同地方的 M_L 差别也很大，例如四川地震台网的川西高原与成都平原，M_L 和 M_S 的差别就不同。因此，不同地区的 M_L 没有可比性，只有同一断层区域，或地震构造差异不大的小区域，不同地震 M_L 的才有可比性。

3. 中长周期体波震级 m_B 与短周期体波震级 m_b

用以回归分析的资料是 1988—2004 年的 20701 个地震，由图 9.1（c）可以看出，大多数地震的 m_B 与 m_b 差值在 0.0~0.6 震级单位之间，以差值在 0.3 的地震数量居多。由正交回归方法（OR）得到的结果为：

$$m_b = 0.82m_B + 0.71 \tag{9.16}$$

从上式得到的结果见表 9.3，从表 9.3 可以看出，由于使用的地震波的周期不同，对于不同大小的地震中长周期体波震级 m_B 与短周期体波震级 m_b 的值是不一样的，对于 m_B4.0 左右的地震，m_B 和 m_b 几乎相等；对于 m_B4.5 以上的地震，m_B 大于 m_b；而对于 m_B4.5 以下的地震，m_B 小于 m_b。这是因为对于 4.5 以下地震，震源的破裂时间一般都小于 5s，按《地震及前兆数字观测技术规范》（地震观测）的要求，在测量短周期 P 波的振幅时，要取 P 波到时之后 5s 之内。而对于 4.5 级以上地震，震源的破裂时间会大于 5s，如果在测定时 m_b，仍取 P 波到时之后 5s 之内的振幅，必然使得测定的 m_b 偏小。

表 9.3　长周期体波震级 m_B 和短周期体波震级 m_b 对照表

m_B	3.5	4.0	4.5	5.0	5.5	6.0	6.5
m_b	3.6	4.0	4.4	4.8	5.2	5.6	6.0
m_B-m_b	-0.1	0	0.1	0.2	0.3	0.4	0.5

4. 面波震级 M_S 与 M_{S7}

用以回归分析的资料是 1989—2004 年的 25002 个地震，其震中距的范围是 $3° < \Delta < 130°$，震级的范围是 $3.0 \leqslant M_S \leqslant 8.5$。由正交回归方法（OR）得到的结果为：

$$M_{S7} = 0.99M_S - 0.11 \tag{9.17}$$

由图 9.1（d）可以看出，用 OR 方法得到的拟合相关系数高达 0.9639，回归的离散性非常小，并且用 SR1、SR2 和 OR 三种方法得到的结果之间的差别在 0.1 以内。从 OR 回归的结果看，大多数地震的 M_S 与 M_{S7}差值在 0.1~0.2 级之间，以差值在 0.2 的地震数量居多，这说明 M_S 与 M_{S7}均存在 0.2 的系统偏差。

表 9.4　面波震级 M_S 和 M_{S7} 对照表

M_S	3.0	3.5	4.0	4.5	5.0	5.5	6.0	6.5	7.0	7.5	8.0	8.5
M_{S7}	2.9	3.4	3.9	4.4	4.8	5.3	5.8	6.3	6.8	7.3	7.8	8.3
M_S-M_{S7}	0.1	0.1	0.1	0.1	0.2	0.2	0.2	0.2	0.2	0.2	0.2	0.2

5. 面波震级 M_S 与中长周期体波震级 m_B

用以回归分析的资料是 1983—2004 年的 19187 个地震，震级的范围是 $3.3 \leq M_S \leq 8.9$，由正交回归方法（OR）得到的结果为：

$$m_B = 0.75M_S + 1.51 \tag{9.18}$$

由上式得到 M_S 和 m_B 对照表见表 9.5。虽然 M_S 与 m_B 都是用基式地震仪（SK）记录测定的，但 M_S 适用面波测定，m_B 用体波测定，对于同一地震 M_S 与 m_B 测定结果是不一样的。当 M_S 和 m_B 在大约等于 6.0 时才是一致的；当 $M<6.0$ 时 $m_B>M_S$，这说明用 m_B 可以较好地测定较小地震的震级；当 $M>6.0$ 时 $M_S>m_B$，这说明用 M_S 可以较好地测定较大地震的震级。

表 9.5　面波震级 M_S 和 m_B 对照表

M_S	3.5	4.0	4.5	5.0	5.5	6.0	6.5	7.0	7.5	8.0
m_B	4.1	4.5	4.9	5.3	5.6	6.0	6.4	6.8	7.1	7.5
M_S-m_B	-0.6	-0.5	-0.4	-0.3	-0.1	0.0	0.1	0.2	0.4	0.5

6. 印度尼西亚苏门答腊岛—安达曼西北海域地震

在 2004 年 12 月 26 日和 2005 年 3 月 28 日的两次地震中，全球不同地震机构测定的体波震级 m_b 相差很大，主要原因是量取的时间窗长短不同。

CTBTO 只量取 P 波到时后 5.5s 之内的 A 和 T，而对于 9.0 级地震，震源破裂时间约 400s，量取 P 波 5.5s 的振幅和周期，此时震源破裂过程才刚刚开始，从而使得 CTBTO 测定的 m_b 最小；俄罗斯科学院（RAS）量取 P 波波列的最大值，因此测定的 m_b 就最大。

另外，对于这样大的地震，面波震级、体波震级均出现“震级饱和”现象，所测定的 m_b 的体波频率 f 高于拐角频率 f_c，震源谱幅度衰减与 f^{2} 成正比，此时所测定的 m_b 已不能表示震源辐射地震体波的特性。

第四节　中美地震台网不同震级的经验关系

我们选取 1983—2004 年中国地震局地球物理研究（IGCEA）编辑的《中国地震年报》

和美国地质调查局（USGS）国家地震信息中心（NEIC）编辑的《震中初定月报》（Prelininary Determination of Epicenter Monthly Listing，PDE）均有记录的44523个地震的资料，并用一般线性回归方法（SR1和SR2）和正交回归方法（OR）（Carroll et al.，1996）分别对不同震级之间的关系进行了回归分析与对比，得到了中国地震台网与美国地震台网不同震级之间的关系，见图9.2。

为了清楚起见，NEIC测定的震级用震级名称加注（NEIC），如短周期体波震级 $m_{b(NEIC)}$ 和面波震级 $M_{S(NEIC)}$。在图9.2中，（a）表示 $m_{b(NEIC)}$ 与 m_b 之间的关系；（b）表示 $m_{b(NEIC)}$ 与 m_B 之间的关系；（c）表示 $M_{S(NEIC)}$ 与 M_S 之间的关系；（d）表示 $M_{S(NEIC)}$ 与 M_{S7} 之间的关系；（e）表示 $M_{S(NEIC)}$ 与 m_B 之间的关系；（f）是色标，表示每个点地震的数量。

1. m_b 与 $m_{b(NEIC)}$ 的对比

1983—2004年，中国地震台网和美国地震台网双方都测定了体波震级 m_b 和 $m_{b(NEIC)}$ 的地震共计44523个，m_b 的范围是3.2~7.0，通过正交回归的方法得到 $m_{b(NEIC)}$ 与 m_b 之间的关系见公式（9.16），$m_{b(NEIC)}$ 与 m_b 之间的关系见图9.3（a），得到的 $m_{b(NEIC)}$ 与 m_b 相关系数是0.86。

m_b 与 $m_{b(NEIC)}$ 差值在-0.1和0.0的地震数量最多，特别重要指出，大多数地震的差值在-0.2~0.2级之间。

$$m_{b(NEIC)} = 1.14m_b - 0.71 \tag{9.19}$$

根据上式得到的IGCEA与NEIC的体波震级统计对照见表9.6。对于3.5~4.5级之间的地震，IGCEA测定的震级比NEIC测定的震级偏高0.2~0.1，对于5.0~5.5级之间的地震，IGCEA与NEIC测定的体波震级没有偏差，对于6.0级以上的地震，IGCEA比NEIC偏低0.1~0.2。

表9.6 IGCEA测定的 m_b 和NEIC测定的 $m_{b(NEIC)}$ 对照表

$m_{b(NEIC)}$	3.5	4.0	4.5	5.0	5.5	6.0	6.5	7.0
m_b	3.7	4.1	4.6	5.0	5.5	5.9	6.3	6.8
$m_b-m_{b(NEIC)}$	0.2	0.1	0.1	0.0	0.0	-0.1	-0.2	-0.2

2. m_B 与 $m_{b(NEIC)}$ 的对比

从2003年起，中国地震台网一直都在测定中长周期体波震级 m_B，而美国地震台网只测定 m_b，而不测定 m_B，我们所用的资料是1983—2004年共计23738个地震，通过正交回归的方法得到的结果是：

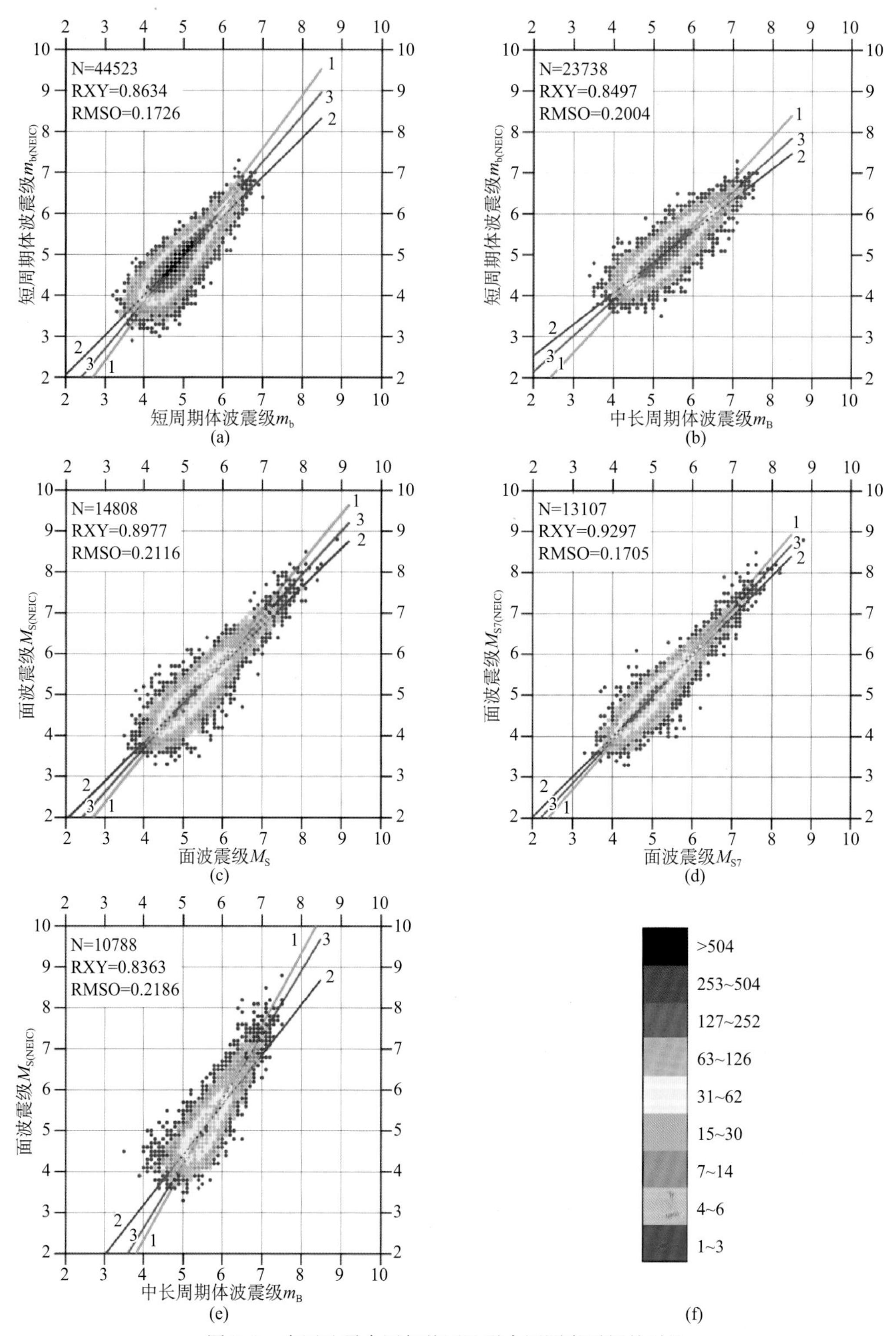

图 9.2　中国地震台网与美国地震台网测定震级的对比

$$m_{b(NEIC)} = 0.88m_B + 0.373 \tag{9.20}$$

求得的相关系数为0.85。根据上式得到的IGCEA测定的m_B和NEIC测定的$m_{b(NEIC)}$对照见表9.7。由上式与表9.7可以看出对于3.5~8.0级地震，m_B一直都大于$m_{b(NEIC)}$。

表9.7 IGCEA测定的m_B和NEIC测定的$m_{b(NEIC)}$对照表

m_B	3.5	4.0	4.5	5.0	5.5	6.0	6.5	7.0	7.5	8.0
$m_{b(NEIC)}$	3.5	3.9	4.3	4.8	5.2	5.7	6.1	6.5	7.0	7.4
$m_B - m_{b(NEIC)}$	0.0	0.1	0.2	0.2	0.3	0.3	0.4	0.5	0.5	0.6

3. M_S与$M_{S(NEIC)}$的比较

我们所用的资料是1983—2004年共计14808个地震，通过正交回归的方法得到的结果是：

$$M_{S(NEIC)} = 1.07M_S - 0.61 \tag{9.21}$$

求得相关系数为0.90。

M_S与$M_{S(NEIC)}$之间的关系见图9.2（c），可以看出本文使用的最大震级是M_S8.5，最小震级是M_S3.5，大部分地震的震级分布在4.0~7.0之间。大多数地震的M_S与$M_{S(NEIC)}$差值在0.0~0.4之间，以差值在0.1的地震数量居多。根据上式我们能得到的IGCEA与NEIC测定的面波震级统计对照见表9.8。可以看出，对于3.5~4.5级之间的地震，IGCEA测定的震级比NEIC测定的震级偏高0.3级；对于5.0~6.5级之间的地震，IGCEA偏高0.2级；对于7.0级以上的地震，IGCEA偏高小于0.1级。平均而言，IGCEA比NEIC偏高0.2，这是由于中美两国所使用的面波震级计算公式不同，存在0.2的系统偏差，我国测定的面波震级要比美国偏大0.2。

表9.8 IGCEA测定的面波震级M_S和NEIC测定的面波震级$M_{S(NEIC)}$对照表

$M_{S(NEIC)}$	3.5	4.0	4.5	5.0	5.5	6.0	6.5	7.0	7.5	8.0	8.5
M_S	3.8	4.3	4.8	5.2	5.7	6.2	6.7	7.1	7.6	8.1	8.5
$M_S - M_{S(NEIC)}$	0.3	0.3	0.3	0.2	0.2	0.2	0.2	0.1	0.1	0.1	0.0

4. M_{S7}与$M_{S(NEIC)}$的比较

1985年以后，我国763型长周期地震台网建成并投入使用。1989年以后IGCEA使用763型长周期地震仪记录垂直向瑞利面波的最大振幅和周期测定的面波震级M_{S7}。我们所用的资料是1989—2004年的13107个地震，所得的结果是：

$$M_{S(NEIC)} = 1.06M_{S7} - 0.34 \quad (9.22)$$

得到的相关系数为 0.93，从图 9.3（d）可以看出，大多数地震的 M_{S7} 与 $M_{S(NEIC)}$ 差值在 -0.1~0.1 之间，差值在 0.0 的地震数量居多。根据上式得到的 IGCEA 测定的 M_{S7} 和 NEIC 测定的 $M_{S(NEIC)}$ 统计对照见表 9.9。从表 9.9 可以看出，对于 5.0~6.5 级之间的地震，IGCEA 测定的结果与 NEIC 测定结果没有差别；对于 3.5~4.5 级以及 7.0~8.5 级之间的地震，二者之间的差别在 0.1~0.2 级之间，没有系统偏差。

表 9.9　IGCEA 测定的面波震级 M_{S7} 和 NEIC 测定的面波震级 $M_{S(NEIC)}$ 对照表

$M_{S(NEIC)}$	3.5	4.0	4.5	5.0	5.5	6.0	6.5	7.0	7.5	8.0	8.5
M_{S7}	3.6	4.1	4.6	5.0	5.5	6.0	6.5	6.9	7.4	7.9	8.3
$M_{S7}-M_{S(NEIC)}$	0.1	0.1	0.1	0	0	0	0	-0.1	-0.1	-0.1	-0.2

5. m_B 与 $M_{S(NEIC)}$ 的对比

我们所用的资料是 1983—2004 年共计 10788 个地震，通过正交回归的方法得到的结果是：

$$M_{S(NEIC)} = 1.56m_B - 3.67 \quad (9.23)$$

求得的相关系数为 0.83。根据上式得到的 IGCEA 测定的 m_B 与 NEIC 测定的 $M_{S(NEIC)}$ 对照见表 9.10。由上式和表 9.10 可以看出，对于 m_B6.5 级以下地震，m_B 都大于 $M_{S(NEIC)}$，对于 m_B 6.5 级以上地震，m_B 都小于 $M_{S(NEIC)}$。

表 9.10　IGCEA 测定的 m_B 与 NEIC 测定的 $M_{S(NEIC)}$ 对照表

m_B	3.5	4.0	4.5	5.0	5.5	6.0	6.5	7.0	7.5	8.0
$M_{S(NEIC)}$	1.8	2.6	3.4	4.1	4.9	5.7	6.5	7.3	8.0	8.8
$m_B-M_{S(NEIC)}$	1.7	1.4	1.1	0.9	0.6	0.3	0	-0.2	-0.5	-0.8

第五节　不同震级之间对比结果

（1）测定不同的震级使用不同周期的波列，而不同周期的波列所携带的震源过程的信息不同。从图 9.1 和图 9.2 可以看出，不同震级之间都有一定的差别。因此，不同之间的经验公式给出的是不同震级之间的总体变化趋势。

（2）通过对1983—2004年中国地震台网测定的46238个地震的不同震级的正交回归分析表明：对于不同大小的地震，使用不同的震级标度更能客观地描述地震的大小。

①当地震的震级 $M<4.5$ 时，使用近场资料时也可以将震源当作点源，不同震级标度之间相差不大，用地方性震级 M_L 可以较好地表示这类地震的大小；

②当 $4.5<M<6.0$ 时，从总体变化趋势来看 $m_B>M_S$，但二者相差并不大；

③当 $M>6.0$ 时，$M_S>m_B>m_b$，这说明 m_B 与 m_b 标度低估了地震的大小，因此，用 M_S 可以较好地表示这类地震的大小；

④当 $M>8.5$ 时，M_S、M_L、m_b 和 m_B 均出现“震级饱和”现象，都不能正确地表示地震的大小；

（3）通过对1983—2004年中国地震局地球物理研究编辑的《中国地震年报》和美国国家地震信息中心（NEIC）编辑的PDE报告共同记录的44523个地震的资料正交回归表明：

① 由于使用计算公式和仪器记录分向的不同，IGCEA测定的 M_S 值总体上要比NEIC测定的值平均偏高0.2级。对于3.5~4.5级之间的地震，IGCEA测定的震级比NEIC测定的震级偏高0.3级；对于5.0~6.5级之间的地震，IGCEA偏高0.2级；对于7.0级以上的地震，IGCEA偏高小于0.1级；

② IGCEA测定的 M_{S7} 与NEIC测定的 $M_{S(NEIC)}$ 基本一致，没有系统偏差；

③ IGCEA测定的体波震级 m_b 与NEIC测定的体波震级 $m_{b(NEIC)}$ 不存在系统偏差。如果以IGCEA测定的体波震级为基准，对于3.5~4.5级之间的地震，NEIC测定的震级比IGCEA测定的震级偏小0.2~0.1，对于5.0~5.5级之间的地震NEIC与IGCEA测定的体波震级没有偏差，对于6.0级以上的地震，NEIC比IGCEA偏大0.1~0.2。

（4）我国测定的面波震级 M_S 和中长周期体波震级 m_B 得到了IASPEI震级工作组的认可，并且在制定《IASPEI震级标准》中的宽频带面波震级 $M_{S(BB)}$ 和宽频带体波震级 $m_{B(BB)}$ 测定方法时，发挥了决定性作用。鲍曼教授指出“在宽频带面波震级 $M_{S(BB)}$ 和宽频带体波震级 $m_{B(BB)}$ 标准制定过程中，中国的 m_B 和 M_S 测定方法和结果为我们铺平了道路，并有助于 $M_{S(BB)}$ 和 $m_{B(BB)}$ 在全球的推广和应用”（Bormann and Liu，2009；Bormann，2012）。

（5）本章的研究结果是IASPEI制定《IASPEI震级标准》的重要基础，也是IASPEI地震观测与解释委员会（CoSOI）编写的《新地震观测实践手册》第二版（NMSOP-2）第三章的基础资料。本章的研究结果也是制定我国强制性国家标准《地震震级的规定》（GB 17740—2017）的重要基础。

第六节 不同震级的意义

地震观测实际上是使用不同频带的地震仪器，在不同的距离、不同的方位来“看”地震的震源特征，地震台站的震中距和方位角分布范围越大，观测到震源的特征就越全面。不同的震级实际上是在不同距离、不同方位使用不同频段地震波描述震源的特征。

地方性震级 M_L 是从近距离（1000km 以内）观测地震的大小，相当于给地震照“近景”照片。

面波震级 M_S、$M_{S(BB)}$ 和体波震级 $m_{(BB)}$、m_b 是从远距离观测地震的大小，相当于给地震照“远景”照片；体波震级 $m_{B(BB)}$ 和 m_b 是表示地震波“头部”的大小，相当于给地震照“头像”，代表了地震开始时的“大小”，而不是整体大小；面波震级 M_S 和 $M_{S(BB)}$ 表示地震主体的大小，相当于给地震照“半身像”；面波震级 M_S 是用水平向面波质点运动的最大速度来测定，水平向面波可以反映地震波的扭转、剪切特性，相当于从水平向看地震的“胖瘦”；而 $M_{S(BB)}$ 是用垂直向瑞利波质点运动最大速度测定，垂直向瑞利波可以反映震源的膨胀成分，相当于看地震的“高矮”。

矩震级 M_W 和能量震级 M_e 是用地震波形通过测定震源物理参数得到的震级，相当于给地震照“全身像”，表示地震整体“大小”。

我们可以形象地通过下列关系来说明不同震级的意义。

“近景”——用地方性震级，测量范围是 1000km 以内；

“远景”——用体波震级和面波震级，m_b/M_S 是识别地下核爆炸与天然地震的重要参数；

“头像”——用体波震级，包括短周期体波震级 m_b 和宽频带体波震级 $m_{B(BB)}$，表示地震开始时的“大小”；

“半身像”——用面波震级，包括水平向面波震级 M_S 和垂直向宽频带面波震级 $M_{S(BB)}$；

“胖瘦”——用面波震级 M_S，使用两水平向记录测定，反映地震波的扭转与剪切特性；

“高矮”——用宽频带面波震级 $M_{S(BB)}$，使用垂直向记录测定，反映地震波的膨胀成分；

“全身像”——用矩震级 M_W 和能量震级 M_e，表示地震整体“大小”。

以上比喻不一定准确，但可以帮助我们比较形象地理解不同震级的意义。

地震过程非常复杂，显然需要不止一个参数来描述地震的基本特征。小地震的震源可以看作点源，在远场就很难看清其震源特征，只能用近场资料测定地震大小；大地震的震源尺度不能忽略，用近场资料只能观测到震源的局部特征，只能用远场测定地震开始时的“大小”，从水平向和垂直向两个维度测定地震主体的“胖瘦”“高矮”，或利用波形资料测定地震整体“大小”。使用不同的震级标度，可以描绘出地震基本特征的“立体图像”，这样就能够更加客观地表示地震的特征以及不同地震之间的差异，从而描绘出形态各异、丰富多彩的地震世界。

第十章 震级的测定与修订

从测定方法来讲，地震参数应当用方位分布均匀、震中距跨度范围大、尽可能多的地震台站记录进行测定。一般而言，所用的满足上述条件的地震台站数量越多，测定的结果就越准确。但从地震应急响应的角度看，几乎所有人都希望能够在尽可能短的时间内得到地震的基本信息。

地震参数的测定是一个动态的过程。地震发生后，地震台网中心会利用最先接收到地震波形数据，快速测定出地震发生的时间、地点和震级等地震基本参数，尽快向政府机关和社会公众发布地震信息。随着地震台网中心接收到更多地震台站的波形数据，地震参数测定的精度在不断地提高。对于国外地震，还要通过国际资料交换，收集其他国家地震台站的观测数据，地震参数修订会持续几个月的时间。

在地震参数修订的过程中，地震的发震时间和震源位置一般变化不大，而变化最大的参数就是震级。

第一节 地震参数的测定过程

为了兼顾地震应急和科学研究的需求，我国的地震参数测定分为地震速报和地震编目两个阶段。

一、地震速报

地震参数快速测报简称地震速报，是对已发生地震的时间、地点、震级等地震参数的快速测报。地震速报要求时间性强，能利用的台站数量往往受限，所测定的震级只是一个初步的结果，主要是为地震应急服务。地震速报的主要任务有以下 3 点。

（1）主震参数速报。当主震发生后，地震台网中心要对主震参数进行速报，发布的震级要与《国家地震应急预案》对接，满足地震应急的需求。根据 2012 年 8 月 28 日修订的《国家地震应急预案》的要求，国家有关部门根据速报震级大小初步确定地震灾害分级，将地震灾害分为 4 级，分别是特别重大、重大、较大和一般地震灾害，并将地震灾害应急响应分为 4 级，分别是Ⅰ级、Ⅱ级、Ⅲ级和Ⅳ级地震灾害应急响应（详见“第二十四章第二节：地震应急”）。

（2）余震参数速报。主震发生后，地震台网中心要对较大余震的参数进行速报，统计不同震级段地震的数量。速报地震大小的比例关系（*G-R* 关系）要与该地震序列所有地震大小的比例关系相一致，即利用速报余震的震级得到的 *b* 值要与该地震序列所有地震的 *b* 值相一致。

（3）其他地震参数速报。在日常工作中，地震台网中心要对一些较大地震的参数进行速报，统计不同震级段速报地震的数量。对于一个地震台网而言，利用速报震级得到的 *b* 值要与该台网年度测定所有地震的 *b* 值相一致。

需要强调的是：对于一个 4.5 级以上的浅源地震，通常可以测定 6 种震级，而地震速报只能发布一个震级，用一个震级不能表示不同震级之间的差异和震源特性。因此，地震速报震级主要是满足地震应急需求，不可能满足所有用户的需求。待地震编目列出能够测定的所有震级以后，就可以满足不同用户的需求。

二、地震编目

地震编目是利用更多的地震台的观测数据测定地震参数，编辑出版地震正式目录和地震观测报告，为科学研究提供基础资料。

中国地震台网中心收集国家地震台站、省级地震台站和全球地震台站的资料，需要大约 3~4 周的时间，编辑出版《中国数字地震台网观测报告》和《中国地震台站观测报告》，主要用于科学研究和国际资料交换。

国际主要地震机构非常重视地震参数的测定与发布，美国 NEIC 依托美国全球地震台网（GSN）的实时地震观测数据，能够快速测定发生在全球地震的地震参数（http：//www. usgs. gov），瑞士地震服务中心（SED）及时收集 NEIC、德国地学研究中心（GFZ）、欧洲地中海地震中心（EMSC）、全面禁止核试验条约组织（CTBTO）国际数据中心（IDC）、俄罗斯科学院（RAS）等全球 21 个地震机构和地震台网的地震速报信息，及时在网站（http：//www. seismo. ethz. ch）上发布，NEIC 和 SED 发布地震参数的特点是“快速”。

美国 NEIC 通过国际资料交换的方式收集世界各个国家地震台网的震相数据，编辑《震中初定月报》（Prelininary Determination of Epicenter Monthly Listing，简称 PDE）观测报告，2 个月左右时间完成观测报告的编辑。

国际地震中心（ISC）是专门从事地震观测资料收集、处理的非政府机构（http：//

www. isc. ac. uk)，目前已经收集了全球约 6000 个台站的震相数据，其中包括中国向 ISC 提供的 34 个台的震相观测数据。ISC 是收集全球地震震相数据最多的国际机构，这些资料在推动全球地球科学研究方面发挥了重要作用。由于资料收集时间的限制，ISC 编辑的地震观测报告《国际地震中心公报》(Bulletin of the Internationa Seismological Centre) 要滞后 2 年左右的时间。ISC 资料的特点是震相数据和震级数据“丰富”。

第二节　地震速报与地震编目的实例

下面以 2004 年以来发生的几次地震为例，说明地震速报与地震编目的过程。

一、汶川 8.0 级地震

2008 年 5 月 12 日北京时间 14 点 28 分在我国四川省汶川县发生了 $M_S8.0$ 地震。汶川大地震不仅在极震区造成了灾难性的破坏，而且在四川省及其邻近省市地区亦造成不同程度的破坏，有感范围远及除新疆、黑龙江以外的 29 个省、自治区、直辖市以及泰国、缅甸等邻国。汶川大地震是 1976 年 7 月 28 日唐山 $M_S7.8$ 地震以来在我国大陆发生的破坏性最为严重、波及范围最为广泛的一次大地震。

汶川地震发生以后，四川地震台网有 25 个台站的信号中断，四川省所有地震台站和重庆、云南、陕西、甘肃、青海、宁夏等地的部分地震台站的记录“限幅”，给地震参数的测定，特别是给震级的测定带来了很大的困难。图 10.1 是天水地震台和固原地震台的记录波形。

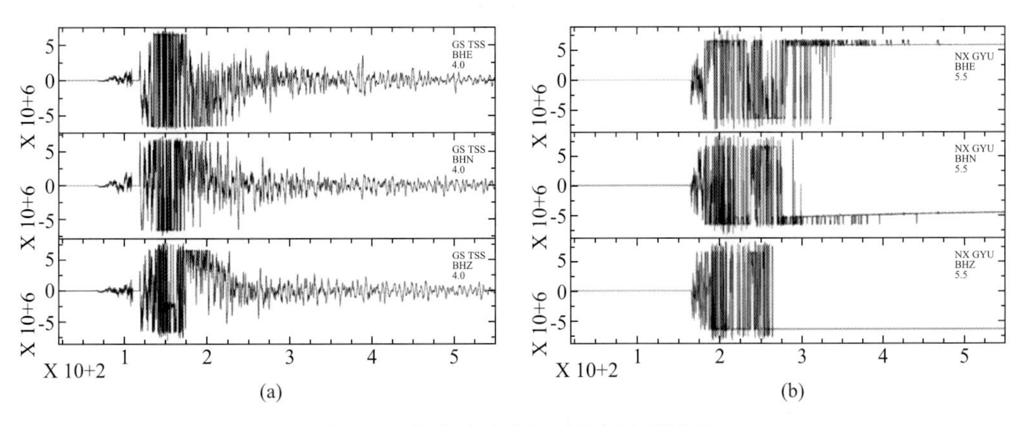

图 10.1　部分地震台记录汶川地震波形

(a) 天水台 $\Delta=4.0°$；(b) 固原台 $\Delta=5.5°$

1. 地震速报

2008 年 5 月 12 日 14 点 28 分国家地震台网中心值班室的警报响起，实时地震波形处理系统显示成都、姑咱、松潘、重庆、甘孜、昭通等地震台记录到幅度很大的地震波。随后，值班员利用国家地震台网的资料进行人机交互分析，迅速得到了地震的发震时刻、震中位置和震级等地震速报参数，同时以手机短信的形式将地震速报参数发送给地震局领导、各单位地震应急人员，并在相关网站上发布地震信息。

汶川地震发生以后，美国国家地震信息中心（NEIC）、欧洲地中海地震中心（EMSC）、俄罗斯科学院（RAS）、罗马尼亚国家地球物理研究所（NIEP）等国际地震机构利用所管辖的地震台网的观测资料迅速测定了地震的发震时刻、震中位置和震级等参数，20 分钟后陆续在各自的网站上发布。NEIC、RAS、EMSC、NIEP 的测定结果也同时在瑞士地震服务中心（SED）的网站（http：//www. seismo. ethz. ch ）发布。各地震机构快速测定的汶川地震参数的结果如表 10. 1 所示。

表 10. 1　各地震机构速报的汶川大地震的参数

序号	发震时刻（UTC）时-分-秒	震中位置		震源深度/km	震级		测定机构	
		纬度/（°N）	经度/（°E）		M_S	m_b	中文名称	代码
1	06-28-04. 1	30. 95	103. 40	14	8. 0		中国地震台网中心	CENC
2	06-28-00. 9	31. 10	103. 30	10	7. 8		美国地质调查局国家地震信息中心	USGS/NEIC
3	06-27-59. 3	31. 10	103. 30	10	8. 0		俄罗斯科学院	RAS
4	06-27-58. 9	31. 10	103. 20	10	7. 5		欧洲地中海地震中心	EMSC
5	06-28-00. 8	30. 80	103. 40	10		6. 8	罗马尼亚国家地球物理研究所	NIEP

就震级而言，从全球各地震机构公布的速报结果看，最先公布的震级是面波震级 M_S 和体波震级 m_b，然后是矩震级 M_W。CENC、NEIC 和 RAS 速报的面波震级 M_S 分别为 8. 0（CENC）、7. 8（NEIC）、8. 0（RAS），一致性比较好，而 EMSC 测定的面波震级 M_S 为 7. 5，明显偏低。

随着观测资料的增加，在震后一个星期内各国际地震机构测定的参数也在发生变化，如 NEIC 于 5 月 14 日把震级由面波震级 M_S7. 8 修订为矩震级 M_W7. 9，EMSC 于 5 月 15 日把面波震级 M_S7. 5 修订为矩震级 M_W7. 8，等等。

2. 地震编目

汶川地震发生一个月以后，各地震机构汇集到了更多的地震台站资料，对地震速报结果进行了修订，编辑了地震观测报告。美国 NEIC 利用全球地震台网（Global Seismic Network，GSN）774 个台站的震相到时重新进行了地震定位，并利用其中的 199 个台站的资料计算了面波震级，结果为 M_S8. 1，用 236 个台站测定的短周期体波震级结果为 m_b6. 9；德国格拉芬堡地震观测中心（SZGRF）利用格拉芬堡地震台阵的观测资料测定的面波震级为 M_S 8. 4，短周期体波震级为 m_b7. 2；美国哈佛大学测定的短周期体波震级为 m_b7. 8，用波形反演的方法得到的矩震级 M_W7. 9；EMSC 又将矩震级由 M_W7. 8 修订为 M_W7. 9，全球各地震机构修订后的结果见表 10. 2。

我们利用中国国家地震台网中的 87 个地震台和 6 个国际资料交换地震台的震相数据对汶川大地震进行了重新定位，得到汶川地震的震中位置为 31. 01°N，103. 42°E，震源深度 14km，发震时刻为北京时间 14 时 27 分 59. 5 秒，其定位误差为：在水平面上，误差椭圆长半轴 4. 2km，短半轴 4. 0 km，椭圆长半轴方位角 12°，震源深度误差 2. 3km。由于一些地震台站记录波形限幅，因此只用了其中 63 个国家地震台的资料测定面波震级，结果为 M_S8. 2；用其中的 57 个国家地震台的资料测定该短周期体波震级，结果为 m_b6. 4。本文以及国际各地震机构重新测定后的汶川地震的参数如表 10. 2 所示。

表 10. 2 全球各地震机构修订后的汶川大地震的参数

序号	发震时刻（UTC）时-分-秒	震中位置		震源深度/km	震级			测定机构		说明
		纬度/（°N）	经度/（°E）		M_S	m_b	M_W	中文名称	代码	
1	06-27-59. 5	31. 01	103. 42	14	6. 4	8. 2		本文结果		
2	06-28-01. 8	31. 00	103. 32	19	6. 9	8. 1	7. 9	美国地质调查局国家地震信息中心	USGS/NEIC	
3	06-28-41. 4	31. 49	104. 11	12	7. 8		7. 9	美国哈佛大学	Harvard	见注释
4	06-27-59. 0	31. 10	103. 2	10			7. 9	欧洲地中海地震中心	EMSC	5 月 15 日把 M_S7. 5 修订为 M_W7. 8，以后又修订为 M_W7. 9
5	06-28-03. 7	31. 60	103. 70	33	7. 2	8. 4		德国格拉芬堡地震观测中心	SZGRF	

注：哈佛大学测定的是“矩心”（即所释放的地震矩的“时-空几何中心”）的位置，其物理意义与传统的震源位置及发震时刻（地震初始破裂的位置与时刻）不相同，不具有简单的可比性，结果自然也有所差别。

从面波震级测定的结果看，上述地震机构测定的结果在 M_S8. 1 ~ 8. 4 之间。需要指出的是，德国格拉芬堡地震观测中心（SZGRF）测定的面波震级是 M_S8. 4，这是由于德国格拉芬堡地震台阵在测定远震的震级时犹如单个固定台站，与其他地震机构测定的面波震级会有较大的偏差，也是在理之事。

3. 矩震级测定

P 波初动符号物理图像明确，是稳定的地震波信息，在确定震源机制解方面有独特的优势。利用 P 波初动符号求解震源机制解的可靠性，在很大程度上依赖于地震台站的分布。对于本次地震，国家地震台站的分布比较适合用 P 波初动符号确定震源机制解，其震中距跨度为 0.3°~26.5°，方位角分布范围为 4°~342°。

郭祥云利用 87 个国家地震台站的 P 波初动符号，采用格点尝试法（许忠淮等，1983）测定了该地震的震源机制解见图 10.2，断层面走向为226°，倾角为37°，滑动角为126°，该地震是一个以逆冲为主兼具走滑分量的地震。在图 10.2 中，红色圆圈“•”表示该台的P 波初动向上，蓝色圆圈“○”表示该台的 P 波初动向下。

中国地震局地球物理研究所（刘超等，2008）、美国哈弗大学、美国地质调查局利用 GSN 远场长周期资料测定了汶川地震的震源机制，法国地球透镜计划（GEOSCOPE）地震台网中心利用分布于全球的法国地球透镜计划地震台网的资料测定了汶川地震的震源机制，各机构测定的汶川地震的震源机制解如表 10.3 所示。从测定结果看，不同机构测定的震源机制非常一致，表明汶川大地震是一次以逆冲为主并有一定走滑分量的地震。

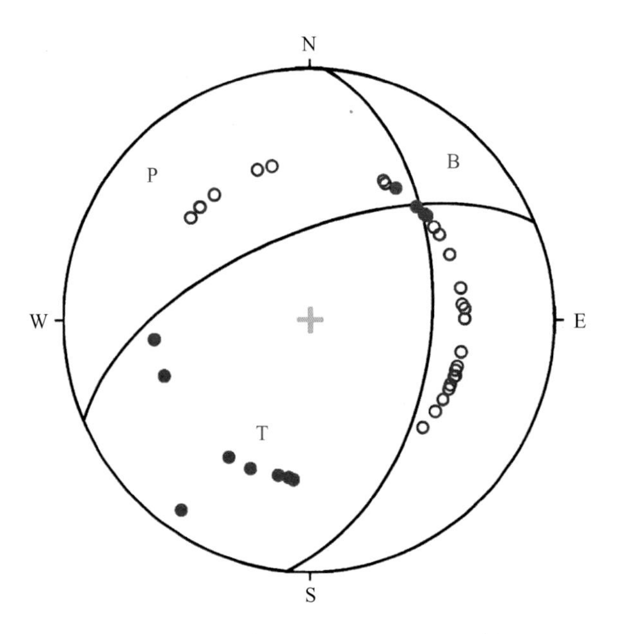

图 10.2 利用 P 波初动符号确定的汶川地震的震源机制解（郭祥云提供）

红色圆圈表示该台的 P 波初动向上；蓝色圆圈表示该台的 P 波初动向下

表 10.3 各地震机构或作者测得的汶川地震的震源机制

序号	节面 1			节面 2			“海滩球”示意图	矩震级 M_W	测定机构	
	$\theta/(°)$	$\delta/(°)$	$\lambda/(°)$	$\theta/(°)$	$\delta/(°)$	$\lambda/(°)$			名称	代码
1	4	61	66	226	37	126			郭祥云	
2	8	63	74	220	32	118		8.1	刘超等	
3	357	68	63	231	35	138		7.9	哈佛大学	Harvard
4	15	60	90	195	30	90		7.9	美国地质调查局	USGS
5	11	65	61	244	38	136		7.9	法国地球透镜计划地震台网	GEOSCOPE

从矩震级的测定结果看，国际地震机构测定的矩震级都是 M_W7.9。根据陈运泰在汶川大地震之后第 2 天发布的对汶川大地震震源破裂过程的分析研究报告，表明此次地震的震源机制比较复杂，在震源过程中震源机制随时间和空间在发生变化，在地震的开始阶段以逆冲为主，但后来随着由南向北，逐渐转变为以走滑为主。地表最大滑动量大于 4m，位于成都西北（103.9°E，31.73°N）附近，距离都江堰市仅 30 余千米；滑动量最大的两个区域，一个在汶川—映秀一带下方，最大滑动量所在处在震源（初始破裂点）附近，达 7.3m；另一个在北川一带下方，一直延伸到平武境内下方，其最大滑动量所在处在北川地面上，达 5.6m（陈运泰等，2008）。从震后对地震现场的考察结果和实际灾情看，汶川县和北川县这两个滑动量最大的地区都是破坏最为严重、灾情最重的地区。

4. 面波震级测定

本文利用 86 个台测定的面波震级 M_S 为 8.2，美国 NEIC 利用 199 个台站测定的面波震级 M_S 为 8.1，测定面波震级的详细情况如表 10.4 和表 10.5 所示。由于历史的原因，我国和美国所使用的测定面波震级的公式不同，测量方法也有一些差异。通过对大量的实测资料进行分析与对比表明，中国地震台网测定的面波震级总体上要比美国 NEIC 测定的结果平均偏高 0.2（刘瑞丰等，2006）。从本次地震的面波震级测定结果看，本文得出的测定结果比 NEIC 测定面波震级大 0.1，在平均偏高值 0.2 的范围之内。

图 10.3（a）是在以震中为原点的平面极坐标中，本文所使用的国家地震台网的地震的震中距（R）、方位角（φ）和所测定的震级大小的分布图。图中，N 是正北方向，红色圆圈表示该台测得的震级大于 8.2，绿色方块表示该台测得的震级小于 8.2，蓝色十字表示该台测得的震级等于 8.2。图 10.3（b）是本文所使用国家地震台的方位角和所测定的震级大小

的分布图。图中的蓝色实线圆圈表示落在该圆圈上的地震台测得的面波震级是 8.2，在该圆圈内的台站表示测得的面波震级小于 8.2，而在该圆圈外的台站表示测得的面波震级大于 8.2。

本文测定面波震级所使用的台站为 63 个，震中距范围在 4.7°~26.4°之间，台站的方位分布比较均匀。测得的面波震级最大的台站是安西、南京、新安江、巴里坤、乌鲁木齐、富蕴和宾县等 7 个台站，震级为 8.7。测得的面波震级最小的台站是蒙城台，震级是 7.1。

图 10.4（a）是在平面极坐标上，NEIC 所使用的全球地震台站震中距（R）、方位角（φ）和所测定的震级大小的分布示意图。图中，N 是正北方向，φ 是台站方位角，R 是震中距。红色圆圈表示该台测得的震级大于 8.1，绿色方块表示该台测得的震级小于 8.1，蓝色十字表示该台测得的震级等于 8.1。图 10.4（b）是 NEIC 所使用全球地震台站的方位角和所测定的震级大小的分布图，图中蓝色实线圆圈表示落在该圆圈上的地震台测得的面波震级是 8.1。

USGS/NEIC 测定面波震级所使用的台站为 199 个，震中距范围是 20.30°~155.20°之间，台站的方位分布较均匀。测定面波震级最大的台站是 ESLA 台，震级达 8.8，测定面波震级最小的台站是 WCI 台，震级为 7.4。

从图 10.3 与图 10.4 可以看出，测定震级偏大的台站主要分布在震中的东北和西北方向，测定震级偏小的台站主要分布在震中的西南和东南方向。

表 10.4　本文用以测定汶川大地震的面波震级 M_S 的台站、震中距、方位角及测定结果

序号	台站名称	台站代码	震中距/(°)	方位角/(°)	震级 M_S	序号	台站名称	台站代码	震中距/(°)	方位角/(°)	震级 M_S
1	攀枝花	PZH	4.7	199	7.5	13	银川	YCH	7.9	15	8.4
2	兰州	LZH	5.1	4	8.0	14	桂林	GUL1	8.4	131	8.5
3	恩施	ENS	5.3	96	7.5	15	临汾	LNF1	8.3	51	7.4
4	贵阳	GYA	5.4	147	7.8	16	洛阳	LYN	8.4	63	8.5
5	西安	XAN	5.5	56	7.9	17	长沙	CNS1	8.7	106	8.2
6	昌都	CAD	5.4	273	7.9	18	高台	GTA	8.9	342	8.3
7	昆明	KMI	5.9	186	8.2	19	格尔木	GOM	8.9	310	8.0
8	吉首	JIS	6.1	114	8.0	20	武汉	WHN	9.4	90	8.6
9	湟源	HUY	5.9	342	8.1	21	太原	TIY	10.0	46	8.2
10	都兰	DUL	6.9	321	8.5	22	定襄	TYA	10.8	44	8.4
11	腾冲	TCG1	7.4	217	7.8	23	拉萨	LSA	10.7	266	8.1
12	个旧	GEJ	7.6	182	8.5	24	南昌	NNC	11.0	99	8.5

续表

序号	台站名称	台站代码	震中距/(°)	方位角/(°)	震级 M_S	序号	台站名称	台站代码	震中距/(°)	方位角/(°)	震级 M_S
25	包头	BTO	11.0	27	7.2	45	库尔勒	KOL1	17.5	313	8.5
26	蒙城	MCG	11.3	75	7.1	46	乌鲁木齐	WMQ	17.8	320	8.7
27	红山	HNS	11.3	53	8.4	47	富蕴	FUY	19.2	330	8.7
28	安西	AXX	11.3	329	8.7	48	沈阳	SNY	19.4	51	8.3
29	合肥	HEF	11.8	82	8.5	49	新源	XNY	20.2	313	8.3
30	呼和浩特	HHC	11.8	32	8.3	50	和田	HTA	20.4	294	8.2
31	会昌	HUC	12.1	113	8.0	51	克拉玛依	KMY1	20.6	320	8.5
32	泰安	TIA	12.5	62	8.2	52	长春	CN2	21.6	48	8.5
33	南京	NJ2	13.2	81	8.7	53	巴楚	BCH1	21.9	300	8.3
34	琼中	QZN	13.3	153	7.8	54	乌什	WUS	22.0	304	8.3
35	张家口	ZJK	13.5	40	7.4	55	碾子山	NZN	22.2	37	8.0
36	新安江	XAJ	13.8	92	8.7	56	温泉	WNQ	22.4	315	8.3
37	北京	BJI	13.7	46	8.4	57	宾县	BNX	23.7	45	8.7
38	连云港	LYG	13.8	71	8.6	58	延边	YNB1	23.9	53	8.6
39	湖州	HUZ1	14.3	86	8.6	59	喀什	KSH	24.1	297	8.3
40	佘山	SSE	15.2	85	8.6	60	牡丹江	MDJ	24.6	49	8.1
41	巴里坤	BKO1	15.0	330	8.7	61	五大连	WDL	24.7	38	7.7
42	温州	WEZ	15.3	97	8.5	62	依兰	YIL	25.4	46	8.4
43	锡林浩特	XLT	16.3	34	8.4	63	密山	MIH	26.5	48	7.5
44	大连	DL2	16.9	57	8.2	平均					8.2

表 10.5 美国地质调查局国家地震信息中心（USGS/NEIC）测定的汶川大地震的面波震级 M_S 的台站、震中距、方位角及测定结果

序号	台站代码	震中距/(°)	方位角/(°)	震级 M_S	序号	台站代码	震中距/(°)	方位角/(°)	震级 M_S
1	INCN	20.30	65.1	8.4	5	KULM	25.70	186.1	7.9
2	HIA	22.06	29.5	7.7	6	AAK	25.71	304.9	7.9
3	MDJ	24.68	49.2	7.9	7	AML	26.14	303.4	8.0
4	TKM2	25.03	306.1	7.8	8	EKS2	26.22	304.6	7.8

续表

序号	台站代码	震中距/(°)	方位角/(°)	震级 M_S	序号	台站代码	震中距/(°)	方位角/(°)	震级 M_S
9	KURK	26.93	324.1	8.1	38	CTAO	65.42	135.3	7.7
10	KKM	27.62	151.4	7.6	39	TIR	65.73	304.9	7.9
11	MAJO	29.41	69.7	8.0	40	AKUT	66.02	40.1	8.1
12	KSM	30.10	166.0	7.7	41	FOO	66.98	329.1	8.3
13	BRVK	32.53	322.3	7.9	42	BER	67.32	327.8	8.3
14	ERM	33.58	59.7	7.8	43	TRI	68.27	311.0	7.9
15	YSS	34.14	50.8	8.3	44	MIDW	67.56	69.7	7.9
16	YAK	35.44	21.2	8.0	45	GRF	68.33	315.7	8.4
17	ARU	40.10	322.6	7.9	46	GRA1	68.33	315.7	8.4
18	GUMO	41.88	105.0	7.6	47	TIP	68.75	303.6	7.9
19	COCO	43.39	189.3	7.9	48	SDPT	68.43	37.6	8.1
20	PET	45.29	44.4	8.3	49	RER	69.10	227.5	7.7
21	GNI	47.76	297.9	7.7	50	COLA	69.81	25.5	8.1
22	DGAR	48.30	223.0	7.6	51	CEL	69.73	303.0	7.7
23	KIV	48.81	303.2	8.2	52	AQU	69.82	307.8	8.0
24	BILL	51.55	25.3	8.2	53	OHAK	71.22	34.0	8.3
25	MBWA	54.20	161.0	7.7	54	VLC	71.09	310.6	8.1
26	SMY	54.64	44.8	8.2	55	KDAK	71.29	33.3	8.3
27	BR13	56.21	299.5	7.6	56	ECH	71.38	315.4	7.9
28	KEV	56.55	336.1	8.2	57	WLF	71.34	317.1	8.0
29	MSEY	57.80	240.8	7.8	58	WDD	71.72	301.2	7.6
30	WAKE	57.84	85.6	7.8	59	EGAK	72.27	24.0	8.3
31	ISP	59.07	298.1	7.9	60	TARA	71.87	99.6	7.6
32	KBS	60.08	347.1	8.1	61	BNI	73.08	312.6	8.3
33	ADK	60.35	44.6	8.1	62	ABPO	73.31	235.1	7.8
34	PSZ	63.55	311.7	7.8	63	MID	73.27	30.0	8.3
35	NAO0	64.60	327.2	7.9	64	ESK	73.69	325.2	8.2
36	NWAO	64.93	167.1	8.1	65	LOR	73.79	315.6	8.4
37	KONO	65.59	326.2	8.0	66	VSL	73.80	306.5	7.7

续表

序号	台站代码	震中距/(°)	方位角/(°)	震级 M_S	序号	台站代码	震中距/(°)	方位角/(°)	震级 M_S
67	SSB	74.31	313.6	8.1	96	HUMO	95.30	32.4	8.1
68	FLN	75.60	318.4	8.3	97	BMO	95.93	27.8	8.0
69	BORG	75.31	338.6	8.0	98	YBH	96.10	32.8	7.9
70	RJF	76.16	314.6	8.2	99	TSUM	96.16	251.4	7.9
71	SKAG	77.73	26.5	8.3	100	CASY	97.13	177.1	8.0
72	CAN	78.72	143.4	7.9	101	ULM	97.33	12.3	8.3
73	UCH	25.58	304.0	7.8	102	DGMT	97.14	18.1	8.3
74	SIT	79.33	28.3	8.2	103	WDC	97.08	33.4	8.0
75	SFJD	80.32	349.9	8.3	104	BOZ	97.38	23.9	8.1
76	CRAG	81.31	28.7	8.2	105	MOD	97.07	31.3	8.1
77	PAB	82.91	312.1	8.1	106	XMAS	96.86	83.5	7.7
78	ESLA	82.59	312.0	8.8	107	WVOR	97.36	29.9	8.0
79	FUNA	82.43	104.6	7.6	108	HLID	98.15	26.7	8.1
80	TAU	83.91	149.1	7.8	109	SNZO	97.50	133.9	7.8
81	MTE	84.41	314.2	8.0	110	LAO	98.19	20.1	8.2
82	PAF	85.26	201.0	7.7	111	HOPS	98.07	34.7	8.1
83	LSZ	85.50	249.3	7.8	112	LKWY	98.75	23.7	8.4
84	SFS	85.88	310.4	8.5	113	RLMT	98.64	22.7	8.2
85	KIP	86.24	67.4	7.6	114	AGMN	99.21	12.8	8.2
86	RTC	87.76	308.7	7.8	115	BMN	99.61	30.2	8.1
87	POHA	89.09	67.5	7.8	116	EYMN	100.29	10.1	8.3
88	NLWA	91.17	29.9	8.2	117	CMB	100.12	33.7	8.0
89	FFC	91.88	14.4	8.0	118	AHID	100.07	25.0	8.2
90	LBTB	92.86	242.6	7.8	119	ELK	100.19	28.8	8.2
91	NEW	93.17	25.7	8.2	120	BW06	100.62	24.0	8.2
92	HAWA	93.77	28.1	8.1	121	HWUT	100.91	25.9	8.2
93	SCHQ	94.10	354.3	8.2	122	RSSD	101.17	19.7	7.6
94	MSO	95.54	24.7	8.0	123	DUG	101.64	27.5	7.9
95	EGMT	95.92	21.6	8.1	124	COWI	102.43	8.8	8.4

续表

序号	台站代码	震中距/(°)	方位角/(°)	震级 M_S	序号	台站代码	震中距/(°)	方位角/(°)	震级 M_S
125	DBIC	101. 94	285. 3	8. 0	154	VBMS	115. 77	13. 0	8. 5
126	LIC	102. 33	285. 0	7. 7	155	LRAL	115. 57	9. 6	8. 3
127	MAW	102. 89	194. 8	8. 1	156	HKT	116. 71	18. 6	7. 6
128	ECSD	103. 42	14. 7	8. 3	157	BRAL	117. 54	10. 0	8. 2
129	OGNE	104. 67	19. 6	8. 2	158	KVTX	118. 36	21. 4	8. 3
130	ISCO	104. 61	22. 7	8. 2	159	DWPF	121. 04	4. 9	7. 9
131	LONY	104. 72	358. 5	8. 1	160	GRTK	127. 52	353. 5	8. 0
132	JFWS	105. 40	10. 3	8. 2	161	TGUH	134. 06	14. 4	8. 0
133	NCB	105. 36	358. 2	8. 3	162	ANWB	129. 54	341. 5	8. 0
134	SCIA	105. 87	12. 8	8. 3	163	SDDR	130. 03	353. 3	8. 2
135	MVCO	105. 91	26. 0	8. 1	164	SJG	130. 13	346. 9	8. 4
136	WUAZ	106. 23	28. 9	8. 0	165	GTBY	129. 34	358. 1	8. 2
137	SDCO	106. 50	23. 5	8. 1	166	MTDJ	131. 05	1. 1	8. 1
138	BINY	107. 16	359. 5	8. 2	167	FDF	132. 14	339. 6	8. 1
139	KSU1	107. 83	16. 2	8. 3	168	JTS	138. 18	12. 3	8. 1
140	HDIL	107. 85	10. 1	8. 2	169	GRGR	134. 75	339. 1	8. 1
141	ANMO	108. 66	25. 5	8. 0	170	RCBR	134. 32	294. 7	8. 0
142	ACSO	108. 89	5. 1	8. 2	171	BCIP	139. 95	4. 9	7. 9
143	CCM	109. 97	12. 2	7. 8	172	PMSA	145. 30	189. 5	7. 9
144	TUC	109. 23	30. 2	8. 1	173	PAYG	147. 19	25. 7	7. 9
145	WVT	112. 41	9. 8	8. 1	174	OTAV	148. 89	3. 4	7. 9
146	WCI	110. 54	8. 1	7. 4	175	RPN	151. 25	90. 6	7. 8
147	AMTX	110. 36	21. 8	8. 1	176	SPB	153. 04	278. 7	8. 2
148	MNTX	111. 96	26. 2	8. 0	177	EFI	155. 20	208. 3	8. 0
149	WMOK	111. 38	19. 4	8. 4	178	LVZ	53. 66	334. 0	8. 5
150	SBA	114. 81	168. 0	8. 0	179	JOHN	79. 19	77. 0	7. 8
151	MIAR	112. 89	15. 1	8. 2	180	MCCM	98. 82	35. 2	8. 0
152	NATX	115. 29	16. 9	8. 3	181	SAO	100. 61	35. 1	7. 9
153	GOGA	115. 61	6. 3	8. 3	182	TPH	101. 55	31. 6	7. 9

续表

序号	台站代码	震中距/(°)	方位角/(°)	震级 M_S	序号	台站代码	震中距/(°)	方位角/(°)	震级 M_S
183	DAC	102. 85	32. 9	8. 0	192	SHEL	114. 20	265. 4	7. 6
184	MVU	103. 33	27. 9	8. 1	193	BBSR	115. 96	348. 7	8. 1
185	GLMI	104. 19	5. 8	8. 2	194	NHSC	116. 15	3. 3	8. 3
186	LBNH	105. 00	356. 5	8. 1	195	NSS	63. 04	331. 0	8. 3
187	AAM	106. 78	5. 4	8. 2	196	MOL	65. 53	329. 6	8. 2
188	CBKS	107. 30	18. 7	8. 2	197	BJO1	58. 90	341. 8	8. 5
189	MCWV	109. 64	2. 6	8. 4	198	TRO	59. 37	336. 1	8. 5
190	BLA	112. 05	3. 2	8. 4	199	PMR	70. 95	28. 8	8. 2
191	CNNC	114. 10	1. 1	8. 2	平均				8. 1

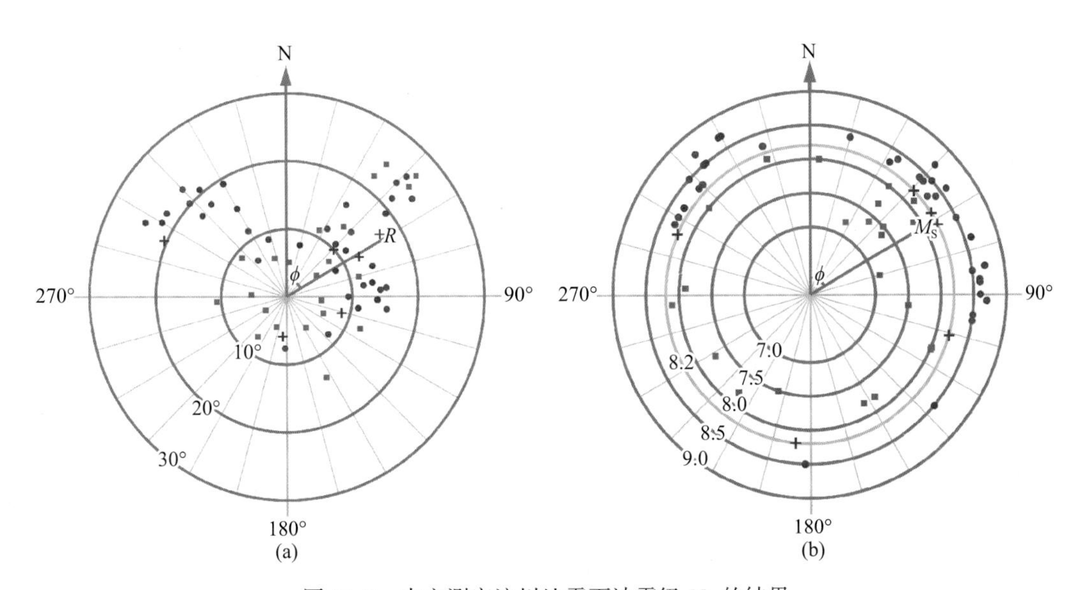

图 10. 3　本文测定汶川地震面波震级 M_S 的结果

红色圆圈表示该台测得的震级大于 8. 2，绿色方块表示该台测得的震级小于 8. 2，蓝色十字表示该台测得的震级等于 8. 2

(a) 在震中距为 R、方位角为 φ 的台站上所测定的震级大小的分布图。图中圆圈旁的数字 10，20，30 分别是以度（°）为单位表示的震中距；(b) 在方位角为 φ 的台上测定的震级大小的分布图。图中圆圈旁的数字 7. 0，7. 5，8. 2，8. 5，9. 0 表示面波震级 M_S

根据陈运泰等（2008）利用全球地震台网的长周期远震台站的资料研究得到震源破裂过程结果，汶川地震的破裂过程是不对称的双侧破裂过程，主要的破裂向北东方向传播了约

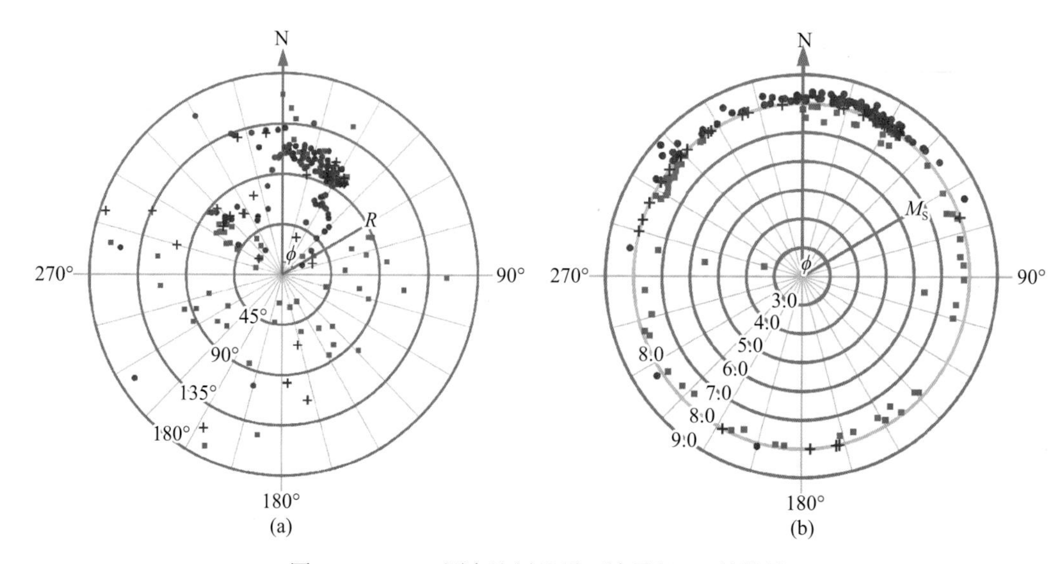

图 10.4　NEIC 测定汶川地震面波震级 M_S 的结果

红色圆圈表示该台测得的震级大于 8.1，绿色方块表示该台测得的震级小于 8.1，

蓝色十字表示该台测得的震级等于 8.1

（a）在震中距为 R、方位角为 φ 的 NEIC 台上所测定的震级大小的分布图，图中圆圈旁的数字 45，90，135，180 分别是以（°）为单位表示的震中距；（b）在方位角为 φ 的 USGS/NEIC 台上测定的震级大小的分布图，图中圆圈旁的数字 7.0，7.5，8.1，8.5，9.0 表示面波震级 M_S

200km，但在北东方向 300km 处也存在着较小的滑动位移量；在震中西南方向，滑动位移和破裂延伸范围总体上都比较小，从而表观上表现为以向北东方向单侧破裂（陈运泰等，2008）。这样，汶川地震的破裂总体上由震中向北东方向扩展，地震多普勒效应（Seismic Doppler effect）导致震中东北方向振动加强、而震中西南方向减弱，因而在震中东北方向的台站测定的震级偏大，而在西南方向的台站测定的震级偏小。汶川地震的发震断层以 43°倾角倾向北西，地震的上盘/下盘效应导致断层面上盘即震中西北的振动比断层面下盘即震中东南的震动强烈。从震级测定结果的方位分布看（图 10.3 与图 10.4），测得的震级偏大的台站基本上分布在震中东北面和西北面、测得的震级偏小的台站基本上分布在震中的西南面和东南面，这一分布特征与上述地震多普勒效应以及上盘/下盘效应是一致的（陈运泰等，2008）。

二、芦山 7.0 级地震

为进一步提高地震速报的时效性，中国地震局于 2011 年 9 月启动了自动地震速报能力评估工作，对自动地震速报系统的运行情况、漏报情况、误报情况以及参数精度进行了全面的统计分析。2012 年 5 月中国地震局在中国地震台网中心成立项目组，启动了“自动地震速报综合触发平台”的开发工作，2013 年 1 月 16 日该平台通过验收，从 2013 年 4 月 1 日起，自动地震速报结果正式对外发布。

1. 地震速报

2013 年 4 月 20 日 8 时 2 分 57 秒，中国地震台网中心自动定位系统显示在四川省芦山县发生了一个较大的地震，8 时 3 分 52 秒（地震发生后 55s），自动地震速报系统测定出了地震的发震时间、震中位置和震级，2 分钟内便发出了第一报："08 时 02 分四川省雅安市雨城区附近发生 5.9 级左右地震，最终结果以正式速报为准"，中国地震局领导、地震监测人员、地震应急人员随即收到手机短信，并迅速启动应急预案。中国地震局网站（http://www.cea.gov.cn）、新浪微博、腾讯微博、新华社、中央电视台等媒体都在第一时间收到速报信息，并通过网站和微博向社会公众发布。8 时 14 分 4 秒，中国地震台网中心发布正式速报结果，震中位置为北纬 30.3°，东经 103.0°，震源深度 13km，面波震级 M_S 为 7.0，中央电视台新闻频道在 8 点 30 分播发了四川省芦山县发生了 7.0 级地震的消息。

地震发生后，中国地震台网中心和各国际地震机构快速测定的芦山地震参数的结果如表 10.6 所示。就震级而言，从全球各地震机构公布的地震速报结果看，最先公布的震级是面波震级和体波震级，然后是矩震级。随着观测资料的增加，各地震机构测定的参数也在发生变化，如 USGS/NEIC 于当日把面波震级 M_S6.9 修订为矩震级 M_W6.6，俄罗斯科学院把体波震级 m_b6.5 修订为面波震级 M_S7.0。

表 10.6 中国地震台网中心和国际地震机构速报的芦山地震的参数

序号	发震时刻（UTC）时-分-秒	震中位置		震源深度/km	震级			测定机构	
		纬度/(°N)	经度/(°E)		M_S	m_b	M_W	中文名称	代码
1	00-02-46.0	30.30	103.00	13.0	7.0			中国地震台网中心	CENC
2	00-02-48.0	30.31	102.93	16.4	6.9			美国地质调查局国家地震信息中心	USGS/NEIC
3	00-02-49.0	30.27	102.90	20.0			6.8	欧洲地中海地震中心	EMSC
4	00-02-48.0	30.32	102.91	10.0			6.7	德国地学研究中心	GFZ
5	00-02-45.0	30.20	103.00	10.0		6.5		俄罗斯科学院	RAS

2. 地震编目

地震发生一星期以后，作者收集了国家地震台网中的 97 个地震台的震相数据对芦山地震进行了重新定位，得到芦山地震的震中位置为 30.30°N，102.99°E，发震时刻为北京时间 8 时 2 分 47.5 秒，震源深度 17km，定位误差为：在水平面上，误差椭圆长半轴 4.7km，短半轴 3.9km，椭圆长半轴方位角为 138°；震源深度的误差为 2.4km。我们使用 63 个国家地震台的资料测定该地震的面波震级 M_S 为 7.0，用 55 个国家地震台的资料测定该地震的短周

期体波震级 m_b 为 6.0，用 51 个国家地震台的资料测定中长周期体波震级 m_B 为 7.0。美国 USGS/NEIC 利用全球地震台网（GSN）774 个台站的震相到时重新进行了地震定位，并利用其中的 50 个台站的资料计算了面波震级，结果为 M_S6.8，用 370 个台站测定的短周期体波震级结果为 m_b 6.5；用波形反演的方法得到的矩震级 M_W 为 6.7，作者和美国地质调查局国家地震信息中心（USGS/NEIC）修订后的芦山地震的参数见表 10.7。

表 10.7　作者和美国地质调查局国家地震信息中心（USGS/NEIC）修订后的芦山地震的参数

序号	发震时刻（UTC）时-分-秒	震中位置		震源深度 /km	震级			测定机构	
		纬度/(°N)	经度/(°E)		M_S	m_b	M_W	中文名称	代码
1	00：02：47.50	30.30	102.99	17.0	7.0	6.0	6.7	本文结果	
2	00：02：47.3	30.28	102.96	12.3	6.8	6.5	6.6	美国地质调查局国家地震信息中心	USGS/NEIC

3. 矩震级测定

作者利用国家地震台网的实时波形数据，采用波形拟合方法确定震源机制解（Dziewonski et al.，1981），该方法采用少量地震台站的远震长周期体波和面波的波形记录来确定震源的地震矩张量和最佳点震源的位置参数，通过本征值计算，可以得到地震矩张量的本征值和本征向量，即主应力轴的值和取向，并计算最佳双力偶模型的两个节面解，得到标量地震矩和矩震级。

表 10.8　作者和不同地震机构测得的芦山地震的震源机制

序号	节面 1			节面 2			“海滩球”示意图	矩震级 M_W	测定机构或作者	
	θ/(°)	δ/(°)	λ/(°)	θ/(°)	δ/(°)	λ/(°)			名称	代码
1	17	48	80	212	43	101		6.7	本文结果	
2	34	55	87	220	35	95		6.7	刘超等	
3	27	56	82	220	35	101		6.7	赵旭等	
4	15	43	71	220	50	107		6.6	韩立波等	

续表

序号	节面 1			节面 2			“海滩球”示意图	矩震级 M_W	测定机构或作者	
	θ/(°)	δ/(°)	λ/(°)	θ/(°)	δ/(°)	λ/(°)			名称	代码
5	35	44	92	212	46	88		6.5	王勤彩等	
6	8	36	54	230	62	113			郭祥云等	
7	22	53	85	210	38	96		6.6	全球矩心矩张量项目	GCMT
8	33	47	96	204	43	84		6.6	德国地学中心	GFZ
9	23	58	83	216	33	101		6.6	日本气象厅	JMA
10	40	59	102	198	33	71		6.6	美国地质调查局	USGS
11	32	43	87	216	47	93		6.5	美国地质调查局	USGS（体波）

注；θ 为走向，δ 为倾角，λ 为滑动角。

地震发生以后，国内外的不同研究者和地震机构利用数字地震台网观测资料测定了该地震的震源机制解。从震源机制的测定结果表明，芦山地震的震源机制与 2008 年 5 月 12 日汶川地震的震源机制相当一致，都是为以逆断层为主兼有小量右旋走滑分量的剪切错动，但右旋走滑分量比汶川地震还要小。

从测定结果看，不同机构测定的震源机制解相当一致，矩震级大都为 M_W6.6 和 M_W6.7。

4. 面波震级测定

作者测定面波震级的详细情况如表 10.9，测定面波震级所使用的台站为 63 个，震中距范围在 3.2°~27.2°之间，台站的方位分布比较均匀。兰州、蒙城、琼中和南京等 4 个台站测定的面波震级最大为 M_S7.3。攀枝花台测得的面波震级最小为 M_S6.6。

表 10.9　用以测定芦山地震的面波震级 M_S 的台站、震中距、方位角及测定结果

序号	台站名称	台站代码	震中距/(°)	方位角/(°)	震级 M_S	序号	台站名称	台站代码	震中距/(°)	方位角/(°)	震级 M_S
1	重庆	CQI	3.2	105	7.0	30	南京	NJ2	13.7	79	7.3
2	巴塘	BTA1	3.4	266	7.0	31	张家口	ZJK	14.3	39	7.2
3	攀枝花	PZH	3.9	196	6.6	32	宝昌	BAC	15.2	37	7.0
4	天水	TIS1	4.8	32	7.0	33	巴里坤	BKO1	15.4	332	7.0
5	洱源	EYA	5.0	213	7.0	34	锡林浩特	XLT	17.1	34	7.0
6	贵阳	GYA	5.0	139	7.2	35	赤峰	CIF	17.6	43	7.0
7	昆明	KMI	5.1	182	7.1	36	大连	DL2	17.6	56	7.0
8	兰州	LZH	5.8	7	7.3	37	库尔勒	KOL1	18.0	315	7.0
9	吉首	JIS	6.2	107	6.8	38	朝阳	CHY1	18.1	47	7.0
10	固原	GYU	6.2	24	7.1	39	乌鲁木齐	WMQ	18.1	322	7.2
11	西安	XAN	6.3	52	6.9	40	营口	YKO	19.0	52	7.1
12	湟源	HUY	6.5	347	7.2	41	富蕴	FUY	19.7	332	7.1
13	腾冲	TCG1	6.6	218	7.2	42	库车	KUC	19.9	311	7.1
14	个旧	GEJ	6.9	179	7.0	43	丹东	DDO	20.0	55	7.1
15	盐池	YCI	8.3	25	7.0	44	沈阳	SNY	20.2	50	7.1
16	德令哈	DLH	8.5	328	7.1	45	和田	HTA	20.3	296	7.0
17	银川	YCH	8.6	16	7.0	46	新源	XNY	20.4	315	7.1
18	临汾	LNF1	9.1	48	6.9	47	乌兰浩特	WHT	21.7	38	7.0
19	那曲	NAQ	9.5	282	7.1	48	通化	THA1	21.7	52	7.1
20	拉萨	LSA	10.3	270	6.8	49	巴楚	BCH1	21.9	302	7.0
21	太原	TIY	10.8	44	6.8	50	乌什	WUS	22.1	306	7.0
22	乌加河	WJH	11.7	19	7.2	51	长春	CN2	22.3	47	7.0
23	安西	AXX	11.8	332	6.9	52	温泉	WNQ	22.6	316	7.0
24	蒙城	MCG	11.9	72	7.3	53	海拉尔	HLR1	22.8	29	6.8
25	红山	HNS	12.0	51	7.0	54	碾子山	NZN	23.0	36	7.0
26	呼和浩特	HHC	12.6	31	7.0	55	长白山	CBS	23.3	53	7.2
27	琼中	QZN	12.8	149	7.3	56	喀什	KSH	24.1	299	6.7
28	大同	SHZ	12.9	38	7.0	57	延边	YNB1	24.6	52	7.2
29	泰安	TIA	13.2	60	7.1	58	牡丹江	MDJ	25.4	48	7.1

续表

序号	台站名称	台站代码	震中距/(°)	方位角/(°)	震级 M_S	序号	台站名称	台站代码	震中距/(°)	方位角/(°)	震级 M_S
59	五大连池	WDL	25.5	37	7.1	62	黑河	HHE	27.1	36	7.2
60	加格达奇	JGD	25.5	32	7.0	63	密山	MIH	27.2	48	7.2
61	鹤岗	HEG	27.0	43	7.2	平均					7.0

三、印度尼西亚苏门答腊岛—安达曼西北海域地震

2004 年 12 月 26 日，在印度尼西亚苏门答腊岛—安达曼西北海域也发生了一次强烈地震，中国地震台网中心速报的面波震级为 M_S8.7。印尼地震监测机构测定这次地震的体波震级为 m_b6.8，美国 NEIC 最初测定震级为面波震级为 M_S8.5，面波震级出现了饱和现象。27 日上午 7 时将修订为矩震级 M_W9.0。

2005 年初，中国地震局在北京组织召开了一次国际海啸预警研讨会，美国国家地震信息中心（NEIC）详细介绍了对本次地震参数的测定与修订过程如下：

00：58：53　地震发生（UTC）；

01：09：01　8 个短周期台站记录到地震；

01：11：23　16 个短周期台站记录到地震；

01：15：36　NEIC 自动测定短周期体波震级 m_b 为 6.2；

01：16：00　工作人员开始关注该地震；

01：18：57　31 个短周期台站记录到地震；

01：19：29　62 个短周期台站记录到地震；

01：24：34　NEIC 最终自动测定短周期体波震级 m_b 为 6.3；

02：15：45　NEIC 测定面波震级 M_S 为 8.5；

02：17：00　完成地震参数发布；

07：11：45　哈佛大学测定矩震级 M_W 为 8.9；

21：35：17　哈佛大学将矩震级 M_W 修订为 9.0。

四、日本东北部海域地震

2011 年 3 月 11 日，日本东北部海域发生了强烈地震，中国地震台网中心利用国家地震台网的实时观测数据立即进行了分析和计算，震级测定面波震级 M_S 为 8.6。随后台网中心利用国家地震台网和全球地震台网的资料对这次地震的参数进行了详细测定，采用了 77 个台站参与了震级的计算；在全球地震台网中有 35 个台站参与了震级的计算，测定的结果面

波震级 M_S 为 8.8。由于地震很大，面波震级出现了饱和现象。

中国地震台网中心利用国家地震台网和全球地震台网记录的远场波形资料，反演了此次地震震源破裂时空过程。根据波形资料的信噪比和台站分布情况，选取了 24 个 P 波、21 个 SH 波数据。同时，为了更好地约束标量地震矩的大小，增加了 48 个长周期的面波资料（周期范围为 167s 至 333s）。基于波形反演技术计算得到了断层面上的时空破裂过程，反演得到的标量地震矩约为 4.8×10^{22}N·s，矩震级为 M_W9.0。在 3 月 16 日将该地震的震级修订为矩震级 M_W 9.0，并向社会发布。

2013 年 1 月 9 日到 11 日，中日韩三边防震减灾会议（China-Japan-Korea Tripartite Meeting of Earthquake Disaster Mitigation）在海南博鳌举行，在本次会议上日本气象厅（Japan Meteorological Agency，JMA）详细介绍了这次地震的参数测定、修订和海啸预警过程。

发震时间：2013 年 3 月 11 日 14：46（东京时间）；

14：49　测定震级为 M_J7.9，M_J 是日本气象厅震级；

14：50　发布海啸预警，海浪为 3~6m；

15：01　记录到的大部分宽频带地震资料都“限幅”，无法测定矩震级；

15：10　近海浮标上的 GPS 观测到海啸；

15：14　海啸预警信息修订，最小海浪 3m，最大海浪 10m 以上；

15：21　釜石（Kamaishi）台观测到浪高大丁 4.1m 的海浪；

15：30　海啸预警信息修订，宫城（Miyagi）、福岛（Fukushima）等地浪高要超过 10m 的预警信息；

15：40　JMA 收集未“限幅”台站资料，测定矩震级 M_W 为 8.8；

3 月 16 日　JMA 收集到更多 GSN 资料，矩震级 M_W 修订为 9.0，并向全世界公布；

3 月 17 日　哈佛大学将矩震级 M_W 修订为 9.1。

震级的测定实际上是一个动态的不断修订的过程，由于在不同阶段使用台站的数量不同，速报目录、正式目录中的地震参数会有一定的差别。在一般情况下，修订后的地震参数不对社会发布，供地球科学研究使用。但是对于破坏性地震，如果在地震速报时地震参数的偏差很大，对地震应急、地震救援和等社会需求产生很大影响时，就要考虑将修订后的地震参数向社会发布。

第十一章　震源特性与震级

传统震级是对地震规模的简单量度，只能将震源看作是一个点。对于大地震，震源的尺度为几百千米，甚至是一千多千米，不同的地震其震源特征差别很大，有的震源破裂速度较慢，有的震源破裂速度较快。在实际工作中，人们注意到这样的现象：具有同样大小矩震级 M_W 的浅源地震，有的震感强烈，产生的地面破坏就很严重，而有的震感不强烈，产生的地面破坏就不严重。造成地震破坏的因素有很多，其中一个重要的原因就是震源破裂过程与地震灾害密切相关，而单一震级不能表示震源破裂过程的任何细节。

地震的震源可以用多个物理参数量化，如地震矩、断层长度、断层宽度、断层面积、平均位错、地震能量、震源破裂速度、震源破裂时间、应力降、拐角频率、视应力等，只用单一震级很难定量地表示出这些物理参数。最新研究结果表明，对于点源模型使用一个震级就可以表示地震的大小，而对于非点源模型，至少需要两个震级才能表示震源辐射地震波的高频特性和低频特性。地震能量 E_S 和地震矩 M_0 是表示地震大小最理想的物理量，由这两个物理量得到的能量震级 M_e 和矩震级 M_W 是表示地震大小最理想的震级（Kanamori，2014；Bormann et al.，2011）。

地震能量 E_S 是表示震源动态特征的物理量，地震矩 M_0 是表示震源静态特征的物理量，利用 E_S 和 M_0 可以量化不同地震破裂过程的差异，根据 E_S 和 M_0 可以识别出普通地震、慢地震和超剪切地震等不同类型的地震（Giacomo et al.，2010；Bormann et al.，2011）。不同类型的地震，震源破裂速度不同，震源破裂过程差异很大，地震辐射地震波的效率差异很大，造成的地震灾害差异也很大。因此，开展对地震能量 E_S 和地震矩 M_0 等震源新参数的研究，对于我们理解震源破裂过程、断裂带演化和强震产生机制，以及开展地震灾害评估都具有重要意义。

第一节 震源谱与震级

震源函数（Source function）表示断层面上滑动量或滑动率随时间和空间的变化。震源函数是描述断层面上某一点的滑动历史，既是位置的函数，又是时间的函数，震源的时空过程由震源函数来描述，确定震源函数的过程也就是获取震源破裂过程图像的过程。在许多情况下，我们只关心震源的时间历史，而并不特别关心是滑动量的历史，还是滑动速度的历史。描述滑动量或滑动率随时间变化的函数通常称为震源时间函数（Source time function）。震源破裂过程非常复杂，不同类型地震的震源时间函数相差很大，不同地区地震的震源时间函数差别也很大（许力生，2003）。地震能量、能量震级与震源破裂的历史密切相关，而传统震级与地震波的周期、振幅有关，因此震级的大小与震源时间函数、震源谱关系密切。

一、震源谱

震源谱（Source spectrum）即震源频谱。震源处产生的地震波是一种非周期性脉冲振动，可以将它认为是由许多不同频率、不同振幅、不同相位的简谐振动合成，这些简谐振动的振幅和相位相对于其频率的变化规律即为震源谱。

地震矩率函数在时间域中表示为地震矩乘以震源时间函数，在频率域中则表示为震源谱。一般说来，地动位移的震源谱可以写成下列形式：

$$S(f)=\frac{M_0}{1+\left(\dfrac{f}{f_c}\right)^n} \tag{11.1}$$

式中，f 是频率；f_c 是拐角频率；n 称为高频衰减常数；M_0 是地震矩。在高频端震源谱按频率的 n 次方衰减，当 $n=2$ 时，称作 ω^2 模式；当 $n=3$ 时，称作 ω^3 模式。容易看出，在频率很高时，震源谱以频率 f 的 n 次方的方式衰减；而在频率很低（相对于拐角频率而言）时，震源谱趋于常数，而当 $f=0$ 时，$S(0)=M_0$，也就是说震源谱的零频极限就是地震矩 M_0。

1. 拐角频率

拐角频率（Corner frequency）是与振幅谱高频渐近趋势（包络线）和低频趋势（零频水平）的交点（拐角）对应的频率。

由测不准关系可知，时间域中的脉冲宽度 Δt 和时间域中的频谱宽度 Δf 满足：

$$\Delta t\Delta f\sim 1 \tag{11.2}$$

另一方面，震源破裂的脉冲宽度 Δt 又相当于完成破裂所需要的时间，即：

$$\Delta t \sim \frac{L}{V_R}$$

$$f_c \sim \frac{V_R}{L} \tag{11.3}$$

式中，L 为破裂尺度；V_R 为破裂的传播速度。

拐角频率 f_c 的意义在于它是反映震源尺度大小的物理量，根据圆盘破裂模型可以得到拐角频率与震源尺度的关系为（Brune，1970，1971）：

$$f_c = 2.34 \frac{\beta}{2\pi r} \tag{11.4}$$

式中，β 为剪切波的速度；r 为圆盘震源半径，代表震源的特征尺度。此式表明：地震越小，拐角频率越大，而地震越大，拐角频率就越小。

一般来说。地震越大，拐角频率越小。观测发现，地震矩与拐角频率之间的经验关系为：

$$M_0 \propto f_c^{-3} \tag{11.5}$$

一个比较简单的解释是，地震越大，完成地震所需要的时间越长。使用测不准关系很容易解释，震源时间函数的持续时间 T 与地震矩 M_0 之间也存在 $M_0 \propto T^{-3}$ 的关系。

2. 布龙模型

布龙把地震看作是圆形断层面上剪切应力的突然释放，其震源频谱高频部分按 ω^2 衰减，即 $n=2$，并由此出发，计算了该圆盘形断层面所辐射的地震横波的频谱，通常把这一震源模型称作布龙模型（Brune′s model）。地动位移和地动速度的震源谱可以写成（Brune，1970，1971）：

$$S(f) = \frac{M_0}{1 + \left(\frac{f}{f_c}\right)^2} \tag{11.6}$$

$$V(f) = S(f)2\pi f \tag{11.7}$$

图 11.1 就是理论震源谱，（a）图是相对于位移记录，（b）图是相对于速度记录，纵坐标表示地震的标量地震矩 M_0，横坐标是地震波的频率，f_c 是对应不同震级的拐角频率。

对于震源谱的总体形状，我们可以进行如下解释：当我们用显微镜看一个物体时，如果

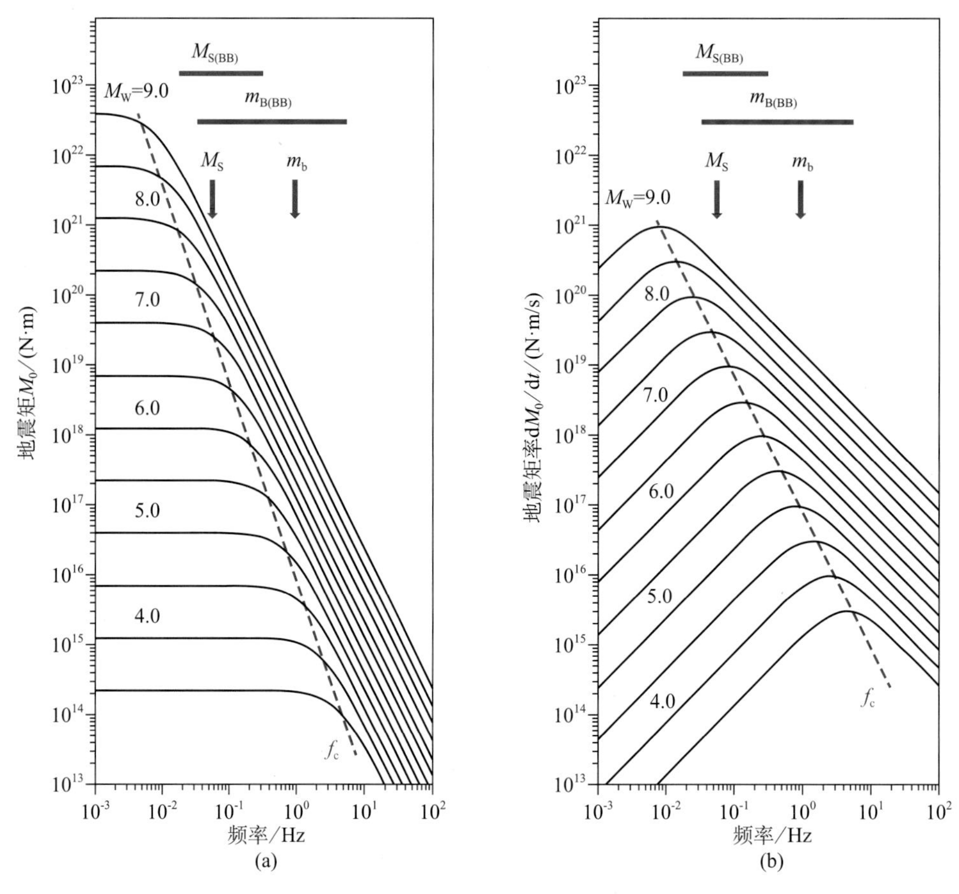

图 11.1 理论震源谱与震级（引自 Bormann and Liu，2009）

（a）位移谱；（b）速度谱

物体的尺度小于观测它的光波波长时，就无法分辨物体，此时看到的就是模糊不清的圆斑。为了能够看清细节，需用波长更短的电子显微镜。地震观测也是如此，当地震波波长 λ 远大于震源尺度 r（$\lambda \gg r$）时，地震波就不会携带任何有关震源过程细节的信息，我们看到的就是震源过程总体的信息，即是一个“点源”。因此，具有这种波长的谱振幅是常数，形成一个谱“平台”。而另一方面，当地震波的波长 $\lambda \ll r$ 时，就能得到有关震源破裂过程的内部细节，可以观测到地震破裂过程中非常细小的单元和断层粗糙程度（例如“凸凹体”和“障碍体”）等信息，并且其振幅谱在高频端衰减得很快。拐角频率在震源谱中的临界位置，明显与震源的尺度有关。

震源辐射地震波的过程是现代地震学中一个复杂而关键的课题，而对震源谱的研究则是认识震源辐射的重要一环，震源谱特性比较全面地反映了震源区的物理性质，由图 11.1 可以看出：

（1）震源谱可用地震矩 M_0 和拐角频率 f_c 两个参数表示；

(2) 当地震波频率低于拐角频率 f_c 时，即 $f<f_c$，地动位移的“震源谱”幅度振幅受频率变化的影响较小，是一个与频率无关的“平台”，该“平台”幅度会随地震矩 M_0 或矩震级 M_W 的增大而升高；当频率低于拐角频率时，振幅受频率变化的影响较小；

(3) 当地震波频率高于拐角频率 f_c 时，即 $f>f_c$，地动位移的“震源谱”振幅随着频率的增加显著减小，幅度衰减与 f^{-2} 成正比。

(4) 拐角频率 f_c 随矩震级 M_W 增大而减小，f_c 与 M_W 其经验关系见表 11.1。

表 11.1　拐角频率 f_c 与矩震级 M_W 之间经验关系

M_W	3.0	5.0	6.0	7.0	8.0	9.0
f_c(Hz)	10	1	0.3	0.04	0.01	0.025

(5) 由于地震能量与地面运动速度的平方成正比，最大能量在拐角频率 f_c 附近释放。因此，如果所测定的震级能够很好地表示地震能量和地震的破坏程度，所测定地面运动速度的振幅应该在拐角频率 f_c 附近。

(6) 实际的震源过程很复杂，震源谱是对震源性质的一种总体上的、简化的描述，从物理上定性地或半定量地解释了震源特性，抓住了问题的关键，从而推进了对震源研究的深入。也正是因为震源谱是一种简化了的、自由度很低的概念，所有由震源谱推出的一些物理参数，常常不是相互独立的（吴忠良，2003）。

3. 震源谱与震级饱和

震级饱和现象也可以从大小不同地震的震源谱及其与用于测定震级的频率的关系图 11.1 得到解释。在震源谱中，拐角频率 f_c 标志了一个临界位置，当地震波频率 $f<f_c$ 时，震源辐射的谱振幅随着地震矩增大呈线性增加。然而，当 $f>f_c$ 时，震源辐射的谱振幅随着地震矩增大而减小或完全饱和，从而出现“震级饱和”现象。因此，震级作为衡量地震释放能量大小的量度，在很大程度上依赖震源谱的拐角频率位置。

由于地震信号的位移谱是由拐角频率表征的，如果所测定地震波的频率大于拐角频率 f_c，位移振幅谱迅速减小，使测定的震级低估了地震的大小，这就是“震级饱和”现象（Aki and Richards，1980；Lay and Wallace，1995；Udias，1999）。由图 11.1 可以清楚地看出，体波震级在 $m_b=5.5$ 时开始出现饱和现象，在 $m_b=6.0\sim6.5$ 时达到完全饱和。而面波震级在 $M_S=7.5$ 时开始出现饱和现象，在 $M_S=8.0\sim8.5$ 时达到完全饱和。

二、震源谱与震级的关系

不同的震级表示的是震源辐射地震波的优势频率在震源谱的位置，不同的震级在震源谱中的位置也不同。对于远震，根据震级国家标准《地震震级的规定》（GB 17740—2017）的要求，可以测定短周期体波震级 m_b、宽频带体波震级 $m_{B(BB)}$、面波震级 M_S 和宽频带面波震级 $M_{S(BB)}$，其中 m_b 和 M_S 分别是使用周期约为 1.0s 的 P 波最大振幅和周期约 20s 的面波最大振幅测定。因此，m_b 和 M_S 是相对于固定地震波周期的震级。而 $m_{B(BB)}$ 和 $M_{S(BB)}$ 分别是宽频带体波震级和宽频带面波震级，所使用体波周期为 $0.2s<T<30.0s$，面波周期为 $3s<T<60s$。图 11.1 是理论震源谱与不同震级之间的关系图。

在远震震级中，m_b 和 M_S 是有限频带宽度的震级，$m_{B(BB)}$ 和 $M_{S(BB)}$ 是宽频带震级，在图 11.1 中箭头所指的横坐标分别表示测定短周期体波震级 m_b 的优势周期 1s 和测定面波震级 M_S 的优势周期 20s，两条水平直线分别表示宽频带体波震级 $m_{B(BB)}$ 和宽频带面波震级 $M_{S(BB)}$ 的周期范围 $0.2s<T<30s$ 和 $3s<T<60s$。

短周期体波震级 m_b 适合于测定矩震级 $M_W<5.5$ 的地震，面波震级 M_S 适合于测定矩震级 $M_W<8.0$ 的地震。而宽频带体波震级 $m_{B(BB)}$ 和宽频带面波震级 $M_{S(BB)}$ 能够测定的震级的范围更宽。所以 m_b 和 M_S 都低估了大地震的震级，相比之下 m_b 要比 M_S 的低估量更大。而 $m_{B(BB)}$ 和 $M_{S(BB)}$ 所覆盖的频率范围较大，在 $4.0<m_{B(BB)}<8.0$ 和 $5.5<M_{S(BB)}<8.5$ 范围内，不出现震级饱和现象。

三、地震波频谱与震级的关系

与地震有关的形变和波动现象涉及很宽频带范围，各种震级及其饱和震级都与从震源辐射的地震波的频谱有关。

1. 不同频段的地震波

地球形变和振动的频谱很宽，从 10^{-2}s 地壳的微小地震，到长至百年（~10^9s）的板块运动，跨越 12 个数量级。而由于地震仪器频带的限制，地震学关注的频率跨越约为 7 个量级，即从周期达 10^4s 的固体潮、10^3s 的地球自由振荡、10^2s 的长周期面波、10s 的长周期体波，到 1s 的短周期体波、在震中附近 10^{-1}s 的强地面运动、10^{-2}s 地壳的小地震（陈运泰等，2000）。

（1）高频地震波。在地震波频率范围的高频端（约 10^2Hz），地震波衰减得很快。频率高于 5Hz 的高频地震波只在几百千米的范围内传播，只有高增益的地震仪才能记录到微震和极微震辐射的高频地震波。在工程地震学中，特别着重研究较大地震或大地震产生的高频地震波，因为这些高频地震波是引起建筑物与结构物破坏的主要原因。

（2）体波。体波在地球内部的传播可以用射线理论成功地予以描述，为我们提供了非常有用的震源信息。体波的激发程度与地震的大小有关，5.0 级以下地震的体波只能在震中距为 90°以内才能被记录到，而 5.0 级以上地震的体波在全球范围内很容易被观测到。

从体波的周期来看，体波可分为短周期体波和长周期体波。短周期体波的周期一般小于 3s，长周期体波周期一般在 3~50s，短周期体波对于近震源和近地震台站的局部构造十分敏感。

（3）面波。面波是地震波的速度随深度增加而引起的沿地球表面传播的弹性波，周期范围为 3~350s。面波受地壳横向不均匀性的影响较大，周期为 30s 左右的面波的振幅在地壳中较大，当震中距 Δ>20°时，用长周期地震仪器记录面波的优势周期为 20s 左右。

（4）地球自由振荡波。地球自由振荡是地球在受到大地震、火山爆发或地下核爆炸的激发后，会发生整体的振动，并能持续一段时间。由于地球很大，地球自由振荡的周期较长，一般为数十秒至数十分钟，地球自由振荡的基谐振型最长周期为 3233s 即约 54min。1952 年 11 月 4 日堪察加发生 M_W9.0 大地震，美国科学家贝尼奥夫（Victor Hugo Benioff, 1899—1968）首次在他自己设计制作的应变地震仪上发现周期约为 57min 的地球自由振荡。地球自由振荡可用于确定特大地震的地震矩。地震波及其特征周期见表 11.2（Lay et al., 1995）。

表 11.2 地震波及其特征周期

序号	地震波类型	周期/s
1	体波	0.01~50
2	面波	3~350
3	地球自由振荡波	350~3600

注：特大地震激发的地球长周期自由振荡往往延续几天甚至几个星期才会逐渐消失，例如 1960 年 5 月 12 日智利 M_W9.5 地震激发的地球自由振荡至少持续了 5 天。

2. 震级与地震波周期

从表 11.2 可以看出，体波和面波的周期范围都比较大，使用不同的地震仪器记录的体波和面波形态差别很大。模拟记录地震仪器的频带窄，幅频特性不是平坦型，记录的体波或面波有一明显的优势周期。例如用 DD-1 短周期地震仪记录体波的优势周期为 1.0s 左右，而用基式（SK）长周期地震仪记录体波的优势周期为 5.0s 左右，用 763 长周期地震仪器记录震中距大于 20°地震的面波优势周期为 20s 左右。

不同的震级与地震波的周期有关，因此测定不同的震级要用不同的地震仪器。测定 M_L 和 m_b 要使用短周期地震仪器记录，测定 M_S 要使用长周期地震仪器记录，测定 m_B 要使用中长周期地震仪器记录，测定 $M_{S(BB)}$ 和 $m_{B(BB)}$ 要使用原始的宽频带记录，我国地震台网测定的震级及主要参数见表 11.3。可以看出，测定 $M_{S(BB)}$ 和 $m_{B(BB)}$ 所使用的面波和体波的周期范围大，这样就能够充分发挥宽频带数字地震记录的特点，从而使得其饱和震级要比 M_S 和 m_B 大。地震学关注的频谱及震级的测定见图 11.2。

表 11.3 我国地震台网测定的震级及主要参数

序号	震级名称	使用震相	震中距	周期范围/s	优势周期/s	饱和震级	使用仪器
1	M_L	S	<1000km	0.1~3.0	1.0	7.0	短周期
2	m_b	P	5°~100°	0.5~2.0	1.0	6.5	短周期
3	M_S	面波	2°~130°	3.0~25.0	20.0	8.5	长周期
4	$M_{S(BB)}$	面波	2°~160°	3.0~60.0		8.8	宽频带
5	$m_{B(BB)}$	P	5°~100°	0.2~30.0		8.3	宽频带

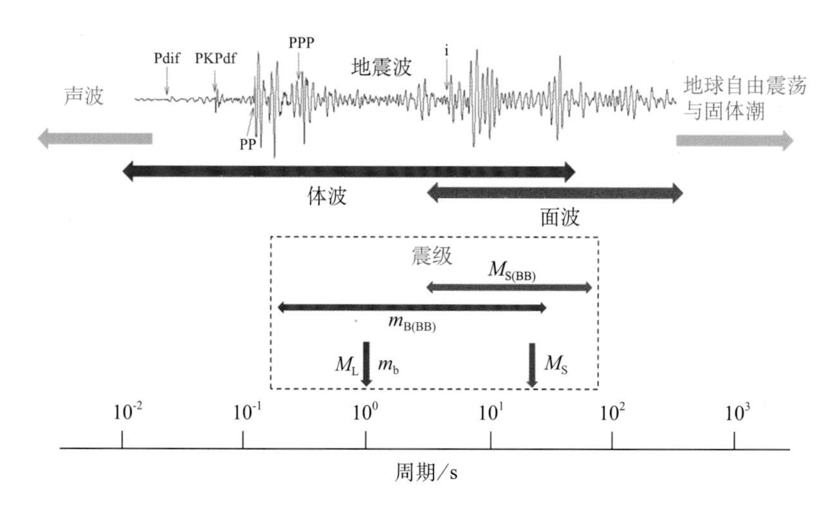

图 11.2 地震学关注的频谱及震级的测定

第二节 震源模型

在地震学中，震源是地震发生的起始位置，断层开始破裂的地方。震源有一定大小的区域，又称震源区或震源体，是地震能量积聚和释放的地方。如果震源至地震台站的距离 R 比震源尺度 L 大得多（$R \gg L$），就可以把震源当作空间上的一个点。

如果震源辐射地震波的优势周期 T 比震源破裂时间 T_{Rav} 大得多（$T \gg T_{Rav}$），就可以不考虑震源破裂的细节，把它当作时间轴上的一个点。震源破裂速度与地震波传播速度相当，地震波周期 T 与地震波波长 λ 有关，$T \gg T_{Rav}$ 也就意味着 $\lambda \gg L$。因此，在 $R \gg L$ 和 $\lambda \gg L$ 这两个条件下，就可以将震源当作空间上和时间上的一个点（傅承义等，1985）。

一、点源模型

震级作为震源参数，实际上是将震源看作点源，若仅用来标度中小地震，没有问题，但不能用来标度大地震。中小地震的震源较小，可以看作是点源模型。欧卡尔和塔兰迪尔1989年指出，震级概念的提出，实际上是没有考虑震源尺度，对于满足点源模型的地震，用一个“单一频率”的传统震级能够表示其大小（Okal and Talandier，1989）。2009年，鲍曼和刘瑞丰得到了以下研究结果（Bormann and Liu，2007，2009）：

（1）对于4.5级以下浅源地震，适合用地方性震级 M_L 表示其大小；

（2）对于4.5级（含）以上浅源地震，适合用宽频带面波震级 $M_{S(BB)}$ 表示其大小；

（3）对于中源地震和深源地震，宜选择短周期体波震级 m_b 或宽频带体波震级 $m_{B(BB)}$ 表示其大小。

二、非点源模型

大地震的震源有一定尺度，用近场资料和远场资料都可以测定其大小，但是用近场资料只能观测到震源的局部特征，不能完整地表示震源特性，而用远场资料就可以有效地减小震源尺度的影响，能够客观地表示震源特性。因此，对于浅源大震，适合用远场的面波震级表示其大小；对于中深源大震和地下核爆炸，适合用体波震级表示其大小。

在一般情况下，对于6.0级以上地震，震源的尺度 L 不可忽略，例如2008年汶川 M_S8.0地震，断层的长度大于400km，如果用震源附近的地震台站测定震级，台站记录的都是震源破裂的局部特征（图11.3），用蓝色台站测定的是震源开始破裂时的局部特征，用黑色台站测定的是震源在中间或结束时的局部特征。要得到相对可靠的结果，必须使用 $R \gg L$ 的红色远场台站测定震级。

对于大地震，用远场资料就可以有效地减小震源尺度的影响，只能从远场将震源看作一个“模模糊糊”的点。因此，对于6.0级以上地震，要使用震中距大于20°的台站资料测定面波震级和体波震级。而对于8.5级以上地震，震源尺度为几百千米，使用远场资料也不能准确测定地震的大小，面波震级会出现“震级饱和”现象。金森博雄、杜达和鲍曼等人的研究结果表明，单一震级不能描述大地震震源破裂过程的任何细节（Duda et al.，1989；Bormann et al.，2002；Kanamori，1978，1983）。

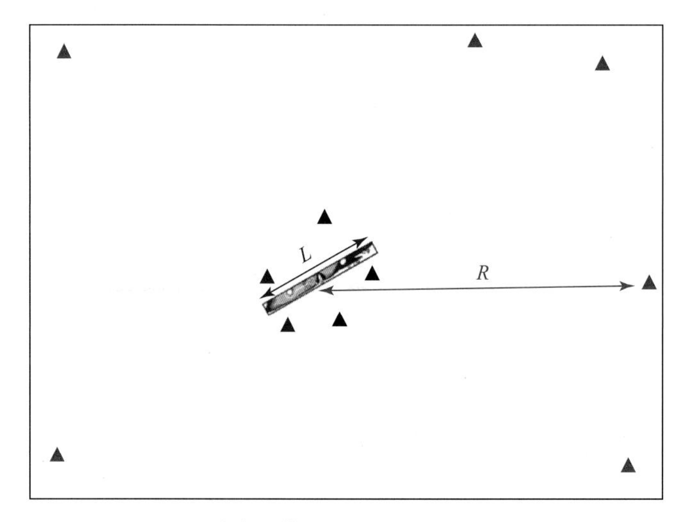

图 11.3 非点源模型地震的震级测定（$R \gg L$）

三、地震类型与震源破裂速度

在非点源模型中，震源破裂速度是表征震源动态特征的参数，震源破裂速度、震源破裂时间（或地震持续时间）和震源尺度三者密切相关，对于普通地震而言，震源破裂时间通常在几秒到几十秒的数量级，而对于海啸地震而言地震持续时间要超过 100s。地震持续时间与地震的震级有关，与断层尺寸成正比，与地震矩的三次方根成正比（Kanamori & Anderson，1975）。因此，震源破裂速度或地震持续时间区分普通地震、慢地震、海啸地震的重要参数（Convers and Newman，2011；Newman，et al.，2011）。

1990 年，贝罗萨等人用震源破裂速度对普通地震、慢地震进行了区分（Beroza et al.，1990）：

（1）普通地震：震源破裂速度大于 1km/s；

（2）慢地震：震源破裂速度小于等于 1km/s，慢地震又可以细分为：

一般慢地震：震源破裂速度为 1km/s~100m/s；

静地震：震源破裂速度为 100~10m/s；

慢滑动事件：震源破裂速度为 10~0.1m/s，其中蠕滑事件的震源破裂速度为 1~0.1m/s。

人们在大地震中感受到的强烈震动更多的是由震源破裂速度决定的，可以使用地震能量和震源破裂速度识别具有较大的地面加速度、震感强烈、破坏力强的地震。对于地震能量基本相同的浅源地震，震源破裂速度越大，地震的震感强烈，地震的破坏力也越大。例如 2022 年 6 月 22 日阿富汗发生 M_W6.2 地震，能量震级 M_e6.4，震源破裂时间只有 10s 左右。同相同大小的地震相比，该地震的持续时间较短，能量释放的时间非常集中，从而造成

1500 人死亡，2949 多人受伤，并造成非常严重的地面建筑破坏。

四、非点源地震的震级测定原理

衡量一个地震的大小最好的办法是确定其地震矩 M_0 及其震源谱的总体特征（陈运泰，2004）。从图 11.1 可以看出，震源谱的总体特征可用地震矩 M_0 和拐角频率 f_c 两个参数表示，地方性震级 M_L、体波震级 m_b、面波震级 M_S、宽频带体波震级 $m_{B(BB)}$ 和宽频带面波震级 $M_{S(BB)}$ 等传统震级分别位于震源谱的不同位置，表示震源辐射不同频率地震波的能力。不同震级之间的差异，可以反映出震源谱的特性。因此，要表示非点源地震的大小，至少需要两个震级。

2009 年，别列斯涅夫认为根据地震位错理论，即使是最简单的震源模型至少要有 2 个独立的参数才能表示震源特性，这 2 个参数与断层最终静态位移和断层动态破裂过程有关，前者决定着震源谱的低频渐近线，而后者决定着震源频谱的拐角频率 f_c，从而控制震源辐射地震波频谱的低频成分和高频成分（Beresnev，2009）。也就是说，如果要准确表示震源的特性，至少需要 2 个参数来确定震源辐射地震波的低频特性和高频特性，这些参数可以是下面参数中的任何 2 个。

（1）地震矩 M_0 和拐角频率 f_c；

（2）矩震级 M_W 和短周期体波震级 m_b；

（3）矩震级 M_W 和地方性震级 M_L

（4）体波震级 m_b 和面波震级 M_S（m_b/M_S 可识别天然地震和地下核爆炸）；

（5）矩震级 M_W 和能量震级 M_e（或地震矩 M_0 和地震能量 E_S）。

从图 11.1 可以看出，拐角频率 f_c 是震源谱中一个重要的位置，图 11.4 显示了地震矩、地震能量和拐角频率之间的关系，地震矩 M_0 和拐角频率 f_c 与位移震源谱有关（左图），而地震能量与速度震源谱下面积的平方有关（右图），对应最大能量在拐角频率附近释放

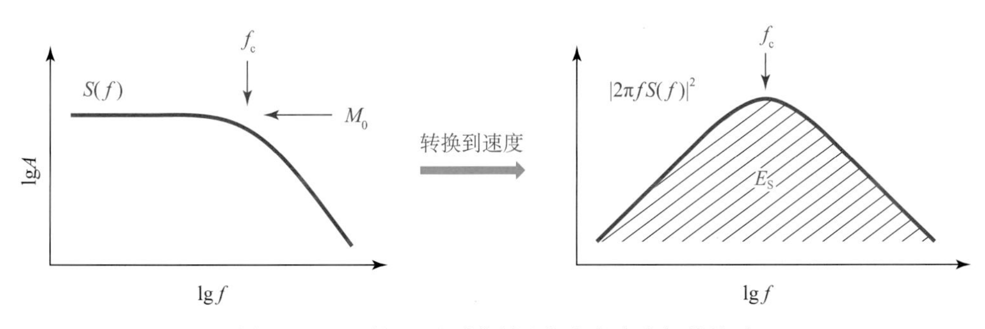

图 11.4 地震矩、地震能量和拐角频率之间的关系

（修改引自 Prieto，2007）

(Prieto, 2007)。实际地震的震源谱的形状可能会存在较大变化，对应曲线下的面积也会发生变化，导致不同的地震能量。对于任何给定的地震矩，地震能量可能会在平均水平上变化一个数量级（Bormann and Giacomo, 2011）。用地震矩 M_0 和地震能量 E_S（或用矩震级 M_W 和能量震级 M_e）就可以描述震源谱的总体特征。金森博雄和鲍曼都认为，矩震级 M_W 和能量震级 M_e 是表示地震大小最理想的参数（Kanamori, 2014; Bormann and Giacomo, 2011）。

矩震级 M_W 表示的是震源的静态特征，与震源的最终静态位移和破裂面积有关，反映了震源的总体构造效应。地震矩 M_0 取决于地震前后应变能的变化，由静态地震矩 M_0 得到的矩震级 M_W 只是地震大小的静态度量，即地震的平均构造效应。因此，M_W 与震源体中总非弹性功有关，而与断层本身的实际动态过程无关，不能提供有关震源破裂过程的高频动态信息。用矩震级不能准确地评估地震灾害，因为地震对 20 层以下的中低层建筑造成破坏的优势频率大于 0.5Hz，并且是由高频强地面运动造成的破坏。

能量震级 M_e 表示的是震源的动态特征，与地震波辐射频率、辐射能量有关，反映了震源破裂速度、应力降的变化及地震潜在破坏程度。能量震级 M_e 的另一个特点是更接近于古登堡—里克特震级公式的原始意义，震级公式中的 $(A/T)_{max}$ 是与速度功率谱和能量有关参数，M_e 与地震破坏的可能性关系更为密切。

M_W 和 M_e 之间的差异实际上反映了地震震源的特性，综合使用 M_W 和 M_e 两种震级，对于研究非点源地震的震源特性、区域构造、地震灾害快速评估具有重要意义（Kanamori, 2014; Bormann and Giacomo, 2011）。

第三节　表示地震大小的两个物理量

震级是地震的一个重要参数，但不是一个物理量。地震矩 M_0 和地震能量 E_S 分别表示震源的静态特征和动态特征，是目前衡量地震大小最好的两个物理量，物理意义清楚。

一、地震能量与地震矩

地震能量 E_S 与震源破裂速度、震源破裂时间、震源辐射地震波频率成分等震源动力学特征密切相关，是描述地震辐射总效应的物理量，不仅取决于初始应力和最终应力，也与破裂历史有关，反映震源动态特征。地震以地震波形式辐射的能量主要集中在震源谱的拐角频率附近，E_S 主要由地震波振幅的高频成分决定，在工程地震学研究中具有重要意义。

地震矩 M_0 与地震所产生断层长度、断层宽度、震源破裂的平均位错量等静态的构造效应密切相关，是描述地震“零频”运动的物理量，与位错的时间历程无关，反映震源静态特征。地震矩与震源谱的低频渐近线有关，描述震源构造效应，对断层破裂的过程不敏感，所以 M_0 主要由地震波振幅的低频成分决定，在构造动力学研究中具有重要意义。

地震能量 E_S 是地震潜在破坏程度的量度，而地震矩 M_0 与地震的最终位移有关，与长期孕震构造密切相关。因此，在表示地震的总体大小时，地震矩 M_0 比地震能量 E_S 有优势，将地震矩张量与震源位置相结合，能够对地震发生的状态有一定的了解，这对于地震的构造解释至关重要，为理解地震发生的机制提供重要信息。而在表示地震对地面建筑造成灾害程度时，地震能量 E_S 比地震矩 M_0 有优势。地震波能量表示地震辐射的总能量，等于地震波能量密度对频率的积分，地震能量密度的最大值在地震波拐角频率附近，4.5~7.5 级地震的拐角频率在 0.05~1.0Hz（1.0~20.0s）范围内，这也正是建筑工程师所感兴趣的频率范围。

为更全面地评估地震动效应，不但需要考虑地震断层错动的零频信息，还需要考虑震源谱上各种频率特别是高频的信息。因此，在表示震源特性时，地震矩 M_0 与地震能量 E_S 各有特点，优势互补。

地震能量 E_S 与地震矩 M_0 的量纲相同，若采用国际单位制（SI），其单位为焦耳（J）或牛顿·米（N·m）。虽然 E_S 与 M_0 的量纲相同，但物理意义不同，根据金森博雄条件，地震波能量仅为地震发生时所释放地震矩的 0.000 05（5.0×10^{-5}）。这是因为，地震发生时释放的地震矩并非所辐射的地震波能量。虽然 E_S 与 M_0 的单位相同，但为了明确表示地震矩 M_0 与地震波能量 E_S 是性质不同的两个物理量，始终用牛顿·米（N·m）表示地震矩，用焦耳（J）表示地震波能量。

基于上述分析，地震能量 E_S 和地震矩 M_0 分别描述了地震震源的不同特征。因此，对两个参数的研究具有以下重要意义：

（1）利用地震能量和地震矩可以量化不同地震破裂过程之间的差异。根据不同的地震破裂过程，地震可分为正常破裂、快速破裂和缓慢破裂三类。其中，海啸地震属于缓慢破裂的地震，超剪切地震属于快速破裂的地震（Boatwright and Fletcher，1984；Giacomo et al.，2010；Bormann and Giacomo，2011）。

（2）利用地震能量和地震矩可以描述特定震源区的特征。虽然不同地震的辐射能量和地震矩之间存在较大差异，但这种差异并非完全随机。将两个参数的比值作为地震区域构造环境和断层类型等的函数进行研究时，数据的分散程度通常会显著降低。研究表明，由于缺乏可靠的地震能量结果，之前的研究可能忽视了不同区域能量释放的系统性变化（Choy and Boatwright，1995）。

（3）利用地震能量、地震矩及其他参数，还可以得到更多描述震源的参数，如能矩比、慢度参数、视应力等其他综合震源参数。图 11.5 是表示与地震大小有关的震源参数关系图。

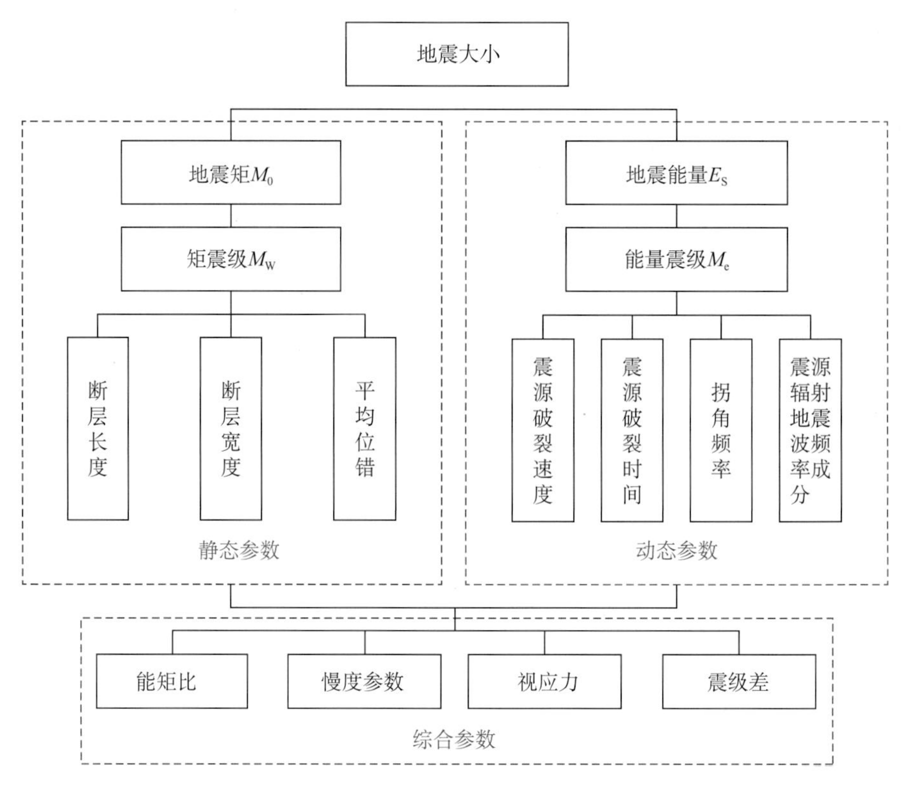

图 11.5　表示地震大小的震源参数

M_0 和 M_W 是震源静态参数，E_S 和 M_e 是震源动态参数，由震源静态参数和动态参数可以得到能矩比 e_R、慢度参数 Θ、视应力 σ_a、震级差 ΔM 等综合震源参数，这些综合震源参数与震源辐射地震波能力密切相关

二、地震能矩比

地震能矩比（Earthquake energy-moment ratio）简称能矩比，又称标度能量（Scaled energy）、折合能量（Reduced energy），是单位地震矩辐射的地震波能量，即

$$e_R = \frac{E_S}{M_0} = \frac{\Delta\sigma}{2\mu} \tag{11.8}$$

从上式可以看出，能矩比并不是一个常数。能矩比的高低与岩石圈强度有关，当地壳的脆弱部分受到超过其断裂强度的应力时，就会发生构造地震。因此利用能矩比可以评估地震的应力降和环境应力水平，体现了应力降、刚度系数、震源破裂速度（或破裂时间）和剪切波速度变化之间的平衡关系。高能矩比的地震应变释放会比较快，从而使震源的频谱在更高的频率上更丰富。地震主要发生在已存在的断层上，但有时沿新形成的断层发生，新断层发生破裂时震源辐射地震波的能力较强，这样的地震一般会造成比较严重的破坏和人员伤亡

(Scholz et al., 1986; Choy et al., 2006)。能矩比低的地震震源破裂速度较慢，地震应变释放会比较慢，使得震源的辐射地震波以长周期成分为主。

能矩比是一个重要的震源参数。不同类型的地震辐射地震波能量的能力不同，板内地震的能矩比较高，这样的地震往往会造成比较严重的破坏和人员伤亡；板缘地震、俯冲带地震的能矩比一般比较低，这样的地震虽然矩震级 M_W 较大，但震感不强烈。

通常，有3种等效的方法来表示能矩比。

(1) 慢度参数 (Slowness parameter)：1989年，奥卡尔和塔兰迪尔提出了慢度参数的概念，给出了下面的公式 (Okal and Talandier, 1989)：

$$\Theta = \lg\left(\frac{E_S}{M_0}\right) \tag{11.9}$$

式中，Θ 为慢度参数，并不是一个常数，其变化范围在 $-3.2 \sim -6.9$ 之间 (Choy et al., 2006; Weinstein et al., 2005)。对能矩比取对数以后，慢度参数 Θ 是一个简单的数，便于公众理解。

上式还可以表示为：

$$\frac{E_S}{M_0} = 10^{\Theta} \tag{11.10}$$

$$\lg E_S = \lg M_0 + \Theta \tag{11.11}$$

(2) 视应力 (Apparent stress)：在弹性力学的框架下，由地震观测资料不能得到绝对应力的大小。然而在一些合理的假设前提下，由地震观测资料可以得到有关应力大小的某种有物理意义的估计，其中一个常用的估计就是视应力，视应力的定义为：

$$\sigma_a = \frac{\mu E_S}{M_0} \tag{11.12}$$

式中，μ 是震源区介质剪切模量，与震源深度和地球速度结构的有关。使用视应力 σ_a 的优点是，它与震源破裂密切相关的应力降有关，较大的视应力通常意味着较大的应力降。

(3) 震级差 (Differential magnitude)：是指能量震级 M_e 与矩震级 M_W 之差。由于不同类型的地震，震源特性差异很大，因此测定出的 M_e 和 M_W 也会有一定的差别。震级差用 ΔM 表示。

$$
\begin{aligned}
\Delta M &= M_e - M_W \\
\Delta M &= \frac{2}{3}\left(\lg \frac{E_S}{M_0} + 4.7\right) \\
\Delta M &= \frac{2}{3}(\Theta + 4.7) \\
\Delta M &= \frac{2}{3}\left(\lg \frac{\sigma_a}{\mu} + 4.7\right)
\end{aligned} \tag{11.13}
$$

$$
\begin{aligned}
M_e &= M_W + \frac{2}{3}(\Theta + 4.7) \\
&= M_W + \frac{2}{3}\left(\lg \frac{E_S}{M_0} + 4.7\right) \\
&= M_W + \frac{2}{3}\left(\lg \frac{\Delta\sigma}{2\mu} + 4.7\right) \\
&= M_W + \frac{2}{3}\left(\lg \frac{\sigma_a}{\mu} + 4.7\right)
\end{aligned} \tag{11.14}
$$

从上式可以看出，Θ 是表示震源辐射地震波效率的重要参数。研究表明，不同地震的应力降（与震源破裂速度 V_R 和地震效率 η 有关）可相差3~4 个量级，Θ 的变化范围很大，通常在$-3.2 \sim -6.9$ 之间，从而使 M_W 与 M_e 之间可相差 1.5 级。这种差异表达了截然不同的静态特性和动态震源特性，M_e 与 M_W 的震级差与地震灾害密切相关。

由于震源破裂过程的复杂性，有的地震 M_e 大于 M_W，有的地震 M_e 小于 M_W，也有的地震 M_e 与 M_W 基本一样。

（1）当 $\Theta=-4.7$ 时，即 $E_S/M_0=2.2\times10^{-5}$时，$M_e=M_W$

（2）当 $\Theta=-4.3$ 时，即 $E_S/M_0=5.0\times10^{-5}$时，$M_e=M_W+0.27$，M_W 定义时的值。

（3）当 $\Theta=-4.8$ 时，即 $E_S/M_0=1.6\times10^{-5}$时，$M_e=M_W-0.07$，M_e 定义时的值。

金森博雄提出的矩震级 M_W 是在 $E_S=5\times10^{-5}\,M_0$ 时得到的，即 $\Theta_K=-4.3$，根据式（11.14），此时能量震级 M_e 比矩震级 M_W 偏大 0.27。乔伊和博特赖特提出的能量震级计算公式（7.33）括号内的常数是 4.4，对应的 $E_S=1.6\times10^{-5}M_0$，即 $\Theta=-4.8$，此时能量震级 M_e 比矩震级 M_W 偏低 0.07。这两种情况都是特例，并不具有普遍性。

震级差 $\Delta M=M_e-M_W$ 反映震源破裂特性的差异，可以对地震造成的灾害危险性和严重程度进行评估。研究表明，全球地震平均慢度参数 Θ 为-4.9，而不是-4.7，也就是说 M_e 平均小于 M_W 为 0.13。如果某一地震的 M_e 大于 M_W，用震级差 ΔM 估算地震的潜在破坏力，就比单独用 M_W 估算地震的潜在破坏力的可靠性要高。如果某一地震的震级差 $\Delta M>0.5$，该地震的破坏力要远大于同等矩震级 M_W 大小的地震（Bormann and Giacomo，2011）。

对于浅源地震，1995年乔伊和博特赖特利用NEIC测定的地震能量 E_S 和哈弗大学测定的地震矩 M_0，得到了1986—1991年5.8级以上394个全球浅源地震的地震能量 E_S 和地震矩 M_0 的平均结果为：$E_S = 1.6\times10^{-5} M_0$。对于浅源地震，走滑断层的能矩比最高，正断层次之，逆断层最小。得到的平均视应力为0.47MPa，逆断层为0.32MPa，正断层为0.48MPa，走滑断层为3.55MPa（Choy and Boatwright，1995），见图11.6。

2006年，乔伊等人利用1987—2003年5.8级以上1754个全球浅源地震的平均视应力为0.52MPa，逆断层为0.32MPa，正断层为0.46MPa，走滑断层为3.74MPa（Choy et al.，2006）。得到的能矩比 e_R 和慢度参数 Θ 与1995年的结果有差别，但差别不大。

2011年，康弗和纽曼利用1997—2010年全球 $M_W \geqslant 6.7$（$M_0 \geqslant 10^{19}$ N·m）342个地震（包括中源地震和深源地震），17849条地震记录，测定了这些地震的辐射能量。结果表明，全球地震平均慢度参数 $\Theta = -4.59\pm0.36$，不同震源机制的能矩比 e_R 和慢度参数 Θ 不同，走滑断层 $\Theta_{SS} = -4.44$，正断层 $\Theta_N = -4.51$，逆断层 $\Theta_T = -4.74$。即走滑断层的能矩比最高，正断层次之，逆断层最小（图11.7）。其中有以下4个海啸地震：

编号1：1992年9月2日尼加拉瓜沿岸近海 M_W7.6地震；

编号2：1994年6月2日印尼爪哇岛 M_W7.8地震；

编号3：1996年2月21日秘鲁 M_W7.5地震；

编号4：2006年7月17日印尼爪哇岛以南 M_W7.7地震。

可以看出，海啸地震的慢度参数较低，$\Theta < -5.7$。

由此得到的全球 $M_W \geqslant 6.7$ 地震的能矩比 e_R 和慢度参数 Θ 见表11.4（Convers and Newman，2011）：

表11.4 全球 $M_W \geqslant 6.7$ 地震的能矩比 e_R 和慢度参数 Θ

参数	全球平均	逆断层	正断层	走滑断层
e_R（10^{-5}）	2.57	1.82	3.09	3.63
Θ	−4.59	−4.74	−4.51	−4.44

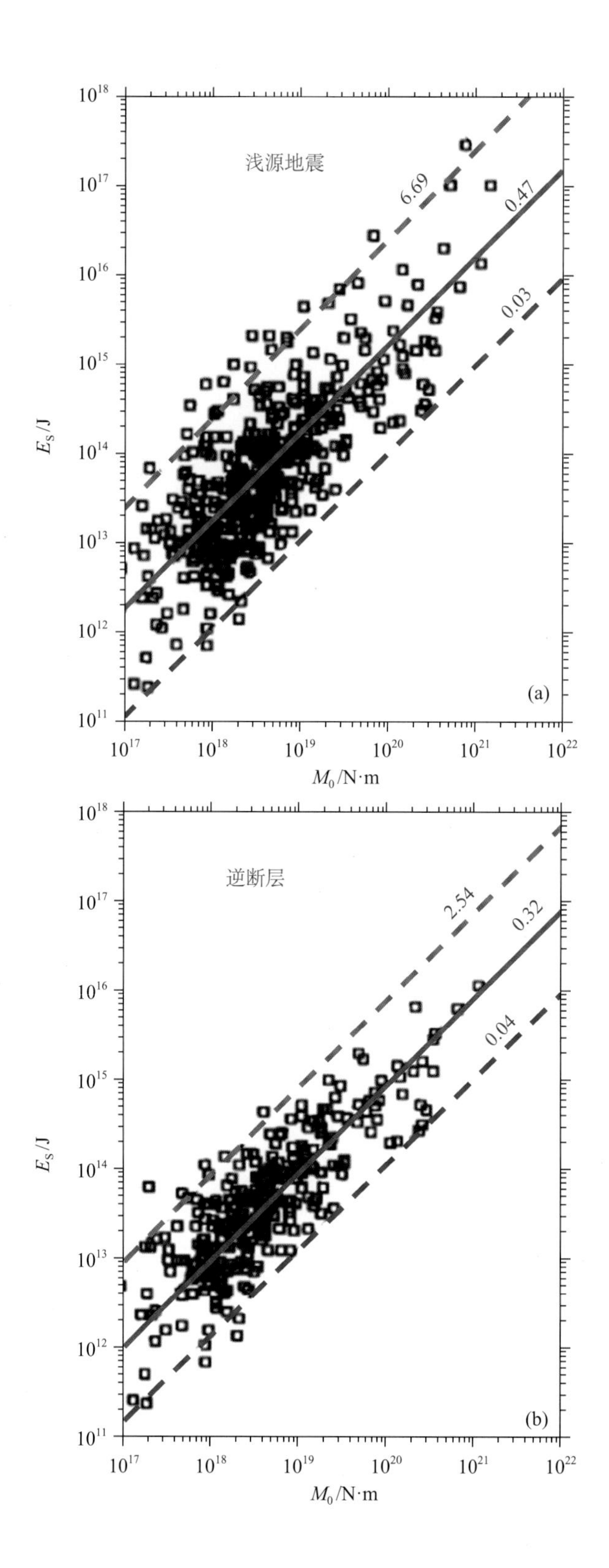
浅源地震
6.69
0.47
0.03
(a)
E_S/J
M_0/N·m
逆断层
2.54
0.32
0.04
(b)
E_S/J
M_0/N·m

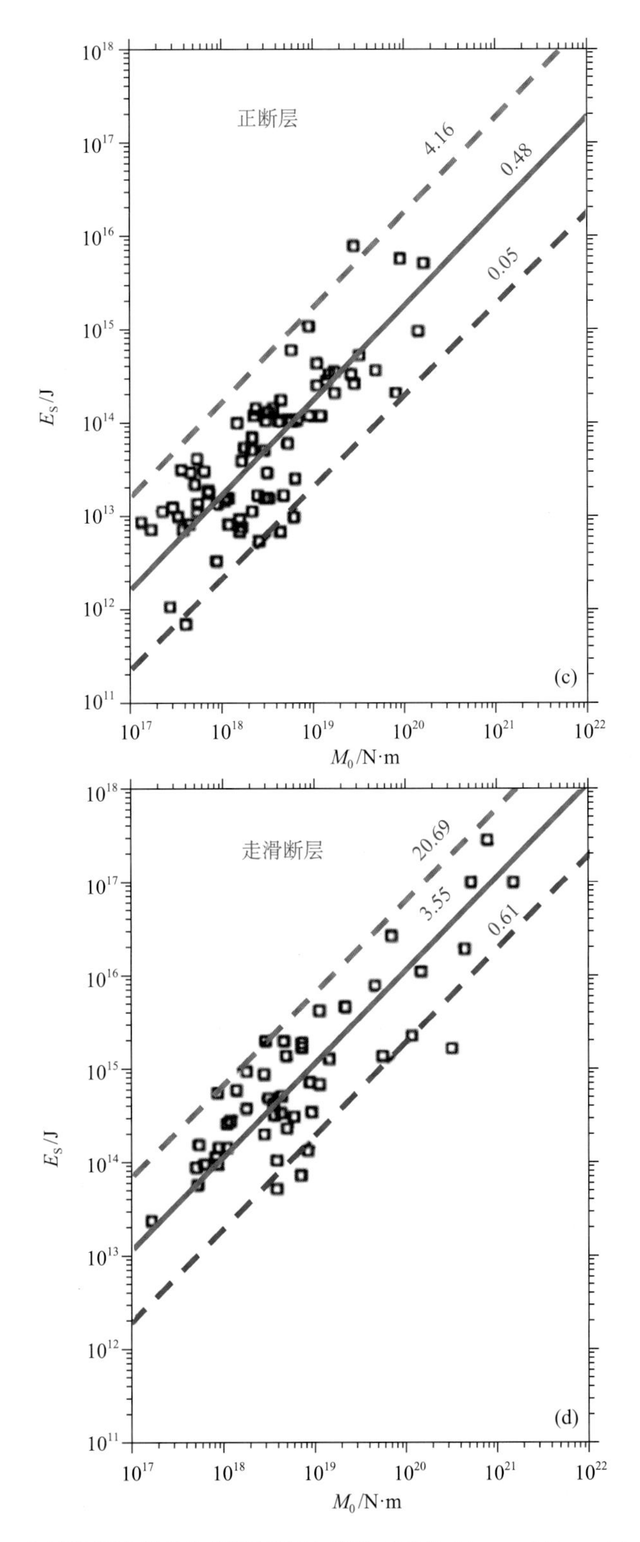

图 11.6 全球浅源地震的地震能量和地震矩（引自 Choy and Boatwright，1995）

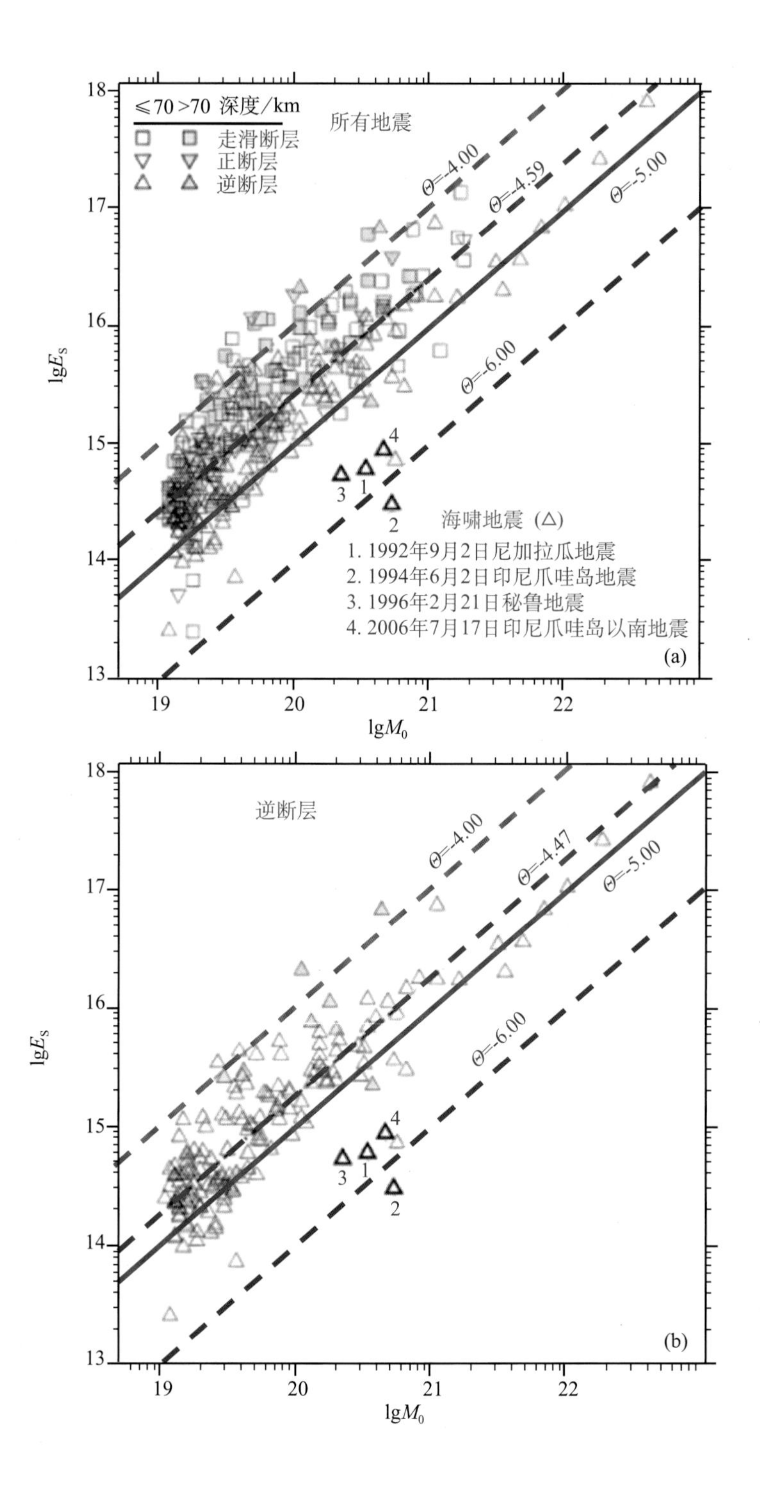
≤70 >70 深度/km
走滑断层
正断层
逆断层
所有地震
Θ=-4.00
Θ=-4.59
Θ=-5.00
Θ=-6.00
海啸地震（△）
1. 1992年9月2日尼加拉瓜地震
2. 1994年6月2日印尼爪哇岛地震
3. 1996年2月21日秘鲁地震
4. 2006年7月17日印尼爪哇岛以南地震
(a)
lgE_S
lgM_0
逆断层
Θ=-4.00
Θ=-4.47
Θ=-5.00
Θ=-6.00
(b)
lgE_S
lgM_0

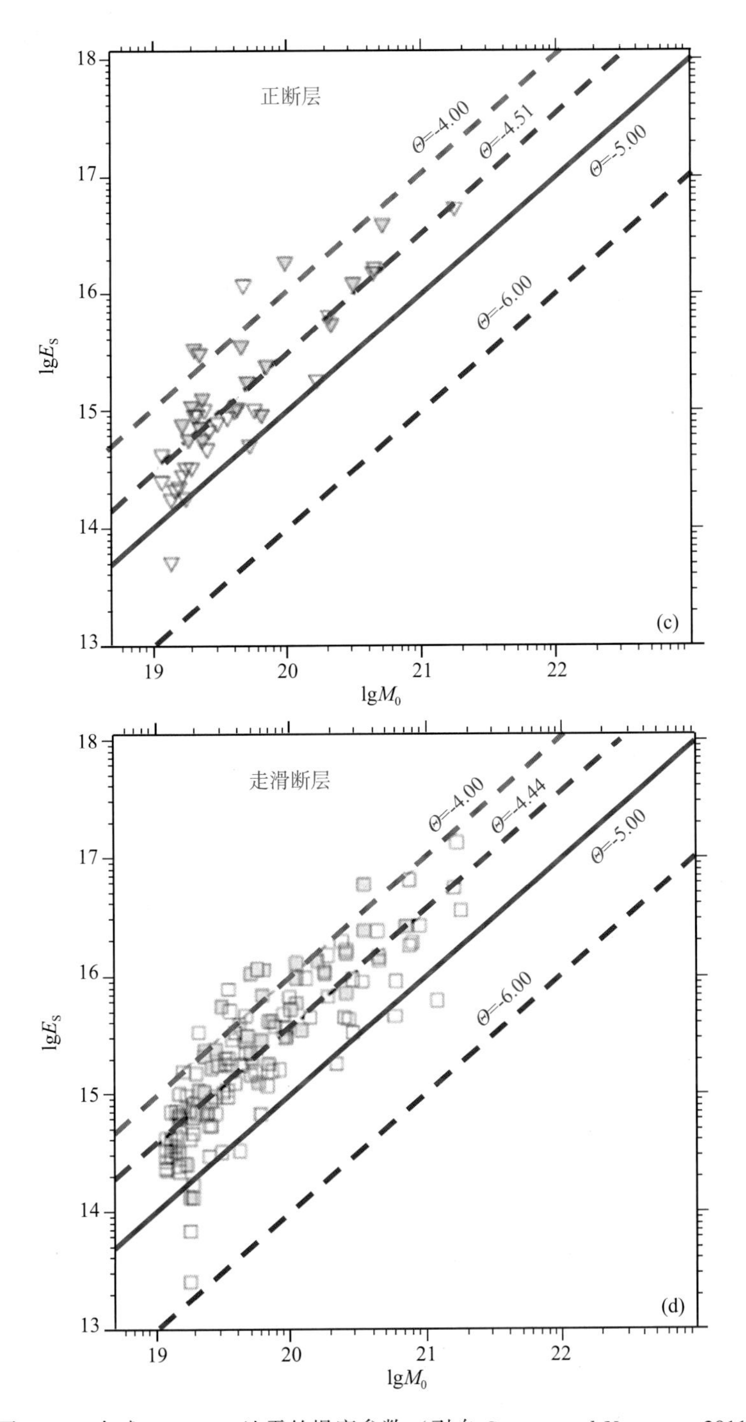

图 11.7 全球 $M_W \geqslant 6.7$ 地震的慢度参数（引自 Convers and Newman，2011）

（a）所有地震；（b）逆层地震；（c）正断层地震；（d）走滑断层地震

带阴影符号表示震源深度 h>70km 的中深源地震；（a）和（b）中粗线三角符号，

标注为 1、2、3、4 表示产生海啸的地震

三、地震辐射能力

由式（11.13）可以看出，地震辐射地震波的能力与能矩比 e_R、慢度参数 Θ、介质的视应力 σ_a 和震级差 ΔM 有关，因此根据 e_R、Θ、σ_a 或 ΔM 的不同，可以把地震分为高辐射地震、中辐射地震和低辐射地震。

1. 高辐射地震

2004 年，乔伊和柯比在开展全球地震视应力研究时发现，在 σ_a>1MPa 高应变状态下断层辐射地震波的效能较高，因此把 σ_a>1MPa，或者等效地 $M_e \geqslant M_W$ 时，或 Θ>-4.7 时，定义为高辐射地震（Choy and Kirby，2004）。研究结果表明，走滑型地震辐射地震能量的效率较高。

对于高能量辐射的地震，一般都会产生严重的地面破坏和人员伤亡。例如 2014 年 8 月 3 日云南鲁甸地震，矩震级 M_W 为 6.2，能量震级 M_e 为 6.4，能矩比为 3.95×10^{-5}，慢度参数为-4.40。该地震共造成 617 人死亡，112 人失踪；2010 年 1 月 12 日海地地震，矩震级 M_W 为 7.0，能量震级 M_e 为 7.5，能矩比为 9.11×10^{-5}，慢度参数为-4.04。据当地政府统计该地震造成 22.25 万人死亡，19.6 万人受伤。因此，$\Delta M = M_e - M_W$ 是评估大地震造成灾害损失的一个重要参数。

2. 低辐射地震

纽曼和奥卡尔 1998 年发现，如果地震震源破裂时间较长，辐射地震波效能就较低。因此，把 Θ <-5.5，即 ΔM <-0.5 定义为低辐射地震。对于低辐射地震，ΔM 的最小值为-1.5，对应的 $E_S/M_0 \approx 1 \times 10^{-7}$。

当 $\Theta \leqslant -5.7$，如果这样的地辐射地震发生在陆地，震感不是很强烈，造成的地震灾害也不会很严重。但如果这样的地震发生在深海俯冲带，并且 M_W>7.5，往往会产生强烈的海啸（Newman and Okal，1998）。

3. 中辐射地震

介于高辐射和低辐射之间的地震，即 $-0.5 \leqslant \Delta M \leqslant 0.0$，或 $-5.5 \leqslant \Theta \leqslant -4.7$ 定义为中辐射地震，全球大多数地震属于中辐射地震。

乔伊和博特赖特的研究结果表明，视应力与震源机制、构造环境有关，逆冲型地震的视应力水平总体上低于走滑型地震的视应力水平。在俯冲带的逆断层地震一般发生在低应力区，地震的能矩比最小，M_e<M_W；在洋中脊转换带和岛弧向海区域走滑断层的地震一般发生在高应力区，地震的能矩比最大，M_e>M_W；发生在新生板块或板块转换带走滑断层的地震一般发生在中应力区（Choy and Boatwright，1995）。

四、实际震例

地震所造成的人员伤亡和对建筑物的破坏程度与很多因素有关，如人口密度、建筑物结构、地质构造、震级大小、震源深度等，下面的几个震例都是6.5级以上的破坏性地震，我们关注的是震源参数与人员伤亡、地震破坏程度的关系，可以看出对于同样大小矩震级的地震，由于地震能量、能矩比、慢度参数的不同，所造成的人员伤亡和地震的破坏程度也不同。

1. 2008年汶川 M_S8.0地震

我们使用震中距20°~98°的55个台站远震宽频带P波波形记录，测定了2008年5月12日四川汶川地震的地震波能量 E_S 和地震矩 M_0 等震源参数。单台测定能量震级与平均能量震级的偏差见图11.8，单台辐射能量与平均辐射能量差分布图见图11.9，观测波形与理论地震图的对比见图11.10。我们得到了汶川地震的震源机制解，汶川地震的地震能量、地震矩、能量震级、矩震级、能矩比、慢度参数等震源新参数见表11.5。

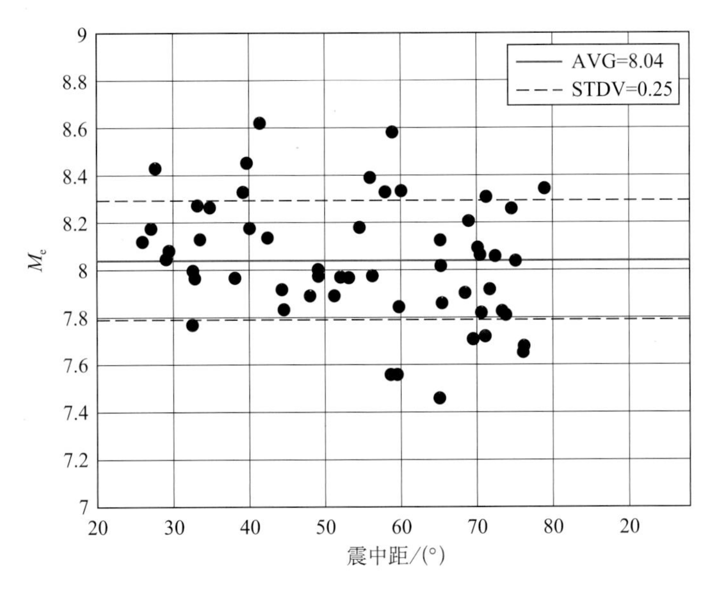

图11.8 单台测定能量震级与平均能量震级的偏差

表11.5 汶川地震的辐射能量、能矩比、慢度系数和等效震级差

E_S/J	M_e	M_0/N·m	M_W	能矩比 e_R	慢度系数 Θ	等效震级差 ΔM	M_S(CENC)
2.84×10^{16}	8.0	8.97×10^{20}	7.9	3.17×10^{-5}	−4.50	0.1	8.0

从测定结果来看，使用地震能量、地震矩、能量震级、矩震级、能矩比、慢度参数、等效震级差等多种震源参数，更能准确地表示出汶川地震震源的动态特征和震源的静态特征，得到的主要结果如下（孔韩东和刘瑞丰，2022）：

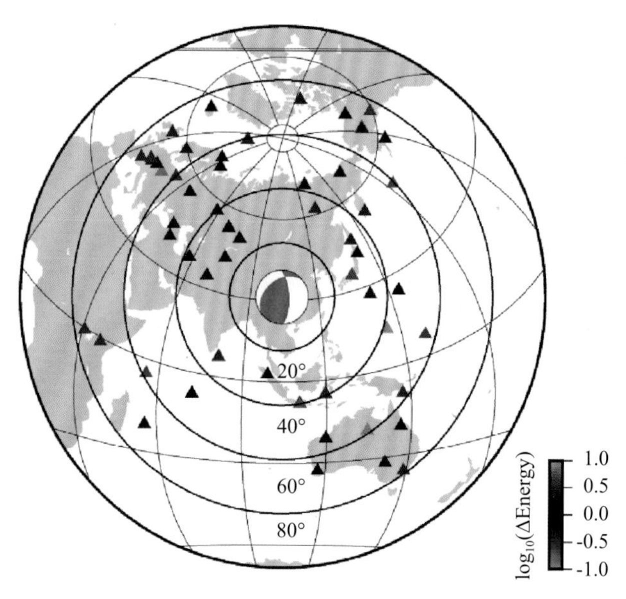

图 11.9　汶川地震单台辐射能量与平均辐射能量差分布图

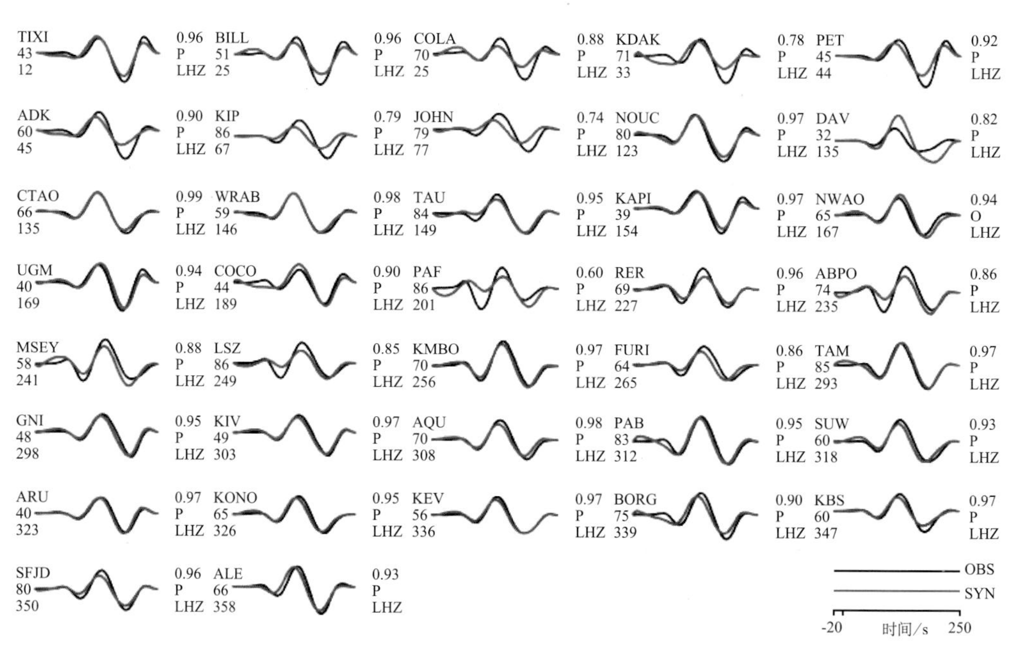

图 11.10　汶川地震的观测波形与理论地震图的比较

每幅子图左侧从上至下依次为台站名、震中距和方位角，右侧从上至下依次为相关系数和震相名，波形滤波频带为 0.005~0.01Hz

（1）利用远场 P 波资料测定出汶川地震的辐射能量 E_s 为 2.84×10^{16}J，能量震级 M_e 为 8.0，从图 11.8 和图 11.9 可以看出，各个台站辐射能量与方位角和震中距没有明显的依赖关系，理论格林函数和所做的震源机制校正消除了地震波沿传播路径的衰减效应，为辐射能量的测定提供了非常有效的约束。

（2）得到的震源机制解：地震矩 M_0 为 8.97×10^{27} N·m，转化为矩震级为 M_W7.9；震源机制解节面Ⅰ走向231°、倾角35°、滑动角138°，节面Ⅱ走向357°、倾角68°、滑动角63°。使用该震源机制模拟理论波形并与实际波形进行拟合，结果显示，大多数台站的相关系数在0.9以上，二者平均相关系数达到0.91，表明反演出的震源机制解较为可靠。

（3）汶川地震以逆冲型断层为主，能矩比 e_R 为 3.17×10^{-5}，约为全球浅源地震平均能矩比的2.6倍，约为全球逆冲型地震平均能矩比的4倍，汶川地震属于能量释放效率非常高的地震。与相同地震矩的地震相比，汶川地震释放的地震波辐射能更大，在其他因素相差不大的情况下引起的地震动更大、造成的破坏更大。

（4）汶川地震的慢度系数 Θ 为−4.50，高于全球浅源地震的平均慢度系数−4.80和逆冲型地震的平均慢度系数−5.00。汶川地震的震级差 ΔM 为0.1，能量震级 M_e>矩震级 M_W。

从汶川地震的辐射能量、地震矩、能量震级、矩震级、能矩比、慢度参数、震级差等震源参数可以看出，属于汶川地震虽然是一个逆断层地震，由于发生在板块内，该地震属于辐射能量异常高的地震，因此造成了严重的地面破坏和人员伤亡。

2. 2022年门源 M_S6.9地震

据中国地震台网测定，北京时间2022年1月8日青海门源发生 M_S6.9地震，我们采用国家地震台网提供的宽频带波形资料，使用时域全波形反演方法，得到了地震矩、矩震级和震源机制解等静态震源参数，门源地震的观测波形与理论地震图的比较见图11.11。我们利用国家地震台网和全球地震台网的宽频带波形资料，测定了地震辐射能量、能量震级、能矩比、视应力、应力降和震源破裂时间等动态和综合震源参数，测定能量震级随时间变化见图11.12，台站测定能量震级与平均能量震级的偏差分布图见图11.13。门源地震的辐射能量、能矩比、慢度系数和等效震级差见表11.6（王子博等，2023）。

表11.6 门源地震的辐射能量、能矩比、慢度系数和等效震级差

E_S/J	M_e	M_0/N·m	M_W	能矩比 e_R	慢度系数 Θ	等效震级差 ΔM	M_S（CENC）
4.90×10^{14}	6.9	7.10×10^{18}	6.5	6.90×10^{-5}	−4.16	0.4	6.9

图11.14为门源地震单台辐射能量结果的地理分布。可以看出，与其他方位角上的台站相比，在矩形区域内的台站测定结果偏高，而在矩形区域垂直方向上的台站结果偏低。根据中国地震局发布的《青海门源6.9级地震烈度图》（https://www.cea.gov.cn/cea/yjjys/tpxw30/1499896/index.html）可知，本次地震的等震线长轴呈北西西走向，即门源地震单台辐射能量的方向性特征与宏观烈度分布图等震线长轴方向接近。从能量的角度分析，可以解

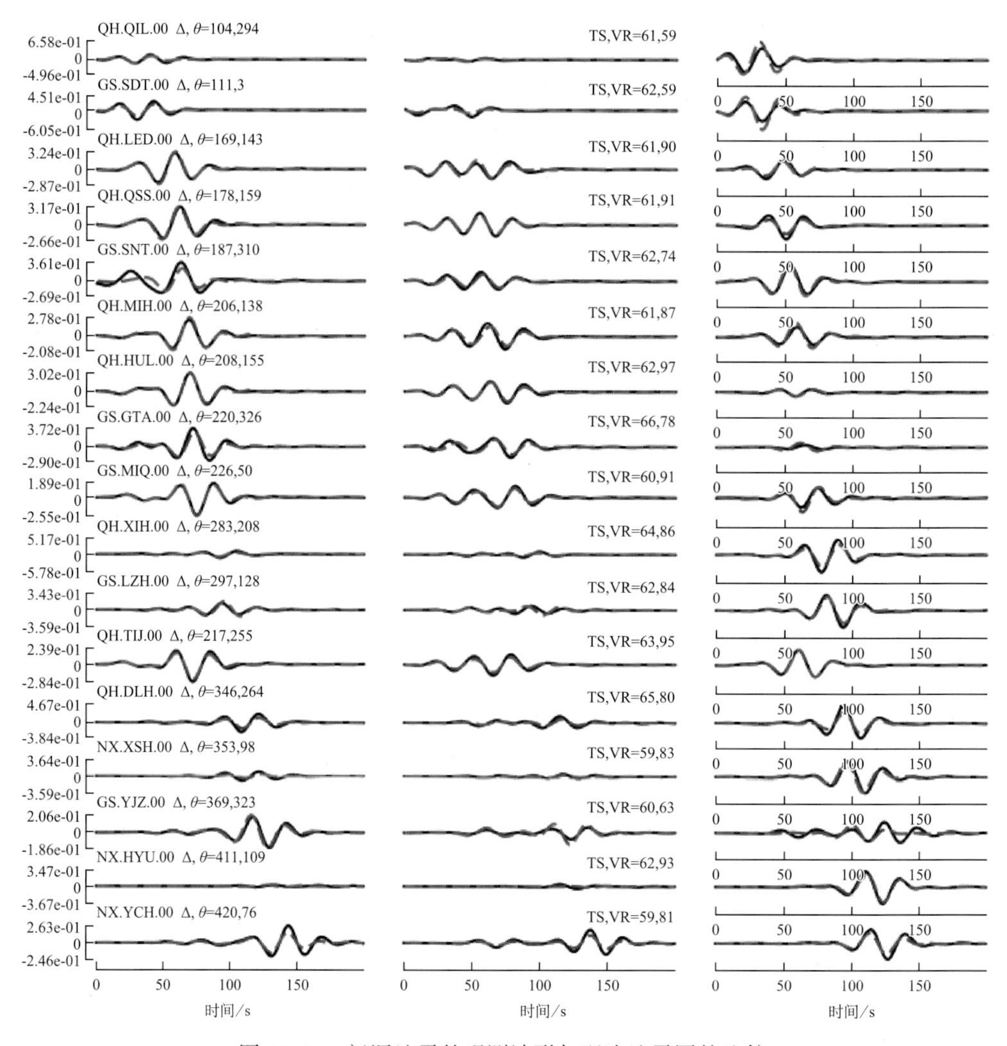

图 11.11　门源地震的观测波形与理论地震图的比较

释为地震辐射能量体现了地震波从低频到高频范围内的能量特征，震源破裂的方向性效应往往会放大断层破裂前方的辐射能量，导致在破裂方向上更强的地震动和更慢的烈度衰减，造成更大的危害和破坏。结合本次地震的重定位结果、震源破裂过程和余震分布特征看本次地震存在双向破裂（https：//www. cea-igp. ac. cn/kydt/278809. html），震源破裂的方向性导致了两个方向上的台站测定结果高于其他方向。

我们得到的主要结果如下：

（1）本次地震为一次高倾角的走滑型地震，震源机制解节面Ⅰ走向 196°、倾角 87°、滑动角 179°，节面Ⅱ走向 286°、倾角 89°、滑动角 3°，地震矩为 7.1×10^{18} N · m，转化成矩震级为 6.5，矩心深度为 3km。结合震源的动态参数，可以确定节面Ⅱ为地震断层面。

（2）利用区域记录和远震记录测定门源地震辐射能量为 4.9×10^{14} J，转化为能量震级为

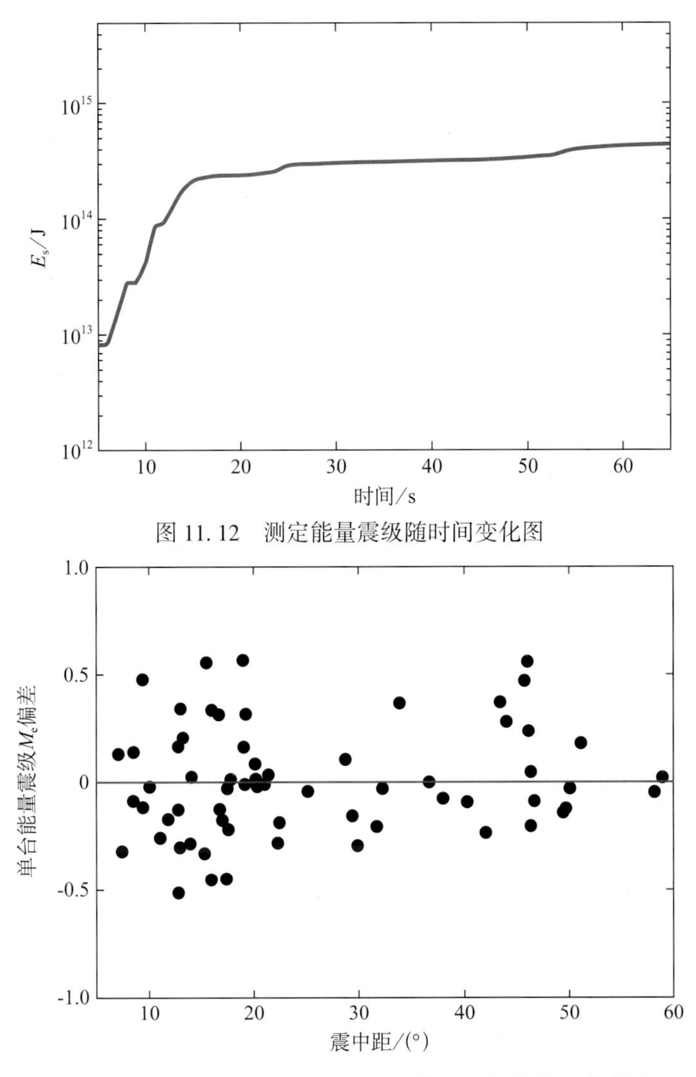

图 11.12　测定能量震级随时间变化图

图 11.13　单台测定能量震级与平均能量震级的偏差分布图

6.9，远高于矩震级。震源破裂时间为 11s。

（3）根据地震辐射能量和地震矩的比值得到能矩比为 6.9×10^{-5}，慢度参数为-4.16，视应力为 1.2MPa，应力降为 5.2MPa。

综合该地震的静态、动态和综合震源参数，可以认为门源地震属于一次断层倾角较高、能量释放效率较高的走滑型地震。与同样震级的地震相比，这样的地震一般会造成比较严重的灾害。

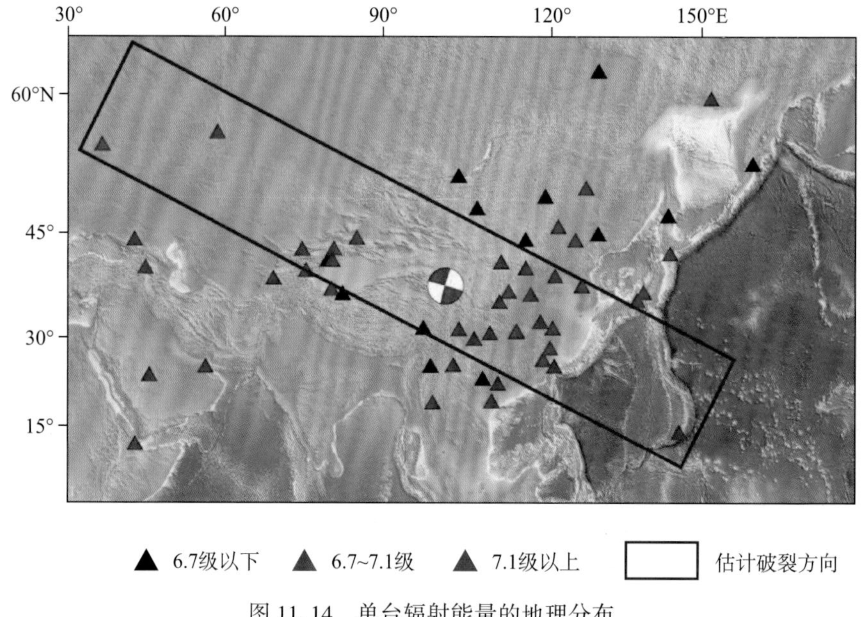

图 11.14　单台辐射能量的地理分布

3. 芦山地震与九寨沟地震

2013 年 4 月 20 日芦山地震与 2017 年 8 月 8 日九寨沟地震仅相距 335km，中国地震台网中心测定面波震级 M_S 都为 7.0，GCMT 测定的矩震级 M_W 分别为 6.6 和 6.5，实际上这两次地震的震感和所产生的破坏有显著区别。

据统计芦山地震造成 196 人死亡，21 人失踪，13884 人受伤，中国地震局发布的地震烈度表明，芦山地震的最高烈度为Ⅸ度，Ⅸ度长半轴为 11.5km，短半轴为 5.5km，面积 208km²，Ⅵ度及以上区总面积为 18682km²。

据统计九寨沟地震造成 25 人死亡，525 人受伤。中国地震局发布的地震烈度表明，九寨沟地震Ⅸ度区涉及四川省九寨沟县漳扎镇，面积 139km²，Ⅵ度及以上区总面积为 14006km²。

芦山地震和九寨沟地震的面波震级 M_S 一样，矩震级 M_W 也基本一样。但从地震灾害来看，无论是Ⅸ度面积，还是Ⅵ度及以上区总面积，芦山地震都要比九寨沟地震的面积要大，Ⅸ度面积比九寨沟地震大 69km²，Ⅵ度及以上区总面积比九寨沟地震大 4676km²，所造成的地震灾害要严重。

本文及相关地震机构测定了地震参数见表 11.7，芦山地震的震源破裂时间为 39s，能量震级 M_e 为 6.6，能矩比为 2.03×10^{-5}，慢度参数为 -4.69；九寨沟地震震源破裂时间为 43s，能量震级 M_e 为 6.3，能矩比为 1.02×10^{-5}，慢度参数为 -4.99。这说明芦山释放的能量、能矩比、慢度参数要大于九寨沟地震，而芦山地震的震源破裂时间小于九寨沟地震，这导致了芦山地震破坏力大，震感范围也大。

表 11.7 本文及相关机构测定的芦山地震和九寨沟地震的参数

序号	地震事件	震源深度/km	破裂时间/s	M_e	能矩比 e_R	慢度参数 Θ	M_S(CENC)	震源机制(GCMT)	M_W(GCMT)
1	芦山地震	12	39	6.6	2.03×10^{-5}	-4.69	7.0	逆断层	6.6
2	九寨沟	9	43	6.3	1.02×10^{-5}	-4.99	7.0	走滑断层	6.5

可以看出，两个地震的面波震级 M_S 都一样，矩震级 M_W 大小基本一样，但两个地震的能量震级 M_e、能矩比 e_R、慢度参数 Θ 和震源破裂时间也不一样，造成的地震灾害不一样。能矩比 e_R 或慢度参数 Θ 是表示地震辐射地震波能力的重要地震参数。

4. 鲁甸地震与九寨沟地震

据中国地震台网测定，北京时间 2014 年 8 月 3 日，在云南省昭通市鲁甸县发生 M_S6.5 地震，震源深度 10km。我们使用全球地震台网（GSN）和国家地震台网共 56 个台站的宽频带波形数据，地震台的震中距在 20°~98°范围内，得到的平均能量震级 M_e 为 6.4（王子博，刘瑞丰，2021）。据统计，截至 2014 年 8 月 8 日 15 时，鲁甸地震共造成 617 人死亡，112 人失踪，3143 人受伤，22.97 万人紧急转移安置。中国地震局发布的烈度分布表明，灾区最高烈度为Ⅸ度，等震线长轴总体呈北北西走向，Ⅵ度及以上区总面积为 10350km^2，造成云南省、四川省、贵州省共 10 个县（区）受灾。

我们将 2014 年 8 月 3 日云南鲁甸地震和 2017 年 8 月 8 日四川九寨沟地震进行了分析对比，本文及相关地震机构测定的这两个地震参数见表 11.8。这两个地震的震源机制都是走滑断层，震源深度基本一样，九寨沟地震的面波震级 M_S 和矩震级 M_W 都比鲁甸地震大，而鲁甸地震造成的死亡人数、伤亡人数、破坏程度远远大于九寨沟地震。一个 6.5 级地震产生了令人意想不到的破坏力，造成了巨大的经济损失和人员伤亡。地球物理学家们从地质构造、建筑物抗震性及人口密度上均进行了分析，然而都无法解释 M_S6.5 的鲁甸地震的震中烈度已经与 M_S7.0 的芦山地震一样达到了Ⅸ度。

表 11.8 本文及不同机构测定的鲁甸地震和九寨沟地震的参数

序号	地震事件	震源深度/km	破裂时间/s	M_e	能矩比	慢度参数	M_S(CENC)	震源机制(GCMT)	M_W(GCMT)
1	鲁甸地震	10	46	6.4	3.95×10^{-5}	-4.40	6.5	走滑断层	6.2
2	九寨沟地震	9	43	6.3	1.02×10^{-5}	-4.99	7.0	走滑断层	6.5

这两个地震都是走滑型地震，九寨沟地震比鲁甸地震的面波震级 M_S 偏大 0.5，矩震级 M_W 偏大 0.3，从面波震级和矩震级可以推算九寨沟地震要比鲁甸地震释放的能量偏大 5.6~

11.3倍，然而从两次地震的实际受灾情况分析可知，反而鲁甸地震造成的灾害要重很多。而我们测得的九寨沟地震比鲁甸地震的能量震级 M_e 偏小0.1，九寨沟地震的能矩比、慢度参数就小于鲁甸地震。这样的结果明显更加符合实际情况。

从这两个地震可以看出，用能量震级 M_e、能矩比 e_R、慢度参数 Θ 可以很好地解释鲁甸地震比九寨沟地震灾害更严重的原因。

5. 哥斯达黎加地震与尼加拉瓜地震

1991—1992年在美洲中部发生2次地震，一次是1991年4月22日的哥斯达黎加地震，另一次是1992年9月2日尼加拉瓜地震，这两次地震相距大约500km，矩震级 M_W 都是7.6，即具有相同的地震矩 M_0。对于远场而言，可以认为两次地震的震中位置比较接近，地震波的传播路径也比较接近。

从这两次地震造成的灾害来看，尼加拉瓜地震产生了海啸，海浪高度达到了8m，最高则达到9.9m，尼加拉瓜西海岸大部分伤亡和损失都是由海啸造成的，全国至少有116人遇难，有至少68人失踪，约13500人无家可归，尼加拉瓜西海岸至少有1300间房屋和185艘渔船被毁。

哥斯达黎加地震发生在山区，人烟稀少，此次产生了非常强烈的地面震动，震中山区产生了大面积滑坡，东海岸隆起达1.5m。在利蒙（Limon）港和邻近地区，许多仓库和钢筋混凝土建筑倒塌或严重破坏，由于地基液化或堤岸软土层的震动强烈，许多桥梁遭到破坏，震中烈度达到Ⅹ度。

我们利用全球地震台网（GSN）68个地震台站的宽频带波形数据，测定1991年4月22日哥斯达黎加地震的能量震级 M_e 为7.4。使用GSN的67个地震台站的宽频带波形数据，测定1992年9月2日尼加拉瓜地震的能量震级 M_e 为6.6，测定结果见表11.9。

表11.9　本文及不同机构测定的哥斯达黎加地震与尼加拉瓜地震的参数

发震时间	发震地点	震源深度/km	震源破裂时间/s	M_e	能矩比	慢度参数	震源机制（GCMT）	M_W(GCMT)
1991-04-22	哥斯达黎加	10	81	7.4	9.61×10^{-6}	−5.02	逆断层	7.6
1992-09-02	尼加拉瓜	15	172	6.6	6.27×10^{-7}	−6.20	逆断层	7.6

从测定结果来看，虽然两个地震的矩震级 M_W 都是7.6，但哥斯达黎加地震的地震能量 E_s 明显大于尼加拉瓜地震，哥斯达黎加地震的能量震级 M_e 为7.4，震源破裂时间为81s，震源破裂时间较短，因而产生严重的地面震动。而尼加拉瓜地震的能量震级 M_e 为6.6，震源破裂时间为172s，能量震级 M_e 比矩震级 M_W 小1.0级，震源破裂时间较长，逆断层产生了海水的垂直运动，因而引发强烈海啸，造成港口和海岸的严重破坏。

此外，我们还截取了我国牡丹江地震台记录到的这两次地震的波形记录，如图 11.15 所示，上图为哥斯达黎加地震波形（震中距 118.45°，方位角 334.0°），下图为尼加拉瓜地震（震中距 114.68°，方位角 331.0°），两图的比例完全一样。通过对比可以得知，虽然这两次地震的位置相差并不大，但牡丹江地震台记录到的这两次地震的波形特征却有明显的差别：哥斯达黎加地震 P 波和面波幅度较大，地震波衰减却很快，而尼加拉瓜地震 P 波和面波幅度较小，地震波衰减却很慢。

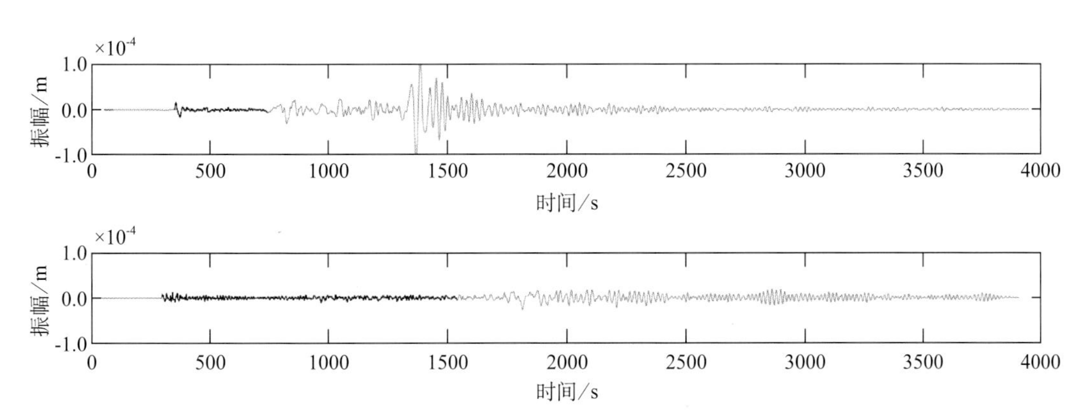

图 11.15　牡丹江地震台记录哥斯达黎加地震和尼加拉瓜地震的波形记录图

综合以上震例可以看出，单独依靠地震矩 M_0（或矩震级 M_W）并不能准确地反映地震潜在破坏程度。如果能量震级 M_e 大于矩震级 M_W，即能矩比 $e_R>2.2\times10^{-5}$ 或慢度参数 $\Theta>-4.7$ 时，地震可能造成比较严重的地面建筑破坏；如果能量震级 M_e 小于矩震级 M_W，即能矩比 $e_R<2.2\times10^{-5}$ 或慢度参数 $\Theta<-4.7$ 时，地震可能造成的地面建筑破坏并不严重。

对于 6.5 级以上地震，能矩比 e_R、慢度参数 Θ 是地震的综合参数，表示的是单位地震矩辐射地震波的能力，利用这两个参数可以初步判断地震灾害的程度。如果地震发生在大洋深处，这两个参数也是识别海啸地震的重要参数（详见“第十四章第二节：海啸地震的震级与慢度参数”）。

经过 20 多年的发展，测定矩震级 M_W 的方法已经很成熟，得到的结果也很稳定。而测定能量震级 M_e 的难度较大，很多地震台网在日常工作中还不能测定 M_e，因此在很多的科学研究与应用中通常使用 M_W。但随着地震学的不断发展，联合测定 M_W 和 M_e 对于量化震源特性具有重要的科学价值，对于评估地震灾害具有重要的实用价值。

第十二章　地震定标律

震源参数并非相互独立的，它们互有联系。震源参数之间的关系称作定标关系（Scaling relation），也称定标律（Scaling law）。

开展地震定标律研究对于揭示震源的物理性质、掌握地震活动规律具有重要意义，几十年来国内外很多学者开展了地震震源参数定标律的研究，得到了不同震源参数之间的经验关系，本章主要介绍震级与其他震源参数之间的关系。

第一节　震级与其他震源参数的关系

震级是地震的基本参数之一，由震级可以近似得到震源的几何参数、震源的静态参数、震源动态参数等其他震源参数。

一、震级与震源几何参数

1989 年，陈培善等人研究了地震定标律及其在地震统计关系中的应用，利用修改了的哈斯克（Haskell）矩形二维破裂模式，导出了不同尺度地震的震源位移谱表达式，利用哈弗大学杰旺斯基（A. M. Dziewonski）和伍德豪斯（J. H. Woodhouse）给出的 1981—1983 年 800 多个地震的地震矩，以及国际地震中心（ISC）给出的面波震级、体波震级来确定定标律中的常数，从定标律推导出震级与震源参数之间、不同震级之间的经验关系（Chen et al.，1989）。

断层长度 L 与面波震级 M_S 的关系为：

$$\lg L=\begin{cases}\frac{1}{3}M_S-0.873 & M_S\le 6.4\\ \frac{1}{2}M_S-1.94 & 6.4<M_S\le 7.8\\ M_S-5.84 & 7.8<M_S\le 8.5\end{cases} \tag{12.1}$$

式中，L 的单位是千米（km）。

断层面积 S 与面波震级 M_S 的关系为：

$$\lg S=\begin{cases}\frac{2}{3}M_S-2.047 & M_S\le 6.4\\ M_S-4.18 & 6.4<M_S\le 7.8\\ 2M_S-11.98 & 7.8<M_S\le 8.5\end{cases} \tag{12.2}$$

式中，断层面积 S 的单位是平方千米（km^2）。

平均位错 $\bar{D}$ 与面波震级 M_S 的关系为：

$$\lg\bar{D}=\begin{cases}\frac{1}{3}M_S-2.271 & M_S\le 6.4\\ \frac{1}{2}M_S-3.34 & 6.4<M_S\le 7.8\\ M_S-7.24 & 7.8<M_S\le 8.5\end{cases} \tag{12.3}$$

式中，平均位错 $\bar{D}$ 的单位是米（m）。

地震矩 M_0 与断层面积 S 的关系和震源破裂时间 T_{Rav} 如下：

$$\lg M_0=1.5\lg S+15.26 \tag{12.4}$$

$$T_{Rav}=0.35L \tag{12.5}$$

式中，S 的单位是平方千米（km^2）；M_0 的单位均是牛顿·米（N·m）；T_{Rav} 的单位是秒（s）；L 的单位是千米（km）；由定标律还可以估计破裂速度为 2.65km/s，位错滑动速度为 2.87~11.43m/s。

1969 年，钦纳里利用 3.0~8.5 级地震的观测数据，得到了震级 M 和平均位错 $\bar{D}$ 之间的关系如下（Chinnery，1969）：

$$M=1.32\lg\bar{D}+4.27 \tag{12.6}$$

式中，$\overline{D}$ 的单位是厘米（cm）。

2011 年，刘丽芳等人利用云南地区 2120 次 $M_L2.0 \sim 5.3$ 地震的震源参数，得到的地震矩与拐角频率之间的关系为：

$$f_c = -\frac{1}{3}\lg M_0 + 5.32 \tag{12.7}$$

2009 年，杨志高计算了首都圈地区 2003—2007 年 117 个地震的震源参数，得到的拐角频率与地震矩的关系为（杨志高，2009）：

$$\lg f_c = -0.302M_0 + 4.79 \tag{12.8}$$

二、震级与地震矩

1988 年，埃克斯特伦和杰旺斯基利用全球地震台网（GSN）的资料，得到了全球的 M_S 与 M_0 的关系如下（Ekström and Dziewonski，1988）：

$$M_S = \begin{cases} \lg M_0 - 12.24 & (M_0 \leqslant 3.2 \times 10^{17}) \\ \lg M_0 - 19.24 - 0.088(\lg M_0 - 24.5)^2 & (3.2 \times 10^{17} < M_0 < 2.5 \times 10^{19}) \\ 0.667\lg M_0 - 10.73 & (M_0 \geqslant 2.5 \times 10^{19}) \end{cases} \tag{12.9}$$

1989 年，陈培善等人得到了另一个全球 M_S 与 M_0 的关系，该结果很好地拟合了全球的地震观测资料，并证实了 M_S 在 8.5 级左右饱和。陈培善也得到了 M_0 与 m_b、M_0 与美国加利福尼亚地区 M_L 的关系，m_b 在 6.5 级左右饱和，M_L 在 6.3 级左右饱和。

地震矩 M_0 与浅源地震 20s 面波震级 M_S 之间的关系

$$\lg M_0 = \begin{cases} 1.0M_S + 12.2 & M_S \leqslant 6.4 \\ 1.5M_S + 9.0 & 6.4 < M_S \leqslant 7.8 \\ 3.0M_S - 2.7 & 7.8 < M_S \leqslant 8.5 \\ M_S = 8.5 & \lg M_0 \geqslant 22.8 \end{cases} \tag{12.10}$$

地震矩 M_0 与 1s 短周期体波震级 m_b 之间的关系

$$\lg M_0 = \begin{cases} 1.5m_b + 9.0 & 3.8 < m_b \leqslant 5.2 \\ 3m_b + 8.2 & 5.2 < m_b \leqslant 6.5 \\ M_S = 6.5 & \lg M_0 \geqslant 20.7 \end{cases} \tag{12.11}$$

地震矩 M_0 与美国加利福尼亚地区地方性震级 M_L 之间的关系

$$\lg M_0 = \begin{cases} M_L + 10.5 & M_L \leq 3.6 \\ 1.5M_L + 8.7 & 3.6 < M_L \leq 5.0 \\ 3M_L + 1.2 & 5.0 < M_L \leq 6.3 \\ M_L = 6.3 & \lg M_0 \geq 20.1 \end{cases} \tag{12.12}$$

上两篇论文给出的经验关系表明，M_L 在 6.3 级左右饱和，m_b 在 6.0~6.5 级饱和，M_S 在 8.2~8.5 级饱和。

一些作者使用不同地区的观测资料，得到了 M_L 与 M_0 之间的关系。北京地区 $\lg M_0=1.01M_L+10.17$（兰从欣等，2005），滇西地区 $\lg M_0=1.19M_L+9.91$（李正一，1985），昆明地区 $\lg M_0=1.18M_L+11.10$（秦嘉政等，1986），云南地区 $\lg M_0=1.91M_L+10.59$（刘丽芳等，2011），首都圈地区 $\lg M_0=1.27M_L+10.10$（杨志高，2009）。2003 年 10 月 16 日云南大姚 M_S6.1 地震余震序列 $\lg M_0=1.02M_L+9.71$（华卫，2007）。

在以上的公式中，M_0 的单位均是牛顿·米（N·m）。

三、震级与能量

1956 年，古登堡和里克特得到了面波震级 M_S 与地震能量 E_S 的关系，体波震级 m_b 与地震能量 E_S 的关系（见本章“第二节中的：震级—能量关系”）。1995 年，乔伊和博特赖特使用 1986—1991 年 397 个全球 5.8 级以上地震资料，得出了新的 M_S 与 E_S 的关系（见“第七章第二节：能量震级测定方法”）。

1986 年，萨多夫斯基等人得到了地震能量 E_S 与短周期体波震级 m_b 的关系为（Sadovsky et al.，1986）：

$$\lg E_S = 1.7m_b + 2.3 \tag{12.13}$$

此公式也可以应用于天然地震和地下核爆炸。同时他们对于地壳内的地震和地下核爆炸，地震能量 E_S 和震源体积 V_S 有下面的关系：

$$\lg E_S = \lg V_S + 3.0 \tag{12.14}$$

上两式中，E_S 的单位是尔格（erg），V_S 的单位是 cm^3，可用余震区的尺度来估算震源体积。

杨志高得到首都圈地区辐射能量 E_S 和地方性震级 M_L 的关系为（杨志高，2009）：

$$\lg E_S = 1.56M_L + 4.31 \tag{12.15}$$

式中，E_S 的单位是焦耳（J）。

四、不同震级之间

1956 年，古登堡与里克特利用全球地震资料，研究了不同震级之间的关系（Gutenberg and Richter，1956b）。1971 年郭履灿研究了华北地区地方性震级 M_L 和面波震级 M_S 经验关系。2007 年，鲍曼和刘瑞丰开展了中国地震台网测定的不同震级之间、中国地震台网与美国地震台网不同震级之间经验关系的研究工作（刘瑞丰等，2006，2007）（详见“第九章：不同震级之间的经验关系”）。

陈培善得到的面波震级与短周期体波震级之间的关系为（陈培善等，1989）

$$M_S = \begin{cases} 1.5m_b - 3.2 & M_S \leqslant 4.6 & m_b \leqslant 5.2 \\ 3m_b - 11.0 & 4.6 < M_S \leqslant 6.4 & 5.2 < m_b \leqslant 5.8 \\ 2m_b - 5.2 & 6.4 < M_S \leqslant 7.8 & 5.8 < m_b \leqslant 6.5 \\ m_b = 6.5 & M_S > 7.8 & \end{cases} \tag{12.16}$$

当 m_b 达到 6.5 时，出现震级饱和现象。

第二节　震级的两个基本关系

震级—能量关系和震级—频度关系是地震学的两个基本关系，在地震定量研究和地震活动性分析中发挥重要作用。

一、震级—能量关系

里克特认为震级只是地震大小的一种简单量度，但古登堡坚持主张需要定义震级所代表的地震能量。若以 E_S 表示地震能量，M 表示震级，E_S 和 M 之间存在如下关系：

$$E_S = E_0 e^{cM} \tag{12.17}$$

若以常用对数表示，则：

$$\lg \frac{E_S}{E_0} = cM\lg e \tag{12.18}$$

式中，E_0 是一个常数。由于震级标度不能统一，不同的震级与地震能量之间的关系也各不相同。1954 年古登堡和里克特（Gutenbergand Richter，1954）得到震级和地震能量之间的关系，为

$$\lg E_S = a_0 + b_0 M \tag{12.19}$$

式中，a_0 与 b_0 为常量，M 是震级，E_S 是地震能量。

1. 面波震级—能量的关系

1956 年，古登堡和里克特得到的了面波震级 M_S 与地震能量 E_S 关系式为

$$\lg E_S = 1.5M_S + 4.8 \tag{12.20}$$

式中，E_S 的单位是焦耳（J）。这就是著名的古登堡和里克特的震级—能量关系。在估算地震能量时，上式是最常用的公式（Gutenberg and Richter，1956a）。

利用上式可以快速估计地震能量 E_S 的大小，面波震级 M_S 相差 1.0 级，地震能量 E_S 相差 $10^{1.5}$倍，约 32 倍。

2. 体波震级—能量的关系

对于短周期体波震级 m_b，古登堡和里克特得到的短周期体波震级 m_b—地震能量 E_S 关系式为

$$\lg E_S = 2.4m_b - 1.2 \tag{12.21}$$

式中，E_S 的单位是焦耳（J）（Gutenberg and Richter，1956a）。利用上式可以快速估计地震能量 E_S，短周期体波震级 m_b 相差 1.0 级，地震能量 E_S 相差 $10^{2.4}$倍，约为 251 倍。

3. 地方性震级—能量的关系

早在 1942 年，古登堡和里克特利用美国南加州地震台网的观测资料，得到了该地区当震源深度为 18km 时，地方性震级 M_L 与地震能量 E_S 之间的关系式如下（Gutenberg and Richter，1942）：

$$\lg E_S = 11.3 + 1.8M_L \tag{12.22}$$

式中，E_S 的单位是尔格（erg）。如果 E_S 的单位是焦耳（J），则上式变为：

$$\lg E_S = 4.3 + 1.8M_L \tag{12.23}$$

从上两式可以看出，在美国南加州地方性震级 M_L 相差 1.0 级，地震能量 E_S 相差 $10^{1.8}$倍，约为 64 倍。而对于其他地区，由于震源深度、地壳结构、地震波衰减特性的不同，M_L 与 E_S 之间的关系会有较大的差别。

4. 矩震级—能量的关系

1977 年，金森博雄提出矩震级标度 M_W 时，也是利用了公式（12.20），矩震级 M_W 是

与面波震级 M_S 对接的震级，矩震级 M_W 与地震能量 E_S 的关系同公式（12.20）一样，即：

$$\lg E_S = 1.5M_W + 4.8 \quad (12.24)$$

从上式可以看出矩震级 M_W 相差 1.0 级，地震能量 E_S 相差 $10^{1.5}$ 倍，约 32 倍。一次 8.5 级大地震释放的能量相当于一年内所有比它小的地震释放能量的总和，图 12.1 是一些有影响地震的震级与能量的示意图。

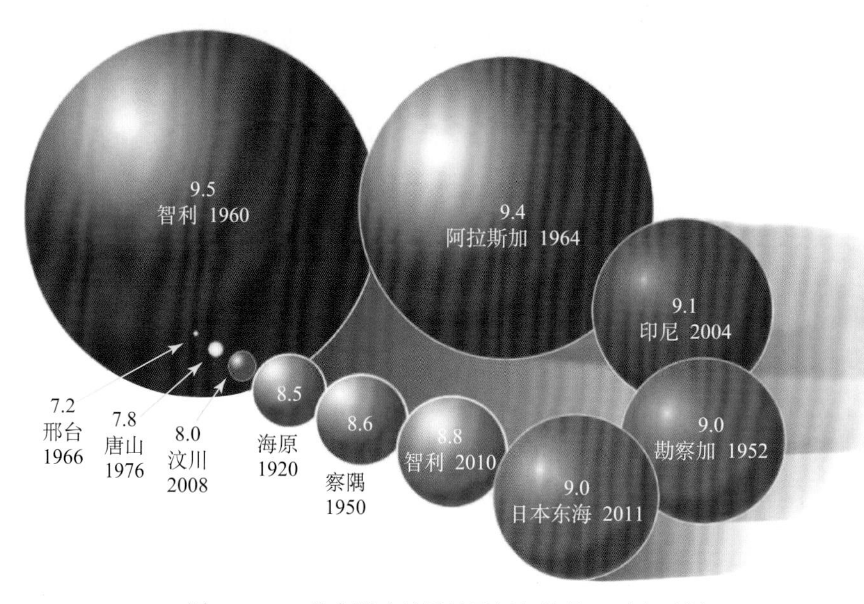

图 12.1　一些有影响地震的震级与能量（引自冯锐，2020）

矩震级 M_W、面波震级 M_S 与地震能量 E_S 具有同样的关系，在估计地震能量时，一般采用式（12.20）或（12.24）。

需要指出的是，震级与地震能量之间的关系只是一个粗略的关系，利用震级和地震能量之间的经验关系来估计地震能量具有一定的局限性，仅仅是对地震能量的粗略估计。震级是针对比较窄的地震波频段的测定结果，如测定短周期体波震级一般使用周期是 1s 左右的地震体波信号，面波震级一般是使用 20s 左右周期的面波信号，而地震能量的测定则应考虑所有频段的地震波能量。因此，从频率域来看，用震级来推算地震能量，实际上是一种“以偏概全”的结果。不过，在模拟记录时代，由于观测条件的限制，人们只能使用这样一个粗略的关系。

研究震级与能量关系，要注意以下 3 点。

（1）不同震级所使用地震波的优势周期不同，不同震级与能量的关系也不同。

（2）古登堡在做面波震级 M_S 与地方性震级 M_L 的对接中，使用的是 M_S4.5~6.0 之间的地震资料，4.5级以上地震与4.5级以下地震的震级与能量的关系略有不同。对于4.5级以上地震，面波震级 M_S 相差1.0级，地震能量 E_S 相差大约32倍，而对于4.5级以下地震，地方性震级 M_L 相差1.0级，地震能量 E_S 相差大约64倍，全球大约96%以上的地震能量是由4.5级以上地震释放出来的。因此，我们可以笼统地讲，矩震级相差1.0级，地震能量 E_S 相差大约32倍。

（3）上面的关系只适用于天然地震，而不适用于人工爆破、地下核爆炸、地面爆炸事故等非天然地震，这主要是由于天然地震和非天然地震的震源特性不同、震源深度不同。有关非天然地震的震级与能量之间的关系见“第十六章：爆炸当量与震级”。

地震能量 E_S 是一个独立的震源参数，原则上它不能由震级精确地推算出来。在以往的地震学研究中，用震级来推算地震能量，仅仅是因为当时没有别的办法直接计算地震能量。数字地震学的发展可以直接使用数字地震观测资料直接测定地震能量 E_S，这样得到的结果也更加可靠（Kanamori et al.，1993；Choy and Bortwrght，1995）。

二、震级—频度关系

地震频度（Seismic frequency）是指在一定时空范围内，单位时间所发生的地震活动次数。地震频度是地震活动性的重要标志。

震级—频度关系（Magnitude-seismic frequency relation）是指不同震级与相对应的地震个数之间的关系。

1939年，日本地震学家石本和饭田在对东京地区的地震活动分析中发现，震源距大致相等的地震，其最大振幅 A 与地震发生频度 N 有关（傅征祥等，2009）。1941年，古登堡和里克特在《全球地震活动性》一书中指出全球的地震发生频度 N 与震级 M 有关。1954年，古登堡和里克特在《全球地震活动性及其相关现象》一书中，根据1899—1952年全球强震活动的仪器记录资料，系统地研究了全球强震活动的时空分布特征，划分出了全球主要地震带，研究了主要地震带的活动特征，以及地球物理、地震地质和地球动力学等方面的问题。研究结果表明，全球或一个地震区内的震级和地震频度之间满足如下关系（Gutenberg and Richter，1941，1954）：

$$\lg N = a - bM \tag{12.25}$$

式中，N 是大于等于震级 M 的地震个数；a、b 是常数，但不同的地区有不同的值，a 表示研究区域地震总体活动水平，b 表示研究区域大小地震之间的比例关系。这就是著名的古登堡—里克特（G—R）震级—频度关系式，简称G—R关系，其中 b 值的变化是用来判断震情是否异常的重要参数。

b 值（b value）是一个反映不同震级与频度之间关系的量。b 值越大表示大地震的数量偏少，而小地震数量偏多。

b 值的物理含义是岩石在破裂过程中大小破裂的比例关系。b 值与一个地区的构造特征有着密切的关系，与地震发生的物理机制与震源周围介质特性有关，反映某一地区在某一时间范围内不同震级之间地震的相对分布关系。b 值通常是由地震目录统计得到，可用来估算不同震级地震重复发生的时间间隔，对地震活动性分析、地震构造研究以及地震危险性评估具有重要意义。

古登堡—里克特的震级—频度关系式公布以后，人们广泛地应用其研究世界各地区的地震活动特征，开展地震活动性分析和地震预测研究。在实际应用中很多地震学家发现，震级—频度分布曲线在小震级和大震级的两端呈现向内和向下弯曲的特征，但是无论如何震级—频度曲线的中间部分，都可以用 G—R 关系给予很好的近似（Utsu，2002）。

1987 年，吴佳翼等人收集了国际地震中心（ISC）和美国国家地震信息中心（NEIC）1964—1983 年全球 6.0 级以上 2520 个浅源地震面波震级 M_S 资料，得到全球浅源地震面波震级 M_S 的总体 b 值为 1.08（接近于 1.0）（吴佳翼等，1987）。

由于不同地区的地震活动水平有差异，因此在不同的地区地震活动的 b 值也有所差异。2002 年，刘祖荫等人收集了云南地区 1980—1999 年 2.5 级以上地震目录，并结合 1930—1999 年中国大陆地区地震目录，得到 20 世纪云南地区的震级—频度关系为：

$$\lg N = 6.08 - 0.82M \tag{12.26}$$

由此得到 20 世纪云南地区的平均 b 值是 0.82，比中国大陆其他地区的 b 值略小（刘祖荫等，2002），见图 12.2。

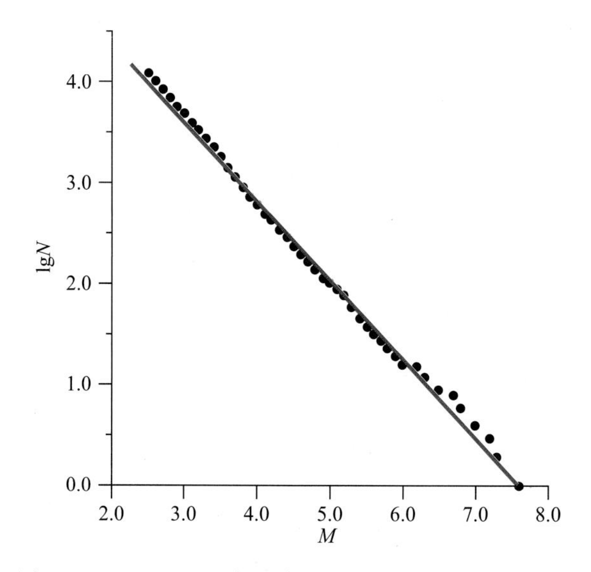

图 12.2　1980—1999 年云南 2.5 级以上地震 G—R 关系

（引自刘祖荫等，2002）

需要说明的是：为了准确计算指定区域 G—R 关系中的系数 a 和 b，要求使用的区域地震资料不能太少，地震目录必须完整无遗漏，震级测定准确。

地震灾害与震源的性质密切相关，对于非点源震源模型，地震断层的破裂过程是一个非常复杂的动态过程，断层的破裂（传播）速度是影响和控制地震破裂过程的关键因素，是地震学和地震工程学研究中非常关注的一个重要参数。随着数字地震观测技术的不断发展，已经观测到震源破裂速度很慢的地震和震源破裂速度很快的地震，地震学家正在对这两类地震的震源性质进行深入的研究。另外，除了天然地震以外，爆炸源的震级测定也是地震学研究的重要课题。在下面的几章，我们对慢地震、超剪切地震的震级测定进行介绍，并对化学爆炸、核爆炸等非天然地震的震级与爆炸当量之间的关系进行介绍。

第十三章　慢地震的震级

地震仪器有其固有特性，对于周期较长的震动，地震仪器记录就会变小，而对于周期更长的震动，就不能被地震仪器记录到。随着数字地震观测技术、全球定位系统（Global Positioning System，GPS）技术以及地形变观测技术的发展，近年来除了观测到周期为 10^{-2}～360s 的地震波以外，还观测到周期为几小时到几天，甚至是周期长达 120 天的慢事件。GPS 观测结果表明，沿板块边界的俯冲带各种慢滑动事件的持续时间从几个月到几年。

1990 年以后，对地震长周期频段的观测和研究取得了很大进展，很多研究都表明慢事件的能量释放在地球演化过程中发挥着重要的作用，但慢事件辐射地震波的周期长或不辐射地震波，因此不能使用传统震级来表示其大小，如何准确测定慢事件的大小是地震学家普遍关心的问题。

第一节　慢地震的观测与分类

地震是地壳或上地幔中断层的突然滑动或破裂，并向地球表面辐射弹性波，从而引起地面震动。不同类型的地震，断层滑动或破裂的速度不同，有的断层破裂速度较快，破裂速度大于 1km/s，这样的地震辐射地震波的周期为 10^{-2}～10^{3}s，这就是普通的地震；有的断层破裂速度较慢，破裂速度小于 1km/s，这样的事件辐射的地震波以长周期为主；也有的事件断层破裂更慢，破裂速度仅为 0.1～10m/s，使用宽频带地震仪器也无法记录到这样的事件。这些事件有很多的名称：静地震（Silent earthquakes）、慢滑移事件（Slow-slip events，SSE）、低频地震（Low-frequency earthquakes，LFE）、甚低频地震（Very-low-frequency earthquakes，VLF）、低频震颤（Low-frequency tremor）、瞬时震颤和滑移（Episodic tremor and slip，ETS）、深瞬时震颤（Deep episodic tremor）、蠕变事件（Creep events）、震前滑动（Pre-seismic slip）、震后滑动（Post-seismic slip），等等。尽管名称各异，但这些事件的共同特征是，它们的持续时间比同等地震矩的普通地震长很多。因此，地震学家把它们统称为慢地震（Slow earthquakes），将不辐射地震波的慢地震称为“静地震”（Ide，2007）。

慢地震辐射的长周期地震波出现后，往往伴随着较大地震的发生，因此这种长周期地震波常常被地震学家称之为“前驱波”“前兆波”“异常脉动”“蠕动波”“形变波”“应力波”等（张晁军等，2005）。

一、慢地震观测

从地震观测的角度看，慢地震与普通地震产生的地震波有很大的差别，普通地震的地震波是震源体内岩石破裂振动向周围介质辐射传播的一列列振动波，描述的是断层瞬间运动的结果，其记录波列的丰富程度只与传播路径上介质的性质有关；而慢地震的地震波则是对断层运动的一种实时记录，是描述断层运动的全过程，只有工作频段足够宽的仪器才能监测到（陈立军，1997）。

地震学家已经对地球这种不寻常的振动进行了多年的研究，过去认为慢地震是一种罕见的现象，因为一般的地震仪器很难记录到。然而随着地震仪器频带的增宽，以及应变仪更广泛的布设，现在人们认为慢地震比原来设想的要普遍得多。慢地震常发生在与板块边界有关的构造环境中，如日本西部南海海槽、哥斯达黎加、阿拉斯加、智利、新西兰、圣安德烈斯等地的板块边界带。

1960 年，金森博雄利用美国加州帕萨迪纳地震台的本尼奥夫长周期应变仪记录到 1960 年 5 月 22 日智利 M_W9. 5 地震前 15 分钟出现的周期为 300~600s 的长周期形变波（Kanamori et al.，1974）。

1964 年，川泽在 GS12 型重力仪光电记录图中发现 1964 年 3 月 28 日美国阿拉斯加湾 M_W9. 2 地震和 1964 年 6 月 16 日日本新潟 M_W7. 5 地震前 3 天都有前驱波出现，而且有一列特殊脉动叠加在固体潮曲线上，一直持续振动到大震发生（Kizawa，1972）。

1978 年，研究人员在 1978 年东京西南部的一次 7. 0 级地震后探测到了慢地震，慢地震持续了两个小时，并且引起了 5. 8 级的余震。

1984 年，美国地震学家在圣安德烈斯断层附近的钻孔中安装了 2 台应变仪，1992 年 12 月，这些仪器监测到了圣安德烈斯断层 11 平方英里的地面缓慢破裂时产生的持续时间达 1 周至 10 天的信号。该断层两侧大约移动了两英寸，相当于一次 4. 8 级地震引起的位移量。这次地震比以往人们监测到的地震慢 100 倍，慢得甚至不能激发出常规的地震波。尽管这次慢地震在地震仪上没有显示出来，但它确实引发了一系列常规余震，最高达到 3. 7 级。

1993 年，金森博雄等人利用长周期地震波资料分析了 1992 年尼加拉瓜 M_W7. 6 地震前出现的长周期事件，慢地震持续了 3 分钟，这比正常地震持续时间长约 3 倍（Kanamori et al.，1993）。

1994 年，日本的 GPS 台网观测到三陆—榛名—青木（Sanriku-haruka-oki）地震的震后慢滑动，研究结果表明震后慢滑动事件释放的矩比主震释放的矩大（Heki et al.，1997）。

1999年，广濑在日本西部本戈（Bungo）海峡发现了一次慢滑动事件，这次事件发生在1996年10月19日 M_W6.7地震和1996年12月3日 M_W6.7地震之后，这次慢滑动事件大约持续了1年的时间，被认为是菲律宾板块俯冲而产生的缓慢滑动。大地测量结果表明，滑动发生的面积为60km×60km，最大断层滑动大约18cm，相当于6.6级地震（Hirose et al.，1999）。

持续时间最长的慢滑动事件发生在菲律宾板块俯冲带北部边缘的东海（Tokai）地区，持续了大约5年的时间，该事件开始于2000年，一直到2005年。小泽和宫崎分别采用国家空间模型勾画出了这次慢滑动事件的演化过程，滑动量达到几十厘米，相当于7.2~7.3级地震（Ozawa et al.，2002；Miyazaki，et al.，2006）。

2006年，奥巴拉使用日本高灵敏度地震台网（High Sensitivity Seismograph Network，HiNet）的资料发现了深的低频震颤（Deep low-frequency tremor），深低频震颤大约1小时，分布在深度在35~40km的板块边界附近，优势周期为0.2~2Hz。随后，发现震颤伴随着持续时间为几天的静地震（Obara and Hirose，2006）。

1996—2003年，在西北太平洋也发现了类似的非火山震颤伴随短期慢滑动事件，慢滑动很有规律，重复周期为14个月，并伴有震群活动。滑动量约为3cm，这样的慢滑动伴随震群活动称为间歇震颤滑动（Episodic Tremor and Slip，ETS）（Rogers and Dragart，2003）。

2006年，勒洛夫斯对10个明显的震例做了对比分析发现，在大地震之前形变率发生了变化。例如：1944年日本托南凯（Tonankai）地震和1946年日本南海（Nankai）地震的震前都有不规则的地壳形变（Roeloffs，2006）。

二、俯冲带的慢地震

板块构造学说认为，大洋板块向某一方向移动，遇到大陆板块，彼此相撞时，大洋板块由于岩石密度较大，处于较低部位，便俯冲于大陆板块之下。向下俯冲的板块叫作俯冲板块，又称下冲板块，相对于俯冲板块的大陆板块称为上冲板块或上覆板块。俯冲带（Subduction zone）通常指大洋板块俯冲于大陆板块之下的构造带（图13.1）。在海洋板块被压到大陆板块下面的地方形成深海沟，在上覆板块前端形成“楔形”，俯冲板块到一定深度因部分熔融而形成的火山弧，因为大洋岩石圈在俯冲带进入地幔，在俯冲的海洋板块到达大约100km深度时，地壳熔融，部分岩浆被推到地面，形成火山（陈运泰，2019）。

1990年以后，日本的地震学家利用高密度、高灵敏度的地震观测网（HiNet）和GPS观测资料发现，在太平洋周边俯冲带板块边界，有快速滑动的地方，有紧紧附着的地方，还有缓慢滑动的地方，缓慢滑动还有着不同的速度。在快速滑动的地方发生的地震就是普通地震，而缓慢滑动就是慢事件。

2016年，小原一茂等人对近30年来慢地震的观测与研究进行了总结（Obara et al.，2016），并给出了日本南海（Nankai）俯冲带的各种慢地震与俯冲带剖面示意图（图13.1）。

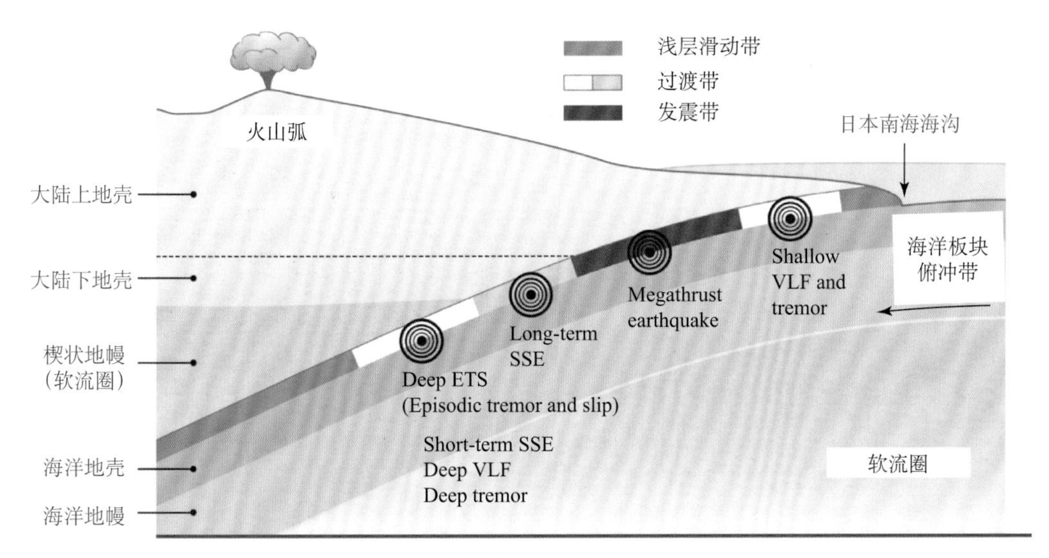

图 13.1 各种慢地震与俯冲带剖面图（修改引自：Obara et al.，2016）

由于海洋板块与大陆板块相互挤压，海洋板块在日本南海地槽向下俯冲，形成了俯冲带的下盘（Downdip side），而大陆板块向上抬升，形成了俯冲带的上盘（Updip side），在板块边界形成了浅层滑动带、发震带和过渡带。

（1）浅层滑动带。由于大陆地壳的抬升，会在浅层滑动带产生一些 6.5 级以上浅源超低频的逆断层地震（Shallow VLF）和震颤（Tremor），这样的超低频的逆断层地震会引发海啸。

（2）发震带。由于海洋板块的巨大推力，会产生大的逆断层地震，这样的地震会引发强烈海啸。

（3）过渡带。会产生长慢滑移事件（Long-term SSE）、深的瞬时震颤和滑移（Deep ETS）、短慢滑移事件（Short-term SSE）、深的超低频地震（Deep VLF）和深的震颤（Deep tremor）等慢地震。

三、慢地震的分类

2016 年，小原一茂等人根据慢事件滑动的时间尺度和滑动速度，对慢地震进行了分类（Obara，K. et al.，2016）。从大类来讲，慢地震通常被归类为地震类和大地测量类，大地测量类的慢地震持续时间较长，需要用全球导航卫星系统（Global Navigation Satellite System，GNSS）、钻孔倾斜仪、钻孔应变仪等大地测量仪器进行观测。地震类的慢地震相对持续时间较短，需要使用宽频带地震仪、高灵敏度加速度仪、井下地震仪、海底地震仪进行观测（图 13.2）。

慢地震的类型较多，还有更细的分类：

（1）慢滑移事件（Slow slip events，SSE）：持续时间从几天到几年，SSE 还可以划分为

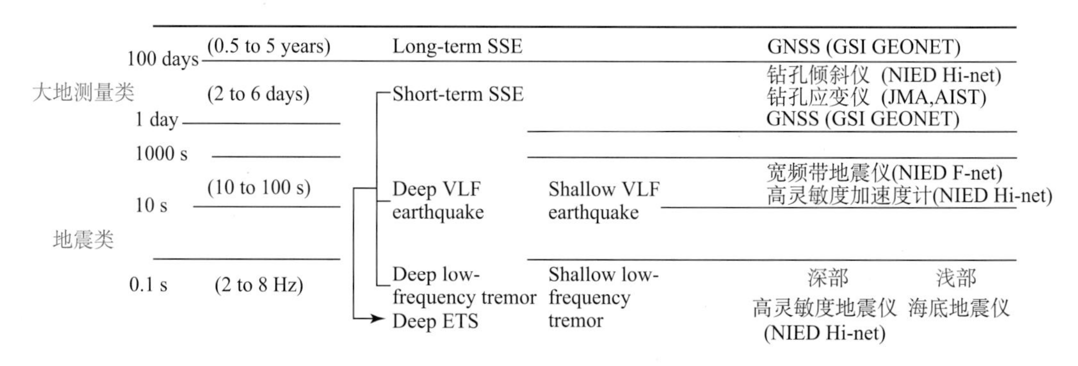

图 13.2 慢地震的分类与测量仪器（修改引自：Obara et al.，2016）

以下两类。

长慢滑移事件（Long-term slow slip events）：几月至几年。

短慢滑移事件（Short-term slow slip events）：几天。

（2）甚低频地震（Very-low-frequency earthquakes，VLF）：10~100s

（3）低频震颤（Low-frequency tremor）：十分之一秒（2~8Hz）

（4）瞬时震颤和滑移（Episodic tremor and slip，ETS），震颤通常持续数天，并伴随短期 SSE 和深的 VLF 地震，这些耦合现象也称为 ETS。

震颤不仅发生在俯冲带，也发生在转换板块边界，如在圣安德烈亚斯断层向着深部延伸，在中国台湾南部的太平洋和欧亚板块碰撞带也探测到与远震面波相关的震颤。

四、慢地震的特性

由于慢地震的震源破裂速度较慢，从而使得地震学的理论与经验关系不适用于慢地震。

1. 地震矩 M_0 与持续时间 T_{Rav}

2007 年，佐藤边对日本南海海槽（Nankai trough）和卡斯卡迪亚俯冲带（Cascadia subduction zone）的低频震颤、低频地震（LFE）、甚低频地震（VLF）、慢滑移事件（SSE）、瞬时震颤和滑移（ETS）、静地震（Silent EQ）等类型的慢地震进行了总结，并将各种慢地震与普通地震的地震矩 M_0、持续时间 T_{Rav} 进行了对比，见图 13.3（Ide，2007），M_0 的单位是牛顿·米（N·m），T_{Rav} 的单位是秒（s）。

从图中可以看出，大的普通地震和慢地震之间存在一明显的缺口（Gap），这是因为普通地震和慢地震具有不同的滑动传播模式，唯一能够填补缺口的模式就是两种破裂模式的组合。

佐藤边得到了慢地震的地震矩 M_0 与慢地震的持续时间 T_{Rav} 的关系为：

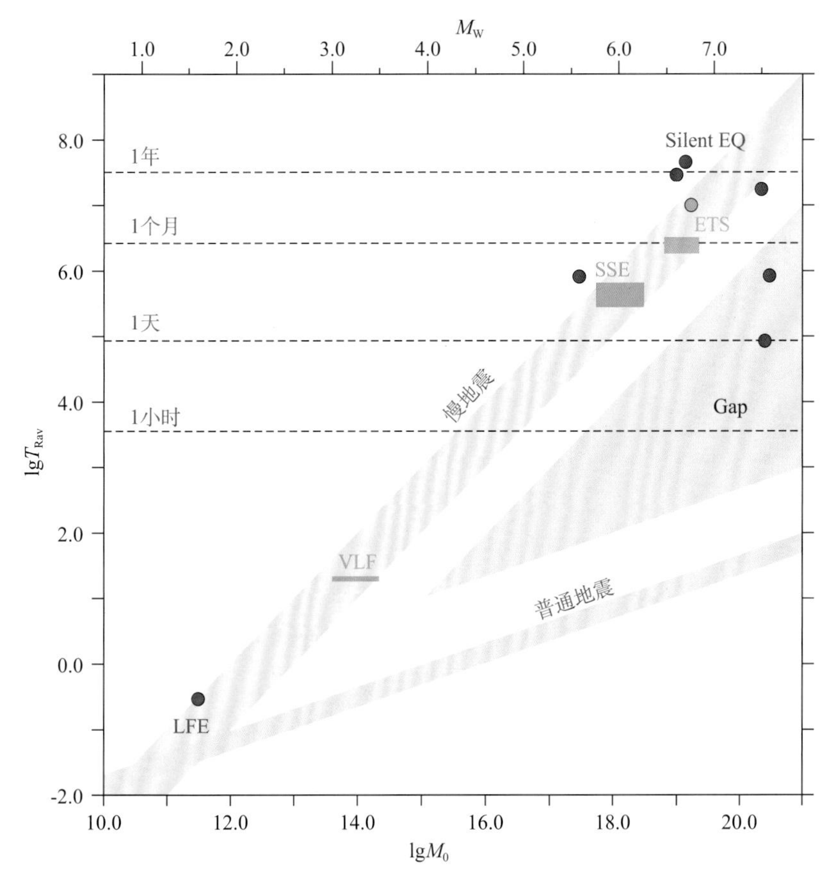

图 13.3　各种慢地震与普通地震的地震矩 M_0 与特征持续时间 T_{Rav}

（修改引自：Ide，2007）

$$M_0 \approx T_{Rav} \times 10^{12\sim13}$$

而发生在俯冲带普通地震的地震矩 M_0 与持续时间 T_{Rav} 的关系为：

$$M_0 \approx T_{Rav}^3 \times 10^{15\sim16}$$

式中，地震矩 M_0 的单位是牛顿·米（N·m），持续时间 T_{Rav} 的单位是秒（s）。

2. 震源谱的衰减

2007 年，佐藤边得到了不同震级的慢地震（红线）和普通地震（灰色线）的震源谱，见图 13.4。可以看出慢地震的震源谱在低频端接近平坦，而在高频端是以 f^{-1} 衰减（Ide，2007）。这与普通地震的差别很大，普通地震在高频端是以 f^{-2} 衰减。

3. 震级—能量关系

由于慢地震辐射地震波的能力较弱，测定的面波震级 M_S、体波震级 m_b、能量震级 M_e

都偏小，由此得到的震级—能量关系与普通地震差别很大。

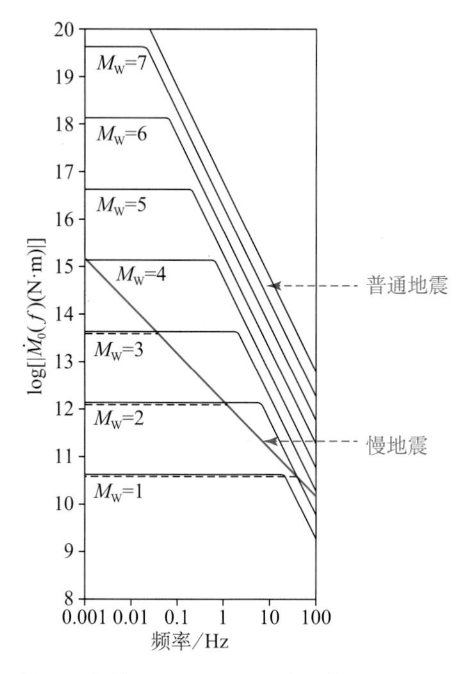

图 13.4　慢地震与普通地震的震源谱（修改引自：Ide，2007）

第二节　慢事件的震级测定

慢事件与普通地震最明显的差别就是其震源过程缓慢，如果断层的长度为 100 km，地震发震过程的时间分别为：普通地震不到 100s，慢地震 100s~120 天，其中：静地震为 3 小时~1 天，慢滑动事件约 1~120 天（蠕滑事件约 10~120 天）。

一、慢事件的震级对比

早期对慢地震研究表明，使用不同频率的地震波测定慢地震的震级差别很大，用短周期地震波（例如体波）测定的短周期体波震级 m_b 明显小于用长周期地震波（例如面波）测定的面波震级 M_S。用地震波测定的 m_b、M_S 要比用大地测量的长周期数据（或永久位移）得到的矩震级 M_W 偏小很多（Kanamori，1972；Kanamori and Stewart，1979）。慢地震的断层破裂很缓慢，不能辐射较强的地震波，但经过一段时间，慢地震的断层也会达到较大的尺度，从而测定的 m_b、M_S 要比 M_W 偏小很多（Kanamori and Stewart，1979）。

对于慢地震，不能像普通地震那样测定传统震级和能量震级，最好的办法是使用宽频带地震记录或 GPS 记录测定地震矩 M_0，然后测定矩震级 M_W。

由于静地震与慢滑动事件不辐射地震波，所以必须有近距离的形变观测，才能观测到这类慢事件信号。因此，只能由形变观测资料测定地震矩 M_0 和矩震级 M_W。

二、慢地震的慢度参数

慢地震的能量释放可能是地球内部能量释放的主要形式。在全部地形变过程中，普通地震和慢地震各占有一定的份额，它们在地壳运动中分别发挥着怎样的作用，是值得研究的（王迪晋等，2007）。

研究表明，慢地震最显著的特点就是慢度参数很低，慢地震的能矩比为 10^{-10}~10^{-7}，慢地震慢度参数 Θ 的变化范围在-10.0~-7.0之间，而普通地震慢度参数 Θ 的变化范围在-3.2~-6.9之间（Choy et al. 2006；Weinstein et al.，2005）。

对慢地震的观测和研究起步的时间还较短，随着观测技术的进步和对慢地震研究的不断深入，会有一些研究成果陆续展现出来。

第十四章　海啸地震的震级

海啸（Tsunami）是一系列波长和周期极长的大洋行波。按成因划分，海啸分为地震海啸、火山海啸和滑坡海啸。而大多数海啸由海底地震导致的地壳运动而引发，所以海啸有时也称地震海啸，引发海啸的地震也称海啸地震（于福江等，2016）。对于海啸地震，由于震源破裂速度较慢，体波和面波的高频成分不发育，矩震级要大于面波震级、体波震级和能量震级。

海啸地震的震感往往不强烈，但可以产生强烈的海啸，使得沿岸的建筑遭到严重破坏，产生严重的人员伤亡。因此，准确地测定海啸地震的大小，快速识别海啸地震，及时开展地震海啸预警，备受地震学家的关注。

第一节　海啸地震的观测

全球的海啸发生区大致与地震带一致，有记载的破坏性海啸大约有 260 次，灾害性的海啸平均每一年发生一次，灾难性海啸每一百年发生 3 到 4 次。全球大约 71%的海啸发生在环太平洋区域，大约 15%的海啸发生在地中海区域，9%的海啸发生在加勒比海和大西洋区域，其他区域大约占 5%（于福江等，2016）。

海啸形成的根本原因，是海水受到垂直方向的扰动，水面的压力差促使波浪四下传播形成海啸波，学术上亦称海啸波为重力波。海啸波的覆盖范围很大，可以传播几千公里而能量损失很小，在茫茫的大洋里行进中海啸波的周期是 16~60 分钟的普通重力波，海啸的波高不足 1m，波长可达数百公里，波速可达每小时 700~800km，相当于喷气式飞机的速度。当船只在大洋深处与海啸相遇时，船只可以悠然穿过海啸，没有安全之忧（在日语中借用汉字称海啸为“津波”）。但当到达海岸浅水地带时，地形的变化将造成海啸波的波长减短而波高急剧增高，可达数十米，犹如大海顿时竖立（在古代汉语中称海啸为“海立”），形成含有巨大能量的破坏性海浪，所向披靡，摧毁堤岸，淹没陆地，夺走生命财产，破坏力极大。海啸波的传播见示意图 14. 1。

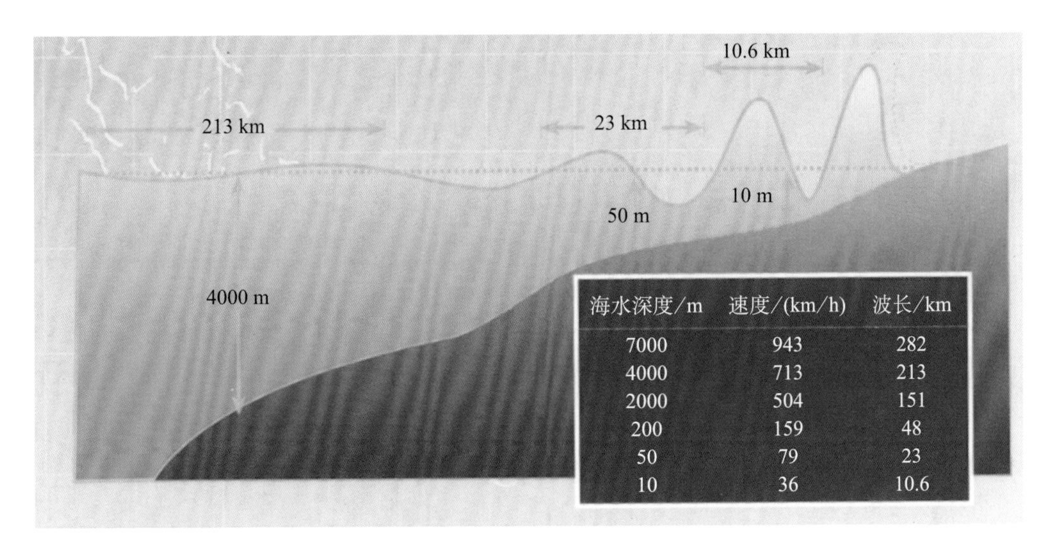

海水深度/m	速度/(km/h)	波长/km
7000	943	282
4000	713	213
2000	504	151
200	159	48
50	79	23
10	36	10.6

图 14. 1　海啸波传播示意图

一、俯冲带地震

据统计，在过去的 100 年的时间里，大多数引发海啸的地震发生在俯冲带。

当俯冲的海洋板块运动受阻，在某处被卡住时，应力便逐渐在岩石中积累起来，并且伴随着地面的缓慢变形，当岩石中积累起来的应力增高到岩石再也承受不了的程度时，被卡住的区域便发生破裂，以地震的形式释放能量。地震时海底大规模、突然地上下变动，会使大范围的海水从海底直至海面受到扰动，扰动以波动的形式向四面八方传播，便引发海啸。

佐竹和谷冈根据震源位置的不同，将发生在俯冲带的地震分为三种类型：板缘地震、板内地震和海啸地震（Satake and Tanioka，1999）。金森博雄和叶玲玲等人对俯冲带的地震进行了总结（Kanamori，2014；Ye，et al.，2012，2013），俯冲带地震示意图见图 14. 2。

根据俯冲倾斜角度、软流圈厚度及岩石圈厚度等参数，俯冲带地震可划分为板缘地震（A、B 和 C）与板内地震（Ⅰ和Ⅱ）。在大多数俯冲带，发震界面从大约 10km 深度延伸到大约 40km 深度。

1. 板缘地震

俯冲带板缘地震是浅角插入事件，在深度为 0~15km 会产生一般规模的海啸地震，在深度为 15~35km 会产生大的海啸地震。

A 区：发生在该区的地震的震源深度 $h<15$km，震源位置在板块间发震带的浅层。A 区的大陆板块较薄，由于海洋板块的俯冲，在海沟附近的狭窄地带会发生一些逆断层地震，这

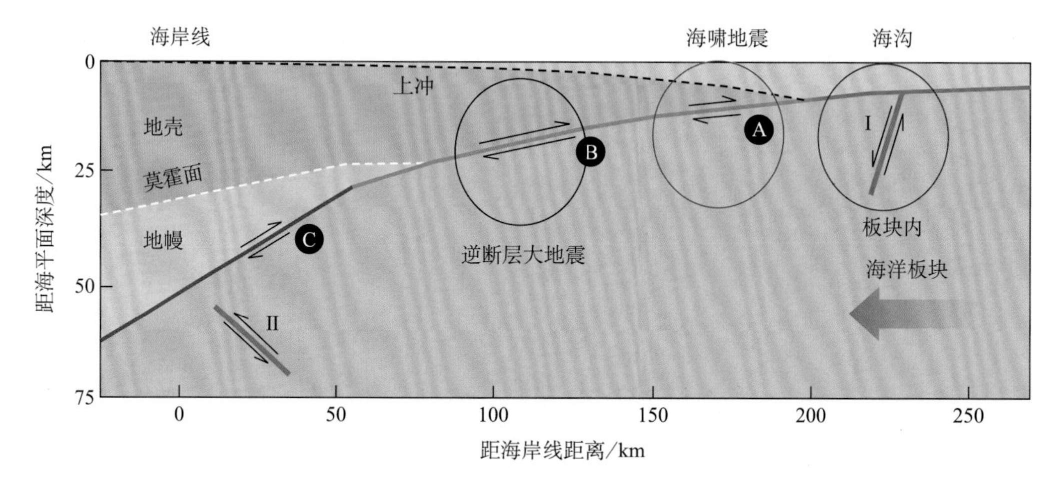

图 14.2 俯冲带地震（修改引自 Kanamori，2014）

些地震发生在俯冲带的上覆板块增生的“楔形”上部，断层破裂速度较慢，辐射地震波的高频成分偏低，虽然震动的破坏通常是轻微的，但会引发海啸。这样的地震激发的海啸波比预期的地震波要大的多，金森博雄将这类地震定义为“海啸地震”（Tsunamigenic Earthquakes，TsE）（Kanamori，1972）。

B 区：震源深度 h 在 15~35km 之间。由于海洋板块推力巨大，该区域会发生逆断层大地震，产生强烈的海啸，如 2004 年 12 月 26 日印度尼西亚苏门答腊岛—安达曼西北海域地震（2004 Sumatra-Andaman）、2011 年 3 月 11 日日本东北部海域地震（2011 Tohoku-Oki）。通常，B 区的地震比 A 区的地震大，A 区地震的矩震级一般在 $7.5<M_W<8.1$，B 区地震的矩震级 M_W 一般大于 8.1。

C 区：深度 $h>35$km。主要是一些中等强度大小的地震。

2. 板内地震

板内地震发生在俯冲海洋板块内的Ⅰ区和Ⅱ区，是大角度地震事件，虽然这两个区域的地震没有 B 区的地震大，也没有 B 区的地震频繁，但这些地震依然有产生海啸和强震动灾害的危险性。发生在Ⅰ区的地震也会产生很大的海啸，例如 1933 年发生在日本三陆（Sanriku）的 M_W 8.4 地震，在日本近海海岸产生超过 10m、最高达 30m 的海啸，造成 3000 多人伤亡。1977 年发生在印度尼西亚松巴哇（Sumbawa）岛南部的 M_W8.4 地震，在印度尼西亚近海海岸产生 10m 的海啸，伤亡人数约为 150 人（Satake and Tanioka，1999）。

二、海啸地震

根据金森博雄的定义，海啸地震（TsE）是一种特殊类型的地震，位于图 14.2 的 A 区，其特点是震源破裂速度缓慢。海啸地震的破裂持续时间通常大于 50s（Lomax & Michelini，2013），释放能量的周期主要集中在 1~20s（频率 0.05~1Hz），以低频能量为主，激发的海啸波比预期的地震波要大得多（Polet and Kanamori，2022），这种差异可以用面波震级 M_S 和海啸震级 M_t 来量化。阿部胜征的研究结果表明，对于海啸地震，M_t 比 M_S 大 0.5 级以上（Abe，1989）。图 14.3 显示了过去 100 年大地震和特大地震的 M_t 级和 M_S 级的比较。根据阿部胜征的研究成果，那些在虚线以上的事件是海啸地震。对于 $M_t>8.0$ 的地震，面波震级 M_S 偏小，可能是由于 M_S 在 8.0 级左右出现震级饱和现象（Geller，1976）。

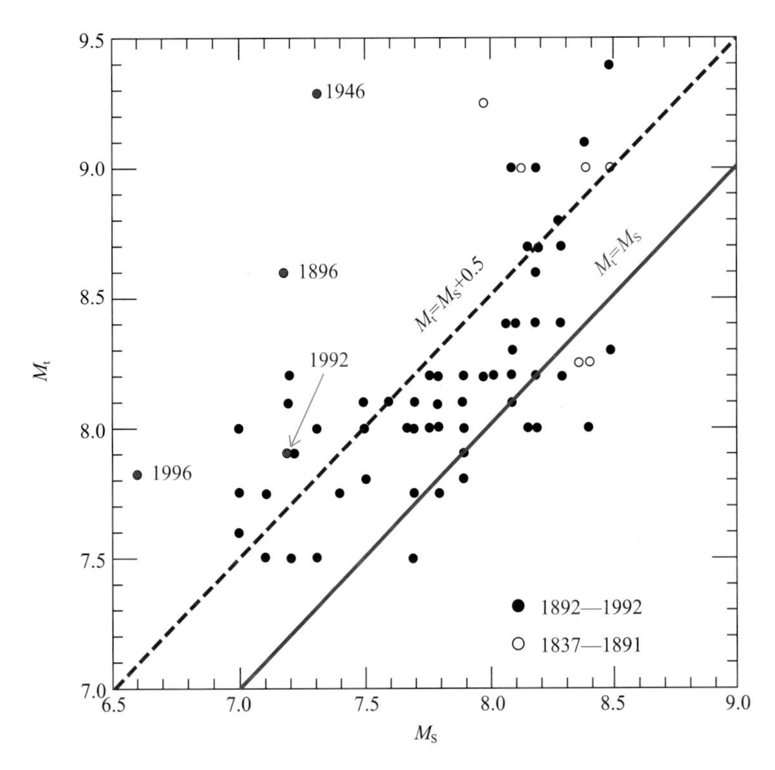

图 14.3 面波震级 M_S 和海啸震级 M_t 的关系图（引自 Satake and Tanioka，1999）

最不寻常的海啸地震是 1946 年的阿留申地震（M_S7.3，M_t9.3），因为海啸震级 M_t 比预期的面波震级 M_S 大了 2.0 级。1896 年的三陆地震（M_S7.2，M_t8.6）也非常不寻常，M_t 比 M_S 偏大 1.4。金森博雄和菊池称这两次地震为“非常反常”的海啸地震（Kanamori and Kikuchi，1993）。

1896 年 6 月 15 日日本宫城县三陆发生地震，面波震级 M_S 为 7.2，三陆海岸震感微弱，并没有引起人们的关注，然而地震发生 35 分钟以后，第一波海啸冲击三陆海岸，几分钟以后第二波海啸也紧随而来，高达 38m 的海啸造成 9000 多座房屋被毁，22000 人死亡。金森博雄对三陆地震“非常反常”的解释是这是一次震源破裂速度非常缓慢，震源破裂时间很长的地震（Kanamori，1972）。

1946 年 4 月 1 日，阿留申群岛发生地震，引发跨太平洋的越洋海啸，地震发生 45 分钟后，滔天巨浪首先袭击了阿留申群岛中的尤尼马克岛，彻底摧毁了一座架在12m高的岩石上的钢筋水泥灯塔和一座架在32m高的平台上的无线电差转塔。抵达夏威夷时海啸高达42m，破坏了沿岸的基础设施，摧毁了夏威夷岛上的488栋建筑物，造成159人死亡。令人吃惊的是，在太平洋上航行的船只并没有感觉到在船底下迅猛穿过的海啸，也许是因为太平洋的水域宽广的原因。此次海啸是20世纪美国死亡人数最高的海啸，同时也带来了巨大的财产损失。此次海啸也是第一次可以从历史地震记录中定量分析震源特征的重大海啸地震。古登堡和里克特认为，此次海啸地震是两千年一遇的地震事件（one per two-thousand year's event），如此大的一次地震事件，面波震级 M_S 只有7.3，震感并不强烈（Gutenberg and Richter，1954）。此次海啸发生以后的第3年，太平洋海啸预警中心（PTWC）于1949年在夏威夷成立。

海啸地震的产生是最重要的板块俯冲过程之一，开展对俯冲带地震的深入研究，对于海啸预警、减少危险都具有重要意义。

第二节　海啸地震的震级与慢度参数

同其他地震相比，海啸地震的震源破裂速度偏小，震源破裂过程比较慢，辐射的地震波以长周期为主。

一、海啸地震的震源谱

2014年，金森博雄给出了一些海啸地震的震源谱，图14.4给出的是1992年9月2日尼加拉瓜沿岸近海 M_W7.6地震和1994年6月2日印尼爪哇岛 M_W7.6地震的震源谱，红线是布龙模型（ω^2 模式）的理论震源谱，蓝线是振幅谱，可以看出当频率高于 10^{-2}Hz 时海啸地震

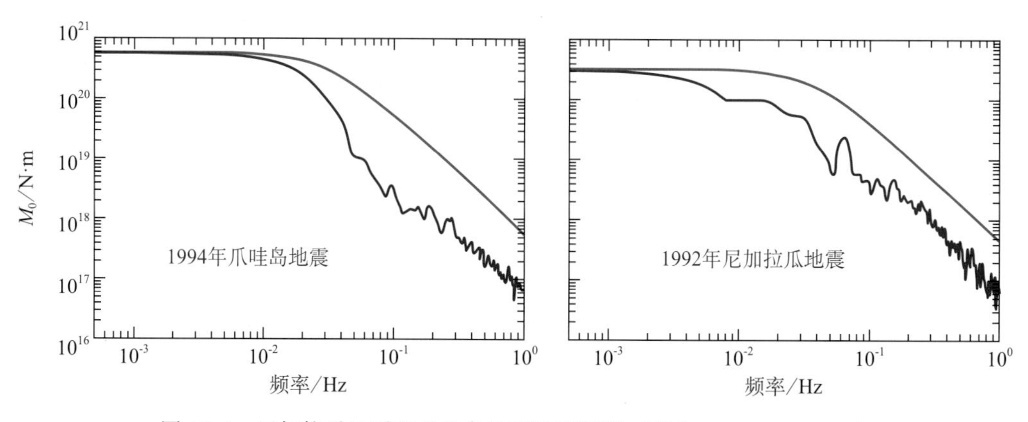

图14.4　尼加拉瓜地震和爪哇岛地震的震源谱（引自 Kanamori，2014）

具有较低的振幅谱，明显低于同样大小普通地震的布龙模型振幅谱，这说明海啸地震在高频（短周期）端，辐射地震波的能力偏低（Kanamori，2014）。因此，测定的海啸地震的体波震级 m_b 和面波震级 M_S 都就会明显偏小。

二、海啸地震的震级

早期的研究发现，海啸地震的矩震级 M_W 大于面波震级 M_S（Kanamori et al.，1993）。1993 年，金森博雄测定了 1896 年日本三陆（Sanriku）地震的面波震级 M_S 为 7.2，矩震级 M_W 为 8.0；1992 年尼加拉瓜（Nicaragua）地震的面波震级 M_S 为 7.0，矩震级 M_W 为 7.6，这两次地震均产生了海啸。

本书所讲的是一种广义的海啸地震，是指引发海啸的地震。我们收集了 1960 年以来 7 次产生海啸的地震参数，包括中国地震台网测定的发震时间、水平向面波震级 M_S、垂直向面波震级 M_{S7}、短周期体波震级 m_b、中长周期体波震级 m_B，美国哈佛大学和哥伦比亚大学拉蒙特—多赫蒂地球观象台的“全球矩心矩张量项目”（GCMT）产出的矩震级 M_W 和震源机制解，美国地震学研究联合会（IRIS）发布的能量震级 M_e，见表 14.1。

表 14.1　1960 年以来产生海啸的地震参数

序号	发震时间（UTC）		震级						震源机制（GCMT）	参考地名
	年-月-日	时：分：秒	M_S	M_{S7}	m_b	m_B	M_W（GCMT）	M_e（IRIS）		
1	1960-05-22	19：11：20	8.7	8.7		7.9	9.5		逆断层	智利近海
2	1992-09-02	00：16：01	7.7	7.3	5.3	6.6	7.6	6.7	逆断层	尼加拉瓜沿岸近海
3	1994-06-02	18：17：37	7.3	7.0	5.6	6.3	7.8	6.8	逆断层	印尼爪哇岛以南
4	2004-12-26	00：58：51	8.7	8.7	6.8	7.5	9.0	8.8	逆断层	印度尼西亚苏门答腊岛—安达曼西海域
5	2006-07-17	08：19：26	7.4	7.1	5.8	6.9	7.7	7.1	逆断层	印尼爪哇岛以南
6	2011-03-11	05：46：19	8.7	8.6	7.3	7.7	9.1	8.8	逆断层	日本东北部海域
7	2018-09-28	10：02：43	7.4	7.3	6.3	7.2	7.6	7.5	走滑断层	印度尼西亚米纳哈萨半岛

从表 14.1 中可以发现，对于海啸地震面波震级（M_S、M_{S7}）、体波震级（m_b、m_B）和能量震级 M_e，均小于矩震级 M_W。

综上所述，从震级和能量的角度看，测定的能量震级 M_e、面波震级 M_S、体波震级 m_b

都要偏小，适合用矩震级 M_W 表示其大小。

三、海啸地震的慢度参数

1990 年以后，地震学家非常关注地震能量 E_S 和地震矩 M_0 的测定，对于海啸地震，除了要测定面波震级、体波震级以外，还要测定出地震能量 E_S 和地震矩 M_0，有时还需要测定地幔波震级 M_m，然后测定出能矩比 e_R、慢度参数 Θ。慢度参数 Θ 是识别海啸地震的重要指标。

1998 年，纽曼和奥卡尔测定了全球 52 个大地震的慢度参数，研究结果表明：52 个地震中大部分地震的慢度参数在-4.5～-5.6 之间，平均值为-4.98，与理论预测值-4.90 相一致，与 1995 年乔伊和博特赖得到的平均值-4.80 相吻合（Choy and Boatwright，1995）。在 52 个地震中，有三个"海啸地震"，其能矩比 e_R 和慢度参数 Θ 见表 14.2（Newman and Okal，1998）。

表 14.2　三个"海啸地震"的能矩比 e_R 和慢度参数 Θ

序号	地震	$M_0/10^{20}$N·m	$E_S/10^{14}$J	M_W	M_e	$e_R(10^{-5})$	Θ
1	1992 年 9 月 2 日尼加拉瓜地震	3.4	2.6	7.6	6.6	0.050	-6.30
2	1994 年 6 月 2 日爪哇地震	5.3	5.2	7.8	6.9	0.098	-6.01
3	1996 年 2 月 21 日秘鲁地震	2.2	2.5	7.5	6.7	0.115	-5.94

2005 年，温斯坦使用太平洋海啸预警中心（PTWC）数据库中的资料，得到了全球一些地震的慢度参数 Θ，并给出了 1992 年尼加拉瓜地震、1994 年爪哇地震、1996 年秘鲁地震和 2004 年苏门答腊岛—安达曼西北海域地震等海啸地震各台站测定的平均慢度参数与所取时间窗长度的关系，见图 14.5 和 14.6。可以看出，这些海啸地震的慢度参数 Θ 都比较低，由于苏门答腊岛—安达曼西北海域地震的震级较大，因此所取时间窗的长度也较长（Weinstein et al.，2005）。

金森博雄等人认为，发生在图 14.2 中 A 区的地震会产生海啸，能量震级 M_e 小于矩震级 M_W，能矩比 e_R 较小；发生在海洋板块巨大推力的 B 区会产生板缘逆断层大地震，其能矩比 e_R 大于 A 区的地震；而Ⅰ区和Ⅱ区的板内地震，能矩比 e_R 要大于 A 区和 B 区地震。图 14.7 是板内地震、板缘地震和海啸地震的能矩比 e_R 的分布情况。可以看出，A 区海啸地震的能矩比和慢度参数最小（Kanamori，2014）。

纽曼和奥卡尔曾认为，可以将慢度参数 $\Theta \leqslant -5.7$ 作为识别海啸地震的一个参数（Newman and Okal，1998）。

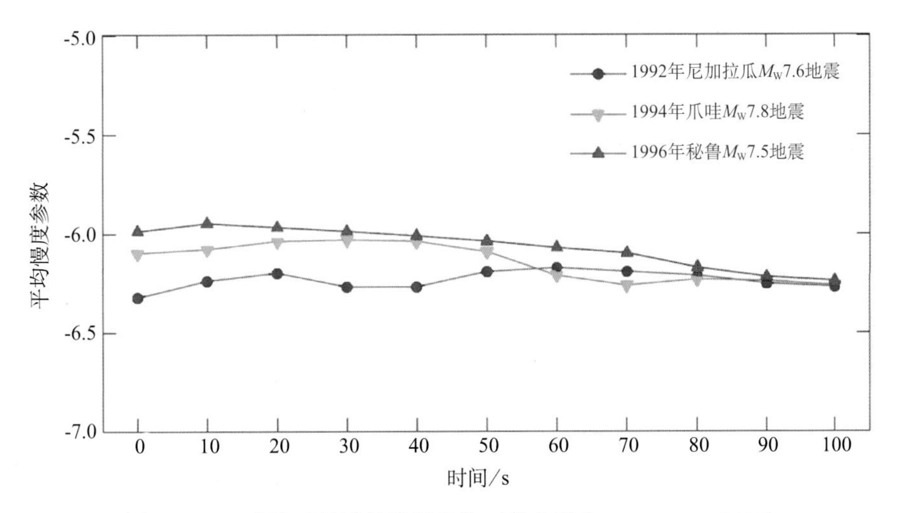

图 14.5 三次海啸地震的慢度参数（修改引自 Weinstein，2005）

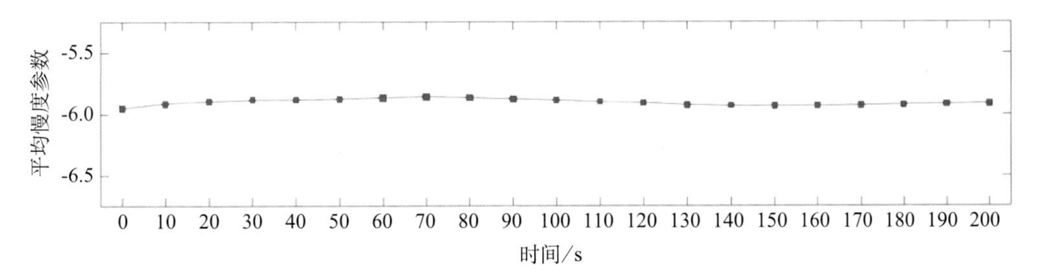

图 14.6 苏门答腊岛—安达曼西北海域地震的慢度参数（修改引自 Weinstein，2005）

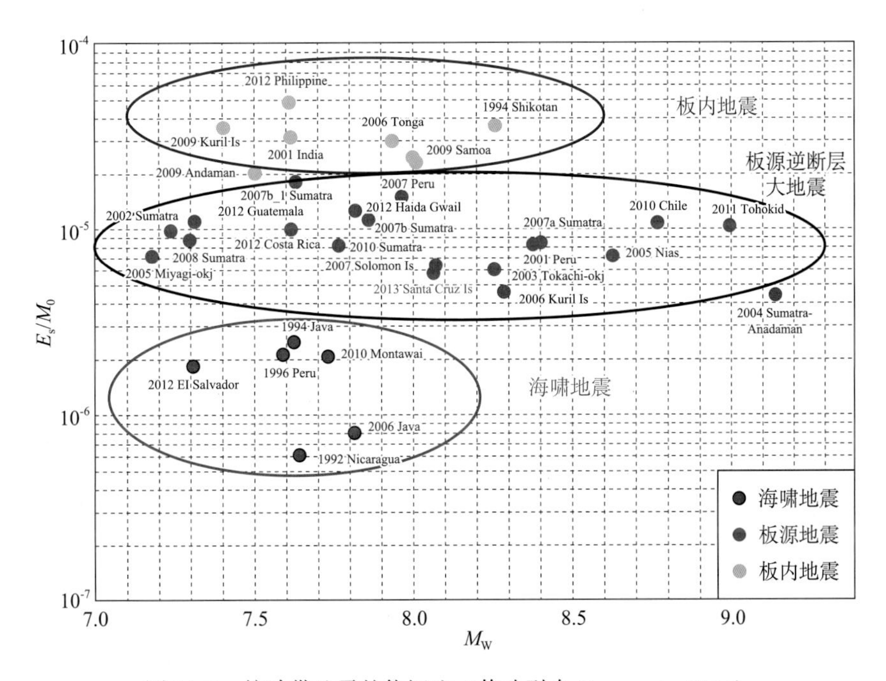

图 14.7 俯冲带地震的能矩比（修改引自 Kanamori，2014）

第三节　海啸地震的识别

地震学家利用长周期地震资料分析发现，在每次海啸地震前都出现周期更长的慢地震，因此认为慢地震可能是产生海啸地震的驱动源，并且海啸地震的震源破裂时间比一般地震要长2~4倍（Pelayo et al.，1992；Kanamori et al.，1993）。因此，地震学家认为对俯冲带慢地震的深入研究，对于海啸地震的预测研究具有重要意义。

通过对海底地震引发海啸的特点进行分析，从地震学的角度看，识别海啸地震具有如下主要特征：

（1）震级大于6.5级的深海地震。只有在深海，才能激起足够强的水体振荡，携带大量能量。浅海地震不会产生海啸，只有大地震错断岩层并产生强烈的海水扰动才能激发海啸，在其他条件一样的情况下，震级越大所激发的海啸也越大，大小不同的地震所激发的海啸强度相差非常悬殊，这一点对于海啸预警非常关键。通常，当矩震级大于6.5，海水深度大于1000m的深海，才能激发破坏性海啸。

（2）震源机制以逆断层为主。地震引发海啸的本质是深海海底板块的上下位移引发的巨大能量释放，由于海底板块的隆起或下沉，能量的释放传播到海水中，引起水体的巨大扰动，从而引发海啸。一般来说，越接近于垂直方向上下错动的岩层破裂，越容易造成海水扰动，激发的海啸强度也越大。此外，岩层的破裂过程和破裂方向对于海啸能量传播有着不可忽略的影响，这会造成某个方向海啸的破坏力更强。

从表14.1可以看出在7次引发海啸的地震中，6次地震的震源机制是逆断层。只有2018年9月28日发生在印度尼西亚米纳哈萨半岛地震的震源机制为走滑断层，通过后来的考察和研究表明，此次地震引发了帕卢湾海底滑坡，海底滑坡引发此次局地海啸，此次帕卢海啸是由海底地震引发海底滑坡而产生的海啸，属于滑坡海啸。该地震在帕卢市附近引发的海啸海浪高达6m，据印尼抗灾署通报，此次灾害已造成1948人死亡，835人失踪。

（3）震源破裂速度慢。海啸地震的震源破裂时间比一般地震要长，震源辐射短周期地震波能力弱，最大的面波以长周期为主，只产生微弱的短周期地面运动，可能不会造成震动破坏，甚至在震中附近的人可能感觉不到，但可以激发长周期海啸波。

从持续震源破裂时间看，1992年9月2日尼加拉瓜地震、1994年6月2日爪哇地震和2006年7月17日爪哇地震的震源破裂时间在100~220s（Kanamori and Kikuchi，1993；Lomax and Michelini，2009；Bormann and Saul，2008）。这3个地震比M_W7.7左右的地震的震源破裂平均时间长2~4倍。

（4）矩震级大于其他震级。海啸地震的矩震级$M_W>6.5$，而$M_W>7.5$就可以引发大海啸，并且M_W、M_e、M_S和m_b存在以下关系：$M_W>M_e>M_S>m_b$。例如1992年9月2日尼加拉瓜地震，矩震级 M_W 为 7.6，M_e 为 6.7，m_b 只有 5.3；1994 年 6 月 2 日爪哇地震，M_W 为 7.8，M_e 为 6.8，m_b 只有 5.6；2006 年 7 月 17 日爪哇地震，M_W 为 7.7，M_e 为 7.1，m_b 只有 5.8。

（5）地震慢度参数低。地震的慢度参数在-3.2～-6.9 之间，而海啸地震的慢度参数 $\Theta \leqslant -5.7$，太平洋海啸预警中心（PTWC）等全球主要海啸预警中心已将慢度参数作为识别海啸地震的一个重要参数。

PTWC 位于夏威夷，成立于 1949 年，其主要职能是收集太平洋海盆的地震波和海洋监测站探测到的信息，交换各国情报，识别引发海啸的地震，并发布海啸警报。PTWC 从美国地质调查局（USGS）实时接收遍布全球的 100 多个宽频带地震波形数据，实时测定地震的基本参数，并采用人机交互的方式快速产出多种震源参数，快速识别引发海啸的地震。PTWC 采用奥卡尔和塔兰迪耶提出的方法使用瑞利地幔波测定地幔波震级 M_m（Okal and Talandier，1989），采用坪井的方法使用远场 P 波波形数据测定地震矩 M_0 和矩震级 M_{Wp}（Tsuboi et al.，1995，1999），使用震中距在 $25° \leqslant \Delta \leqslant 90°$ 的远场资料测定地震能量 E_S，采用下面的公式测定地震慢度参数：

$$\Theta = \lg(E_S) - M_m - 20$$

式中，E_S 的单位是尔格。

PTWC 能够快速产出地震的震中位置、震源深度、面波震级 M_S、地幔波震级 M_m、地震矩 M_0、矩震级 M_W、地震能量 E_S、能量震级 M_e、慢度参数 Θ 等震源参数，并收集海洋监测站的信息，开展日常的海啸预警工作。

第十五章　超剪切地震的震级

超剪切破裂（Super-shear rupture）是指断层的破裂速度超过了震源区岩石介质剪切波（S 波）传播速度的一种现象。产生超剪切破裂的地震就被称为超剪切地震（Super-shear earthquake）。

地震学研究表明，断层的破裂速度一般为剪切波速度的 0.7~0.9 倍，约为 2.5~3.0 km/s，即断层破裂速度往往小于或接近于剪切波速度。随着数字地震观测技术的发展，已经观测到了一些超剪切破裂现象。地震的超剪切破裂的研究涉及地球物理学、地震学和地震工程学等相关领域和学科，是一项需要进一步探讨和深入研究的课题。

超剪切地震非常罕见，但由于与之相关的强烈地面震动，具有很强的破坏性。开展地震在超剪切破裂传播过程中辐射的高频地震波对近场强地面运动的影响研究，以及超剪切地震震级的测定与分析，对于认识震源破裂过程、分析震源辐射地震波频率成分、开展地震灾害评估都具有重要的实用价值。

第一节　超剪切地震的特点

一般来说，飞机的速度很难超过声波速度，但是后来人类发明了超音速飞机，飞机可以以高于声波速度飞行。当飞机的速度接近音速时，飞机对前面的空气迅速压缩，当突破音速时，声波不断重叠，其能量高度集中，当声波传到人耳朵时，就会让人感觉到短暂而又强烈的爆炸声，这就是音爆产生的原因。

地震是由地球内部岩层的突然错动引起的，发生相互位错的岩层称为地震断层，实际上地震断层的形状非常复杂，但是总体上可以将其简单看成一个滑动面，地震断层具有一定的尺度。当断层开始破裂时，并不是整个断层面同时破裂，而是先从断层面上的某一点开始，之后逐渐向外扩展，有一定的破裂传播过程。研究表明，在地震断层破裂的不同阶段，断层的破裂速度也不同，对于不同的地震断层破裂的平均速度也不同，有的地震断层平均破裂速度为 3.0~4.0 km/s，有的甚至可达到 5.0~6.0 km/s（胡进军，2011）。

图 15.1 给出了点源模型和单侧破裂模型 S 波传播的示意图，设 C 为断层破裂速度，β 为剪切波速度。图 15.1（a）是点源模型，即震源是一个点，为静止状态，$C=0$，地震波对称地向四周传播。

图 15.1（b）（c）和（d）是单侧破裂模型，其中图 15.1（b）是 $C<\beta$，即断层破裂速度小于 S 波速度，S 波像池塘里的涟漪一样传播，不会重叠。图 15.1（c）是 $C=\beta$，即断层破裂速度等于 S 波速度，S 波沿断层破裂方向波阵面会与断层破裂面重合。图 15.1（d）是 $C>\beta$，即断层破裂速度大于 S 波速度，属于超剪切破裂，断层的破裂会超过 S 波的波阵面，S 波会相互叠加，能量出现高度集中的现象。对于位于破裂前方的地震台站，地震台首先接收到的应该是断层面后破裂的点产生的 S 波。

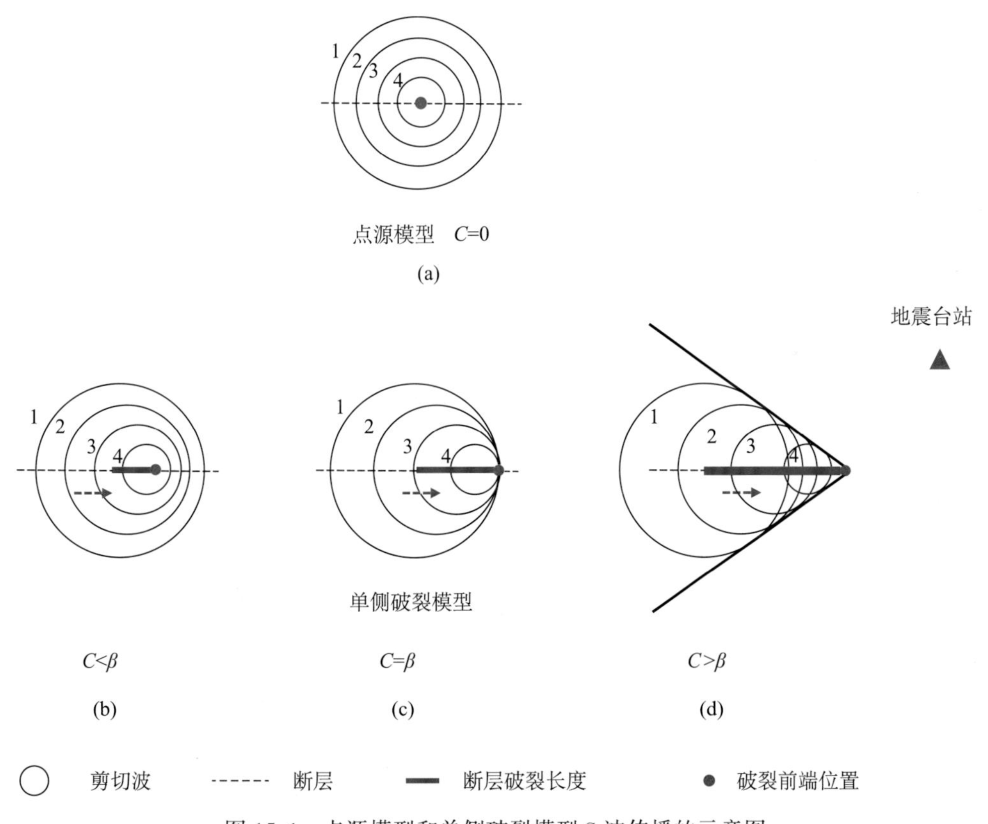

图 15.1 点源模型和单侧破裂模型 S 波传播的示意图

从图 15.1（d）可以看出，当断层出现超剪切破裂时，S 波的包络面呈圆锥形，称为马赫锥（Mach cone）。随着破裂点向前运动，马赫锥也作为一个波阵面往前传播，故有时也将马赫锥称马赫波（Mach wave），锥的半顶角称为马赫角（Mach Angle）。马赫锥是奥地利物理学家马赫（Ernst Mach，1838—1916）于1887年在分析弹丸扰动的传播图形时首先提出的。

当发生超剪切地震破裂时，不同时刻所有破裂前端产生的地震波同时到达一定区域，并发生相长干涉，形成马赫锥，从而导致剪切波会互相叠加并不断增强，这将会产生很强的震动，从而造成很严重的地震灾害。因此，超剪切破裂地震的研究一直受到十分广泛的重视。

第二节　超剪切地震的观测

最早的关于地震超剪切破裂的文献可以追溯到1984年，阿楚对1979年10月15日美国帝王谷（Imperial Valley）M_W6.5地震的研究发现了超剪切破裂现象，通过对近场低频（<1Hz）S波的反演结果表明，断层以超过剪切波速的速度破裂约5~10km，并且引起了1.5g的垂直向峰值加速度（Archuleta，1984）。而后随着宽频带地震学的发展，对实际地震超剪切破裂现象的研究逐渐增多，几次较大的走滑型断层地震的观测数据已经为超剪切破裂提供了证据（胡进军，2011；朱守彪，2022）。

布雄等人采用近断层加速度记录研究了1999年土耳其伊兹米特（Izmit）M_W7.6地震的破裂时空过程，研究中发现，该地震在北安纳托利亚（Anatolian）断层上破裂了150km，在断层的西段和东段，破裂以3.0km/s的速度破裂，但是在断层的中段，断层以4.8km/s的超剪切波破裂速度从震源向东破裂了近50km，而后减弱为亚剪切波速（Bouchon et al.，2000）。

布雄等人和布安等人对1999年土耳其迪兹杰（Duzce）M_W7.2地震的近场记录研究表明，与伊兹米特地震类似，此次双侧破裂地震虽然从震中以亚剪切破裂速度向西传播，但是向东破裂的平均速度超过了剪切波速（Bouchon et al.，2001；Bouin et al.，2004）。

2002年11月3日美国阿拉斯加德纳利（Denali）M_W7.9地震是北美近150年来最大的一次走滑断层地震，其造成了约340km长的地表破裂，断层超剪切破裂的长度约60km，超剪切破裂的速度达到了5.5km/s，平均破裂速度为3.3km/s（Eberhart et al.，2002；Ellsworth et al.，2002；Bouchon et al.，2008）。

2018年9月28日，印尼米纳哈萨半岛发生了一次M_W7.5地震，地震引发的滑坡、液化和海啸造成了帕卢地区非常严重的人员伤亡。研究结果表明，不同于其他超剪切破裂事件，这次地震的初始阶段没有长时间的亚剪切破裂，破裂速度快速超越了剪切波速度，且自始至终都是持续的超剪切破裂，平均破裂速度约为4.1km/s，断层破裂速度之所以能快速达到超剪切速度，意味着较高的初始应力状态，这可能与震中附近断层较为粗糙有关（Bao et al.，2019；Huang et al.，2016）。地震震源破裂过程成像结果显示破裂主要向南传播，破裂总长度约150km，破裂明显出露地表，有两个破裂集中区，分别位于震中附近和震中南侧约

80km 处。此次地震的能量释放比较集中，最大能量释放区域位于震中南侧约 0~50km 内，平均破裂速度约 4.1km/s，属于一次超剪切破裂事件（李琦等，2019）。

2022 年在 Nature qeoscience 发表了一篇综述文章，通过分析 2000—2020 年发生的所有 $M_W\geq6.7$ 的浅源走滑型地震的数据，对超剪切地震进行了系统总结，并基于慢度增强反投影所确定的破裂速度和瑞利马赫波（Rayleigh Mach wave）的识别，确定了 4 次与超剪切事件相一致的海洋地震。结果发现，至少 14.0%的大地震是超剪切的，海洋超剪切地震发生的频率与大陆一样，超剪切事件的速率取决于应力加载速率和成核速率之间的平衡。经过近 40 年的研究，有 8 次地震被公认是超剪切地震，这些地震是：

（1）1979 年 10 月 15 日美国帝王谷（Imperial Valley）M_W6.9 地震；

（2）1999 年 8 月 17 日土耳其伊兹米特（Izmit）M_W7.6 地震；

（3）1999 年 11 月 12 日土耳其迪兹杰（Duzce）M_W7.2 地震；

（4）2001 年 11 月 14 日中国昆仑山口西 M_W7.8（M_S8.1）地震；

（5）2002 年 11 月 3 日美国阿拉斯加德纳利（Denali）M_W7.9 地震；

（6）2010 年 4 月 14 日中国青海玉树 M_W6.9（M_S7.1）地震；

（7）2013 年 1 月 5 日美国阿拉斯加克雷格（Craig）M_W7.5 地震；

（8）2018 年 9 月 28 日印度尼西亚米纳哈萨半岛（Palu）M_W7.5 地震。

图 15.2 给出了全球已公认和正在研究的超剪切地震分布，其中公认的 8 次，有争议的 5 次，作者研究的 4 次，其他小组近期的 3 次，无马赫波的 1 次（Bao et al.，2022）。

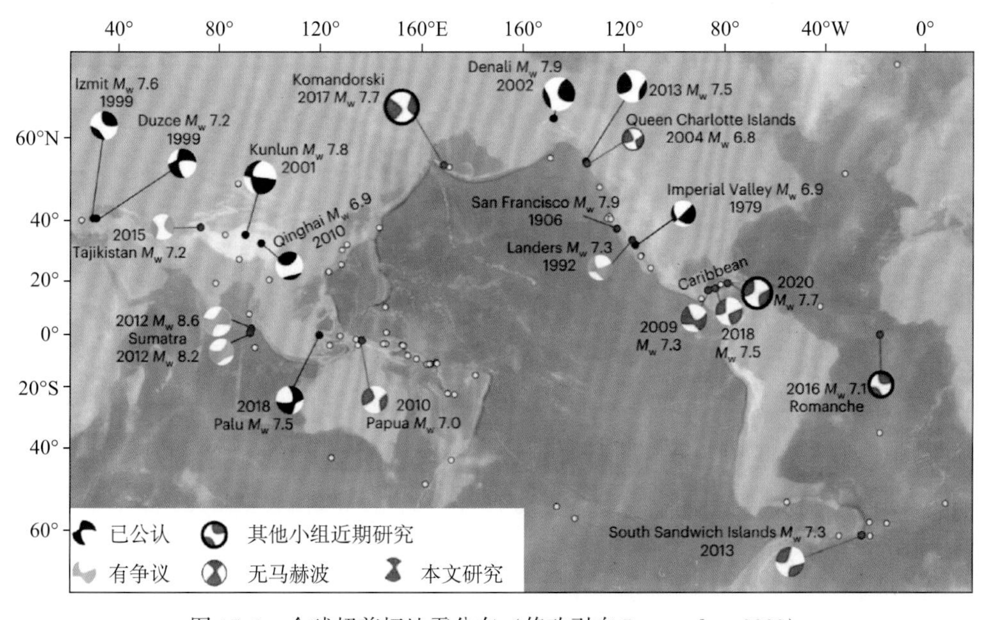

图 15.2 全球超剪切地震分布（修改引自 Bao et al.，2002）

研究表明，超剪切地震有一个共同的特点，所有观测到的超剪切破裂事件都是浅源大地震，都以走滑破裂为主（胡进军，2011）。

2013 年 5 月 24 日鄂霍次克海发生 $M_W8.3$ 地震，震源深度 609km，这是目前所记录到震级最大的深源地震。美国加州圣地亚哥分校斯克里普斯海洋学院的地球物理学家通过分析地震台站接收到的地震记录，发现该地震的一个 $M_W6.7$ 强余震，其破裂速度超过了剪切波速度，这是发现的第一个深源超剪切地震。这次余震的震级和断层几何形状与 1994 年 1 月 17 日美国加州北岭（Northridge）$M_W6.7$ 地震相似，但震源深度更大，破裂速度更快，高达 8km/s，比该深度剪切波速度快了近 50%，如果像北岭这样的浅层地震发生超剪切破裂，可能会造成更大的破坏（Zhan et al.，2014）。

第三节　超剪切地震的震级测定

目前，在全球公认的 8 次超剪切地震中，有 2 次发生在我国，一次是昆仑山口西 $M_S8.1$ 地震，另一次是青海玉树 $M_S7.1$ 地震。

一、昆仑山口西 $M_S8.1$ 地震

据中国地震台网测定，2001 年 11 月 14 日，在昆仑山口西发生了 $M_S8.1$ 地震，震源深度 10km，这是新中国成立以来中国大陆震级第二大地震，仅次于 1950 年 8 月 15 日西藏墨脱 8.6 级地震，青海、四川、甘肃部分地区有震感，震区还连续发生多次余震，致使青藏公路（国道 109 线）多处断裂，昆仑山出现一条大裂缝带。地震位置较为偏僻，未发生人员伤亡。

布雄等采用中国数字地震台网（CDSN）和 IRIS 的宽带数字地震记录研究了此次地震的破裂速度。研究结果表明，断层沿第一部分的破裂速度约是 2.4km/s，比地壳的剪切波速（约 3.0~3.2km/s）低，但是经过 100km 的破裂之后，断层的剩下部分几乎以 5.0km/s 的超剪切波速度破裂了约 300km，沿整个断层的平均断裂速度是 3.7~3.9km/s，超过了震源区地壳的剪切波速（Bouchon et al.，2003）。法兰和邓纳姆曾在研究 2001 年昆仑山西地震中，首次观测到了远场瑞利面波的马赫锥。在 2018 年 9 月 28 日印尼米纳哈萨半岛 $M_W7.5$ 地震同样观测到了远场瑞利面波的马赫锥，从而确认超剪切破裂存在（Vallée and Dunham，2012）。

中国地震局地球物理研究所利用国家地震台网的资料，测定该地震的震级见表 15.1。由于地震很大，短周期体波震级 m_b 和中长周期体波震级 m_B 已达到完全饱和状态，m_b 只有 5.7，m_B 只有 6.3。

表 15.1 中国地震局地球物理研究所测定的震级

发震时刻 (UTC)	震中位置		震源深度 /km	M_S		M_{S7}		m_b		m_B	
	纬度/(°N)	经度/(°E)		震级值	N	震级值	N	震级值	N	震级值	N
09：26：09.8	35.92	90.53	11	8.2	43	8.1	19	5.7	11	6.3	11

注：N 是测定震级所使用台站数量。

美国地质调查局（USGS）测定的矩震级为 M_W7.5，美国哈弗大学测定的矩震级为 M_W7.8。我们利用全球地震台网宽频带资料，测定了该地震的地震能量、地震矩、能量震级、慢度参数等震源参数，测定结果见表 15.2。

表 15.2 昆仑山口西地震的辐射能量、能矩比、慢度系数和等效震级差

E_S/J	M_e	M_0/N·m	M_W	能矩比 e_R	慢度系数 Θ	等效震级差 ΔM
3.50×10^{16}	8.1	2.24×10^{20}	7.5	15.6×10^{-5}	−3.81	0.6

该地震的能量震级 M_e 比矩震级 M_W 偏大 0.6，能矩比高达 15.6×10^{-5}，高出全球浅源地震平均能矩比约 10 倍；慢度参数高达−3.81 属于地震辐射能力异常高的地震。

这次地震发生在青藏高原北部可可西里无人区，近东西向展布的东昆仑断裂带上，巨大的地震能量使巍峨壮观的昆仑山脉山崩地裂，在昆仑山南麓留下了令人震撼的大地撕裂破坏现象：地震地表破裂带全长达 426km，宽数百米。地表严重变形带的宽度为数十米至数千米不等，最大左旋位移 6~7m，在青藏公路 2894 里程碑附近，横切了输油管道，青藏铁路在建路基也遭受了严重破坏，规模之大，全球罕见（中国地震局，2003）。

二、青海玉树 M_S 7.1 地震

据中国地震台网测定，2010 年 4 月 14 日，青海玉树发生 M_S7.1 地震，震源深度 14km。本次地震造成的灾害十分严重，尽管地震位于青藏高原腹地，人烟稀少，但仍造成了 3000 多人死亡或失踪。与同等震级的地震相比，玉树地震的灾害明显加重。玉树地震发生在 NWW—NW 走向的甘孜—玉树断裂带上，该断裂为左旋走滑性质，总长约 500km，是巴颜喀拉地块的南边界。从板块构造背景分析，玉树地震是发生在印度板块向北推挤、青藏地块隆升、次级的巴颜喀拉活动地块向东挤出背景下的又一次大地震（常利军，2010），见图 15.3。

图 15.3 中粗实线表示玉树地震的发震断层，由 2 段组成，其夹角约为 10°，震中位于隆宝湖附近的断层段（发震断层西段），宏观震中在发震断层东段的郭央烟宋多地区。

许多学者根据地震波及大地测量等资料，对玉树地震的震源破裂过程进行了反演。①该地震总体上是一次单侧破裂事件，破裂从震源位置开始，主要向震中东南方向扩展。②地震

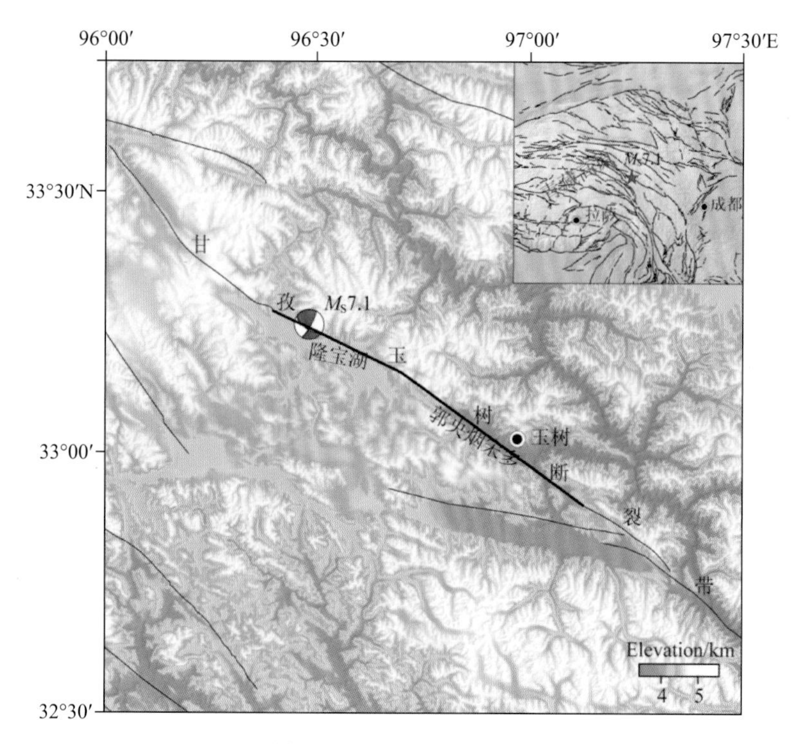

图 15.3　玉树地震震中及周边地质构造图（引自朱守彪，2017）

由两次子事件组成，分别对应于震中附近以及震中东南方向上（张勇等，2010）。玉树地震破裂开始是亚剪切破裂，然后加速成为超剪切破裂，震源破裂时间为 20s，破裂尺度为 60km。在玉树地震的整个破裂过程中能量主要在两个时间段和空间上释放，一个能量释放点是震后 6s，位于震中附近；另一个是震后 12s，位于震中位置东南，靠近结古镇的区域，且第二次能量释放是玉树地震破裂过程中能量最大的，破裂速度达到 4.7km/s，破裂最大速度为 5.8km/s，产生了超剪切破裂（徐彦等，2011；张丽芬等，2014）。

朱守彪等根据玉树地震发震断层的结构构建有限单元数值模型，模型中的断层由 2 个断层段构成，它们之间有约 10°的夹角，形成断层拐折。模拟结果表明，玉树地震的破裂由 2 个子事件组成；当破裂在震源所在的断层上成核后，先在第一个断层段上传播，其速度为亚剪切波速度；当破裂一旦越过断层拐折，在第二个断层段上传播时，破裂速度就立即转变为超剪切波速度（朱守彪等，2017）。

当断层发生超剪切破裂时，断层上的位错幅度、破裂产生的地震波速度及加速度都会显著增大，结古镇是玉树州政府所在地，从图 15.3 可以看出，结古镇位于郭央烟宋多地区，刚好在破裂速度最大的区域，从而造成地震灾害大大增加，这也是玉树地震的震害特别严重的重要原因。

中国地震台网中心利用国家地震台网的资料，测定该地震的震级见表 15.3。美国地质调查局（USGS）测定的矩震级为 M_W 6.7，美国哈弗大学测定的矩震级为 M_W 6.9。我们利用全球地震台网宽频带资料，测定了该地震的地震能量、地震矩、能量震级、慢度参数等震源参数，测定结果见表 15.4。

表 15.3　中国地震台网中心测定的震级

发震时刻(UTC)	震中位置		震源深度/km	M_S		M_{S7}		M_L		m_b		m_B	
	纬度/(°N)	经度/(°E)		震级值	N	震级值	N	震级值	N	震级值	N	震级值	N
23：49：36.1	33.22	96.59	14	7.3	60	7.1	79	6.6	12	6.2	56	6.8	56

注：N 是测定震级所使用台站数量。

表 15.4　玉树地震的辐射能量、能矩比、慢度系数和等效震级差

E_S/J	M_e	M_0/N·m	M_W	能矩比 e_R	慢度系数 Θ	等效震级差 ΔM
4.50×10^{16}	7.5	1.41×10^{19}	6.7	31.9×10^{-5}	−3.50	0.8

该地震的能量震级 M_e 为 7.5，矩震级 M_W 为 6.7，能矩比高达 31.9×10^{-5}，高出全球浅源地震平均能矩比约 20 倍；慢度参数高达−3.51，属于地震辐射能力异常高的地震。

从震级的大小来看，超剪切地震的能量震级 M_e 要大于矩震级 M_W，能矩比要高于全球浅源地震几倍，甚至高于 20 倍，属于地震辐射能力异常高的地震。因此，超剪切地震的破坏力很强。

人们对超剪切地震研究的时间还比较短，还有一些问题没有得到解决。在地震学方面：引发断层超剪切破裂的深层物理机制是什么？其产生条件和破裂过程又是如何的？超剪切破裂与大的走滑断层的关系如何？在地震工程方面：地震超剪切破裂是否会引起与亚剪切破裂时不同的地震动？超剪切破裂引起的地震动会对工程结构有什么重要的影响？等等。随着对超剪切地震研究的不断深入，还会发表更多的研究成果，这些研究成果将为减轻超剪切破裂地震可能带来的灾害提供科学依据。

第十六章 爆炸当量与震级

爆炸（Explosions）是能量在瞬间释放的一种现象。在爆炸的过程中，系统的势能转变为机械能。一般地，能量释放都是通过物理反应或化学反应机制予以实现，瞬间形成的高温、高压气体骤然膨胀是爆炸做功的根本原因。这些气体可能源于原有系统本身，也可能是爆炸过程中生成的产物。

爆炸也可以产生地震，从爆炸产生地震波的震相特征来看，P 波初动尖锐，体波记录清晰，而面波不发育，在测定核爆炸的震级时，一般要测定体波震级 m_b 或 Lg 波震级 m_{bLg}。而对于一般的小型化学爆炸或爆炸事故，只能在近场测定地方性震级 M_L。

从实际应用的角度看，衡量爆炸造成的威力用爆炸当量来表示，如何准确地测定爆炸当量，是地震学非常关注的一个问题。

第一节 爆炸分类与爆炸当量

爆炸是自然界中经常发生的一种物理化学过程，在发生爆炸时通常同时伴随有强烈放热、发光和声响的效应。

一、爆炸分类

依据不同的物理或化学原因以及其变化过程，可将爆炸分为化学爆炸、物理爆炸和核爆炸三种类型（林大超，2007）。

（1）化学爆炸。化学爆炸是物质在一定条件下，通过化学反应方式将蕴涵的化学势能转变为热能释放出来的一类爆炸过程。炸药的爆炸就是人们所熟悉的化学爆炸现象。

（2）物理爆炸。物理爆炸是物质在一定条件下，通过物理变化方式将所具有的物理势能迅速释放出来的一类爆炸过程。例如一旦高压气瓶所盛装气体的压力超过其本身的破裂强度，将发生爆炸。锅炉爆炸也是一种常见的物理爆炸现象。

（3）核爆炸。核爆炸是原子核裂变或聚变反应释放核能量的一类爆炸过程。与炸药爆炸相比，核爆炸的压力至少高出一个量级，而且温度要高出数千倍。因此，核爆炸具有更为强大的破坏力和杀伤力。按核爆炸时的环境条件不同，核爆炸的方式有地下核爆炸、水下核爆炸、地面核爆炸、大气层核爆炸和外层空间核爆炸等5种类型。

从地震学的观点上看，核爆炸不过是一次不太大的地震和比较大的化学爆炸，所以对核爆炸的地震学研究和对化学爆炸的研究从来是密不可分的。早期的核试验都在位置已知的试验场进行，且当量巨大，核爆产生的地震波被各国地震台网记录到，利用远场资料监测地下核爆炸技术已经很成熟。随着核试验当量的不断减小和化学爆炸试验当量的逐渐增加，难以获得高信噪比的远场记录，因此利用区域地震台网监测地下核爆炸和化学爆炸成为地震学研究的热点课题。

二、爆炸地震效率

地震学描述天然地震震源的基本方法是采用一个等效力模型作为震源的近似，等效力是指在地震发生时其在地面产生的位移与震源区的实际物理过程在地面产生的位移相同的力。在引进等效力之后，由点源所产生的位移就可以用格林函数、物理上真实的体力或等效的体力来表示（陈运泰，2000）。

同天然地震相比，爆炸的震源要简单得多。然而，爆炸的能量释放过程和爆炸的总能量转化为地震波能量的比例却是一个复杂的问题。在爆炸点附近，介质变形和爆炸作用之间的物理过程很难从理论上给出描述，因此无法从爆炸作用的物理机制出发建立爆炸地震的力学模型。

爆炸和天然地震的震源性质不同，爆炸的震源是各向同性的爆炸源，从震源破裂的时间来看，核爆炸的时间只有几微秒，是瞬间释放出大量能量的过程，而天然地震的震源是位错源，破坏性地震的震源破裂时间可以达到几百秒，甚至是上千秒。爆炸产生的能量只有一小部分转化为地震波，利用地震波信号测量爆炸当量，重要的问题是要了解地震信号在爆炸能量中究竟占多大的比例，也就是爆炸能量转化为地震波能量的比例是多少。

爆炸产生的地震波能量与爆炸总能量的比值称为爆炸地震效率，计算公式如下（Haskell，1967）：

$$\eta = \frac{E_S}{E_P} \tag{16.1}$$

式中，E_P 为爆炸产生的总能量；E_S 为爆炸产生的地震波能量；η 为爆炸地震效率，与炸药的埋深、炸药处附近岩石密度、爆炸持续时间等因素密切相关。

1. 化学爆炸

1998 年，中国地震局地球物理勘探中心在长白山天池火山区及邻近区域进行了地震勘探试验，以研究壳幔速度结构及天池火山岩浆活动。他们共放了 3 炮，炸药量分别为 1.5t、1.8t 和 1.45t，炮点深度分别为 7m、11m 和 29m（张成科等，2002）。2020 年，江文彬等人利用这 3 炮的资料，得到的这 3 炮的爆炸地震效率分别为：2.65%，2.36%和 3.37%。可以看到，由于第三炮震源埋深较前两炮深，第三炮的爆炸地震效率高于前两炮（江文彬等，2020）。

2013 年，斯特鲁科娃等在美国佛蒙特州进行了一系列的化学爆炸试验，以研究不同类型爆炸所产生的地震波差异，并研究这种差异的形成机制。该研究使用黑火药（BP）、硝酸铵燃料油炸药（ANFO）和 B 炸药（COMPB），炸药当量均为 68kg 的炸药，炸药埋深约为 12.5m（Stroujkova et al.，2015）。由于化学爆炸产生能量较弱，该研究中使用体波地震数据计算转换地震波能量 E_S，其理论表达式为（Denny and Johnson，1991）：

$$E_S = \frac{\pi^2 f_c^3 M_0^3}{2\sigma\rho\alpha^5} \tag{16.2}$$

式中，α 为 P 波速度；ρ 为密度；σ 为与泊松比有关的衰减因子；f_c 为拐角频率；M_0 为地震矩。

研究发现，黑火药的能量密度低，爆燃速率较低，产生的 P 波振幅较小，地震波主频也较低。此外，相比于硝酸铵燃料油炸药和 B 炸药爆炸过程中产生大量微小裂隙，黑火药爆炸由于爆燃速率低，爆炸时间长会产生更大的裂隙，甚至破坏地表，能量耗散大（Sammis，2011；Stroujkova et al.，2015）。因此，黑火药的地震能量转换效率最低，约为 0.2%，而硝酸铵燃料油炸药和 B 炸药的能量密度较高，爆燃速率高，地震能量转换效率分别为 1.3%和 1.9%，后两者的爆炸能量转换地震波效率与地面核爆转换效率相近，但都远低于哈斯克尔估算出花岗岩环境中 3.7%的地震波能量转换效率（Haskell，1967），这可能是由于地震波能量计算方式以及爆炸环境的不同造成的误差。

1988 年，美国在新墨西哥州嘉德兰（Kirtland）空军基地附近进行的 5 个化学爆炸试验，爆炸当量为 115kg 的黄色炸药（TNT），炸药埋深分别为 1.8m、3.2m、4.0m、5.6m 和 11.5m，观测仪器的震中距分别为 17.4m、37.5m、73.2m 和 228.6m，其目的是研究不同埋深（部分耦合至完全耦合）条件对不同震中距的地震波形及爆炸地震效率的影响，爆炸物所处的近地表环境为干燥沉积层。计算结果表明，爆炸地震波的能量主要集中在 P 波和短周期瑞利波，浅埋震源的爆炸地震效率约为 0.7%～1.0%，深埋震源的爆炸地震效率为 1.5%～2.9%（Flynn and Stump，1988）。

对于矿山爆破，炸药埋深一般在几米到几百米，根据矿山爆破的经验，矿山爆破的地震效率为 2%～6%。

2. 核爆炸

从地下核爆炸的震源过程看，爆炸产生的高温、高压等离子体向四周膨胀，压缩岩石介质，使部分岩石气化、液化，形成空腔，并造成爆点周围介质损坏，这样消耗了大量的能量。然后形成岩石冲击波向外传播，这样产生地震波只占核爆炸能量很小的一部分。在通常情况下，化学爆炸的地震效率高于相同当量的地下核爆炸（Stroujkova，et al.，2015）。

1967 年，哈斯克给出了地下核爆炸的爆炸地震效率的计算公式为（Haskell，1967）：

$$\eta=\frac{512(\beta/\alpha)^2}{(R_0k/\alpha)^3(5+3A)^2} \tag{16.3}$$

式中，α 和 β 分别为 P 波速度和 S 波速度；R_0 为弹性半径，即震中距小于 R_0 范围内的爆炸点附近，介质破碎，是非弹性介质，而震中距大于 R_0 时，在远场可以认为介质是弹性介质，粗略地讲，$R_0=100Y^{1/3}$，R_0 的单位是米（m），Y 是爆炸当量，单位是千吨（kt）；A 和 k 是与介质有关的常数。如果取 $(\beta/\alpha)^2=1/3$，对于地下核爆炸，花岗岩中爆炸地震效率最高，达到 3.7%，凝灰岩中为 1.2%，沉积岩中只有 0.1%。

根据哈斯克的研究结果，爆炸地震效率以水下核爆炸为最大，地下核爆炸次之，地面核爆炸较小，地面以上的核爆炸最小。

三、爆炸当量

爆炸当量又称“黄色炸药爆炸当量”，简称“当量（Yield）”，就是爆炸时产生的能量相对于黄色炸药（TNT）的对应值，用来衡量炸药爆炸造成的威力。普通原子弹的当量在 10 千吨（kt）的量级，普通氢弹的当量在 1000kt 的量级。利用地震学方法估算核爆当量，一直以来都是核爆炸地震学研究的重要课题之一。

古登堡和里克特的震级—能量关系适用于天然地震，但不适用于矿山爆破、地下核爆炸等爆炸事件。主要原因有两点：一是震源深度不同，天然地震发生在地球深部，震源处于坚硬的岩石中，而矿山爆破、地下核爆炸等爆炸事件大多在距地面几千米内的浅层，地震波衰减较快；二是震源性质不同，天然地震是位错源，爆炸事件是各项同性的爆炸源，尤其是地下核爆炸，震源附近的介质在高温高压环境中换成等离子体，消耗大量能量。因此，对于化学爆炸和地下核爆炸的震级—当量关系、能量—当量关系和振幅—当量关系要通过实际爆破资料才能得到。

1. 震级—当量关系

震级在一定程度上可以反映爆炸能量的大小，用震级估算核爆炸和化学爆炸的爆炸当量是监测非天然地震的有效手段。用震级估算爆炸当量一般使用的是震级—当量关系的经验公式，即根据爆炸当量已知的事件回归出经验公式，再应用于其他待测事件。

对爆炸当量估算产生影响的因素主要有：①埋放炸药点的地层岩性，埋放在基岩和土层，所产生的地震波差异较大；②埋放炸药点的深度，对于不同深度的爆破，同样的炸药量，测定的震级差异较大。因此，由爆炸事件的震级来推断爆炸当量，所得到震级—当量关系显然也是因地而异的（吴忠良等，1994）。使用不同的经验公式，对当量的测定精度有很大的影响，因此当量的求解过程一般都称作估算，而不是计算。随着地震学的发展，人们对爆炸当量的研究日益增多，估算当量的方法也在不断改进。

在一般情况下，震级与当量之间的关系可以表示为

$$M = a\lg Y + b \tag{16.4}$$

式中，M 为震级；Y 为爆炸当量；a、b 为待定常数，不仅与震源区和接收台站位置有关，还与所使用震级范围有关。

随着数字地震学的发展，除了用震级估算地下核爆炸当量的方法外，还有其他方法估算当量的方法。雷索恩使用一种称为组间相关的波形互相关方法估计爆炸当量（Lay，1985）。赵连锋等（2008，2012，2014）指出，除了震级与当量的关系式，地下核试验的当量还可以通过等效震源模型参数进行估算。针对美国在太平洋海域的阿姆奇卡（Amchika）岛试验场进行的三次核试验事件，雷索恩认为相对静力学强度与当量的关系，较体波震级 m_b 与 $\lg Y$ 的关系要好，表明可以根据核爆等效震源的相对静力学强度给出当量的合理估计（Lay，1985）。

而对于化学爆炸，由于爆炸当量较小，无法获取清晰的远震记录，只能用地方性震级 M_L 估算爆炸当量。

2. 能量—当量关系

爆炸通常同时伴随有强烈放热、发光和声响的效应。通常，爆炸总能量和爆炸当量有如下关系：

$$E_P = YQ_{TNT} \tag{16.5}$$

式中，E_P 为爆炸产生的总能量；Y 为爆炸当量；Q_{TNT} 为 TNT 的爆炸热，即一定量的炸药爆炸时放出的热量，通常取 $Q_{TNT}=4.2\times10^{12}$J/kt。由此可得：

$$Y = \frac{E_S}{\eta Q_{TNT}} \tag{16.6}$$

由上式可知，如果能知道爆炸地震波能量 E_S 和爆炸地震效率 η，就可以得到爆炸当量 Y。一般取上式可以写成：

$$Y = \frac{E_S}{4.2 \times 10^{12}\eta} \tag{16.7}$$

式中，E_S 为爆炸地震波能量，单位是焦耳（J）；η 为爆炸地震效率；Y 是爆炸当量，单位是千吨（kt）。

利用宽频带数字地震记录可以测定爆炸地震波能量 E_S，由爆炸能量 E_S 即可得到爆炸当量 Y（刘瑞丰等，2018；袁乃荣等，2018；李赞等，2019）。

3. 振幅—当量关系

如果一次爆炸的药量 Y 按一定比例转化为地震波能量 E_S，那么地震波能量就与炸药量 Y 成正比（林大超，2007），即

$$E_S \sim Y \tag{16.8}$$

这时，在每单位时间和单位面积内以谐振平面纵波形成出现的地震信号的动能为：

$$E_S = \frac{1}{2}\rho c V_0^2 = 2\rho\pi^2 c f^2 A_0^2 \tag{16.9}$$

式中，ρ 为岩土介质密度；c 为地震波传播速度；f 为质点振动频率；A_0 为质点位移的振幅；V_0 为质点速度的振幅。

如果用具有瞬时振幅 $A(t)$ 的实际地震动来代表谐波，那么以爆点为中心、半径为 r、时间间隔为 t_0 的半球上的全部动能可以表示为：

$$E_S(t_0) = 2r^2\pi \frac{1}{2}\rho c\int_0^{t_0}\left(\frac{d}{dt}A(t)^2\right)dt = \pi\rho c r^2\int_0^{t_0} u^2 dt \tag{16.10}$$

式中，u 为距离 r 处的质点速度。

从式（16.9）可以看出，振幅 A_0 与地震能量 E_S 的平方根成正比，也就是与药量 Y 的平方根成正比，于是有：

$$A_0 \sim Y^{1/2} \tag{16.11}$$

然而，在实际爆破中，这种理想的关系不一定能成立，因为在爆破中，一定比例的能量会在炸药爆炸时岩石破损而损失。

炸药量和质点运动速度平方的积分之间存在线性关系，初至波的振幅满足的关系为：

$$A_0 = KY^n \tag{16.12}$$

式中，K 是与地质构造、爆炸深度等有关的常数。大量的试验研究发现，指数 n 与炮孔填压方式、爆炸深度和激发介质有着密切的关系。对于化爆和地下核爆炸，n 的值是不同的，化爆的 n 一般位于 0.5~1.0 之间，地下核爆炸 n 一般小于 0.5，而水下核爆炸的 n 要大于地下核爆炸。

在采石场爆破中，地震波的振幅与炸药量之间的关系是人们普遍关心的问题，1952 年，哈伯贾姆和惠顿利用采石场爆破资料，采用最小二乘法得到了 $n=0.88\pm0.05$（Habberjam and Whetton，1952）。

里克斯曼用 2.8kg 的炸药在干燥的沙子（而不是潮湿的沙子）中爆炸，结果证实了炸药在爆炸时会产生能量的损失（Rexman，1935）。Thoenen 等人在同一岩层上的矿井爆破时得出了如下关系（Thoenen and Windes，1942）：

$$A_0=\frac{0.27Y^{1/2}}{\Delta} \tag{16.13}$$

式中，A_0 是地动位移的最大振幅，单位是英寸；Y 是炸药量，单位是磅；Δ 是震中距，单位是英尺。

第二节　地下核爆炸

核爆炸（Nuclear explosion）是核武器或核装置在几微秒的瞬间释放出大量能量的过程。

美国于 1945 年 7 月 16 日在美国新墨西哥州进行了第一颗原子弹试验，称为三一试验（Trinity），随后苏联于 1949 年 8 月 29 日进行了原子弹试验，英国于 1952 年 10 月 3 日进行了原子弹试验，法国于 1960 年 2 月 13 日进行了原子弹试验，我国于 1964 年 10 月 16 日进行了原子弹试验。从 1945 年第一颗原子弹爆炸成功，至 2017 年 9 月 3 日朝鲜第 6 次地下核试验为止，全球已知的核试验共 2058 次。我们从已经解密的美国佐治亚理工学院地下核爆炸（GTUNE）目录中，收集了 1961—2017 年美国、苏联、法国、英国、中国、印度、巴基斯坦和朝鲜地下核爆炸目录共 774 次，分布见图 16.1。

几十年来用地震学的方法监测核爆炸取得了很多重要的进展，从而形成了地震学的一个新的分支——核爆炸地震学。核爆炸地震学的研究对象主要是地下核爆炸、水下核爆炸和地面核爆炸，其中以地下核爆炸为主。

核爆炸地震学使用地震学观测手段和理论方法，研究与核爆炸的地震效应有关的理论与观测问题，通过地震学手段进行地下核爆炸的监测和核爆的物理性质研究，并利用核爆炸这一已知的、相对较为简单的震源，进行地球内部结构和天然地震的震源过程的地震学研究。核爆炸地震学作为现代地震学的一个重要分支，由于其对于地震学基础研究和对于社会的巨

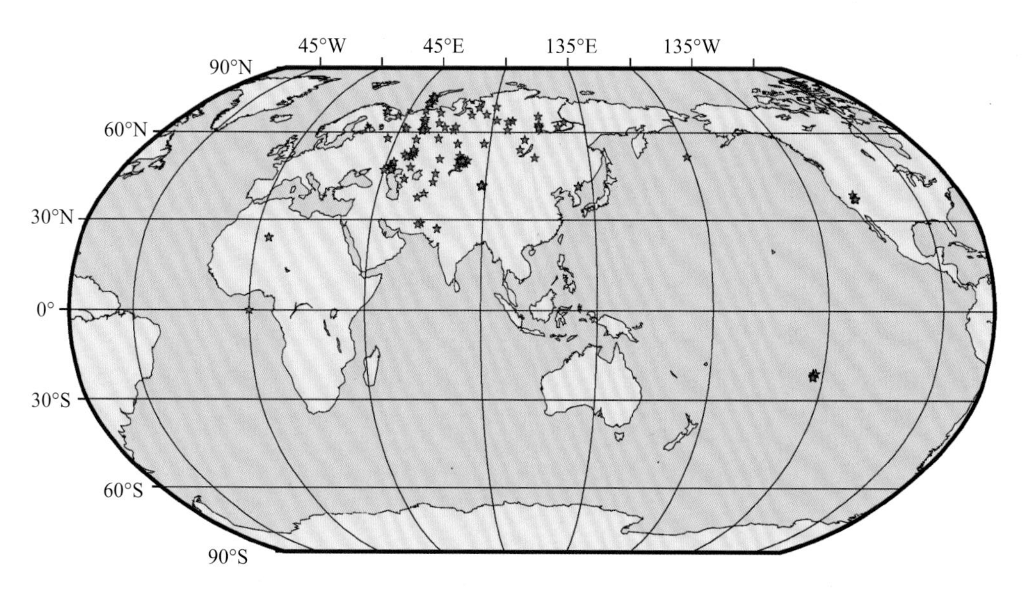

图 16.1 全球部分地下核试验分布图（据 GTUNE 目录）

大影响而受到地震学家、各国政府和社会公众的极大关注。1958 年在日内瓦裁军谈判会议上，特设了科学专家组，专家组认为在远距离探测地下核爆炸的唯一手段是使用核爆炸产生的地震波。

地下核爆炸的地震监测是用地震观测方法监测地下核爆炸。各个国家的地下核试验场都处于偏僻的荒漠或山区，人们无法接近，并且地下核爆炸试验都是在高度保密状态的情况下进行，地下核爆炸的地震监测是了解他方进行地下核试验的最有效的、有时甚至是唯一有效的技术手段，这就是用地震学的方法监测地下核爆炸的优势。

原子物理学的发展为人类提供了核能，但人类也制造出了原子弹。斯坦和威赛森有一句名言：原子物理学的发展，人类发明了原子弹，从而破坏了世界政治的稳定，而地震学的发展在一定程度上重新稳定了世界政治（Although atomic physics destabilized world politics through the invention of the atomic bomb，seismology has partially re-stabilized it.）（Stein and Wysession，2009）。1996 年 9 月 10 日联合国大会通过了《全面禁止核试验条约》（CTBT），其宗旨是通过禁止一切形式的核武器试验和其他核爆炸，防止核武器扩散，促进核裁军，增进国际和平与安全。所有缔约国承诺不进行任何核武器试验爆炸或任何其他核爆炸，并承诺不导致、鼓励或以任何方式参与任何核武器试验爆炸。全面禁止核试验条约组织（CTBTO）等国际监管机构一直以来都依靠地震监测，强制各个国家遵守《全面禁止核试验条约》（Maceira et al.，2017）。

20 世纪 60 年代以后，随着地震观测技术的发展，地震台阵在监测核爆炸中发挥了重要的作用。地震台阵实际上是在一定区域，按某一规则（十字形、圆形、方形等）布设的一组地震仪。地震台阵是为监测微弱地震信号而发展起来的一种地震观测系统。简单地说，地震台阵是在与所观测地震波波长相当的孔径范围内有规则（直线、圆形或三角形等）排列安装若干地震计（子台）的地震观测系统。地震台阵与地震台网的区别主要在于数据处理方法，地震台阵采用聚束分析、频率—波数分析、时间—波数分析、线性波数谱分析、相位加权叠加、波形互相关分析等独特的地震数据处理方法，将各子台的数据汇聚在一起，以达到抑制地面噪声，提高信噪比，突出有用地震波信号和获取有关震源及地球内部结构的信息，从而获得比单个地震台更强的地震监测能力，特别是提取微弱地震信号的能力。1958年，日内瓦裁军谈判科学专家组提出建设地震台阵的构想，目的是通过地震学技术监测和识别远处的地下核试验。应用地震台阵也可监测较远处的微震事件，因而有利于对那些不宜于在当地架设台站的地区进行地震监测，特别是近海海域地区的地震监测。同地震台站相比，用地震台阵监测地下核爆炸的范围会更大。

一、地下核爆炸的地震矩张量

对于点源模型，天然地震、地下核爆炸、塌陷、火山喷发等各种地震事件，都可以用地震矩张量来表示。地震矩张量是由9个元素组成的对称二阶张量，每个元素都代表一个力偶，在笛卡尔坐标系中可表示为（陈运泰，2000）：

$$\boldsymbol{M} = \boldsymbol{M}_0 \begin{bmatrix} M_{xx} & M_{xy} & M_{xz} \\ M_{yx} & M_{yy} & M_{yz} \\ M_{zx} & M_{zy} & M_{zz} \end{bmatrix} \tag{16.14}$$

式中，$\boldsymbol{M}_0$ 是地震矩。地震矩张量由9个力偶组成，代表不同几何形状地震源的等效体力（Jost and Herrmann，1989）。由于角动量守恒，这些减少到6个独立的耦合和偶极子。

由于地震矩张量是对称的，我们可以将上式的矩张量旋转至主轴坐标系，使其对角化，上式的矩张量可以表示为（Lay and Wallace，1995）：

$$\boldsymbol{M} = \begin{bmatrix} M_1 & 0 & 0 \\ 0 & M_2 & 0 \\ 0 & 0 & M_3 \end{bmatrix} \tag{16.15}$$

天然地震源自断层错动，可以描述为双力偶（DC）源，上式对角元素的和为零，这表示震源的体积没有变化。而对于地下核爆炸，上式对角元素不为零，那么此时地震矩张量表示震源体积有变化。

在一般情况下，地震矩张量可以分解为各向同性（ISO）和纯偏分量（DEC）。其中ISO项表征震源体积的变化，而DEC项不包含震源体积的变化。在数学上，关于DEC项的分解是不唯一的，在通常情况下DEC可以分解为双力偶（DC）和补偿线性矢量偶极成分

(CLVD):

$$\boldsymbol{M} = \boldsymbol{M}_{\mathrm{ISO}} + \boldsymbol{M}_{\mathrm{DC}} + \boldsymbol{M}_{\mathrm{CLVD}} \tag{16.16}$$

$$\boldsymbol{M} = \frac{1}{3}\mathrm{tr}(M)\begin{bmatrix}1 & 0 & 0\\ 0 & 1 & 0\\ 0 & 0 & 1\end{bmatrix} + (1-2\varepsilon)\begin{bmatrix}0 & 0 & 0\\ 0 & -M_3 & 0\\ 0 & 0 & M_3\end{bmatrix} + \varepsilon\begin{bmatrix}-M_3 & 0 & 0\\ 0 & -M_3 & 0\\ 0 & 0 & 2M_3\end{bmatrix} \tag{16.17}$$

式中，$\mathrm{tr}(M)=\boldsymbol{M}_1+\boldsymbol{M}_2+\boldsymbol{M}_3$ 是 M 的迹，ε 是描述 CLVD 分量相对于 DC 分量的大小，对于纯 DC 源，$\varepsilon=0$，对于纯 CLVD 源，$\varepsilon=\pm0.5$（Lay and Wallace，1995）。

从震源机制看，地下核爆炸的震源模型包括两部分，一是由爆炸而产生的各向同性部分（ISO）的爆炸源主体，二是伴随爆炸而产生的次级震源过程，包括由爆炸引起的构造应力释放，或原有断层的错动而产生双力偶成分（DC），由爆炸引起的流体流动、爆炸冲击波与自由表面的相互作用引发介质剥落产生的重力卸载，以及介质崩塌而产生的补偿线性矢量偶极成分（CLVD）。

二、地下核爆炸的震源过程

地下核爆炸的震源过程主要包括两部分：描述爆炸本身的纯爆炸源和由爆炸引起层裂源（如张裂源，或补偿性矢量偶极源）。

2011 年，巴顿和泰勒基于数值模拟结果和地下核试验实际现象，对地下核爆炸的震源过程和岩石破坏过程机理进行了完整的分析阐述，大致分为以下 4 个阶段（Patton and Taylor，2011）：

（1）各向同性的爆炸源。核爆炸时，爆炸物质则在几十万兆帕压力和高达近万摄氏度高温下转换成等离子体。核爆炸产生的高温、高压等离子体向四周膨胀，压缩岩石介质，使部分岩石气化、液化，形成空腔，并形成岩石冲击波向外传播。在爆炸冲击波尚未到达地表之前，发生破坏损伤的区域主要为爆心周围且近似呈球形。从里向外，破坏损伤机制包括岩石气化、液化、压实、压裂等。

（2）爆点周围介质损坏。随着爆炸冲击波在地表被反射为向下传播，爆心上方的岩层将经历不同程度的抬升及拉伸膨胀破坏，在一定条件下甚至出现地表岩层被剥离，产生层裂现象。

（3）断层错动。在地表岩石经历进一步的层裂和拉伸膨胀破坏的同时，在层裂导致的重力卸载效应和空腔回弹冲击波的联合作用下，爆心上方的岩石可能沿新产生的节理或断层以逆冲的方式发生错动。

（4）空腔回弹。被剥离的岩层在经历了短暂的上抛运动后将重新拍击到地面，根据拍击程度即层裂冲量大小的不同，可能使得地表附近的岩层重新被压缩甚至被最终压实。

地下核爆炸时出现岩石破坏损伤的区域由两部分组成：第一部分破坏区域主要在爆心周围，相当于传统球对称爆炸源模型中的非弹性区，直接由核爆炸冲击波引起；第二部分破坏区域则主要分布在爆心上方的锥形区域范围内，主要由地表反射拉伸波、层裂和空腔回弹冲击波组成。上述地下核爆炸岩石损伤破坏过程对理解其震源成分特别是 CLVD 源和构造应力释放 DC 等非球对称次生源的产生机理具有重要意义（靳平，2017）。地下核爆炸的震源过程及岩石破坏损伤示意图见图 16.2。

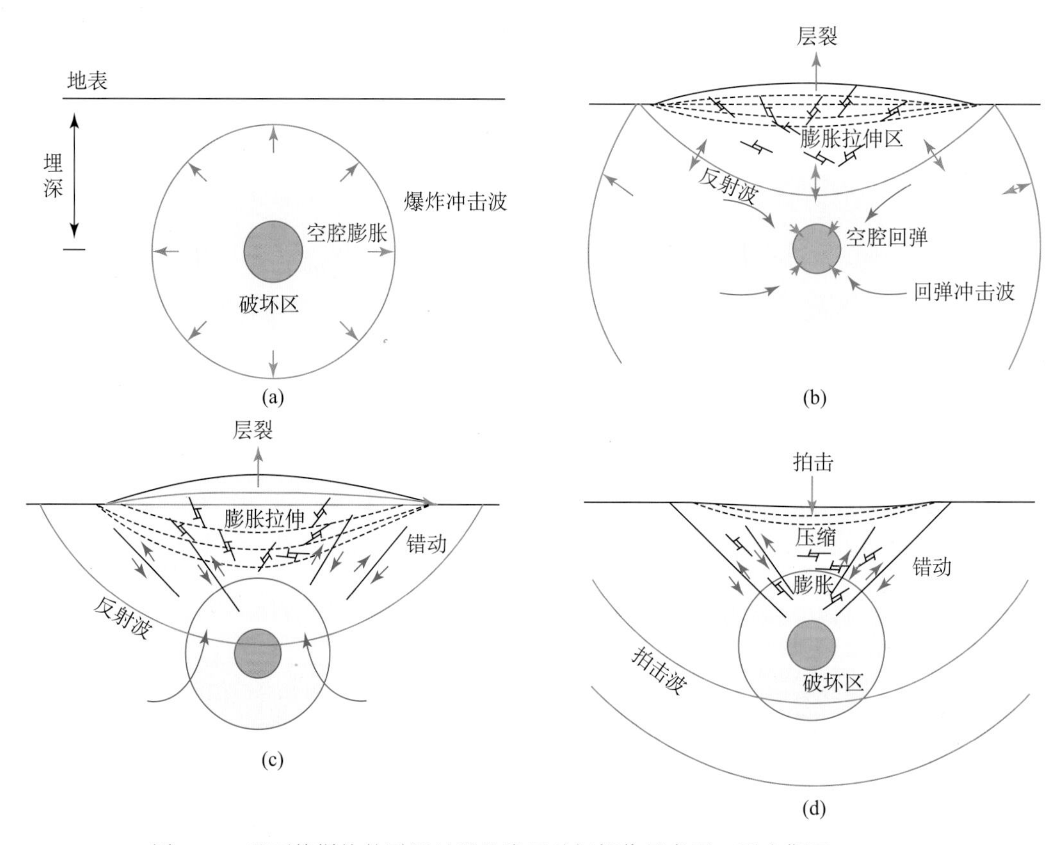

图 16.2　地下核爆炸的震源过程及岩石破坏损伤示意图（引自靳平，2017）

研究结果表明，2017 年 9 月 3 日朝鲜第六次地下核试验的震源过程如下：图 16.3（a）核爆在爆炸点产生一个空腔（图中的圆）；图 16.3（b）爆炸后的几秒钟内，快速产生爆炸点周围介质损坏（灰色阴影区域），爆炸点周围介质沿着 320°的方向，从爆炸点向外扩展，由 CLVD 表示；图 16.3（c）8.5 分钟后，周围变形岩石坍塌（Yao et al.，2018）。

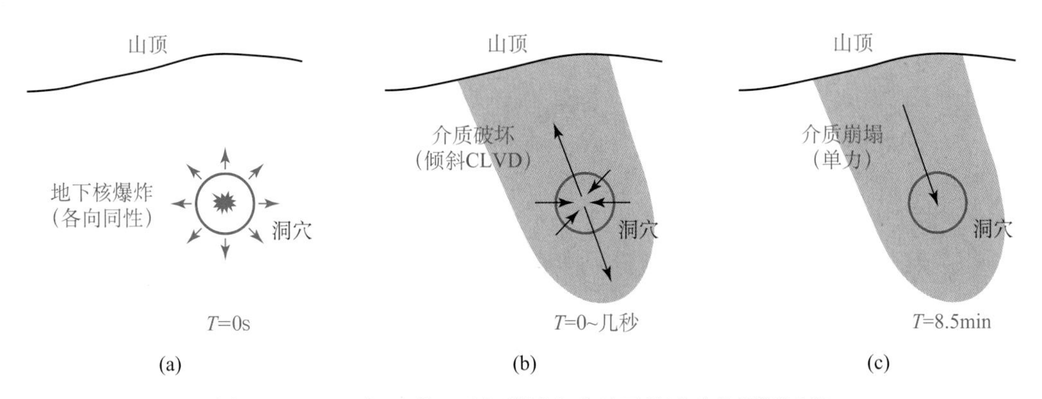

图 16.3　2017 年 9 月 3 日朝鲜第六次地下核试验的震源过程

（修改引自 Yao et al.，2018）

（a）方位角 = 320°；（b）方位角 = 320°；（c）方位角 = 320°

三、地下核爆炸的识别

地下核爆炸的识别研究起自 20 世纪 50 年代，是核爆炸地震学研究的一个重要问题。

从理论上讲，地下核爆炸与天然地震的本质区别在于震源性质和时、空特征的差异性。地下核爆炸的力学机制是简单的球对称压缩。仅以振动而言，震源时间函数表现为单脉冲形式且能量为高速释放的物理过程。在此过程中，震源激发出各种频率的波，其中有的具有极高的频率和极短的波长。一般说来，均高于天然地震波的频率。相对而言，天然地震的力学机制较为复杂。其空间破裂面为取向各异的剪切破裂且涉及空间巨大，震源时间函数为持续时间较长。因此，相对说来，天然地震震源激发出来的波有较低的频率和较长的波长。基于上述讨论，理论上识别天然地震与核爆炸的差异，特别是震级较大的天然地震和当量较大的核爆炸，已有较为可靠的监测与识别方法，应该没有根本性的困难。

图 16.4 是牡丹江地震台记录的 2018 年的 $M_S5.2$ 地震（震中距 $\Delta=3.75°$）和 2016 年 9 月 9 日朝鲜第五次地下核试验（$M_S5.1$，$\Delta=3.34°$），其中有 1 分钟的波形用白色显示，P 波之前 10s，P 波之后 50s。从地震和地下核爆炸的波形对比可以看出，对于地下核爆 P 波很强，而对于地震 P 波幅度较小。

但是，由于地壳介质的复杂性及非弹性特征引起的几何扩散和频散作用，导致了地震波传播过程的不稳定性，特别是介质对不同频率的波的吸收和衰减作用，致使小当量的核爆炸识别更加困难。在识别研究中，地震学方法是最主要的识别方法。因此，当前识别核爆炸尤其是识别小当量核爆炸的研究，已成为地震识别的重要研究内容（安镇文等，2008）。

对于天然地震与地下核爆炸的识别研究，国内外已有一些成熟的方法，主要有频谱比、长周期 S 波与瑞利面波的振幅比、短周期 S 波与短周期 P 波振幅比、持续时间、高低频地震波振幅谱比值和频率三次矩、P/S 判别量、P/S 谱振幅比、倒谱分析、体波震级与面波震级

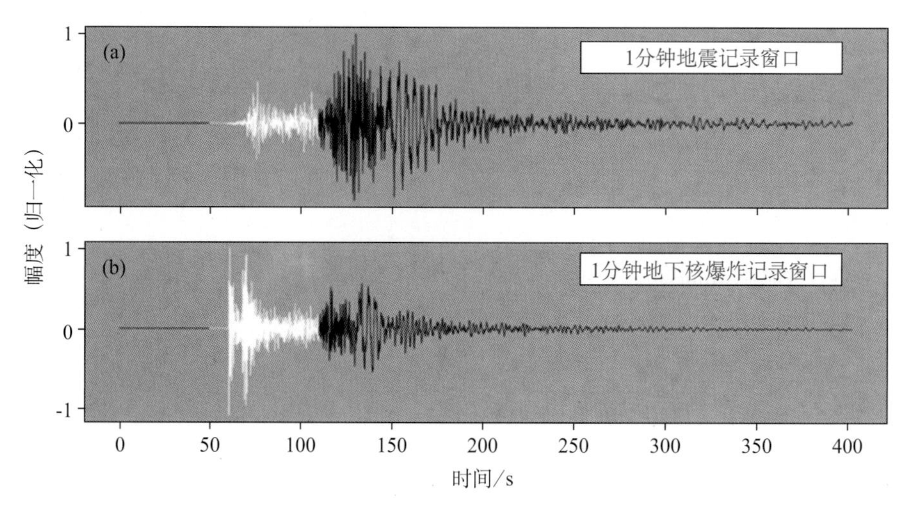

图 16.4　牡丹江地震台记录的地震和地下核爆炸

（a）地震；（b）地下核爆炸

比 m_b/M_S，等等（韩绍卿等，2010；魏富胜，2000）。本文对其他识别方法不再赘述，只简单介绍一下体波震级与面波震级比 m_b/M_S 方法。

体波震级与面波震级 m_b/M_S 之比作为天然地震和地下核试验的鉴别判据被认为是 20 世纪 50~60 年代核爆炸地震学研究最重要的进展之一。研究结果表明：在地下核爆炸识别的所有判据中，震级比判据可能是将天然地震和地下核爆炸事件“区分最开”的判据（吴忠良等，1994）。

地下核爆炸与天然地震具有相同的体波震级 m_b 时（相同 P 波），爆炸的面波震级 M_S 较小（较小的面波）。由于体波震级 m_b 和面波震级 M_S 分别以地震波不同波谱振幅的大小为基础，因此用震级作为判据具有坚实的物理基础，它实际上是对爆炸及地震所激发的地震波的频率成分进行区别，因此震级判据物理思想清楚。震级比 m_b/M_S 判据自 20 世纪 50 年代末提出以来，在核查中也得到广泛应用（边银菊，2005）。

边银菊研究员用模式识别中的 Fisher 方法对 m_b/M_S 判据进行研究，使用 248 次地震和 288 次爆炸资料，其中包括美国西部 28 个地震事件和 110 个爆炸事件，美国内华达试验场附近 54 个地震事件和 169 个爆炸事件，苏联的斜米帕拉金斯基和新地岛的 9 个爆炸事件，以及苏联地区和中国的 166 个地震事件，给出了定量的全球普适的识别方程，并进行了可靠性分析（图 16.5）。

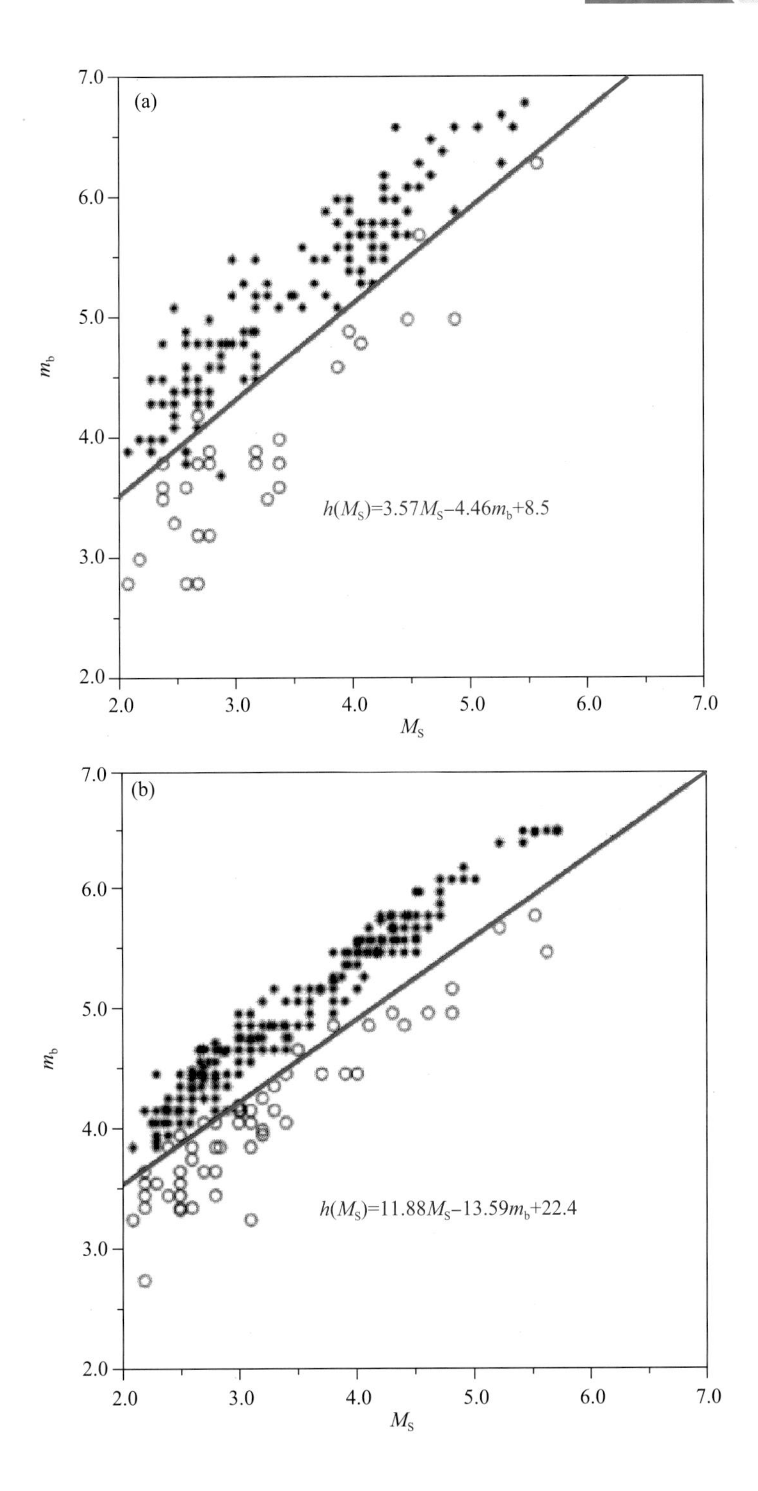
(a)
7.0
6.0
5.0
4.0
3.0
2.0
m_b
$h(M_S)$=3.57M_S−4.46m_b+8.5
2.0
3.0
4.0
5.0
6.0
7.0
M_S
(b)
7.0
6.0
5.0
4.0
3.0
2.0
m_b
$h(M_S)$=11.88M_S−13.59m_b+22.4
2.0
3.0
4.0
5.0
6.0
7.0
M_S

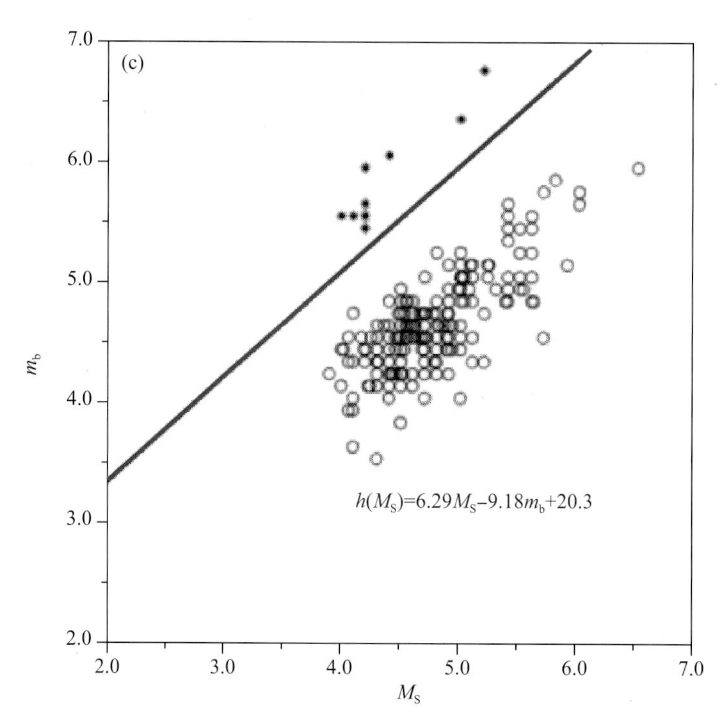

图 16.5　对 m_b/M_S 用 Fisher 方法识别地震与爆炸的结果（引自边银菊，2005）

（a）美国西部地区；（b）内华达试验场附近；（c）苏联地区

* 表示爆炸；○表示地震

四、振幅—当量定标率

1957 年 9 月 19 日美国成功地进行了地下核爆炸。随后，国际社会对探测地下核爆炸的方法产生了极大的兴趣，其中一个问题涉及地震信号振幅与爆炸规模之间的相关性。1961 年，卡彭特提出了地下核爆炸的模型，该模型分为 3 部分，一是在震源附近半径为 R_0 的近场，由于地下核爆炸伴随着极度的高温高压环境，大量爆炸能量转化为热能，核心区域的岩石在爆炸瞬间发生汽化、熔融及相变，形成空腔，并形成岩石冲击波向外传播；二是地震波从半径 R_0 的球体到远距离的传播，地球介质是均匀的弹性介质；三是地震仪器记录核爆炸地震波形的响应。他们从理论上推导了核爆炸在不同震中距地震波质点运动位移的振幅与爆炸当量的关系，得到了著名的振幅 A_0 与爆炸当量 Y 之间比例定律（Carpenter，1961）：

$$A_0 = KY^{1/3} \tag{16.18}$$

即，$n = 1/3$，地下核爆炸产生的地震波质点运动位移的振幅 A_0 与爆炸当量 $Y^{1/3}$ 成比例。上式又称地下核爆炸的振幅—当量定标率（Amplitude-yield scale law）。

奥布莱恩对很多学者开展地震信号振幅与爆炸当量之间关系的研究进行了总结（O′

Brien，1960）。拉特预测了地震信号的线性变化，他们的理论基于这样的假设，即地球相当于一个低通滤波器，使得只有周期大于约1s的波被传输到数百公里的距离（Latter，1959）。

1960年，韦斯顿提出了一个更为普遍的维度论证，并将其应用于水下爆炸（Weston，1960）。当炸药装药在水下引爆时，立即产生大致呈指数尖脉冲形式的非常大幅度的压力脉冲。尖脉冲的持续时间随着爆炸当量 Y 的立方根而增加，对于一磅的爆炸当量，脉冲尖峰持续时间为零点几毫秒。此后，以规则的间隔发射一系列幅度小得多的脉冲。这些次级脉冲的形式大致为双指数尖峰，每个脉冲通常只携带原始初级脉冲总能量的百分之几。研究结果表明，地震波第一次尖脉冲的振幅与 $Y^{2/3}$ 成比例：

$$A_0 = KY^{2/3} \tag{16.19}$$

式中，Y 是爆炸当量。此外，对于水下核爆炸，爆炸地震效率大约是3.0%，地震波的频率范围与 Y 无关。

五、爆炸当量估算

对于地下核爆炸，在远场可以记录到清晰的体波，面波有可能不发育，一般采用短周期体波震级 m_b 来估算爆炸当量 Y（Murphy，1977；Zhao et al.，2008，2012，2014）。靳平于2007年得到了美国内华达坚硬岩石试验场体波震级与地下核爆炸当量的关系为：

$$m_b = 0.75\lg Y + 4.5 \tag{16.20}$$

苏联新地岛体波震级与地下核爆炸当量的关系为：

$$m_b = 0.75\lg Y + 4.25 \tag{16.21}$$

在上两式中，Y 为爆炸当量，单位为千吨（kt）。

同天然地震相比，地下核爆炸的震源深度较浅，一般只有几千米，因此对于同样震级的地下核爆炸，用地震台站监测的有效范围要小于天然地震。1973年，瑞典地震学家巴特在《地震学引论》中给出了最灵敏的短周期地震仪器记录地下核爆炸最大距离与短周期体波震级 m_b 之间的关系，见图16.6，从图中可以看出，对于5.0级的地下核爆炸监测的最大范围约为35°。在该书中也给出了用地震台站监测地下核爆炸的震中距和爆炸当量之间的关系，见图16.7。

一次地下核爆炸的当量可达百万吨TNT的量级，作为一个地震源，它相当于一个6级左右的地震。从图16.7可以看出，对于一次1000吨级的地下核爆炸，地震波能量占爆炸总能量3%~4%，利用地震台站记录的震中距为3000~4000km。如果是在地面爆炸，要达到上述记录震中距，爆炸当量则要增加1000倍。1961年10月30日苏联投掷在新地岛的

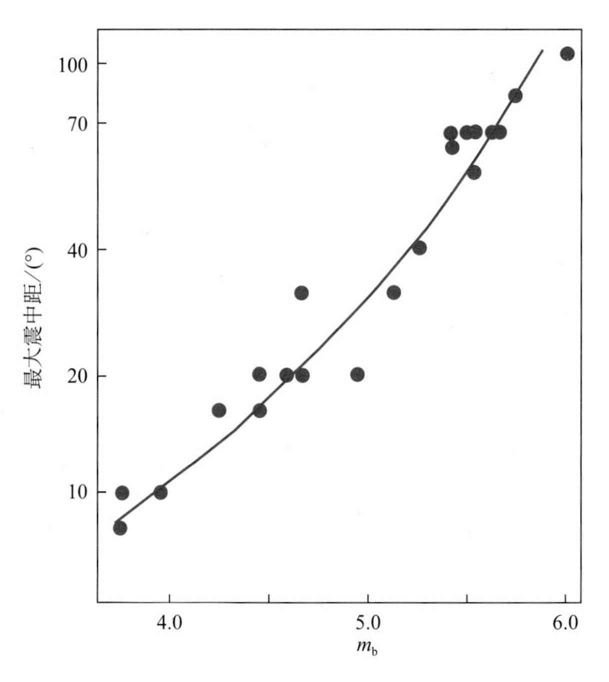

图 16.6 最灵敏的短周期地震仪器记录地下核爆炸的短周期震级 m_b 与最大震中距之间的关系（修改引自巴特，1973）

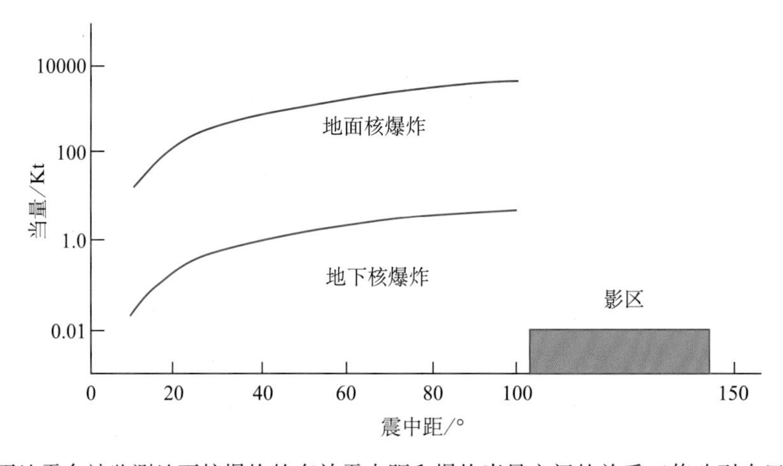

图 16.7 用地震台站监测地下核爆炸的有效震中距和爆炸当量之间的关系（修改引自巴特，1973）

5800 万 t 的核爆炸的总能量如果全部转换成地震波能量，相当于一次 8.4 级地震，而实际转换成地震波的能量仅占爆炸总能量的 4×10^{-5}左右，其余能量以热能、放射能、大气冲击波能等形式出现，因此从地震学的角度看，这次地面核爆炸仅相当于一次 5.4 级地震。

在估算地下核爆炸当量时，面波同时具有一些优势和劣势。优势在于面波散射更少，一个台网的 M_S 标准偏差大约是 m_b 的一半（Bache，1982）。由于面波测量的周期一般是 20s，因此对地球介质的变化不如短周期区域震相和远震震相明显。由于测量周期长于爆破源的衰减时间，也就意味着面波对爆破震源函数不敏感；缺点是 M_S 适用于当量大的事件，而 m_b 不但适用于大当量事件，也适用于较小当量事件。尽管面波对衰减和散射的变化不如 m_b 敏感，但是会受构造应力释放过程和近源构造的影响，这些因素对 m_b 影响较小。

朝鲜 2006—2017 年在该国东北部咸镜北道试验场先后进行 6 次地下核试验，引起世界各国广泛关注。

朝鲜核试验的地点在咸镜北道吉州郡丰溪里，位于朝鲜北部的山区。根据相关的研究，朝鲜核爆平均埋深约为 500m（谢小碧等，2018），据此推算爆炸点应该在坚硬的花岗岩中。从我国地震台网的记录波形看，只有第 6 次核试验有比较清晰的面波，而前 5 次由于当量较小，面波不发育。而这 6 次核试验的体波都很清晰。

中国地震台网中心、中国地震局地球物理研究所、辽宁省地震局、中国科学院地质与地球物理研究所、吉林大学、美国地质调查局（USGS）等国内外相关单位和科研人员分别采用多种方法测定了 6 次核爆炸的位置、时间、体波震级和爆炸当量等参数（Zhao et al.，2008，2014；范娜等，2013；田有等，2015），具体核爆参数见表 16. 1。

表 16. 1　相关单位测定的 6 次核爆参数

序号	日期	时间（UTC）	位置		m_b	M_W	当量/kt
			纬度/（°N）	经度/（°E）			
1	2006-10-09	01：35：28	41. 2848	129. 1099	4. 3	3. 8	0. 5～1. 5
2	2009-05-25	00：54：43	41. 2914	129. 0804	4. 7	4. 4	2. 5～8
3	2013-02-12	02：57：51	41. 2877	129. 0756	5. 1	4. 6	8～17
4	2016-01-06	01：30. 01	41. 2903	129. 0674	5. 1	4. 5	4～15
5	2016-09-09	00：30. 01	41. 2869	129. 0783	5. 3	4. 7	6～18
6	2017-09-03	03：30：01	41. 3430	129. 0360	6. 3	5. 3	56～80

我们利用以上资料，我们得到短周期体波震级 m_b 与地下核爆炸当量之间的关系，见图 16. 8，短周期体波震级 m_b 与地下核爆炸当量之间的经验公式为

$$m_b = 1.16\lg Y + 3.89 \tag{16.22}$$

式中，Y 为爆炸当量，单位：千吨（kt）。

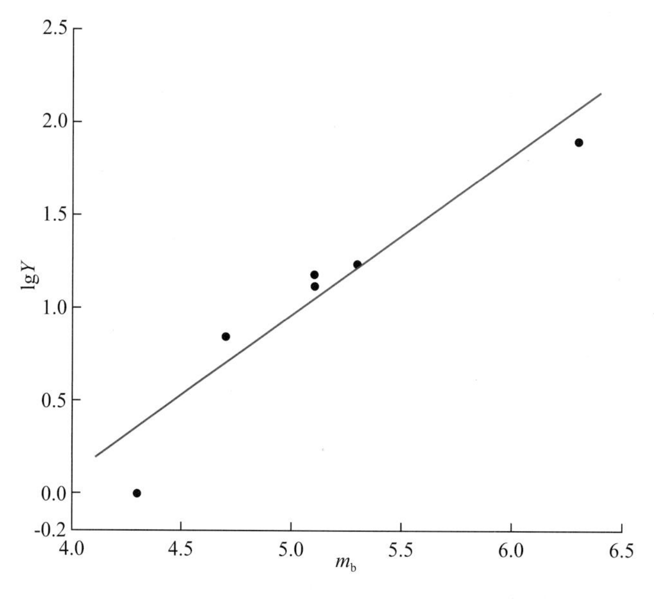

图 16.8　短周期体波震级 m_b 与 lg$Y$ 的正交回归直线

第三节　化学爆炸

化学爆炸（Chemical explosion）是指由化学变化引起的爆炸。化学爆炸的能量主要来自于化学反应能，化学爆炸前后物质的性质和成分均发生了根本的变化，产生的爆炸气体一般具有几万兆帕的压力，并产生几千摄氏度的高温。

化学爆炸是一种常见的爆炸现象，通常将化学爆炸所引起的地震现象直接简称为爆炸地震。爆炸地震以应力（变）波的形式通过地球介质向外传播，这些应力（变）波就是地震波。爆炸发生时，地震波经过地球介质使得介质的质点在其平衡位置附近发生振动，正是这种振动使地震波的能量依次向外传递。

随着我国经济建设的迅速发展，现代爆破技术已在矿山、铁路、城市建设等许多领域得到了相当广泛的应用。与此同时，爆破设计与使用中的安全问题日益突出，爆炸地震效应带来的危害，以及化工厂爆炸事故、危化品爆炸事故、燃气爆炸、油罐车爆炸等安全生产事故造成的危害都是这些安全问题的重要组成部分，这些安全问题一直受到地震学和工程技术领域的高度关注。

一、爆炸地震效应

爆炸时炸药的一小部分能量转换为地震波，从爆心以地震波的方式向外传播，经过介质而到达地表，引起地表的震动，产生同天然地震相似的影响，这种震动的强度随爆心距的增加而减弱。在爆区的一定范围内，地震动达到一定强度时，会引起地表和建筑物、构筑物不同程度破坏。爆炸地震动引起的地表和建筑物、构筑物等各种动力学效应称为爆炸地震效应(Seismic effect of explosions)。爆炸地震效应是指因爆炸而产生的同地震相似的影响。

爆炸地震效应包括爆炸的产生、传播和作用三方面的内容。爆炸地震效应主要研究爆炸引起的地面运动变化规律及其震动强度对建筑物的影响，研究的主要目的在于选择适宜的爆炸方式和药量，使得爆破的效果最佳，而由此引起的爆炸地震波的强度，将不危及建筑物、构筑物的安全和边坡的稳定，以及需要保护的工程设施等。爆炸地震效应研究正是为分析和解决这些安全问题而提出的。

在爆破工程中，一般采用地动峰值速度或地动峰值加速度来描述地震动的变化规律，这两个物理量既与爆炸药量的多少、爆心距有很好的相关性，能够建立可靠的经验关系，也能用来表征建筑物或构筑物的不同破坏程度特征与震害特征。一次露天矿剥离工程爆破药量常达几千吨甚至万吨以上，井下开采进行爆破所使用的药量有的也达到200~300t。随着工农业生产的不断发展，爆炸地震效应对建筑物和结构物的破坏作用越来越显得突出，甚至有些矿区的日常爆破已经威胁着周围民房的安全。因此，有必要考虑爆炸地震的安全距离问题。

爆炸地震效应是一个关于常规化学爆炸与地球介质作用所引起地震现象及其结构响应规律的研究领域。其目的在于通过对爆炸地震的产生、传播和作用特征的认识，为爆炸灾害预防和爆破安全设计等工程问题提供重要的科学指导和理论基础。爆炸地震本身源于实际工程技术问题，因此其理论结果与工程应用具有密切的联系。爆破技术在国民经济经济建设中的广泛应用和现代爆破技术的发展，极大地促进了爆炸地震研究的开展。

二、爆炸地震波随距离的衰减关系

爆炸地震波通过岩石介质中传播受到介质的阻尼作用，产生能量耗散，其强度将逐渐减弱。通常认为能量物理耗散过程所引起的质点振动强度衰减满足指数关系：

$$A \propto \mathrm{e}^{-ar} \tag{16.23}$$

式中，a 是与地震波传播介质和特征相关的参数；r 是观测点与爆炸点的距离，称为爆心距。

爆炸源的几何尺度总是有限的，而地球介质具有很大的尺寸范围，爆炸地震波向外传播过程中波阵面逐渐扩大，产生地震波强度的几何衰减。对于沿地面传播的面波而言，振幅强度随距离的理论衰减关系满足 $r^{-1/2}$；而沿地下传播的体波在近距离处的距离衰减满足 r^{-2}，远距离处的衰减满足 r^{-1}。据此，可以给出爆炸地震波质点振动强度随距离变化的几何衰减规律为（林大超等，2007）：

$$A \propto r^{-m} \tag{16.24}$$

爆炸地震波引起的地面振动强度可以用岩土质点振动分量的峰值加速度、峰值速度或峰值位移表示，这些量都曾经被用作破坏的判别标准，但一般认为加速度和位移都不能作为唯一的判据。振动速度作为判据比较稳定，可以在一定程度上排除土质条件的影响。可以得到爆炸地震波质点振动的峰值速度 V 随距离的变化，应满足如下一般形式的衰减规律见式（16.25），在爆破工程中装药量用 Q 表示：

$$V = KQ^n r^{-m} e^{-ar} \tag{16.25}$$

式中，K 为取决于爆炸条件与地址条件的常数。该衰减关系又分为两种基本类型，即固定标度率和活动标度率，固定标度率药量 Q 的幂指数 n 首选被固定下来，而活动标度率是利用实验数据的分析结果来进行计算。固定标度率不包含因子 e^{-ar}，通过简单的数学运算，可以将药量的幂函数进行变形，并表示为（林大超等，2007）：

$$V = K\left(\frac{r}{Q^s}\right)^{-m} \tag{16.26}$$

式中，$s = n/m$。

弹性动力学理论的分析结果表明，近距离地震波的衰减满足 $(r/Q^{1/3})^{-2}$，远距离为 $(r/Q^{1/3})^{-1}$。由此可见，由于岩土介质黏性行为等因素的影响，实际衰减速度要快一些。

在关于变量 r/Q^s 的双对数坐标系中，这一方程表示的是一条直线，即

$$\lg V = \lg K - m\lg\left(\frac{r}{Q^s}\right) \tag{16.27}$$

式中，r/Q^s 是与爆炸装药量相关的变量。

在固定标度率中，装药量 Q 常用的幂指数 s 是1/2、1/3 和2/3，分别被称为平方根标度率、立方根标度律和三分之二次方标度律。

研究表明，当距离较小时，质点速度随 $(r/Q^{1/3})^{-2.8}$ 的规律衰减；随距离的增大，衰减速度减小，质点速度服从 $(r/Q^{1/3})^{-1.6}$ 的规律衰减（Ambrasey et al.，1968）。

$$\lg V = 4.603 - 1.6\lg\frac{r}{Q^{1/3}} \quad (r/Q^{1/3} \geqslant 26.3) \tag{16.28}$$

$$\lg V = 4.607 - 2.8\lg\frac{r}{Q^{\frac{1}{3}}} \quad (r/Q^{1/3} < 26.3) \tag{16.29}$$

式中，质点速度的单位是毫米每秒（mm/s），距离的单位为米（m）；装药重量的单位是千克（kg）。

从上面的地震波传播规律可知：地震波的速度随爆炸装药量 Q 增大呈指数增大，随爆

心距 r 增大而呈指数衰减。近场和远场地震波衰减不同，近场地震波衰减较快，远场地震波衰减较慢。因为在近场地表的介质不均匀，结构复杂，弹性波速小，地震波在地壳表面传播，而远场地震波主要在上地幔传播，介质相对均匀。

三、萨道夫斯基公式

场地爆破振动衰减规律是爆破设计的理论依据，是爆破工程中必须解决的关键问题。然而，由于爆破荷载作用下介质中质点振动特性受爆破参数、地质地形条件、岩土体介质动力学特性等因素影响，无论是理论上还是实际工程应用中准确分析爆破振动衰减规律都具有相当大的难度。

在爆破工程中，爆破振动衰减规律主要通过介质质点振动峰值速度与装药量和爆心距的变化关系来反映。一般而言，振动峰值速度随炸药量增加而增加，随爆心距增加而减小。在矿山爆破中，苏联和中国一般采用萨道夫斯基公式：

$$V = K\left(\frac{Q^{1/3}}{r}\right)^{\alpha} \tag{16.30}$$

式中，V 为介质质点振动峰值速度（cm/s）；Q 为炸药量（kg），齐发爆破时为总药量，延时爆破时为最大一段药量；r 为爆心距（m），指爆破点到介质质点的距离；K、α 为与爆破点至介质质点间的地形、地质条件有关的系数和衰减指数；$Q^{\frac{1}{3}}/r$ 称为比例药量。

在条件允许的情况下，通常采用现场试验确定 K、α 值，即通过现场爆破试验得到若干组介质质点振动速度幅值及相应炸药量、爆心距的实测数据，而后利用最小二乘法求解出 K、α 值。通常，在土中爆炸时 $K=150\sim200$，$\alpha=1.5\sim2.0$；在岩石中爆炸时，$K=100\sim150$，$\alpha=1.5\sim2.0$。对中国各次矿山大爆破资料的分析结果表明：实际上 K 值在 21.3~624 之间，α 值在 0.88~2.41 之间，有很大的分散性。它们同爆炸药量、距离、岩性、爆破条件和方法等有关。

四、化学爆炸的安全距离

化学爆炸的安全距离是指爆炸后不致引起建筑物或构筑物破坏，其所处位置离爆心的最短距离。在这一距离内，建筑物或构筑物将遭受破坏，称这一区域为爆破地震的危险区。在这距离的范围之外，建筑物或构筑物不会遭受破坏，称为爆破地震的安全区。在进行化学爆炸时，需要考虑的一个重要问题就是爆炸的安全距离，控制爆破的炸药量，使得爆炸不会对周边人们生活和环境造成影响。

多数国家将地面建筑物开始被破坏的极限振动速度规定为 5.1cm/s，也有的规定为 10~14cm/s。岩土开始破坏的极限振动速度是 50~100cm/s。中国科学院力学研究所提出以地面振动速度 $V_k=10\sim20$cm/s 作为一般砖木结构和建筑物可能产生破坏的临界速度。地振动的峰值速度小于或等于临界速度的距离叫安全距离。地面建筑物的安全距离 R_0（以米为单位）用下面的公式估算：

$$R_0 \geqslant K\sqrt[3]{Q} \tag{16.31}$$

式中，Q 为一次起爆的总药量，单位千克（kg）；K 是同地基性质有关的系数。地基为岩石时，$K=3\sim5$；地基为土时，$K=7\sim9$；对较破碎岩石 $K=4\sim5$。对地下建筑物，在中等完整和坚硬岩石的情况下，振动速度不得超过 60~70cm/s。

五、矿山爆破及当量估算

新中国成立以来，随着我国经济建设的不断发展，在矿山、水利、公路和铁路等建设中大量使用爆破技术。在 20 世纪 60~70 年代，由于工程实践和科学研究相结合，中国爆破技术得到稳步发展和提高。中国已进行千吨级到万吨级的矿山爆破和千吨级难度较大的定向爆破，并达到较先进的经济技术指标。

我国有很多矿山爆破资料，但是使用地震观测仪器记录爆破的情况并不多见，对于一般爆破，爆破能量较小，只能在近场记录到 P 波、S 波。因此，只能用近场记录测定地方性震级 M_L。

（1）攀钢铁矿爆破。为了加快攀枝花铁矿石开采进度，会战指挥部决定对狮子山进行大爆破作业。1971 年 5 月 10 日，周恩来总理亲自批准爆破方案。狮子山万吨大爆破从设计、施工到起爆历时 6 个月，是国内首次采用“分层微差起爆”方法进行的爆破。爆破总用药量 10162.2t，起爆用秒差雷管，供电用遥控方式。5 月 21 日 10 点 59 分正式起爆，一声令下，雷霆乍起，惊天动地，震撼群山，雅砻江、金沙江惊起巨澜，波高 3 尺。爆破震起的尘烟犹如原子弹爆炸后的蘑菇云，遮蔽半个天空。硝烟散后，巍峨的狮子山被夷为平地，爆破总量达 1140 万 m^3，是迄今为止我国矿山建设史上最大的一次爆破，为攀枝花的开发建设立下功劳。当时测定的地方性震级 M_L 为 4.5（国家地震局震害防御司，1990）。

（2）宁夏煤矿爆破。2007 年 12 月 20 日上午 11 时 30 分，由广东宏大爆破工程股份有限公司承接的“中国煤矿第一爆”——宁煤大峰矿羊齿采区硐室爆破工程在宁夏成功实施。此次爆破总装药量 5500t，在 0.75 s 内将 632 万 m^3 的山体“捏”得粉碎，其中一座 230 m 高的矿山下降近 50 m，爆破时无明显震感，粉尘控制良好。爆破效果超过预期，受到业主、业内人士和社会各界的高度评价。

我们利用国家地震台网 36 个地震台站记录数据测定该爆破参数，得到爆炸位置为 39.01°N，106.13°E，面波震级 M_S 为 4.2，地方性震级 M_L 为 4.1，中长周期体波震级 m_B 为 4.7，短周期体波震级 m_b 为 4.5。

（3）河南汝阳钼矿爆破。2018 年 1 月 3 日 10 时 31 分，陕西西安鹏程爆破工程有限公司承接的河南省洛阳市汝阳县钼矿北沟尾矿区硐室爆破工程成功实施，此次爆破总装药量为

508 t。河南地震台网测定的位置为33.97°N，112.45°E，地方性震级M_L为3.2。随后，河南省地震局成立工作组，开展了非天然地震现场调查。该矿区位于秦岭山脉东部，整体呈树枝形，植被茂盛，海拔628.42~1074.86 m，爆破区山顶到沟底相对高差127 m，地貌以构造侵蚀类型为主。场地基岩断层较多，断层均为正断层。矿区因长期作业开采，形成大面积采空区和纵横交错的地下坑道。该爆破位于山区，区域内基岩为花岗岩和安山岩，岩性稳定，未造成二次塌陷、滑坡等地质灾害。

为保证这次爆破的实施效果，2017年9月30日10时00分进行了试爆，爆破总装药量为78 t。河南地震台网测定试爆炸位置为33.97°N，112.42°E，地方性震级M_L为2.6。

（4）承德钢铁公司黑山铁矿爆破。1996年6月6—8日，承德钢铁公司黑山铁矿进行了4次爆破。黑山铁矿位于河北省承德县和隆化县交界处，属燕山山脉中北部，为构造剥蚀中山区，山势坡度不大，海拔850~1213m。矿区内与矿床成因最密切的是基性辉长岩和斜长岩，此基性岩体是沿太古界片麻岩东西向的大构造带侵入而成。河北省地震局布设了测线对这4次爆破进行了观测，爆破观测线沿王营村北沟布设，拾震器均布设在基岩上。彭远黔根据观测资料开展了爆破地震动强度预测、炸药量与爆破安全距离的关系、炸药能量转换为地震波能量的转换系数、爆炸地震烈度等方面的研究工作（彭远黔等，1997）。河北省地震局承德地震台将爆破记录进行整理，得到爆破参数见表16.2。

表16.2 承德钢铁公司黑山铁矿4次爆破参数

序号	日期	时间	地方性震级M_L	炸药量/t
1	1996年6月6日	13时57分	1.8	11.60
2	1996年6月7日	14时51分	1.5	8.880
3	1996年6月8日	13时22分	2.0	16.160
4	1996年6月8日	13时23分	1.2	2.324

（5）河北迁安铁矿爆破。2002年12月29日，首钢所属迁安马兰庄镇孟家沟铁矿爆破成功实施，此次装药总量为1300t，属于矿山A级大型爆破，在1.3s内掀起长450m、宽150m、高100m的山体，并将其整体抛掷到60m外的废弃矿坑中，为首钢开拓出一个新的铁矿露天开采平台。国家地震台站测定此次爆破的地方性震级M_L为3.6。

利用以上爆破资料，得到地方性震级M_L与地下装药量Q之间的关系，见图16.9，地方性震级M_L与爆破当量之间的经验公式为

$$M_L = 0.918Q + 0.923 \tag{16.33}$$

式中，Q为装药量，单位吨（t）。

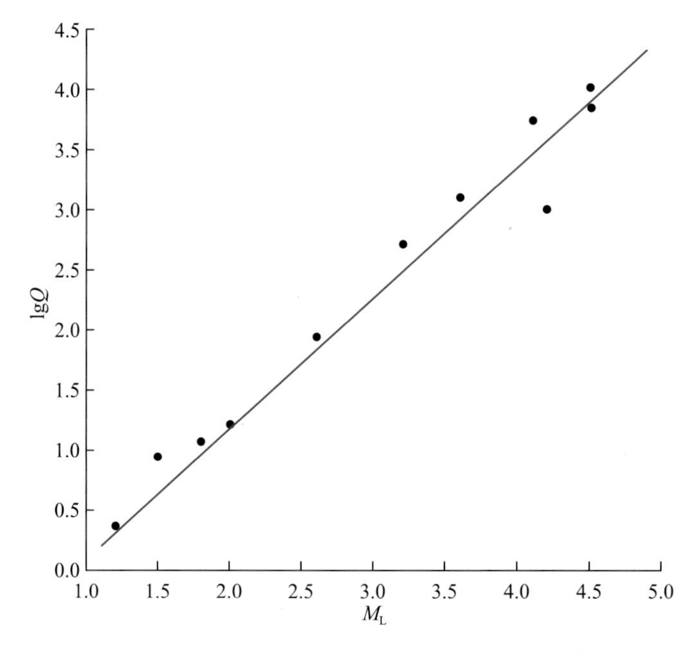

图 16.9　地方性震级 M_L 与 lg$Q$ 的正交回归直线

六、地面爆炸事故及当量估算

爆炸事故一般发生在地面，一部分能量在大气中传播，以地震波传播的能量比地下爆炸要小得多。

（1）2015 年 8 月 12 日，天津市滨海新区天津港的瑞海国际物流有限公司危险品仓库发生特别重大火灾爆炸事故，造成 165 人遇难、8 人失踪、798 人受伤，304 幢建筑物、12428 辆商品汽车、7533 个集装箱受损。后相关部门核定的爆炸当量约 450 t。天津地震台网测定的地方性震级 M_L为 3.1。

（2）2019 年 3 月 21 日 14 时 48 分，江苏省盐城市响水县陈家港镇化工园区内江苏天嘉宜化工有限公司化学储罐发生爆炸事故，并波及周边 16 家企业，事故造成 78 人死亡、566 人受伤。后相关部门核定的爆炸当量约 150t。江苏省地震局收集更多资料，在地震编目时测定的地方性震级 M_L 为 2.7。

（3）2019 年 7 月 19 日 17 时 45 分，河南省三门峡市河南煤气集团义马气化厂发生爆炸事故，造成 15 人死亡、16 人重伤。我们收集到河南地震台网和地方台网的资料，测定该爆炸事故的地方性震级 M_L为 1.8。

（4）2020 年 6 月 13 日 16 时 40 分，G15 沈海高速温岭市大溪镇良山村附近高速公路上，一辆槽罐车发生爆炸冲出高速公路，引发周边民房及厂房倒塌。截至 6 月 15 日 7 时，事故共造成 20 人死亡，172 人住院治疗。测定的地方性震级 M_L 为 1.3。

这些爆炸事故发生后，党中央、国务院高度重视，应急管理部迅速投入紧张的应急救援工作。快速测定爆炸事故的爆炸当量，对于各级政府开展应急救援工作至关重要。

对于地面爆炸事故，爆炸源在地表，激发地震波的能量比地下爆炸偏小，爆炸地震效率小于地下爆炸。通过对几次地面爆炸事故的研究，我们发现对于同样震级的地面爆炸和地下爆炸，地面爆炸的装药量是地下爆炸装药量的 1.82 倍。由此得到地面爆炸的地方性震级 M_L 与爆炸装药量 Q 的对照表，见表 16.3。

表 16.3 地面爆炸的 M_L 与装药量 Q 对照表

M_L	1.0	1.1	1.2	1.3	1.4	1.5	1.6	1.7	1.8	1.9	2.0
Q/t	2.2	2.9	3.6	4.7	6	7	9	13	16	22	27
M_L	2.1	2.2	2.3	2.4	2.5	2.6	2.7	2.8	2.9	3.0	3.1
Q/t	35	45	57	74	95	122	157	202	259	335	428
M_L	3.2	3.3	3.4	3.5	3.6	3.7	3.8	3.9	4.0	4.5	5.0
Q/t	551	707	909	1166	1500	1927	2480	3186	4109	14361	50909

对于 2019 年 7 月 19 日河南省三门峡市气化厂的爆炸事故，测定该爆炸事故的地方性震级 M_L 为 1.8，按表 16.3 估计爆炸当量在 16t 左右。

对于 2020 年 6 月 13 日 G15 沈海高速公路槽罐车爆炸事故，测定的地方性震级 M_L 为 1.3，由此估算的爆炸当量为 4.7t 左右。

第十七章　矿山地震的震级

矿山地震（Mine earthquake）又称矿山诱发地震（Mining-induced earthquake），简称矿震（Mine earthquake），是指矿山开采诱发的地震。

矿震属于矿山地下工程灾害的一种，也是矿山主要环境问题之一，具有突发性、连锁反应的特点。从能量和动力学的角度看，矿震不同于一般的矿山动力现象，没有明显的宏观前兆，来得突然、猛烈，且有极大的破坏性。矿震还会和其他矿山灾害相关联，包括瓦斯突出、煤粉尘爆炸、井下风暴、透水及煤体自燃造成的火灾等。矿震是造成矿井死亡事故的主要灾害，且破坏力随矿井的开采深度和开采强度的增加变得越来越严重（李世愚等，2004）。因此，快速、准确地测定矿震的震级，对于矿山的安全生产，具有重要的意义。

第一节　矿震的监测

矿震为发生在矿区范围内，在一定地质背景和地质构造条件下，既与区域应力场有某种关系，又与矿区构造运动相关联的各种矿山动力现象，并受矿山开采规模和开采方式影响而发生的地震（吴淑才等，1994）。矿震在煤炭系统称为煤体或岩体的“冲击地压”，在金属矿开采和隧道工程的施工过程中，会产生一些矿震，而能够引起矿区附近区域和隧道受到破坏的矿震被称为“岩爆（Rock burst）”，岩爆只占矿震的很小一部分（Salamon，1983）。在采矿专业术语中，“冲击地压”是指发生在回采面附近的突发性应变能释放现象。不同行业对矿震的定义有一定的差别，在地球物理学中，矿震是总称，而冲击地压、岩爆、煤爆、煤与瓦斯突出都是矿震震源的不同表现形式。

矿震和冲击地压主要是发生地点不同，动力机制没有本质区别。近期的研究证实，二者是在不同的传感系统从各自感官对观测到的现象所下的定义。矿震是依据地震台网的振动波形记录而言，而冲击地压则是依据井下支护系统和煤岩体所受到的压力和物质运动而言。更精细的调查表明，由于矿山地震记录系统的灵敏度有限，使得宏观记录所认定的“冲击地压”和“矿山地震”在发生时间、震源位置上可能相同，也可能差异很大。例如，有些冲击地压事件因物质运移猛烈，井下灾害严重，在场人员感受强烈，但因参与运移的物质与周围介质耦合不强，传播到地震台的地震波辐射能级并不高，地震台网的波形记录并不那么强烈（李世愚等，2004；张少泉等，1993）。

一、矿震监测台网

很早以前，人们就注意到采矿与地震的关系，为了保证煤矿的安全生产，国内外很多煤矿都建立了矿震监测台网。矿山地震监测台网建设的主要目的有两个方面，一是监测由于煤矿开采引发矿山地震，确保煤矿的安全生产。二是监测爆破震动效应，控制爆破的炸药量，使得煤矿的生产不会对周边人们生活和环境造成影响。

早在 1908 年，德国在鲁尔煤田的博卡（Bochcum）地区建立了第一个用于矿山观测的台站，该台站配有德国生产的维歇特地震仪。20 世纪 20 年代，德国在上西里西亚（后划归波兰）建立了第一个用于矿井监测的地震台网。1960 年以后，南非、德国、美国、中国、苏联、日本、英国、波兰等很多国家也相继建立了小孔径地震台网。

人们所观测到的最大的矿震，发生在德国南部的碳酸盐矿区，震级为 M_L5.6（Knoll，1990）。1975 年 6 月 23 日，在德国东部碳酸盐矿区发生了 M_L5.2 的矿震。南非最大的矿震发生在 1977 年 4 月 7 日克莱克斯多普（Klerksdorp）的金矿区，震级是 M_L5.2（Fermandez et al.，1984）。另一个较大的矿震发生在波兰，1977 年 3 月 24 日波兰的卢宾（Lubin）铜矿，发生了 M_L 4.5 地震（Gibowicz，1979）。目前世界上有记录的最深矿震发生在美国犹他州煤矿的 M_L3.7 矿震，震源深度 2~3km，据分析该矿震是由这一地区较强的天然地震引起采矿区应力变化与深部构造应力相互作用造成的。

在波兰贝乌哈图夫（Belchatow）金矿，1979 年 8 月记录到第一个矿震，而第一个有感矿震发生在 1980 年 2 月，1980 年 3—5 月，又记录到 2.8~3.6 级多次地震，1980 年 11 月 29 日记录到一次 4.6 级矿震，这是由地面开采诱发的最大的一次矿震。

南非的采矿业非常发达，1967—1970 年之间，在南非东北部德兰士瓦（Transvaal）的碳酸盐矿发生 2.3~2.7 级地震 5 次。奎亚蒂克（Kwiatek，G.）等人在南非的姆波能（Mponeng）金矿地下 3500m 深处，建立了一个 300m×300m×300m 的小型立体高密度的台网，这是目前全世界技术最先进、监测能力最高的矿山立体监测系统，记录最小的地震是 M_W-4.4（Kwiatek et al.，2010）。

我国很多矿山也曾发生过矿震，有的相当严重。1959 年，北京门头沟煤矿用当时中国科学院地球物理所研制的 581 微震仪（哈林地震仪改装）建立了我国第一个煤矿地震监测台网，监测冲击地压活动，1987 年 3 月 31 日，北京门头沟煤矿发生 M_L3.9 矿震。1994 年更换为 DD-2 微震仪，到 2000 年 6 月闭矿才停止工作，共记录到 11 万条矿震，并取得了很多科研成果；1956—1980 年，山西大同煤矿曾发生矿震 40 余次，最大震级为 3.4 级；吉林辽源西安煤矿 1954 年投产，1956 年就开始发生矿震，自 1974 年建立矿山地震台以后记录到 1.0 级以上的矿震近千次；辽宁北票台吉煤矿自 1971 年发生有感矿震以来至 1988 年，共发生 1500 余次矿震，其中 1977 年的矿震最大，震级为 M_L4.3，震中区地表和井下破坏达 7 度。这是我国记载的最大矿震，另一次最大的矿震是 1994 年 5 月 19 日下午 4 点 30 分发生的北京门头沟煤矿 4.3 级矿震（李世愚等，2004；张少泉等，1993）。

贵州四个煤矿矿务局所属的 10 个煤矿均发生过矿震。六枝矿务局的 6 个煤矿自 1965 年投产以来，1977 年在此处煤矿发生有感小震，1981—1982 年又发生 M_L4.1 震群。1985 年在六枝营盘等中部地区发生 M_L2.7 震群，涉及四角田、六枝、地宗、大用、凉水井等煤矿。1991 年在六枝、普定间发生 M_L4.1 震群，涉及化处和凉水井煤矿。在水城煤田中，大河边矿于 1985 年 7 月 6 日发生 M_L1.9 矿震，当月 9 日又发生 M_L2.8 有感矿震。在林东矿务局所属的息烽南山矿于 1991 年发生 M_L3.1 矿震。1990 年 10 月 23 日在开阳磷矿发生 M_L2.2 有感矿震（吴淑才等，1994）。

1976 年唐山地震后，吉林辽源煤矿、抚顺龙风煤矿、北票台吉煤矿、山西大同煤矿、河北开滦煤矿等陆续建立了煤矿地震监测台网。1979 年，中国科学院地球物理所在门头沟矿用当时的钟声牌录音机到矿井下进行地声观测。1984 年，中国地震局地球物理所用自制的慢速磁带地声仪在北京房山煤矿井下进行观测，并制作了基于单片机研制的专用处理设备，对地声信号进行事后数据采集，并对介质和震源参数进行提取和分析。1984 年，从波兰引进的地震观测系统分别在北京门头沟、四川天池、山东陶庄等几个煤矿投入观测，取得了明显的科学效益和经济效益（李世愚等，2004）。

2002 年开始，在科技部社会公益项目和国家自然科学基金的联合资助下，由中国地震局地球物理研究所牵头，在抚顺老虎台煤矿周围建立矿山地震监测系统，共 4 个测点，形成直径 6.3km 的小孔径台网。2006 年以后，这些煤矿地震台站进行了数字化改造，在煤矿的爆破震动效应和矿山地震监测中发挥了重要的作用。

2002 年以前，抚顺矿震监测主要依靠区域地震台网的抚顺中心台，定位效果不够满意。2003 年 1 月，抚顺煤矿建设了小孔径地震台网，到 2004 年 6 月，共记录了 690 个矿震，共获得 4868 条矿震波形记录。经炮点实际验证，2.0 级以上矿震的定位精度可达 130m 左右，深度定位可达 20m 左右（张少泉等，1993）。

二、矿震记录特征

矿震和天然地震都会产生地震波，但二者的发震机理不同。矿震通常是采矿活动引起了处于高预应力的地下岩石的应力变化导致的，而天然地震通常是由于地壳或地幔内部的岩石断裂或移动引起的。

吉博维茨等人将矿震分为两大类型，第一种和开采面的破裂变形相联系，第二种和大的地质间断面（断层）的运动相联系，二者都与矿山开采有关。根据以往的资料，第一种往往靠近开采工作面，震级较小，但对工作面冲击较大。第二种距离工作面较远，震级较大，地面震感较强，但工作面感觉反而不太强烈（Gibowitz and Kijko，1994）。

判断一次具体的事件是否属于矿震，首先看它的震源深度。一般来说，矿震的震源深度和开采深度相近，一般不超过 2km，而天然的构造地震的震源深度要深一些。其次，要看其波形记录，矿震的地震波周期比天然地震长，但频率范围相对较窄，地震波能量相对集中，这与矿震发生位置较浅及其短周期面波较为发育有关。

山西是能源大省，从北到南分布着丰富的矿产资源。随着能源的不断开发，矿震频度逐年增加，2015 年靳玉贞等人利用山西地震台网 2004—2012 年的资料，分析了山西大同、交城等煤矿的 121 个矿震（塌陷）波形记录特征（靳玉贞等，2015）。鹤岗煤矿资源丰富，至今已有近百年开采史。近年来，随着鹤岗矿区各煤矿进入深部开采，矿震的频度和强度在逐渐增加。2021 年，张思萌对鹤岗地震台记录的鹤岗地区天然地震、爆破和矿震进行对比分析。张思萌、靳玉贞的研究结果表明：天然地震（图 17.1）波形频率较高，频率范围相对较宽，优势频率集中在 0~40Hz，P 波较发育，初动尖锐；S 波能量较强，持续时间长，衰减较慢，能量不集中。矿震（图 17.2）的周期比天然地震的要长，频率范围相对较窄，优势频率集中在 0~7Hz，这与矿震所激发的地震波在较浅的地层传播有关。P 波初动方向多为向下，Sg 波较为清晰，能量相对集中（张思萌，2021；靳玉贞等，2015）。

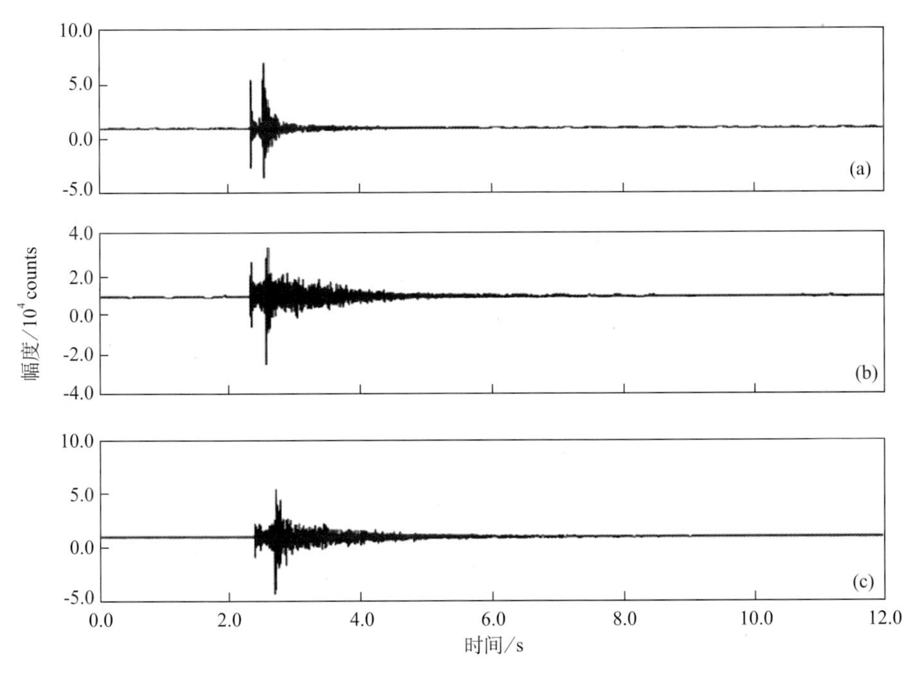

图 17.1　3 次天然地震原始波形（引自张思萌，2021）

（a）2018 年 5 月 M_L2.1 地震；（b）2019 年 1 月 M_L 2.4 地震；（c）2019 年 7 月 M_L 2.8 地震

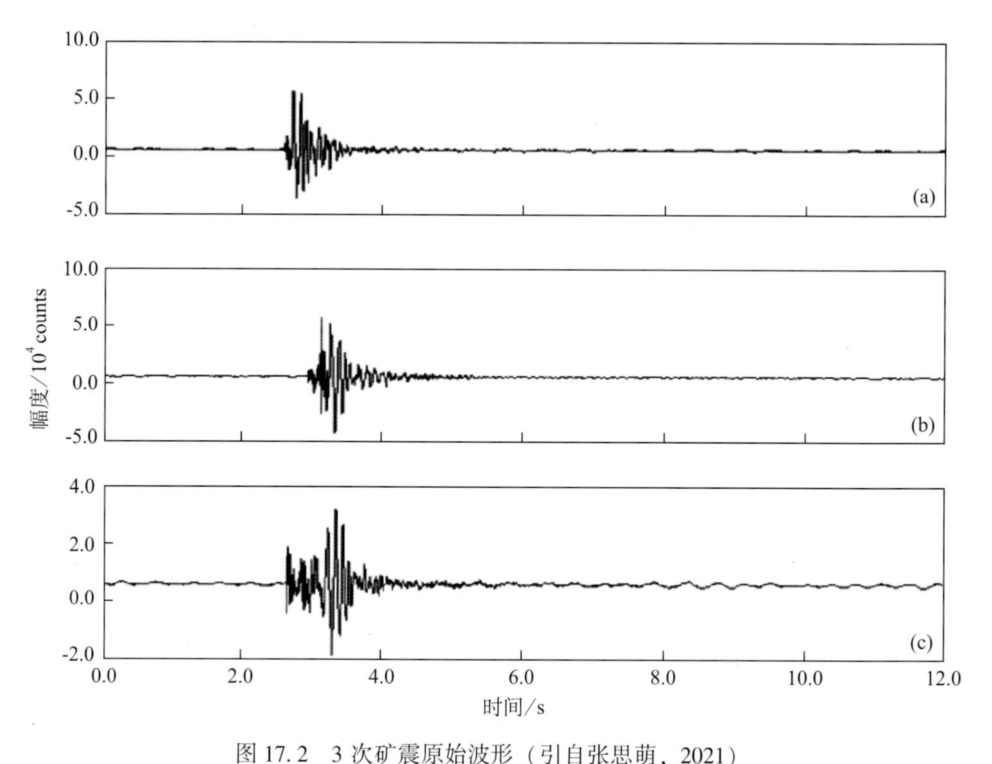

图 17.2　3 次矿震原始波形（引自张思萌，2021）

（a）2018 年 12 月 M_L 2.4 爆破；（b）2020 年 1 月 M_L2.3 爆破；（c）2020 年 5 月 M_L 2.5 爆破

1979 年，麦加尔发现矿震的地震效率（即地震波能量与震源破裂过程所释放的总能量之比）较低，他们利用驱动破裂的高剪切应力（在震源区 40～70MPa）与地震应力降之比，得到的地震效率为 0.26%～3.6%，并得到南非一个金矿矿震的地震效率约为 0.24%（McGarr et al.，1979）。

第二节　矿震的震级测定

矿震的震级都比较小，只能测定地方性震级 M_L 或矩震级 M_W。在现行的震级国家标准 GB 17740—2017 中，地方性震级 M_L 的量规函数只到 5km，5km 以内的量规函数是一个常数，不能满足矿震震级测定的实际需求。因此，需要测定矿震 5km 以内的量规函数。

不同的矿山，地质结构差异很大，对于煤矿而言不同的煤矿煤层厚度也不同，在近场地震波的衰减特性也不同。因此，对于不同的矿山，需要测定出近场精细的地方性震级的量规函数，才能准确地测定出矿震的地方性震级 M_L。

一、量规函数测定的基本原则

（1）系统性。新的量规函数要与震级国家标准 GB 17740—2017 的量规函数相对接，这样做有两个方面的优势，一是新的量规函数是对震级国家标准量规函数在 0~5km 的拓展，使得矿震的震级与天然地震的震级是一个完整的体系，二是确保矿震的大小能够与天然地震的大小能够相互比较。

（2）区域性。我国幅员辽阔，不同的煤矿地质构造不同，煤层厚度差异很大，量规函数的建立要充分考虑不同煤矿的差异。因此，对于不同的煤矿需要建立不同的量规函数。

（3）实用性。量规函数的建立要简单、实用，能够满足煤矿地震监测日常工作的需要，为煤矿安全生产提供重要依据。

二、矿震地方性震级的测定方法

矿山微震或爆破的 P 波和 S 波的频率较高，随着震源距的增加高频地震波迅速衰减。地面台站在 5km 内记录地震波的优势频率会达到 20Hz 左右，而井下巷道台站记录地震波优势频率会达到 80Hz 左右，在震源距 500m 内记录地震波的最高频率可达 140Hz。

研究表明，对于坚硬的岩石介质，在垂直向和水平向的最大振幅相差不多，而对于土壤介质，由于土壤的放大作用，同样震源距的不同台站记录水平向振幅会有一定的差别，而垂直向的振幅差别并不大（Alsaker et al.，1991；Bindi et al.，2005）。因此，在不同区域的台站使用垂直向测定地方性震级 M_L 的一致性，要比用水平向测定的一致性好，如果使用水平向资料测定 M_L，最好是使用台站校正值来对不同地质状况进行补偿。在 2013 年发布的《IASPEI 震级标准》中规定：如果地壳的地震波衰减与美国南加州不同，可使用垂直向地震记录测定地方性震级 M_L（见“第二十二章第二节：IASPEI 震级标准”）。

测定矿山微震的地方性震级 M_L 应使用仿真成伍德-安德森地震仪垂直向记录 S 波（或 Lg 波）的最大振幅，该最大振幅应大于干扰水平 2 倍以上，按照下面的公式计算：

$$M_L = \lg(A) + R(\Delta, h) \tag{17.1}$$

式中，A 为 S 波位移的最大振幅，单位为微米（μm）；Δ 为震中距，单位为千米（km）；$R(\Delta, h)$ 为量规函数。

图 17.3 是伍德-安德森地震仪归一化的幅频特性和相频特性，可以看出对于频率高于 1.25Hz（0.8s）的地震波，其灵敏度是一个常数，相当于一个高通滤波器，特别适合用于测定矿山微震或爆破的地方性震级 M_L。

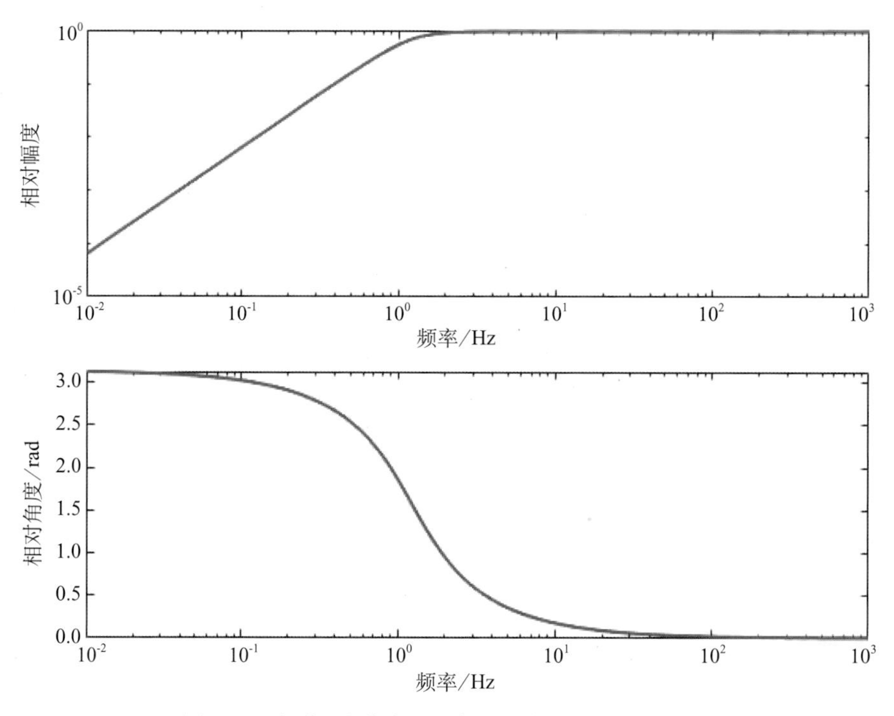

图 17.3　伍德-安德森地震仪的幅频特性和相频特性

三、近场地震波衰减规律

表征地震动参数随震级、距离、场地等因素变化规律的函数关系称为地震动衰减关系（Attenuation relation of ground motion）。工程地震学中的地震动衰减关系包含地震烈度、加速度、速度、位移峰值的衰减关系，以及地震反应谱、地震动持时、地震动包络函数的衰减关系（袁一凡等，2012）。我们所研究的地震波衰减关系主要是 S 波的位移峰值与传播介质参数的关系，即 S 波的位移峰值随传播距离的衰减关系。衰减关系具有很强的区域性，不同地区的震源性质、传播介质与场地条件都可能不同，衰减规律自然不同。

在研究近场地震波衰减规律的相关文献和书籍中，震源距一般用 r 表示。由点源激发的地震体波在震源距 r 处的位移可表示为几何扩散衰减因子和非弹性衰减因子（一个具有阻尼波形）的乘积，即

$$A(r,\ f) = A_0 S_0 B(r) D(r,\ f) \tag{17.2}$$

式中，A_0 为在震源处体波位移的振幅；S_0 与场地类型有关，称为场地参数；$B(r)$ 为几何扩散衰减因子；$D(r,\ f)$ 为非弹性衰减因子；f 为地震波频率。

几何扩散因子是震源距的函数，地震波质点振动强度随距离变化的几何衰减规律为：

$$B(r)=\frac{1}{r^m} \tag{17.3}$$

式中，m 为常数。

非弹性衰减因子是地球介质的阻尼和散射等引起的能量损耗，地震学用品质因子 Q 表示这一能量耗散机制，地震能量衰减与距离呈指数衰减，见下面公式（Lay and Wallace，1995）：

$$D(r, f)=\mathrm{e}^{-\pi fK} \tag{17.4}$$

式中，K 为衰减参数，可表示为品质因数 $q(r, f)$ 和弹性波速度 $v(r)$ 乘积倒数对传播路径的积分，有：

$$K(r, f)=\int_{s_1}^{s_2}\frac{\mathrm{d}s}{q(r, f)v(r)} \tag{17.5}$$

式中，s_1 为震源所在位置，s_2 为台站位置；在非均匀介质中，q 与震源距 r、地震波频率 f 有关，v 与震源距 r 有关。

如果是各向同性的均匀介质，q 和 v 都是常数，即为 Q 和 C：

$$K(r, f)=\frac{t}{Q}=\frac{r}{QC} \tag{17.6}$$

式中，Q 是品质因子，C 是弹性波速度。

为了使问题简化，将复杂的介质假设为各项同性的均匀介质，式（17.2）可简化为：

$$A(r, f)=A_0\frac{s_0}{r^m}\mathrm{e}^{-\frac{\omega r}{2QC}} \tag{17.7}$$

如果只考虑单一频率，在震源距 r 处地动速度的幅度与地动位移的幅度的关系为：

$$A(r)=A_0S_0\frac{1}{r^m}\mathrm{e}^{-ar} \tag{17.8}$$

式中，$a=\frac{\omega}{2QC}$，$\omega=2\pi f$。

从上式可以看出，矿震的几何扩散衰减因子与 $1/r^m$ 成正比，非弹性衰减因子与震源距呈指数衰减，高频成分衰减较快。

四、近场量规函数测定方法

对（17.8）式取对数，可得

$$\lg A(r) = \lg A_0 + \lg S_0 - m\lg r - (a\lg e)r \tag{17.9}$$

根据地方性震级的计算公式（17.1）可知，量规函数就是对地震波在传播中引起的幅值衰减补偿，它使同一地震事件在不同震中距上计算的震级相同，所以震中距越小，地震台站越靠近震中，补偿值越小。假设地震台站位于震源处，地震波不存在衰减和扩散，利用该点的地震测量计算震级，则不需要补偿，或需要较小的校正值，则有（李学政等，2003）：

$$M_L = \lg(A_0) + R_0 \tag{17.10}$$

式中，R_0 为较小的校正值。

由（17.1）、（17.9）、（17.10）式可得

$$R(r) = m\lg r + (a\lg e)r - \lg S_0 + R_0 \tag{17.11}$$

式中，e=2.7183，令 $N=R_0-\lg S_0$，则上式变为：

$$R(r) = m\lg r + 0.434ar + N \tag{17.12}$$

式中，N 为调整参数，使得在震中距为 5km 处，$R(5)$ 的计算结果与 GB 17740—2017 相对接。得到了参数 a、m 和 N 以后，就可以用上式得到 5km 内不同震源距 r 的量规函数。

第十八章　地震烈度与历史地震的震级

地震（Earthquake）即大地震动。包括天然地震（构造地震、火山地震）、诱发地震（矿山采掘活动、水库蓄水等引发的地震）和人工地震（爆破、核爆炸、物体坠落等产生的地震）。在通常情况下，地震指天然地震中的构造地震，是在地球内部发生急剧的变动，以及由此产生的地震波现象。表示地震规模的指标是震级，一个地震只有一个震级。

地震动（Ground motion）是指地震引起的地面运动，表示地震动规模的指标是烈度。地震发生后，不同区域地震动的规模不同，烈度也不同，一个地震会有多个烈度。

地震与地震动、震级与烈度的概念不同，准确理解这些概念的涵义及相互关系，对于确定地震规模与地震灾害分布具有重要意义。对于没有地震仪器记录的历史地震，其震级是由地震烈度来估算的。

第一节　地震烈度

地震引起的地震动及其影响的强弱程度称为地震烈度（Seismic intensity）简称烈度。地震动的强弱与地震的破坏程度有关，地震动强的地方，地震造成的破坏也强。因此烈度表示的是地震影响或破坏程度的大小，是衡量地震对一定地点影响程度的一种量度。地震发生后，不同地区受地震影响的破坏程度不同，烈度也不同，受地震影响破坏越大的地区，烈度越高。判断烈度的大小，是根据人的感觉、家具及物品振动的情况、房屋及建筑物受破坏的程度以及地面出现的破坏程度。烈度不仅受人的主观影响，还与震区的地质、建筑条件等因素有关。

影响烈度的大小有下列因素：震级大小、震源深度、震中距离、土壤和地质条件、建筑物的性能、震源机制、地貌和地下水等。在其他条件相同的情况下，震级越高，烈度也越大。用于说明地震烈度的等级划分、评定方法与评定标志的技术标准是地震烈度表，各国所采用的烈度表不尽相同。地震烈度表是把人对地震的感觉、地面及地面上房屋器具、工程建筑等遭受地震影响和破坏的各种现象，按照不同程度划分等级，依次排列成表，简称烈度表。目前，世界上烈度表的种类很多，以Ⅻ度较普遍，此外尚有Ⅶ度表和Ⅹ度表等。

我国使用的是Ⅻ度烈度表，其评定的主要依据是：Ⅰ~Ⅴ度以地面上人的感觉为主；Ⅵ~Ⅹ度以房屋震害为主，人的感觉仅供参考；Ⅺ度和Ⅻ度以房屋破坏和地表破坏现象为主。按这个烈度表的评定标准，一般而言，烈度为Ⅲ~Ⅴ度时人们有感，Ⅵ度以上有破坏，Ⅸ~Ⅹ度破坏严重，Ⅺ度以上为毁灭性破坏。具体内容参见国家标准《地震烈度表》（GB/T 17742—2020）（孙景江等，2020），我国使用的烈度简表见表18.1。

表18.1　我国使用的地震烈度简表

序号	烈度	地震影响或破坏程度
1	Ⅰ度	无感，仅仪器能记录到
2	Ⅱ度	微有感，个别非常敏感、完全静止中的人有感
3	Ⅲ度	少有感，室内少数人在静止中有感，悬挂物轻微摆动
4	Ⅳ度	多有感，室内大多数人，室外少数人有感，悬挂物摆动，不稳器皿作响
5	Ⅴ度	惊醒，室外大多数人有感，家畜不宁，门窗作响，墙壁表面出现裂纹
6	Ⅵ度	惊慌，人站立不稳，家畜外逃，器皿翻落，简陋棚舍损坏，陡坎滑坡
7	Ⅶ度	房屋损坏，房屋轻微损坏，牌坊，烟囱损坏，地表出现裂缝及喷砂冒水
8	Ⅷ度	建筑物破坏，房屋多有损坏，少数破坏，路基塌方，地下管道破裂
9	Ⅸ度	建筑物普遍破坏，房屋大多数破坏，少数倾倒，牌坊、烟囱等崩塌，铁轨弯曲
10	Ⅹ度	建筑物普遍摧毁，房屋倾倒，道路毁坏，山石大量崩塌，水面大浪扑岸
11	Ⅺ度	毁灭，房屋大量倒塌，路基堤岸大段崩毁，地表产生很大变化
12	Ⅻ度	山川易景，一切建筑物普遍毁坏，地形剧烈变化，动植物遭毁灭

地震烈度是以人的感觉、器物反应、房屋结构和地表破坏程度等进行综合评定的，反映的是一定地域范围内（如自然村或城镇部分区域）地震破坏程度的总体水平，须由专业人员通过现场调查予以评定。随着强震动台站密度的不断增加和对烈度测定方法的不断发展，将来地震烈度分布也有望由强震动台网中心产出，在现有的条件下，地震烈度还是要由科技人员通过现场调查予以评定。

地震学家根据历史文献、地方志等记录地震的资料，一般从以下3个方面对地震资料进行分类，以便确定震中烈度和烈度分布。

（1）人的感觉。烈度为Ⅰ~Ⅵ度以地面上人的感觉为主，从无感到使人惊逃，在许多不同的情况中，选取判断。例如：烈度为Ⅰ度时，人类无感，仅仪器能记录到；烈度为Ⅱ度时，反应比较灵敏的人有感；烈度为Ⅲ度时，少数人有感；烈度为Ⅳ度时，多数人有感；烈度为Ⅴ度时，人会在睡梦中惊醒；烈度为Ⅵ度时，人们会惊慌。

（2）人工设施的破坏。烈度为Ⅵ~Ⅹ度以房屋震害为主，人的感觉仅供参考。对于不同的建筑，破坏情况各异，从中分类归纳，作为判据。烈度为Ⅳ时，悬挂物摆动，不稳器皿作响；烈度为Ⅴ度时，门窗作响，墙壁表面出现裂纹；烈度为Ⅵ度时，器皿翻落，简陋棚舍损坏；烈度为Ⅶ度时，房屋轻微损坏，牌坊、烟囱损坏；烈度为Ⅷ度时，建筑物破坏，房屋多有损坏，少数破坏；烈度为Ⅸ度时，建筑物普遍破坏，房屋大多数破坏，少数倾倒，牌坊、烟囱等崩塌，铁轨弯曲；烈度为Ⅹ度时，建筑物普遍摧毁，房屋倾倒，道路毁坏。

（3）自然环境的破坏。烈度为Ⅺ度和Ⅻ度以房屋破坏和地表破坏现象为主。地震对山、川、河流等自然环境的破坏，使自然环境为之改变，从中选取材料，作为判据。例如：烈度为Ⅺ度时，地表产生很大变化；烈度为Ⅻ度时，山川易景，一切建筑物普遍毁坏，地形剧烈变化、动植物遭毁灭。

从概念上讲，震级和烈度是完全不同的两个概念，不可互相混淆。震级代表地震本身的大小，一个地震只有一个震级值。但对于同一次地震，地震烈度是因地而异的，它受着当地各种自然和建筑物的性能等多种因素影响，对震级相同的地震来说，如果震源越浅，震中距越小，则烈度一般就越高。另外，当地的地质构造是否稳定，土壤结构是否坚实，房屋和其他构筑物是否坚固耐震，对于当地的烈度高或低有着直接的关系。

每一次地震就好比一颗炸弹爆炸，对于一颗炸弹而言，炸弹的炸药量是一定的量。炸药量就相当于地震的震级，炸药量越大炸弹的威力就越强，而距炸弹爆炸点距离不同，炸弹的破坏程度就不同，距离爆炸点越近，破坏力就越大，距离爆炸点越远，破坏力就越小，炸弹的破坏程度就相当于地震的烈度。

第二节 历史地震的震级

历史地震（Historical Earthquake）是指有历史资料记载，而没有地震仪器记录的地震。有人认为上月或上年发生的地震就是历史地震，但从地震监测和地震参数测定的角度看，地震仪器的出现只不过一百多年的时间，而历史资料记载地震的时间却很长。因此，历史地震有其特有的涵义。

自古以来，人类就对地震这种自然现象进行观察和测量，试图对地震的大小进行描述和判定。历史地震震级的确定，对于地球的演化、地球动力学研究、地震烈度区划、地震危险性评估都具有重要的意义。现代地震学家通过史料记载，或通过现场考察的方式，将调查到的地震现象分门别类进行统计、比较，然后归纳为评判地震强弱的各种判据，从而得到地震烈度的分布，再根据地震烈度估算出震级的大小。

19 世纪 80 年代以前，地震学是以宏观观测和定性描述为主，19 世纪 80 年代以后，随着近代地震仪器的发展，地震学家才开始研究实际的地面运动。从震级测定的历史进程来看，大致可以分为震级估算和震级测定两个阶段。

在现代地震仪器未发明之前，人们只能依据历史记载，将记录地震现场宏观现象，综合起来分门别类进行比较，然后归纳为评判地震影响强度的各种依据，确定地震烈度分布。在一般情况下，震中区域烈度最高，该处烈度称为震中烈度，用 I_0 表示。烈度是以度表示的，目前我国使用Ⅻ度的烈度表。由于我国幅员辽阔，考虑到区域性特点，不同地区震级—烈度关系有一些差异。

在 1981 年出版的《中国地震》一书中，采用的震级—烈度关系为（李善邦，1981）

$$M_S = 0.58I_0 + 1.5$$

李善邦先生从各种文献中收集了公元前 12 世纪—1955 年，全国各省有记载地震 8000 多次，经过整理后，编辑完成了《中国地震目录》共 2 卷。

在 1995 年出版的《中国历史强震目录》一书中，使用了分区震级—烈度关系（国家地震局震害防御司，1995）。

大陆东部地区 $M_S=0.579I_0+1.403$

大陆西部地区 $M_S=0.605I_0+1.376$

中国台湾地区 $M_S=0.507I_0+2.108$

对于史料记载没有破坏的地震，但波及范围较大的地震，在 1995 年出版的《中国历史强震目录》一书中，给出了Ⅵ度线等效圆半径 R（单位：km）与震级 M 的关系（国家地震局震害防御司，1995）。

东部地区 $M=1.60\lg R+2.12$

西部地区 $M=1.68\lg R+2.24$

从以上介绍可以看出，如果能够确定震中烈度 I_0，就可以估算出地震的震级；如果无法确定震中烈度 I_0，可利用Ⅵ度线等效圆半径 R 来估计地震的震级。

历史地震的震级经常会出现 $4\frac{1}{4}$、$7\frac{1}{2}$、$6\frac{3}{4}$这样的写法，这是有特殊涵义的，表示该震级不是用仪器记录测定的，是使用烈度估算出来的，精度不是很高。例如 1920 年 12 月 16 日宁夏海原地震的震级是 $8\frac{1}{2}$，而没有写成 8.5，二者的意义不同。

第三节 全球历史地震的震级

19 世纪以前，世界各国对地震的研究主要以宏观观测和定性研究为主。从事历史地震研究的人员一般都是根据历史文献、地方志等资料，或经过现场考察的方法来确定历史地震的大小。地球在整个地质时期都经受过地震，有关地震的文字记载可追溯到过去的几千年。

在古代，地震被认为是上帝或其他某种超自然的力量对人类某种不端行为而施加的一种惩戒。米尔恩（John Milne，1850—1913）曾总结过各种神话般的地震成因说，地震是由于大鲶鱼翻身（日本）、青蛙（蒙古）、公猪（印尼）、乌龟（美洲印第安人）的扭动所造成的地面运动，从而给人类造成了灾害（Benjamin，1990）。

地中海及其周边国家的地震活动性很高，对地震作出自然解释的首次尝试发生在该地区。早在公元前 580 年，古希腊的萨勒斯对磁性的研究很有名，他的故乡在米勒特岛，在那里海洋的破坏力给他留下了深刻的印象，他相信地球是漂在海洋上的，水的运动产生了地震。相反，大约在公元前 526 年逝世的安乃克西门内斯（Anaximenes）认为地球的岩石是造成震动的原因，当岩石在地球内部落下时，它们将碰撞其他岩石产生震动。公元前 428 年安那克隆拉斯（Anaxagoras）认为火至少是一些地震产生的部分原因。然而，在这些大胆的解释中却没有一个是地震发生的真正成因。

公元前 340 年，亚里士多德（Aristotle）对地震的成因发起了讨论，其论著的重要性在于他不是从宗教或占星术中寻找解释，而是从地震造成的自然现象中找地震的成因。他认为地下洞穴将像暴风雨造成闪电一样产生火，这股火将快速上升，如遇到阻碍将强烈爆发穿过岩石，引起震动和响声。后来他认识到地震与某些火山喷发有关，因为火山喷发常有大量的气体猛烈喷出。另一种看法则认为，火山喷发后由于洞穴的顶部坍塌产生了地震，笛卡尔（René Descartes）认为是地下气体的爆炸引起了地震。到了 17 世纪初，已经发表了有关地震效应的描述和记录，当时已能认为地面位移是地震的一种效应，但还没能与震源的震动联系在一起。1737 年，富兰克林（Benjamin Franklin）对地面的长裂纹和峡谷形成曾作过描述，认为这些地质现象可能与地震有关。1755 年，人们还一直认为地下风和地下爆炸是产生地震的原因，温斯罗普（John Winthrop）在讨论当年英格兰地震时曾这样描述，因水射到热岩上或由地下火焰产生的蒸汽膨胀而产生了地震（Benjamin，1990）。

18 世纪中期，在牛顿力学影响下研究人员开始发表研究报告，这些研究报告很重视地震的地质效应及地震破坏情况，包括山崩、地面运动、海平面变化和建筑物破坏。1750 年英国伦敦明显感觉到几次地震，因而被文人们称为“地震之年”。当年 2 月 8 日，伦敦人明显感觉到窗户作响，有些人家里的家具被震到了大街上；3 月 6 日，又有一次强烈的地震发生，使烟囱掉下，建筑物倒塌，教堂钟摇晃。哈尔斯（Hales）以自述的方式描写了该地震：

“我在伦敦的楼房一层被惊醒，很敏感地觉得床在起伏，地面必然也在起伏。在房子里有含糊的突发噪声，最终空气里传来像小炮一样的大声爆炸声，从地震开始到结束有3~4s的时间”。

1755年11月1日，里斯本大地震对地震科学研究起到了关键性的作用。该地震袭击了伊比利亚半岛，在葡萄牙和西班牙震感强烈，该地震引发海啸，造成6万多人死亡。幸存者对这次大地震有以下描述：“首先城市强烈震颤，高高的房顶像麦浪在微风中波动。接着是较强的晃动，许多大建筑物的门面像瀑布一样落到街道上”。然后，海水几次冲向塔古斯河并涌向城里，淹死毫无准备的百姓，淹没了城市的低洼部分。随后教堂和私人住宅起火，许多起分散的火灾逐渐汇成一个特大火灾，肆虐3天，摧毁了里斯本的城市。英国工程师米歇尔（John Michell）根据该地震的观测资料，于1760年试图用牛顿力学原理讨论地面震动，他相信“地震是地表以下几英里深处岩石移动引起的波动”，他的一个重要的结论是：“地震波的速度能用地震波到达两点之间的时间来实际测量”，他用实际资料计算出里斯本地震的波速约为5.0km/s。现在看来米歇尔得到的结果未必准确，但他首次作出这类计算对人类定量分析研究地震的贡献不可磨灭。后来，地震学家根据当时的历史记载，确定该地震的震级为8.5。

直到19世纪人们才注意到岩石断裂的重要意义，并积累了地表断层的观测资料，1819年6月16日印度库齐丛林沼泽地的一次地震形成了一个高3~6m的山崖，即安拉朋德构造，后来地震学家根据历史记载，确定该地震的震级为8.3。

1857年1月9日，美国加利福尼亚蒂洪堡地震产生了一条长达110km的断层，该地震的震级后来被定为8.3；1891年10月27日的日本美浓—尾张地震的断层长度为110km，垂直位移为6 m，该地震的震级后来被定为8.4。在此期间，希腊人已经注意到软地基上的建筑物比硬地基上的破坏厉害，并开始定期保存公布的地震事件。

1906年4月18日，旧金山地震发生时，曾出现过长达435km，最宽达6m多的走向滑动的地表断层，该地震的震级为7.8。1910年美国地质学家里德（Harry Filding Reid, H. F., 1889—1944）根据旧金山大地震时发现圣安德列斯断层产生水平移动的现象，提出了弹性回跳（Elastic rebound）理论。

地震是一种全球性的自然现象，对于这一点，人们在很久以前就有了认识。19世纪中叶，法国天文学家佩利（A. Perrey）为了研究某些天文事件与地震频度之间的关系，创建了一个由世界各国的记者、科学家和普通公众组成的通讯联络网，这些人负责记录地震、潮汐和火山活动，并把记录报告寄给佩利。1840年胡佛（V. Hoff）通过收集全球地震文献记载和相关资料，首次发表了全球地震目录（Bolt，2000）。

1840年以后，一些国家开始建立专门的地震机构，通过文献资料记载，整理地震目录，并通过地质构造填图、化石分类和矿物分析去研究地球，在这方面作出重要贡献的主要有印度地质调查所（Geological Survey of India，GSI）、美国地质调查局（United States Geological

Survey，USGS）和国际地震中心（International Seismological Centre，ISC）。

（1）印度地质调查所（GSI）。印度地质调查所成立于1857年，1899年由该所所长奥尔德姆（T. Oldham）发表的一份描述1897年6月12日印度东北部阿萨姆地震的报告，这是人类有史以来记载最详细的一份地震报告。阿萨姆地震在450万km^2的地区都有感，在$23000km^2$区域内几乎是毁灭性的破坏，由于该地区人口密度较小，死亡人数不到1000人。地震的震动时间持续不到1分钟，砂质土壤表现得像流体一样，在地表几乎没有断层破裂出现，地震使地面变得像耕犁过似的，草皮被撕破，泥块被抛向不同的方向。建于地面上的房屋下沉，只剩下房顶还依稀可见。地震把32km以内的树木一扫而光，松散沉积物形成的地面突然倾斜产生了许多大裂缝，最大的垂直位错达10m，其东侧相对西侧上升，该地震的震级被确定为8.7。印度地质调查所是印度最大的地质调查研究机构，其主要工作涉及到三个方面的领域，即资源调查、环境和地球系统研究及地学信息的传播。

（2）美国地质调查局（USGS）。美国地质调查局成立于1879年，USGS成立之初只有38人，当时所开展的一项重要工作就是整理了1811—1812年发生的沿密西西比河的1870次地震目录，并整理了3次地震的调查报告。1811年12月16日一系列地震发生在南密苏里州南部的新马德里地区，持续1年多的时间，第一次大地震发生在1811年12月16日，第二次在1812年1月23日，而最强烈的地震发生在1812年2月7日。地震波的幅度高达许多英尺，冲破土地，留下平行的裂缝，砂从地缝中喷出，地面形成裂纹和喷砂口。水蒸气和尘埃充满空气，使得天昏地暗。地震的一个显著特征是形成“沉陷地”，一个约240km长，60km宽的地区下沉1~3m，密西西比河水冲进沉陷地区，形成新的湖泊、沼泽和支流。田纳西的里尔富特湖就是这时形成的，该湖长12km，宽3km，至今仍然存在（Bolt，2000）。100多年来USGS工作领域逐步拓宽，其中两次较大变化是：1900年开始从事国际地质工作，工作领域从国内拓展到国外；1960年开始月球地质工作，工作领域从地球拓展到月球。

（3）国际地震中心（ISC）。1890年，地震学家米尔恩教授就认识到进行国际地震资料交换的重要性，1895年他任地震观测委员会理事长，在世界各地建设地震台站，系统地收集地震观测资料。到1897年在全球各地建设了60多个地震台，每半年发表一次地震观测报告《夏德通报》(Shide Circulas)，到1912年共出版《夏德通报》27期，1913年米尔恩逝世，1918年《夏德通报》改为《国际地震资料汇编》（International Seismological Summary，ISS）。1960年，在联合国教科文组织（UNESCO）的主持下，在巴黎召开了如何更好地利用ISS资料的讨论会，会议决定1964年成立国际地震中心（ISC），1964年ISC在英国爱丁堡(Edinburgh）成立，这是第一个收集全世界范围地震观测资料的组织，出版《国际地震中心公报》(Bulletin of the International Seismological Centre)。1970年，在联合国教科文组织和其他国际性科学团体的帮助下，ISC被重新组建成为一个国际性的非政府组织，经费由各个国家感兴趣的研究机构资助。最初得到7个国家支持，现在已经发展到131个成员单位，包括政府部门、国家级学术机构和大学。

1978 年经国务院和国家地震局批准，国家地震局地球物理研究所代表中国地震局开展地震、地磁的国际资料交换工作。1980 年 9 月，ISC 在维也纳召开指导理事会，中国地震局派秦馨菱教授参加了这次会议，并当选为理事，从此我国正式加入 ISC。

第四节　我国历史地震的震级

烨烨震电，不宁不令。
百川沸腾，山冢崒崩。
高岸为谷，深谷为陵。
哀今之人，胡憯莫惩？

这是选自《诗经·小雅》“十月之交”第八章，根据历史学家考证，“十月之交”共八章，每章八句，第八章是具体描写周幽王二年（公元前 780 年）西周的地震，这次地震很大，影响到西周（约今潼关以西）的大部分地区。“不宁”是指地不宁，即地动，“不令”是指不通告给人们周知。诗中惊叹地震突如其来，迅如闪电，震动之大，山河为之改变。

时任中国科学院院长的郭沫若先生也关注了这次地震的“震电”现象，1960 年 4 月 1 日，他在给地球物理研究所所长赵九章（1907—1968）先生的一封信中写道：“强烈的地震前发现红光，这个现象在 2740 多年前（这次地震发生在 1960 年之前 2742 年）的古人似乎已经注意到……。值得注意的是诗中谈到“电”，当时已是阴历十月，是不应有雷电的，我揣想，可能就是烈震前的红光。供参考”。郭沫若先生信中的“红光”，就是我们现在所说的地光。很多人都见过郭沫若先生的书法作品，但关于地震现象的书法作品却（图 18.1）罕见。

我国自殷代（公元前 1401 年商王庚迁殷，改国号为殷）开始的历朝历代都设有史官，专门记载国家大事，记录地方大事的地方志也有悠久的历史。地震在古代被视为严重的灾异，所以一旦有地震发生，在国家层面和地方层面都能找到相应的记载。

我国是一个多地震的国家，几千年来中国人民在与地震灾害的斗争中付出了极大的代价。我国最早的地震记载在《竹书纪年》中，书中一共记载了 4 次地震，其中最早的两次发生在夏代末期：一次是夏“帝发七年（公元前 1831 年）的泰山震”，另一次是夏“帝癸十年（公元前 1809 年），五星错行，夜中陨星如雨，地震，伊洛竭”。伊洛是指河南的伊水、洛水。也就是说我国最早记录地震的史料已经有 3800 多年了，到公元前 780 年起中国北方的地震记载就已经比较完整了（Bolt，2000）。

在《国语》卷 1《周语》中记载了公元前 780 年（周幽王二年）陕西岐山地震：“幽王二年，西周三川皆震，是岁也，三川（泾、渭、洛）竭，岐山崩”。

在《汉书·五行志》中记载了公元前 70 年 6 月 1 日（汉宣帝本始四年四月壬寅）山东

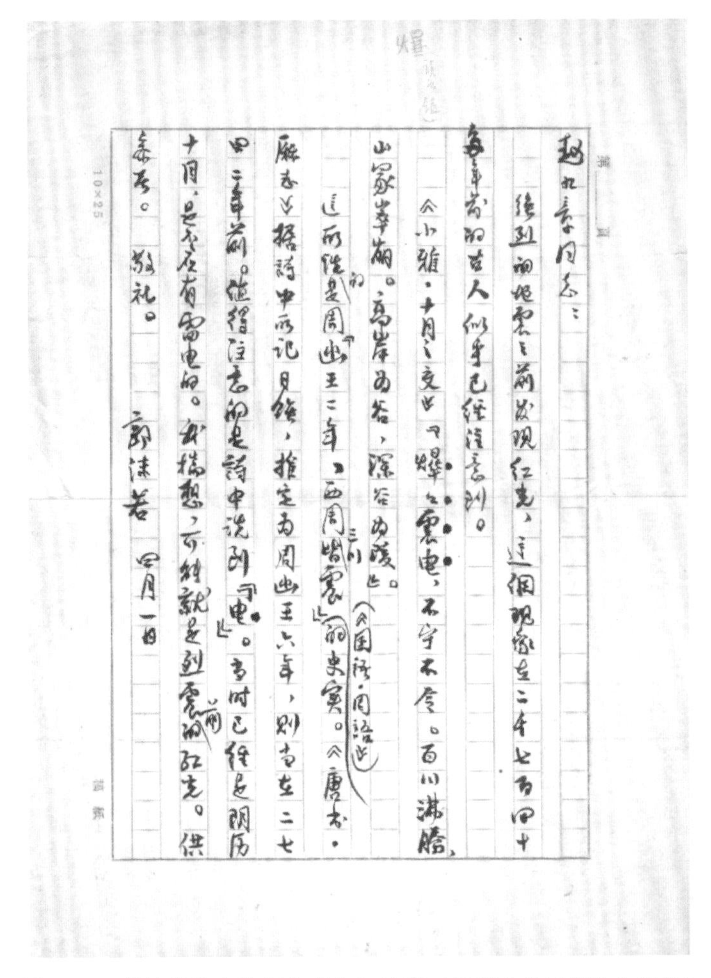

赵九章同志：

谈到地震之前发现红光，这個现象在二千七百四十多年前的古人似乎已经注意到。

《小雅·十月之交》："爗爗震电，不宁不令。百川沸腾，山冢崒崩。高岸为谷，深谷为陵。"

这所说是周幽王二年，西周三川皆震（《国语·周语》）的史实。《唐书·历志》据诗中所记日蚀，推定为周幽王六年，则当在二七四二年前。值得注意的是诗中说到"电"。当时已经是阴历十月，是不应有雷电的。我揣想，可能就是地震前的红光。供参考。

敬礼。

郭沫若 四月一日

图 18.1 郭沫若先生给赵九章先生的信（原稿由肖承邺先生提供）

诸城、昌乐一带地震："本始四年四月壬寅地震，河南以东四十九郡皆震，北海琅琊坏祖宗庙城廓，山崩水出，杀 6000 余人。被地震坏败者，勿收租赋"（国家地震局震害防御司，1995）。

有些历史记载如此之详细，现代研究人员可以据此了解当时地震的破坏分布情况，从而判断出地震的大小。如 1556 年 2 月 2 日（明嘉靖 34 年 12 月 12 日子时）陕西华县发生了一次强烈地震，造成 83 万人死亡，这是人类有记录以来死亡人数最多、损失最大的一次地震。据史料记载，该地震使陕西、山西、河南 3 省 97 州县遭受破坏，波及陕西、山西、河南、甘肃、河北、山东、湖北、湖南、江苏、安徽等 10 省 130 余县。余震月动三五次者半年，未止息者三载，五年渐轻方止。

现代地震工作者根据这些记载，确定地震位置在 34.5°N、109.7°E，震中烈度为Ⅺ度，震级为 $8\frac{1}{4}$ 级（国家地震局震害防御司，1995）。2010 年，原廷宏和冯希杰编写的《一五五六年华县特大地震》一书由地震出版社出版，为我们了解和研究这一发生在中国的世界上灾害最大的地震提供了详细的资料（原廷宏等，2010）。

1679年9月2日（清康熙十八年七月二十八日）三河平谷地震是当时北京附近的大地震，在121个州府县志中都有记载，在清《三冈识略》中就有这样的记载："七月二十八日巳时初刻，京师地震……是夜连震三次，平地坼开数丈，德胜门下裂一大沟，水如泉涌。官民震伤不可胜计，至有全家覆没者。二十九日午刻又大震，八月初一日子时复震如前，自后时时簸荡，十三日震二次。……二十五日晚又大震二次。……积尸如山，莫可辨认。通州城房坍塌更甚。空中有火光，四面焚烧，哭声震天。有李总兵者携眷八十七口进都，宿馆驿，俱陷没，止存三口。涿州、良乡等处街道震裂，黑水涌出，高三四尺。山海关，三河地方平沉为河。环绕帝都连震一月，举朝震惊"。现代地震工作人员根据这些记载，确定地震位置在40.0°N、117.0°E，震中烈度为Ⅺ，震级为8.0级（国家地震局震害防御司，1995）。

1920年12月16日我国宁夏海原发生了强烈地震，造成24万人死亡，毁城四座，数十座县城遭受破坏。它是中国历史上一次波及范围最广的地震，宁夏、青海、甘肃、陕西、山西、内蒙古、河南、河北、北京、天津、山东、四川、湖北、安徽、江苏、上海、福建等17地有感，有感面积达251km^2。海原地震还造成了中国历史上最大的地震滑坡。地震发生时山崩土走，有住室随山移出二三里。灾区有的窑洞压死100多人；有的村庄300多口人在山崩时同葬一穴。死者陈尸百里，伤者遍地哀嚎，野狗群出吃人，灾民情景惨不忍睹（中国地震局震害防御司，1999）。

当时各地的县志等历史资料记录比较详细。该地震造成东六盘山地区村镇埋没、地面或成高陵或成陷深谷，山崩地裂，黑水横流，海原、固原等四城全毁。只海原一县死73604人，死亡为59%。全区因地震死伤者不下20万人。据解放后调查：断裂带东南起于海原县李俊堡，经肖家湾，西安州和干盐池至景泰，全长200km，断裂的总体走向为北偏西50°~70°，在肖家湾向东南转为南偏东10°~20°。在整个断裂带上以李俊堡至干盐池一段断裂较为发育。

现代地震工作者根据这些资料记载，确定该地震的等震线图，宏观震中为36.5°N、105.7°E，震中烈度定为Ⅻ度，震级为$8\frac{1}{2}$级。

第十九章　地震预警的震级

地震发生时，利用离震源最近的少量地震台站记录地震初期的震动信息，快速测定地震参数，并对尚未传播开来的地震动大小、烈度分布、影响范围和影响程度进行预测和警报称为地震预警（Earthquake Early Warning，EEW）。地震预警系统主要由实时地震定位、实时震级估算、预警目标区烈度估计、预警信息发布、预警信息接收与紧急处置等几部分构成，其中实时震级估算是地震预警系统中最关键，也是最难做的一部分（金星，2012，2021）。

地震预警的震级测定是地震学家面临的一个具有挑战性难题，其难度在于所用的台站离震中较近，并且只能利用P波出发后几秒的信息，此时P波的发育还不充分，难以准确测定震级。

地震预警的挑战性就在于“预”，即在地震发生的时候，使用震源刚刚破裂的有限信息，来预测正在发生地震大小。对于破坏性地震，断层的破裂长度可达几百千米甚至达到上千千米，断层破裂时间可达几百秒。由于大地震震源的复杂性，震源谱是复杂的非线性函数，几秒的P波只是断层破裂的开始，用这么短的P波来预测震源破裂的整个过程和地震的规模，具有很多的不确定性。因此，地震预警的震级确定不称为测定，而称为估算。

第一节　震级估算方法

地震预警的震级只能利用较短的P波周期、振幅的特征值信息，通过大量的震例得到这些特征值与震级之间的关系，用实用化的经验公式，来估算地震的大小。为此，需要利用一定数量的6.0级以上地震P波特征值，以及这些地震的震级，然后将这些地震的P波特征值与震级建立联系，得到P波特征值与震级之间的经验公式。因此，准确测定已发生地震的震级，是快速估算正在发生地震震级的基础。

为了能够达到一定的减灾实效，地震预警系统还要求所发布的信息具有足够的可靠性，因此必须发展一些实用化、稳定可靠的实时震级估算方法。目前，国内外已发展了一些实用的实时震级估算方法，这些方法大致可以归纳为：与周期（频率）相关算法、与幅值相关算法、与强度相关算法（金星等，2012；张红才等，2012）。

一、用 P 波周期估算震级

地震的发生总是伴随着断层的滑动，地震震级越大，断层的滑动量也会越大，地震记录中长周期地震动的成分也将越丰富。因此，在初始阶段的波形记录中提取地震动周期信息，可以用来估计地震的规模，与周期相关的预警震级估算方法也就是基于这一基本原理。

地震时，从震源发出的地震波在岩层中传播时，经过不同性质地质界面的多次反射，将出现不同周期的地震波。若某一周期的地震波与地基岩层固有周期相近，由于共振的作用，这种地震波的振幅将得到放大，此周期称为卓越周期（Predominant period）。

1988 年，中村提出了利用实时速度记录计算地震动卓越周期的算法（Nakamura，1988），后来多位学者采用该方法进行了相关研究，卓越周期计算公式如下：

$$\tau_i^{\mathrm{p}} = 2\pi\sqrt{\frac{X_i}{D_i}} \tag{19.1}$$

$$X_i = \alpha X_{i-1} + x_i^2 \tag{19.2}$$

$$D_i = \alpha D_{i-1} + (\mathrm{d}x/\mathrm{d}t)_i^2 \tag{19.3}$$

式中，τ_i^{p} 是时间为 i 处的卓越周期；x_i 是地面运动速度值；X_i 是平滑后地面运动速度导数的平方值；α 是平滑参数，它决定了平滑速度，一般取 0.999。该方法一般取 3s 长度的 P 波段波形。

金森博雄提出了一种改进的特征周期计算方法，即 τ_c 方法，计算公式如下（Kanamori，2005）：

$$\tau_c = \frac{2\pi}{\sqrt{r}} \tag{19.4}$$

$$r = \frac{\int_0^{\tau_0} \dot{u}^2(t)\,\mathrm{d}t}{\int_0^{\tau_0} u^2(t)\,\mathrm{d}t} \tag{19.5}$$

式中，积分区间 $[0,\ \tau_0]$ 即从台站触发开始计，如果时间窗长度 τ_0 选择太长，那么可以用于预警信息发布的时间就会变短；如果 τ_0 选择过短，又不能准确估计地震的规模。1997 年，金森博雄等综合考虑各种因素，建议取为 3s（Kanamori et al.，1997）。吴逸民和金森博雄分析认为，在 3s 的时间内对于 6.5 级以下的地震，震源破裂的主体已基本完成，可以根据 τ_c 对地震的规模做出比较准确的估计。而对于更大的地震，也能够对地震是否具有破坏性快速做出判断（Wu et al.，2005）。

运用巴什瓦定律，对上式进一步分析可以得到

$$r = \frac{4\pi^2\int_0^\infty f^2 \mid \hat{u}(f) \mid^2 \mathrm{d}f}{\int_0^\infty \mid \hat{u}(f) \mid^2 \mathrm{d}f} = 4\pi^2\langle f^2\rangle \tag{19.6}$$

式中，$\langle f^2\rangle$ 为位移谱关于 f^2 的平均频率。因此，计算得到的 τ_c 值本质上对应了位移谱中心位置处的周期。如果使用前 3s 内全部为 P 波，根据布龙震源模型，对于中小地震，τ_c 本质上就是 P 波的拐角周期（拐角频率的倒数）；而对于破裂尺度较大的破坏性地震，τ_c 也是衡量地震规模的有效参数（Wu et al.，2005，2008）。

采用该方法，震级 M 与 τ_c 之间有以下经验关系：

$$M = a + b\lg(\tau_c) \tag{19.7}$$

金星等利用日本强震观测台网（KiK-net）记录到的 55 个地震事件（M_J4.0～7.3）和 87 个汶川地震余震（M_L3.5～M_S6.3），如果不考虑不同震级之间的差别，震级统一用 M 表示，则震级 M 与 τ_c 之间的关系如下（金星等，2012）：

$$\lg(\tau_c) = 0.28M - 1.48 \pm 0.14 \tag{19.8}$$

$$M = 3.57\lg(\tau_c) + 5.29 \pm 0.50 \tag{19.9}$$

吴逸民采用上述方法，使用我国台湾地区、美国南加州以及日本等 3 个地区的 54 个 4.1～8.3 级地震的资料，得到了 τ_c 与矩震级之间的关系为（Wu et al.，2007）：

$$M_W = 3.373\lg(\tau_c) + 5.787 \pm 0.412 \tag{19.10}$$

研究结果表明，由于只使用 3s 的 P 波资料，对于 7.0 级以上地震，用 τ_c 估算的震级会出现“震级饱和”现象（Kanamori et al.，2005；金星等，2012）。

二、用 P 波振幅估算震级

由地震动幅值估算震级的方法似乎与传统震级计算方法更接近，也更容易理解，但是仅利用 3s 的 P 波信息，相对于整个波列的信息而言这是相当有限的。由于可用信息的有限性，由幅值参数估算震级与传统的地震震级计算之间还存在着本质的区别。

吴逸民等人将 P_d 定义为采用2阶高通巴特沃斯滤波器（低频截止频率为0.075 Hz）滤波后的位移记录中P波触发3s时间内的位移幅值。他们利用发生在美国南加州地区地震的强震动记录，统计得到了 P_d 与震级间存在的关系并用于地震预警系统中。研究还表明，P_d 与地震动峰值速度（Peak Ground Velocity，PGV）、地震动峰值加速度（Peak Ground Acceleration，PGA）之间都存在着良好的相关性，因此 P_d 参数也可以作为预警目标区地震烈度估计的有利判据之一（Wu et al.，2007）。

地震动在地球介质中传播时由于几何扩散、介质吸收、反射折射等因素的影响，幅值会随着震中距的增大而衰减，地震震级的测定过程中就是利用了这种衰减关系。类似地，地震预警中若已知P波段的幅值，那么也可以根据地震波衰减关系推算得到地震的震级。

地震记录P波段的位移、速度和加速度最大值与震级之间有一定的关系，可以用来估算震级。研究结果表明，位移振幅的最大值与震级的对应关系更好一些。国际上也大都采用位移参数进行地震预警的震级估算（马强，2008）。由于垂直向分量中的P波最为发育，因此一般也都从垂直向记录提取位移幅值参数（Wu et al.，2005）。

吴逸民利用发生在美国南加利福尼亚州的强震动记录，提出了 P_d、震源距 R 与震级 M 之间的经验关系，并把这个关系用于震级估算

$$\lg(P_d) = A + BM + C\lg(R) \tag{19.11}$$

式中，P_d 为采用高通巴特沃思滤波器（低频截止频率为0.0075Hz）滤波后的位移记录中、P波触发若干秒内的峰值地动位移；M 为事件震级；R 为震源距；A、B和C分别为拟合参数。吴逸民等人利用美国南加州地区的地震记录，选用3s的P波低通滤波后的位移幅值 P_d 的衰减关系，来预测震级并应用到地震预警系统中（Wu et al.，2006）：

$$\lg(P_d) = -3.463 + 0.729M - 1.347\lg(R) \pm 0.305 \tag{19.12}$$

金星等人借鉴了吴逸民、金森博雄的相关研究，选用与之相同的 P_d 定义及测定方法，得到了如下估算震级的公式：

$$M = 0.91\lg(P_d) + 0.48\lg(R) + 5.65 \pm 0.56 \tag{19.13}$$

研究结果表明，对于6.5级以上地震，采用位移幅值 P_d 估计震级，也会明显“低估”实际震级，出现“震级饱和”现象（金星等，2012）。

三、用峰值位移估算震级

金星提出了一种预警震级的实时算法，将速度计和加速度计记录的地震波形进行实时基线校正，并仿真到DD-1短周期仪器（地震计固有周期为1.0s，阻尼为0.707）位移记录，

由震中距为 Δ，台站记录得到的水平向位移振幅值的最大平均值 U_m，则台站测定的地方性震级 M_L 可用下面的公式表示（金星，2021）：

$$M_L = \lg U_m + R(\Delta) + S \tag{19.14}$$

式中，$R(\Delta)$ 为量规函数；S 为台基校正值。

如果每隔 0.5s 或 1.0s 测定一个 $U_m(t)$，则可得到一个 $M(t)$。如果 t_m 为 S 波的峰值到时，则当 $t \geqslant t_m$ 时，$M(t)$ 收敛于 M_L，但是按此方法收敛速度很慢，待 S 波峰值到达台站时，需要较长的时间。为了加快收敛速度，可将上面的公式改写成如下形式：

$$M(t) = a_1(t)[\lg U_m(t)] + a_2(t)\lg(\Delta) + a_3(t) \tag{19.15}$$

式中，$U_m(t)$ 为台站记录到 P 波后 t 时的位移振幅；$a_1(t)$、$a_2(t)$ 和 $a_3(t)$ 为拟合系数，并要求 $t \geqslant t_m$ 时，$M(\mathrm{t}) = M_L$。由于我国近场记录较少，采用日本 Kik-net 台网的强震记录得到的结果表明，当 P 波后约 10s，$a_1(t)$ 逐渐收敛到 1，可靠度达到 100%，$M(t)$ 收敛于 M_L。由此可以定义一个新的量规函数 $R_1(\Delta)$：

$$R_1(\Delta) = M_L - a_1 \lg U_m = a_2 \lg(\Delta) + a_3 \tag{19.16}$$

这样就可以使用新的量规函数，由公式（19.14）实时测定震级 M_L。

四、烈度震级 M_I

上述特征参数在估算震级时都会出现“震级饱和”现象，2008 年山本等人结合日本气象厅（JMA）计测烈度算法提出了一种新的参数——烈度震级 M_I，M_I 采用下面的计算公式（Yamamoto et al.，2008）：

$$M_I = \frac{I}{2} + \lg(\Delta) + \frac{\pi f T}{2.3Q} + b - \lg C_j \tag{19.17}$$

式中，Δ 为震中距；f 为卓越频率；T 为 S 波走时；Q 为品质因子；b 为系统校正值；C_j 为台站校正值；I 为有台站记录计测的烈度值。计测烈度 I 的公式如下：

$$I = 2\lg V_a + 0.94 \tag{19.18}$$

式中，V_a 为三分向加速度时程带通滤波后，合成时程中持时大于 0.3s 时的幅值。M_I 定义使用 S 波段计测烈度值，因此在实际应用中还需要根据经验统计关系将 P 波段的计测烈度计算结果转换为 S 波段的计测烈度值。由于加速度记录是对位移记录的两次微分，因此烈度震级 M_I 更多地受到记录中短周期成分的影响，它比单纯使用位移记录更能准确地对台站的烈度进行估计。烈度震级 M_I 可以在线实时计算，根据台站记录结果即可对震级估算结果及时进行更新。山本在研究中发现，尤其对于大地震，烈度震级在估算震级时收敛得更快，从而能够有效地减少估算震级的时间。

由于烈度没有饱和问题，故由烈度估算的烈度震级也没有饱和问题（雷建成等，2006，2007；金星，2021）。

本章介绍了4种估算震级的方法，需要指出的是，震级的测定涉及到震源破裂过程、地震波在地球介质中的衰减、几何扩散衰减、台基响应、仪器响应等多方面，而地震预警可用的信息十分有限，仅仅依靠振幅相对较小的P波段单一的周期参数或幅值参数，很难得到稳定、可靠的震级估算结果。实际的地震记录非常复杂，单一的周期参数或幅值参数在一定程度上能够反映地震的规模，但不能反映震源的全部特征。

近年来地震预警系统得到了很多国家的重视，日本、美国、墨西哥和我国台湾地区已经建立了地震预警系统，我国也正在加紧建设地震预警系统。如何快速、比较准确估算正在发生地震的震级，是地震预警中需要解决的关键问题。如何更合理利用有限的P波信息，或者发展新的特征参数，也是值得研究的问题。

第二节　震级估算的相关问题

地震预警的震级估算实际上包含了一个十分重要的基本物理问题，即能否由初始破裂的、极其有限的信息估计整个地震的规模。目前，国际上对于这个问题还没有统一的认识。大量的地震观测表明，大地震通常都以小的扰动开始，扰动在几秒至几十秒之内迅速增大以至最终发展成破坏性的灾害。该起始过程在实际记录到的大地震波形图上非常明显，被称为成核震相（Nucleation phase）。研究大地震起始部分的震源参数（震级、位置和震源机制等）不仅能为我们研究大地震的孕震机理、破裂过程以及进行灾害评估提供重要线索，还能为地震预警提供科学依据，具有重要的社会意义。

2005年，金森博雄对相关的研究进行了归纳总结，认为至少有两种理论可以支持由少量初始信息估算地震震级的可行性，一是成核震相的观点，地震在一定长度和时间域内的成核过程决定了初始破裂的形态以及地震的最终规模；二是P波、S波分别携带不同信息，地震产生的P波携带着地震本身的信息（P波段的波形能反映断层是怎样滑动的），而S波则携带着地震能量的信息，因而可以分别加以利用（Kanamori，2005）。也有一些人则持相反的观点，他们认为不同规模的地震，初始破裂过程与最终震级之间并不存在关联性（Kilb et al.，1999；Mori et al.，1996）。关于这一问题的争论还在继续，但近几年来发表的一系列相关论文却从一个侧面证明，由初始破裂信息估计整个地震的规模是可能的，采用一些特殊、稳定的算法是能够获得一定精度的震级估计结果（金星等，2012；张红才等，2012）。

除了震源的复杂性以外，地震预警震级估算还涉及台站建设、观测仪器和软件系统3个方面。

一、台基噪声

在地震预警台网中，常用的仪器有微震仪、强震仪和烈度计。在地震预警时，震中附近的每一个台站都非常关键，除了能够准确进行地震定位以外，每一个台站的记录信息对于估算地震的震级至关重要。如果台基不好，仪器记录就不能准确地表示地动位移或地动速度，由此估算的震级就会产生非常大的偏差。

在地震预警台站的建设中，一部分台站是已有台站，一部分是新建台站。对于已有的测震台站和强震动台站，都有各自的台站建设规范。测震台站建设要满足《地震台站建设规范　测震台》（DB/T 16—2006）的要求，测震台站要建设仪器墩，仪器墩要建在坚硬、完整、未风化的基岩岩体上；建在基岩层的观测井，井深应深入基岩50m以下；建在非基岩地层的井，井深应大于250m，安放地震计处的岩层应坚硬、完整（张伟清等，2006）。强震动台站建设要满足《地震台站建设规范　强震动台》（DB/T 17—2018）的要求，自由场地固定台站应建设仪器墩，应保证仪器墩与场地嵌固，应避免仪器墩与观测室相连。土层场地仪器墩四周应设置隔震槽，宽度不小于20mm，深度达到硬化地面以下100mm（李小军等，2018）。

对于新建的台站，中国地震局也制订了《地震台站建设规范　地震烈度速报与预警台站》（DB/T 60—2015），在该规范中将台站划分为基准站、基本站和一般站，基准站配置微震仪和强震仪，基本站配置强震仪，一般站配置烈度计。基准站和建在地面上的基本站应建设观测墩，一般站宜建设观测墩，也可安装在地表、建筑物的承重墙或承重柱上（何少林等，2015）。

当地震波的振幅大于台基噪声的振幅时，才能识别和处理地震波振幅和周期等观测数据。图19.1是福建省地震局测定的微震仪、强震仪和烈度计台基噪声功率谱密度曲线，可以看出微震仪的台基最好，其范围在地球高噪声模型（NHNM）和地球低噪声模型（NLNM）之间；强震仪台基的高频端在NHNM和NLNM之间，而低频端高于NLNM；而烈度计的台基噪声最高，所有频段均高于NLNM，这类台站数据用于估算震级时会产生很大的偏差。

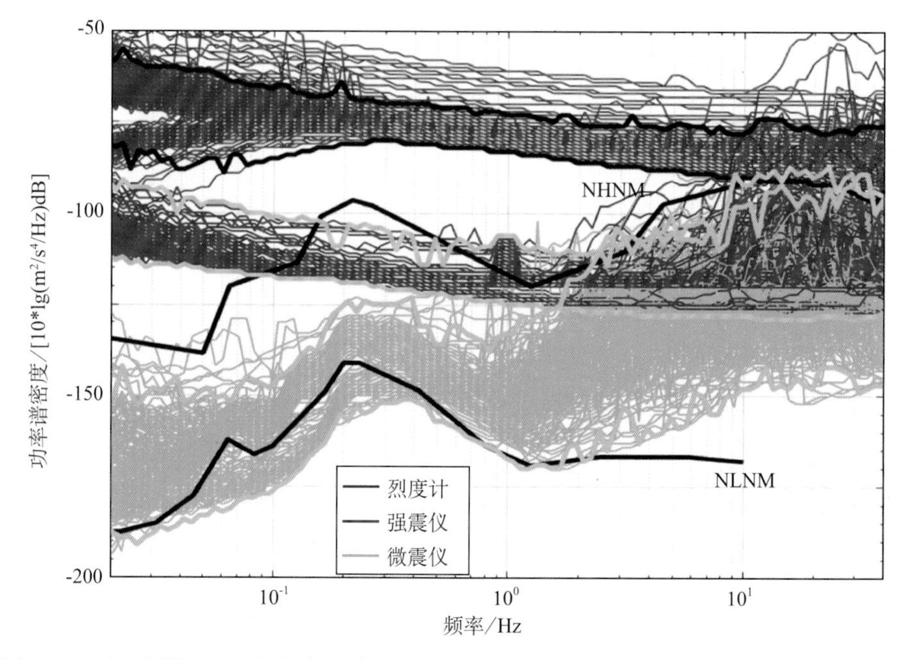

图 19.1　地震预警项目建设的各类台站的台基噪声功率谱密度曲线（引自福建省地震局）

二、仪器性能

地震仪器是地震观测的关键设备，地震仪器的性能和参数决定了地震观测数据的质量。现代的数字地震仪器具有宽频带、大动态、低失真的特点，这些技术的特点得益于反馈技术在地震计中的应用，以及高分辨模拟数字转换在地震数据采集器中的应用，这两项技术使得数字地震仪器在技术指标方面得到很大的提高，使其能够不失真地完整记录微小地震、中强地震和远处强震的地震波。

观测频带、观测量和观测范围是地震仪的主要技术参数，数字地震观测技术是以数字信号理论和计算机化的强大数据分析处理能力为基础，由于数字信号处理的积分、微分运算相比于模拟信号处理电路具有稳定、可靠、不失真的特点，数字地震仪的观测量可以是地面振动位移，也可以是地面振动速度或加速度。

仪器性能和仪器参数对于估算地震的震级至关重要。在地震预警时，主要观测对象主要是当地的中强地震，这就要求所使用的微震仪和强震仪能够完整、不失真地记录当地中强地震的速度和加速度。如果仪器的性能不好，就不能准确地测定 P 波震动的速度和加速度，就不能准确地估算正在发生地震的震级。

数字地震仪输出的是数字数（Counts），数字数没有量纲，这些无量纲的数字数只有和仪器的传递函数、灵敏度结合起来，才有实际的意义。例如对于宽频带地震仪，通常采用速度平坦型设计，有了地震计的零点、极点、归一化常数，就可以得到仪器的幅频特性和相频特性，灵敏度（Sentivity）的量纲为：（Counts/（m/s））。如果这些仪器参数不准确，或量纲出现问题，使用地震仪记录的“数字数”折合成速度量时，就会出现错误，这样估算出的震级自然就不准确。

在地震预警时，如果烈度计也用于估算震级，那么对于烈度计的仪器性能和仪器参数要求，也和微震仪和强震仪一样。如果烈度仪只用于地震定位或计算烈度，要求才会有所差别。

三、软件功能

在地震预警时，所有的信息产出和信息发布全部由软件系统自动完成，不可能有人为的操控。作为一种专业性很强运行软件，除了要求软件具有可靠性、鲁棒性、开放性、安全性以外，从专业性的角度看地震预警软件在设计时，还要考虑以下几个方面。

1. 能够实时估算震级

地震预警震级的估算是一个动态的过程，随着首台触发后时间的推移，接收到 P 波信息的台站会不断增加，台站接收到 P 波长度也不断增加，估算的震级会越来越准确。地震预警信息的发布采用分阶段发布的模式，第一报利用首台接收到 3~5s 的 P 波时开始估算震级，然后是第二报、第三报……

为了能够取得减灾实效，第一报发布的震级很关键。第一报的估算时间为：

$$\Delta T = \tau_1 + \tau_2 + t_{P1} + \Delta t$$

式中，ΔT 就是从发震时刻起算，发布地震预警第一报的时间；τ_1 为观测数据打包的时间；τ_2 为通信网络将台站观测数据传输至处理中心的时间延迟；t_{P1} 为 P 波从震中到首台触发的走时；Δt 为计算地震参数的用时（金星，2021）。

如果从首台触发算起，发布地震预警第一报的时间为：

$$\Delta T_1 = \Delta T - t_{P1} = \tau_1 + \tau_2 + \Delta t$$

如果地震预警的应用的主要对象是核电站、煤气管道、高铁等生命线工程，用户接到地震预警信息后，要自动启动各自的联动系统，还需要一定的时间。通常，P 波速度为 6.2km/s，S 波速度为 3.4km/s，对于一般的浅源地震，7.0 级地震的破坏范围为 30km 左右。因此，第一报对于能否取得实际的减灾效果至关重要。后面的几报，对于更大的地震也会有减灾效果。

2. 使用仿真的方法估算震级

在测定地震的震级时，一般是用地动位移或地动速度，而强震仪和烈度计记录的是地动加速度，由加速度转换成位移要经过两次积分，由加速度转换成速度要经过一次积分。通常，如果地震仪器的零点没有调整好，在记录中会有一个直流分量（即在记录中增加了一个常数)。在这种情况下，如果进行一次积分，就会有一个倾斜分量，如果再进行一次，就会变为二次函数，这对于震级的测定非常不利，直接影响震级测定的精度。

在地震预警的震级估算时，一般采用仿真的方法将加速度转换成位移或速度，具体方法见本书“第二十三章第四节：宽频带数字地震资料的仿真”。

3. 使用加权的方法估算震级

如果预警区域的台站密度较大，当有多台触发时，在估算震级时要采用加权的方法。从图 19.1 可以看出，微震仪台站的台基最好，用微震仪台站估算震级效果也最好。强震仪台站的台基次之，用强震仪台站估算震级效果要差一些。而烈度计台站的台基最差，用烈度计台站估算震级效果最差。为了能够使估算的震级更准确，在估算震级时，微震仪台站的权重应最大，强震仪台站的权重次之，而烈度仪台站的权重应最小。

对于不同的地区，要对地震的潜在震源区、各类台站的分布、密度、台基情况进行评估，制订出预警震级的估算和发布策略。

4. 具有异常情况的处理能力

地震预警软件要有应对异常情况的处理能力。在大地震发生时，震中附近的台站记录的波形往往会出现“限幅”现象；极震区的通信系统有可能损坏，会出现信号中断现象；一些台站的仪器参数，尤其是灵敏度会出现错误。这些情况都会导致估算的震级会出现较大的偏差。对于一个实用化的地震预警软件，用于处理这种异常情况的能量，要比正常的数据处理的能力还要强。

第二十章　地震序列的震级

某一时间段内连续发生在同一震源体内的一组按次序排列的地震称为地震序列（Earthquake sequence）。地震序列中的最大地震称为主震（Mainshock）；地震序列中，主震前的所有地震统称为前震（Foreshock）；地震序列中，主震后的所有地震统称为余震（Aftershock）。

第一节　地震序列的分类

余震是主震之后的较小地震，它们通常发生在主震破裂面上或附近，这是由主震引起的断层应力和摩擦性质变化造成的。大地震之后通常会发生许多余震，它们的发生率随着时间的推移而降低，时间越长，余震越小，余震的数目也越少。当然，这只是统计上的结果，真正地震情况要比这复杂得多。对于板块边界的地震，余震序列的持续时间通常为几年，但在稳定的大陆内部，余震序列的持续时间可能更长。

大多数余震都发生在破裂面上或破裂面附近，余震是主震未完全破裂的继续或不均匀滑动，如果说地震这盏灯照亮了地球的内部，那么余震这些灯则帮助我们照亮了震源区。主震发生以后，加强对余震的观测有助于深化对主震的理解，对认识主震很有帮助，例如利用余震沿震源区的分布，可以确定断层长度、断层宽度、断层走向等震源参数。强震地震序列主要有 3 种类型：主震—余震型、孤立型和震群型。

（1）主震—余震型。地震序列的特点是主震非常突出，余震十分丰富，主震所释放的能量占全序列的90%以上；主震和最大余震震级相差0. 7~2. 4 级。例如2008 年5 月12 日四川汶川 8. 0 级地震，其最大余震为 2008 年 5 月 25 日青川 6. 4 级地震，主震和最大余震震级相差 1. 6 级。

有时，主震发生前先有一些前震出现，这种主震—余震型地震也叫前震—主震—余震型地震。例如 1975 年 2 月 4 日辽宁海城 7. 3 级地震前，自 2 月 1 日起即突然出现小震活动，且其频度和强度都不断升高，于 2 月 4 日上午出现两次有感地震；主震于当日 18 时 36 分发生。

（2）孤立型。地震序列的特点是有突出的主震，余震次数少、强度低。主震所释放的能量占全序列的 99.9%以上，主震震级和最大余震相差 2.4 级以上。例如，1983 年 11 月 7 日山东菏泽 5.9 级地震即属于此类，它的最大余震只有 3.0 级左右。

（3）震群型。地震序列的特点是有两个以上大小相近的主震，余震十分丰富，主要能量通过多次震级相近的地震释放，最大地震所释放的能量占全序列的 90%以下，主震震级和最大余震相差 0.7 级以下。如 1966 年河北邢台地震即属此类，在 3 月 8—22 日的 15 天内，先后发生 6.0 级以上地震 5 次，震级分别为 7.2 级、6.8 级、6.7 级、6.2 级、6.0 级。

在地震活动性分析中，人们普遍关心的是主震—余震型地震序列的最大震级和余震的衰减规律。

第二节　余震的最大震级——巴特定律

瑞典地震学家巴特（Markus Båth）长期担任乌普萨拉（Uppsala）地震台台长，他在《地震学引论》一书中，通过对 1964 年 3 月 28 日阿拉斯加 $M_S8.4$ 地震、1965 年 2 月 4 日阿留申群岛 $M_S7\frac{3}{4}$ 地震、1968 年 5 月 16 日日本 $M_S7.9$ 地震、1969 年 8 月 11 日千岛群岛 $M_S7.8$ 地震等一系列地震序列的研究发现，强余震的一个特点是：最大余震的震级一般比主震小 1.2 级，往往发生在主震后数小时至数天（Båth，1973），这就是著名的巴特定律（Båth′s law）。

1990 年，希腊学者萨帕诺斯（T. M. Tsapanos）深入分析了 1954—1986 年 145 组主震为 7.0 级以上地震完整的地震序列，发现在不同地区主震与最大余震的震级差 ΔM 存在差别，在大震后的百日内，震中距小于 100km 的范围，主震震级与最大余震震级之差有两个统计峰值，一个是巴特指出的 1.2，另一个是 1.8，二者之间存在一个 1.4 的低谷（Tsapanos，1990）。

（1）主震和最大余震震级差偏小的地震，大多集中在板块俯冲带。源于高应力沿板块边缘积累，主震仅释放了部分储能，但俯冲带处剩余的能量、板块移动传递过来的新能量仍然很大，最大余震能够继续在较高的水平上发生，故而震级差会偏小。

（2）反之，主震和最大余震震级差偏大的地震，一般分布在内陆地区。这里的应力水平本身就不高，大部分储能已被主震释放，残留能量很少。主震之后，或发生较小的余震，或连余震活动都持续不了而呈现孤立型地震。

研究表明：所有余震释放的能量通常不到整个地震序列的 5%，因为余震是主震的次级产物（Scholz，2002）。

我国地震属于板内地震，主震和最大余震的震级差较大。不过各地的差别较大，例如云南地区的震级差在 1.0 附近（田红旭等，2014）。

2021 年 5 月 21 日云南漾濞发生 M_S6.4 地震，截至 2021 年 6 月 13 日，云南省地震局人工分析出该地震序列 0 级以上地震 5437 个，最大余震发生在主震后 43 分钟，面波震级 M_S 为 5.3，$\Delta M=1.1$。表 20.1 是云南地震目录不同震级段地震数量统计表，图 20.1 是震中分布图，其中：前震 385 个，主震 1 个，余震 5051 个。

表 20.1　云南地震目录不同震级段地震数量统计表

0.0~0.9	1.0~1.9	2.0~2.9	3.0~3.9	4.0~4.9	5.0~5.9	6.0~6.9	合计
3012	1880	436	85	20	3	1	5437

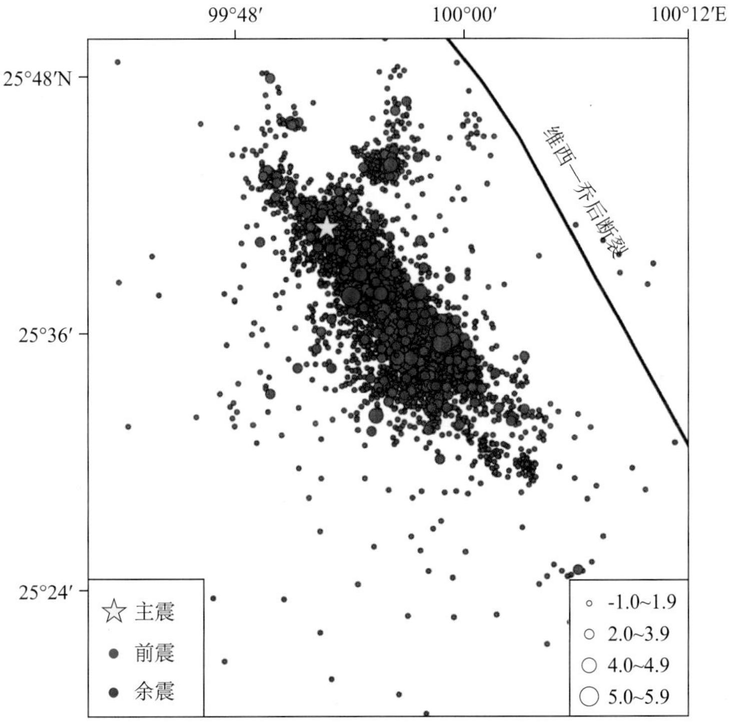

图 20.1　云南漾濞发生 M_S6.4 地震序列的震中分布图（5437 个）

第三节　余震的衰减——大森定律

1891 年 10 月 28 日，日本美浓—尾张（Mino-Owari）发生了 7.9 级地震，主断层长 80km 左右，沿着这个断层的垂直错动和水平错动都很明显，一条通往岐阜城的大路被断层切断，断层东侧的地面升高 6m，并向北滑动约 4m。极震区位于伊势湾以北的广大平原地区，从福井市的东南延伸到名古屋市，有感范围波及日本绝大部分地区。那时地震仪刚问世不久，由于这次大地震的发生，日本政府和学术界开始重视对地震现象和震害的研究，成立了世界上最早的地震研究机构——震灾预防调查所，开始近代地震学研究和观测。马宗晋院士在《地震—汶川海地智利玉树》一书的第三节"世界十大奇震"中，这样描述美浓—尾张地震：百年平安无事，瞬间万桥坍毁（马宗晋，2010）。

1894 年，大森房吉（Omori Fusakichi，1968—1923）对这次地震的主震和余震进行了研究，得到了该地震序列余震的衰减规律为：余震频度 N 与主震后的时间 t 成反比，时间越长，余震频度越低，N 与 t 之间的关系为：

$$N = \frac{K}{c + t} \tag{20.1}$$

这就是著名的大森定律（Omori's law）。

1957 年，宇津德治（T. Utsu）在其博士论文《余震活动的统计研究》对大森定律进行了完善，修订后的衰减公式为：

$$N = \frac{K}{(c + t)^p} \tag{20.2}$$

这是一个双曲函数，N 为 t 时刻震级大于 M 的余震频度，N 值越大，地震活动水平越高；K、c 和 p 为常数；c 是个很小的正数，为 0.1~0.3；p 为衰减系数，接近于 1。这些常数的值是通过拟合每个余震序列的数据得到的。上式表明：余震频度 N 随时间 t 呈双曲线下降。赵志新等人对中国大陆的 25 个 5.0 级以上地震的余震序列的频度随时间的衰减变化特征进行了定量的分析表明，中国东部和南北地震带的余震序列频度衰减系数 p 值的平均值为 0.91（赵志新等，1992）。

2021 年 5 月 21 日云南漾濞 M_S6.4 地震序列余震的衰减频度见图 20.2，可以看出余震的频度随时间呈双曲线下降，主震发生 24 小时内 0.3 级以上地震为 1222 个，主震 8 天以后 0.3 级以上余震每日都在 80 个以下，15 天以后 0.3 级以上地震在每日 30 个左右。

余震的频次遵从震级—频度关系（G—R 关系），即：震级 M 与地震频次 N 的对数呈负相关，震级越大，频次越低。

图 20.3 是云南漾濞 M_S6.4 地震序列的震级—频度关系，可以看出该地震序列的震级—频度满足 G—R 关系，目录的最小完整性震级达到 1.0。从图 20.3 也可以看出该地震序列的另一特点是 4.0 级以上地震数量偏少，5.0 级以上地震更少，只有 3 个。由实际数据拟合出 G—R 关系为：

$$\lg N = 4.31 - 0.79M \tag{20.3}$$

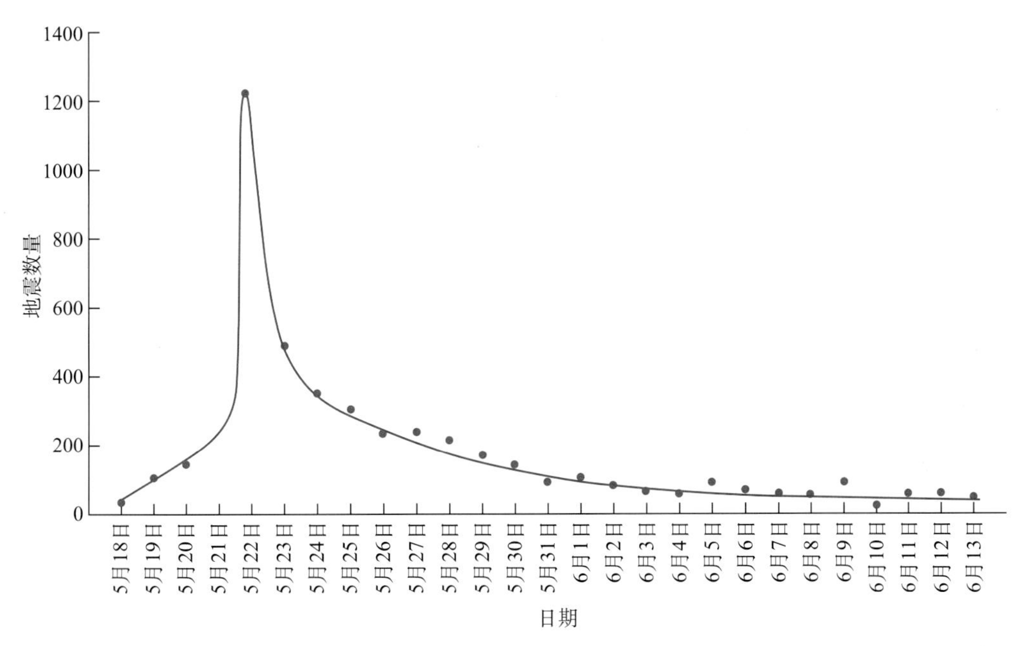

图 20.2　云南漾濞发生 M_S6.4 地震序列余震的衰减频度

由此，得到该地震序列的 b 值为 0.79。

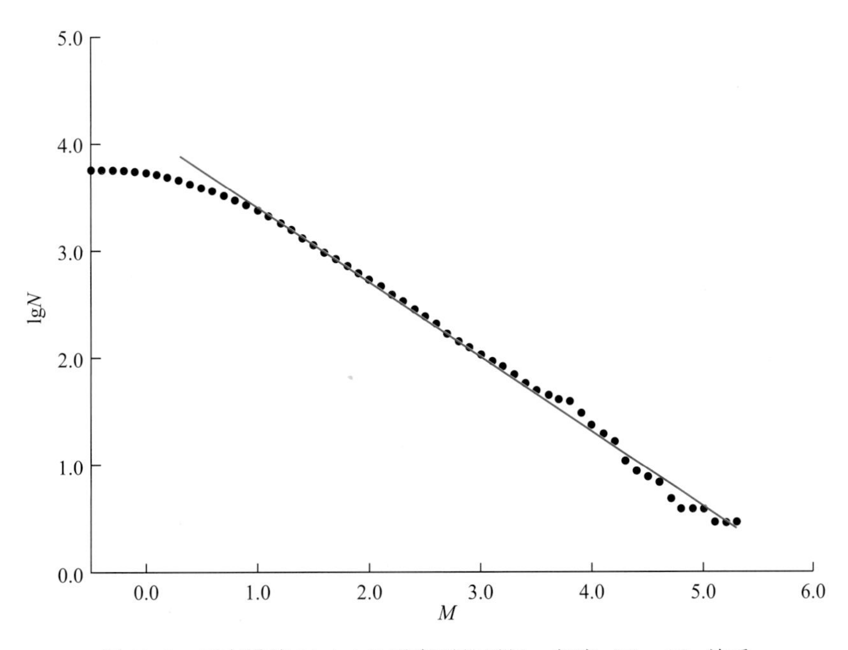

图 20.3　云南漾濞 M_S6.4 地震序列的震级—频度（G—R）关系

第二十一章　地震目录中的震级

在地震目录中一个地震可能会列出多个震级。对于4.5级以下地震一般只有地方性震级；对于4.5级以上浅源地震，可能会列出面波震级、体波震级、矩震级等多个震级；对于中源地震、深源地震、地下核爆炸，可能会列出体波震级、矩震级。进入21世纪以后，一些地震台网开始测定能量震级M_e。另外，在不同时期我国地震台网测定震级的方法和精度也有一定的差别，本章将介绍在不同的时期，中国地震目录中震级测定情况和测定精度。

第一节　中国地震目录

地震目录（Earthquake catalogue）是指按时间顺序，对地震时、空、强等参数进行收录，编辑成册的目录资料。

在我国早期的地震目录中，只有关于地震发生的时间、地点和破坏程度等不完整的、粗略的和定性的记载。随着地震学的发展，在20世纪50年代以后，地震目录主要包括时间、震源位置（经度、纬度和深度）和震级等地震的主要参数，这些比较完整的地震目录开始在地震学研究、构造地质学研究和地震预测研究中发挥作用。

一、不同时期的地震目录

我国从宋朝就已经认识到地震是重复发生的，从此便从历史书籍中搜求有关地震记载，整编历代地震年表或地震目录。

1. 早期汇编

我国从宋朝初年开始，就开展了地震汇编工作，主要有以下3种（李善邦，1980）。

（1）宋朝初年，李防等编写了《太平御览》，内载历代地震事件，包括自周朝到隋朝的大地震45条，有的在一条中描写了多次地震。

（2）元代马端临编写了《文献通考》，内有地震篇。自周朝至宋元宗，共收集地震 268 条。明代王圻撰写了《继文献通考》，又从宋元宗续至明崇祯，增加了 225 条，合起来共 493 条，也有一条记述多次地震的。

（3）清雍正三年（公元 1725 年）蒋廷锡等编写了《古今图书集成》，记载了自周朝至清朝康熙年间的地震、地陷和地裂等共 654 条。

这些早年地震事件汇编，主要是从史料记载中摘录下来的，目的是供政府官员和研究人员参考，很不完整，不符合现代地震目录的要求。但这些珍贵的历史记录，却是我们研究中国地震活动规律的基础资料。

2. 近代目录

1872 年，法国天主教耶稣会为适应长江口船舶航行的需要，在上海徐家汇建立了气象与天文观测站，并于 1874 年开始地磁观测，1904 年增设地震观测。

法国神父知道我国地震资料很丰富，便让华人教徒广泛收集地震资料，由黄伯禄负责编辑整理。他从 10 种史书、391 种地方志中找出公元前 1767 年—公元 1895 年的大小地震记录（内有重复），准备综合起来编辑成书，但编了一部分便去世。后由法国传教士整理，加以补充，于 1913 年编译出版了《Catalogue des Tremblement de Terre en Chine Ⅱ》，这是一部法文版的《中国地震目录》，收集了公元前 1767 年—1895 年的大小地震共 3322 次，该地震目录的内容比以往同类著作增加了很多地震记录，但仍遗漏很多地震，所编地震未经分析与复核，且缺乏考证，古今地名混淆，加上译音不确切，在我国用的人并不多。

3. 新中国成立

新中国成立之初，根据国家经济建设的需求，明确了地震科学研究首先要为国家建设服务，当时地震工作的当务之急是尽快搞清我国大地构造基本概况和地震活动概况、我国构造运动与地震发生的关系。

（1）《中国地震资料年表》。

1953 年，在李四光先生的提议下，在竺可桢先生、范文澜先生的主持下，由中国科学院历史三所（即现中国社科院近代史所）和中国科学院地球物理研究所等单位，收集了 5600 多种地方志、2300 多种诗集等大量历史资料，从中整理出从公元前 1177—公元 1955 年的 15000 多条地震记录，于 1956 年分上下两册，编辑出版了《中国地震资料年表》。

我国地震学家利用地震目录，研究了我国不同区域地震的时、空分布，确定地震带的分布，研究不同区域地震活动规律。这些地震目录在国家经济建设中也发挥了重要作用。解放初期，我国经济建设发展迅速，特别是铁路、桥梁、水库、电站、油田、煤矿、冶金以及城市建设都需要考虑当地地震活动频度和地震烈度。第一个五年计划初期，要求提供建设基地有无地震危险情况的单位很多。这些历史地震目录不但在地球科学研究中发挥了作用，而且在经济建设中也发挥了不可替代的作用。如：包兰铁路兰州至包头为连接华北与西北的交通干线，从兰州至银川一段原定走黄河南岸，但因水泉至大营一带地震烈度较高，不能保证行车安全，不得不改道北线经腾格里沙漠边缘，因权衡轻重，防沙终比防震容易。

地震学家利用地震目录研究北京近300年的地震活动性时发现，北京曾遭受2次大地震，一次是康熙18年（公元1679年9月2日）的三河平谷8.0级地震；另一次是雍正8年（1730年9月30日）地震，共倒塌房屋14655间，死亡人口457人，后来评定为$6\frac{1}{2}$级地震。因此，在建国初期北京的一些重点建设工程和高大建筑的设计中均考虑了抗震设防，虽然在项目建设上增加了一些投入，但对于确保建筑物的安全至关重要（李善邦，1960）。

（2）《中国地震历史资料汇编》。

1966年邢台地震后，中国大陆的地震活动性显著增加，特别是1976年7月唐山大地震的发生，引起了人们对地震的普遍关注，于是根据地震工作的需要，在《中国地震资料年表》的基础上又进一步汇集、整理、编辑了《中国地震历史资料汇编》，按年代共分5卷7册，自1983年起陆续出版。同时，对地震活动较强的省、自治区、直辖市分别汇编更为详尽的地区地震历史资料。一些大地震还另有专门报告。

（3）《中国地震目录》。

中国科学院地球物理研究所地震研究室李善邦又收集了1900年国内外地震仪器实际地震记录，用近代地震学的方法对资料进行分析处理、测定出震级，编辑完成了《中国地震目录》，这是我国第一部地震目录。该书于1960年4月出版，全书共分二集，第一集是大震目录，收集了公元前1189—公元1955年在我国发生的1180次破坏地震目录，第二集是为分省、分县地震目录。1971年和1983年相继增补、修订，并更新了版本。

从20世纪80年代起，顾功叙（1908—1992）先生组织相关专家对中国历史地震目录进行了重新整理，1983年由顾功叙主编的《中国地震目录》（公元前1831—公元1969年）和《中国地震目录》（公元1970—公元1979年）正式出版，基本上实现了我国历史地震目录与现代地震目录相衔接。

4. 改革开放

从1978年起，根据我国改革开放的实际需求，我国的地震数据恢复国际资料交换。根据地震科研工作发展需要，为了完成对外资料交换任务，加强地震资料汇编的标准化、专业化已势在必行。1978年10月，国家地震局决定在地球物理研究所成立第九研究室，主要任务有3项，一是负责全国地震、地磁基本台网的技术管理；二是负责分析、处理地震资料，测定地震事件的基本参数；三是开展缩微地震记录图工作，编辑和出版地震、地磁观测报告，进行国际资料交换。主要编辑以下2种地震观测报告：

（1）《中国地震年报》。

地球物理研究所九室利用北京、兰州、广州、长春、武汉、乌鲁木齐、拉萨、佘山等24个基准地震台和南昌、桂林、红山、合肥、洛阳等62个基本地震台的资料，编辑《中国地震年报》，主要包括东部3.0级、西部4.0级、中国周边地区5.0级、国外5.5级以上地震目录和震相数据。

(2)《中国地震台临时报告》。

只有24个基准地震台的资料，主要包括东部3.0级、西部4.0级、中国周边地区5.0级、国外5.5级以上地震目录和震相数据，用于国际资料交换。

5. 数字时代

从1996年开始，在中央和地方政府的大力支持下，通过“中国数字地震监测系统”“中国数字地震观测网络”和“中国地震背景场探测”3个项目的实施，中国地震局进行了大规模数字地震观测系统建设，经过十几年的努力，所有模拟记录地震台站全部实现数字化改造，并新建设了一些数字地震台站，现在我国所有运行的地震台站都是数字化台站，地震监测系统实现了“数字化、网络化”的历史突破。到2007年底由中国地震局建设并运行的数字地震台站超过1000个，对我国绝大部分地区监测能力达到2.5级，重点监视防御区和人口密集城市达到1.5级。

从2008年起，中国地震台网中心收集国家地震台网和31个省级地震台网的地震目录和震相数据，并通过国际资料交换，收集国外地震台站资料，每日产出国内、国外地震目录和观测报告，编辑出版《中国数字地震台网观测报告》，为地球科学研究、防震减灾工作提供基础资料。

二、不同时期震级的精度

不同时代的地震目录和地震观测报告，列出的震级精度不同。历史地震的震级是由历史文献资料估计得到的，因此精度较低，现代地震的震级是用地震仪器测定，精度相对较高。

1. 1956年以前

1904年以前我国没有地震台，1904—1949年我国虽然有北京鹫峰、南京北极阁、重庆北碚等地震台站，由于多年战乱，很难保持长期稳定运行。1950年以后，根据国家经济建设的需求，我国才陆续建设地震台站。因此，对于1956年以前的地震，震级不是实测值，而是根据历史文献、地方志等历史资料对地震灾害的记录，如倒塌房屋间数、死亡人数、地震灾害的分布等灾害信息确定震中烈度，再由震中烈度转换成震级，这样确定的震级只能精确至1/4，所以在历史地震目录中经常会出现$4\frac{1}{4}$、$7\frac{1}{2}$、$6\frac{3}{4}$这样写法的震级，如果震级不可靠，或精度较差还要加括号，如（$6\frac{1}{2}$）。如果资料记载过于笼统，就不能确定震中烈度，只能通过资料记载并与其他地震相互比较，估计出大概震级，用两个数字表示其震级范围，如：6—7。

2. 1957年以后

从1957年以后，我国地震目录列出的震级都是用地震仪器测定，震级值保留到小数点后一位，如 8.0、7.2、3.5 等，但不同阶段采用的面波震级计算公式不同，测定的面波震级 M_S 都有差别。

（1）1957—1965 年。

1956 年，根据中苏科技合作协议，我国开始引进苏联的基式地震仪器，1957 年利用在国内生产的基式地震仪器，建设昆明、成都、兰州、南京、佘山、拉萨、广州和北京 8 个基准地震台站，后来又建设了其他一些基准地震台站。从 1957 年起我国采用苏联索罗维耶夫和谢巴林的公式测定面波震级 M_S。

（2）1966 年以后。

1966 年以后，我国采用郭履灿先生以北京地震台为基准的面波震级公式测定面波震级 M_S。从计算公式看，1966 年以后测定的面波震级 M_S 比 1957—1965 年测定的面波震级 M_S 偏大 0.38。

如果与 1967 年 IASPEI 推荐的面波震级计算公式相比，我国 1957—1965 年测定的面波震级 M_S 比 IAPEI 偏小 0.18，1966 年以后测定的面波震级 M_S 比 IAPEI 偏大 0.2（详见“第四章：面波震级”）。

第二节　地震目录中的多种震级

2008 年 5 月 12 日，我国四川省汶川县发生了强烈地震，中国地震台网中心（CENC）、美国国家地震信息中心（NEIC）、国际地震中心（ISC）等地震机构都给出了这次地震的地震目录。

一、中国地震台网中心（CENC）

中国地震台网中心利用国家地震台站和部分全球地震台站的观测资料，编制的该地震的地震目录见表 21.1。由于多方面的原因，我国的地震目录只列出水平向面波震级 M_S、垂直向面波震级 M_{S7}、地方性震级 M_L、短周期体波震级 m_b 和中长周期体波震级 m_B 等传统震级，还没有列出矩震级 M_W。

表 21.1　中国地震台网中心测定 2008 年 5 月 12 日汶川地震的目录

发震时刻（UTC）	震中位置		震源深度/km	M_S		M_{S7}		M_L		m_b		m_B	
	纬度/(°N)	经度/(°E)		震级值	N	震级值	N	震级值	N	震级值	N	震级值	N
06：27：59.5	31.01	103.42	14	8.2	63	8.0	63	7.0	10	6.4	57	7.3	27

注：N 是测定震级所使用台站数量。

二、美国国家地震信息中心（NEIC）

美国国家地震信息中心利用全球地震台网的观测资料，编制的该地震的地震目录见表21.2。从表中可以看出，NEIC不但测定了面波震级 M_S、短周期体波震级 m_b 等传统震级，而且测定了矩震级 M_W、能量震级 M_e 等现代震级。

表 21.2 美国国家地震信息中心测定 2008 年 5 月 12 日汶川地震的目录

发震时刻 (UTC)	震中位置		震源深度 /km	M_S		m_b		M_W	M_e
	纬度/(°N)	经度/(°E)		震级值	N	震级值	N		
06:28:01.8	31.002	103.322	19	8.1	199	6.8	236	7.9	7.9

注：N 是使用台站数量。

三、国际地震中心（ISC）

由于不同的国家和不同的国际地震机构测定震级的方法有一定的差别，测定的震级有一定的差别，并且很难统一。为了便于使用，ISC除了给出自己测定的震级以外，也把各个国家和主要地震机构测定的震级在地震目录中列出。表21.3是ISC给出的2008年5月12日汶川地震的震级值。

表 21.3 国际地震中心给出的 2008 年 5 月 12 日汶川地震的震级值

序号	震级类型	震级值	N	数据提供者	ID 号
1	m_b	5.9	66	IDC	11353993
2	m_{b1}	5.9	68	IDC	11353993
3	m_{b1mx}	5.9	68	IDC	11353993
4	m_{btmp}	5.9	68	IDC	11353993
5	M_S	7.9	49	IDC	11353993
6	M_{S1}	7.9	49	IDC	11353993
7	m_{s1mx}	7.7	66	IDC	11353993
8	m_b	7.0	120	MOS	11382965
9	M_S	8.1	94	MOS	11382965
10	m_b	6.4	57	BJI	10472005
11	m_B	7.3	44	BJI	10472005
12	M_L	7.0	12	BJI	10472005

续表

序号	震级类型	震级值	N	数据提供者	ID 号
13	M_S	8.2	64	BJI	10472005
14	M_{S7}	8.0	65	BJI	10472005
15	m_b	6.8	236	NEIC	11528646
16	M_e	7.9		NEIC	11528646
17	M_S	8.1	199	NEIC	11528646
18	M_W	7.9		NEIC	11528646
19	m_b	7.2		SZGRF	10678297
20	M_S	8.4		SZGRF	10678297
21	M_W	7.9	111	GCMT	05233312
22	m_b	6.8	375	ISC	14137728
23	M_S	8.1	307	ISC	14137728

注：国际地震中心（ISC）；全面禁止核试验条约组织国际数据中心（IDC）；全球矩心矩张量项目（GCMT）；中国地震台网（BJI）；美国国家地震信息中心（NEIC）；俄罗斯科学院地球物理调查局（MOS）；德国格拉芬堡地震观测中心（SZGRF）。N 是使用台站数量。

从表 21.3 可以看出，对于 2008 年 5 月 12 日汶川地震，全球主要地震机构测定的震级有短周期体波震级 m_b、面波震级 M_S、矩震级 M_W 和能量震级 M_e。从面波震级 M_S 来看，一致性比较好，最小值是 IDC 测定的 M_S7.9，最大值是我国测定的 M_S8.2。在 ISC 所使用的资料中，WWSSN 所占的比例最大，ISC 和 NEIC 测定的面波震级都是 M_S8.1。

对于一个地震而言，多个震级都是重要的地震参数，是开展震源特征、不同地震之间的差异等方面研究的重要基础资料。不同地震辐射地震波的频谱不同，不同的震级在震源谱中的位置也不同，利用不同震级可以描绘形态各异、丰富多彩的地震特征。震级是开展地震学研究的基础数据，这些地震参数在地球动力学、地球内部构造、震源物理、地震活动性分析、地震预测等方面的研究中，发挥了重要的作用。

对于地震预报、地震活动性分析等日常工作，一个地震只用一个震级，要采用第一章所述“震级优选”的方法在地震目录中选择一个震级。

第二十二章 《IASPEI 震级标准》及其应用

为了规范全球的震级测定方法，推进地震观测数据的共享，1967 年 IASPEI 发布了《IASPEI 震级标准》，该标准对于促进全球地震震级测定的标准化、规范化发挥了重要的作用。经过 40 年的发展，全球的地震台网得到了迅速的发展，2000 年以后各个国家基本完成了地震台网的数字化改造，地震仪器的特性发生了根本的变化。

2001 年 IASPEI 组成的震级测定工作组，负责制订基于宽频带数字化地震观测的《IASPEI 震级标准》。2005 年 10 月，IASPEI 地震观测和解释委员会（CoSOI）通过了 IASPEI 震级工作组提出新的《IASPEI 震级标准》初稿，2013 年正式发布了新的《IASPEI 震级标准》。本章主要介绍《IASPEI 震级标准》的主要内容，以及在中国的首次应用情况。

第一节 我国的震级测定与《IASPEI 震级标准》

2001 年以后，本书的主要作者紧密结合 IASPEI 震级工作组的研究工作，开展了基于宽频带数字地震资料震级测定方法的研究。通过该项工作的开展，一方面使我们能够深入了解国际上在震级测定方面的最新研究成果，另一方面也使 IASPEI 震级测定工作组了解我国震级测定的方法，使我国的震级测定方法能够在《IASPEI 震级标准》的修订中发挥作用。

我国几十年以来一直按里克特和古登堡的震级标度体系开展震级的测定工作，已经积累了大量的观测资料。按《地震及前兆数字观测规范（地震观测）》（中国地震局，2001）的要求，我国地震台网在日常工作中要测定地方性震级 M_L、短周期体波震级 m_b、中长周期体波震级 m_B、水平向面波震级 M_S 和垂直向面波震级 M_{S7}等 5 种震级。

1. 面波震级

我国地震台网测定的面波震级有 2 个特点，一是使用水平向资料和垂直向资料测定两种面波震级，即采用水平资料测定面波震级 M_S，采用垂直向资料测定面波震级 M_{S7}，这样可以从不同维度来表示地震的特征。垂直向资料只能记录具有膨胀成分的瑞利面波，水平向资料既有膨胀成分的瑞利面波，也有具有剪切、扭转成分的勒夫面波，而勒夫面波是造成建筑物破坏的重要因素。因此，用水平向和垂直向地震记录测定面波震级，不但能客观地表示地震的大小，还能表示地震对建筑的破坏强度。二是不但使用长周期面波也使用短周期面波测定面波震级。测定 M_S 时使用资料的震中距是 $1°<\Delta<130°$，面波周期是 $T>6s$。测定 M_{S7}时使用资料的震中距是 $3°<\Delta<177°$，面波周期是 $T>6s$，这样更适合于国家地震台网测定面波震级。另外，宽频带数字地震仪器不但能够记录长周期面波，也能很好地记录短周期面波，因此我国的测定方法更能充分发挥宽频带数字地震资料优势。

美国国家地震信息中心只使用垂直向记录测定面波震级，并且使用的地震台站数据严格限制在震中距 $20°<\Delta<180°$、面波周期在 $18s<T<22s$。从而限制了用短周期面波测定面波震级的可能性，不能充分发挥宽频带数字地震资料的特点。

根据我国面波震级的测定方法，在《IASPEI 震级标准》中除了要求测定 20s 面波震级 $M_{S(20)}$，还要测定宽频带面波震级 $M_{S(BB)}$，并且将测定 $M_{S(BB)}$ 的震中距拓展到 $2°\leqslant\Delta\leqslant160°$，面波周期拓展到 $3s<T<60s$（Bormann and Liu，2009）。

2. 体波震级

我国地震台网测定的体波震级的特点是既使用短周期记录，也使用中长周期记录。我国地震台网测定两种体波震级，即短周期体波震级 m_b 和中长周期体波震级 m_B。这样就可以充分发挥不同频带地震记录的优势，能够准确测定中小地震的体波震级，也可以准确地测定大地震的体波震级，这就是我们测定体波震级的优势，这方面的工作得到了 IASPEI 震级工作组的普遍认可。

多年来美国国家地震信息中心（NEIC）、欧洲地中海地震中心（EMSC）、全面禁止核试验条约组织（CTBTO）等国际地震机构只测定短周期体波震级 m_b，而不测定中长周期体波震级 m_B。研究结果表明对于 5.5 级以上地震，m_b 出现饱和现象，当震级超过 6.5 级时达到完全饱和；而对于中长周期体波震级 m_B，7.5 级地震出现饱和现象，8.0 级以上地震达到完全饱和（Kanamori，1983）。由于国际主要地震机构不测定 m_B，就不能发挥中长周期体波在测定大地震的震级优势，这对于地震海啸预警非常不利。

根据我国体波震级的测定方法，在《IASPEI 震级标准》中除了要求测定短周期体波震级 m_b，还要测定宽频带体波震级 $m_{B(BB)}$，并且将测定 $m_{B(BB)}$ 的体波周期拓展到 $0.2s<T<30.0s$（Bormann and Liu，2009）。

在《IASPEI 震级标准》中，最大的变化就是提出了宽频带面波震级 $M_{S(BB)}$ 和宽频带体波震级 $m_{B(BB)}$，这两个新震级标度的提出主要是基于我们的研究成果和中国地震台网多积累的大量资料（刘瑞丰等，1996；Bormann and Liu，2007，2009）。

第二节 《IASPEI 震级标准》

《IASPEI 震级标准》规定了地方性震级 M_L、20s 面波震级 $M_{S(20)}$、宽频带面波震级 $M_{S(BB)}$、短周期体波震级 m_b、宽频带体波震级 $m_{B(BB)}$、区域 Lg 震级 m_b（Lg）和矩震级 M_W 等 7 种震级的测定方法。

1. 地方性震级 M_L

地方性震级 M_L 与 1935 年里克特的测定方法保持一致。如果地壳的地震波衰减与美国南加州相近，则地方性震级计算公式为：

$$M_L = \lg A + 1.11 \times \lg R + 0.00189 \times R - 2.09 \tag{22.1}$$

式中，A 是使用仿真 WA 水平向记录 S 波（或 Lg）的最大振幅，单位为纳米（nm）；R 是震源距（注意：不是震中距），单位为 km，要求 $R<1000$km，使用震源距实际上是考虑到了震源深度。上式实际上是考虑了赫顿和布尔的研究成果，对 1935 年里克特的地方性震级进行了修订，WA 地震仪器的放大倍数是 2080，而不是当初的 2800（Hutton and Boore，1987；Uhrhammer and Collins，1990），这样公式中的常数为-2.09。

如果地壳的地震波衰减与美国南加州不同，可使用垂直向地震记录计算地方性震级，计算公式为

$$M_L = \lg A + C(R) + D \tag{22.2}$$

式中，A 是使用仿真 WA 垂直向记录 S 波（或 Lg）的最大振幅，单位为纳米（nm）；R 是震源距，单位为千米（km），要求 $R<1000$km；$C(R)$ 是量规函数；D 是震级校正值，里克特提出的地方性震级 M_L 是用两水平向资料测定，而在新标准中则是使用垂直向资料，由于使用不同分向资料测 M_L 会有一定的偏差，D 就是这种偏差的校正。

由于 M_L 为地方性震级，全球范围内不做统一规定。

2. 短周期体波震级 m_b

测定短周期体波震级 m_b，要将宽频带数字地震记录仿真成世界标准地震台网（WWSSN）短周期（SP）位移记录（地震计的周期为 1.0s，电流计周期为 0.75s），然后测量 P 波序列最大振幅（包括 P、pP、sP，甚至可以为 PcP 及其尾波，一般取在 PP 波之前）和相应的周期，其计算公式为：

$$m_b = \lg\left(\frac{A}{T}\right) + Q(\Delta, h) - 3.0 \tag{22.3}$$

$$(T < 3.0\text{s},\ 20° \leqslant \Delta \leqslant 100°,\ 0 \leqslant h \leqslant 700\text{km})$$

其中，A 为经过仿真后 P 波地面位移的振幅，从垂直向量取，单位为纳米（nm）；T 为地震波周期，单位为秒（s）；Δ 为震中距，单位为（°）；h 为震源深度，单位为千米（km）；$Q(\Delta, h)$ 为垂直向记录的 P 波的量规函数（Gutenberg and Richert，1956），与传统的量规函数一样，见附录 2。

3. 宽频带体波震级 $m_{B(BB)}$

测定宽频带体波震级 $m_{B(BB)}$，在垂直向速度型宽频带记录上直接量取 P 波速度的最大值，计算公式如下：

$$m_{B(BB)} = \lg\left(\frac{V_{max}}{2\pi}\right) + Q(\Delta, h) - 3.0 \tag{22.4}$$

$$(0.2\text{s} < T < 30.0\text{s},\ 20° \leqslant \Delta \leqslant 100°,\ 0 \leqslant h \leqslant 700\text{km})$$

式中，V_{max} 为整个 P 波震相序列速度的最大值，单位为纳米/秒（nm/s）；在垂直向量取，其周期范围为 $0.2\text{s}<T<30.0\text{s}$，整个 P 波震相序列包括 P、pP、sP，甚至可以为 PcP 及其尾波，一般取在 PP 波之前。

Δ 为震中距，单位为度（°）；h 为震源深度，单位为千米（km）；$Q(\Delta, h)$ 为垂直向记录的 P 波的量规函数（Gutenberg and Richter，1956），与传统的量规函数一样，见附录 2。

4. 20s 面波震级 $M_{S(20)}$

测定 20s 面波震级 $M_{S(20)}$ 要将宽频带数字地震记录仿真成世界标准地震台网（WWSSN）长周期（LP）位移记录（地震计的周期为 15.0s，电流计周期为 90s），其仪器参数与特性与我国 763 长周期仪器完全一样。然后测量面波位移最大振幅和相应的周期，$M_{S(20)}$ 计算公式如下：

$$M_S = \lg\left(\frac{A}{T}\right) + 1.66\lg(\Delta) + 0.3 \tag{22.5}$$

$$(18\text{s} < T < 22\text{s},\ 20° \leqslant \Delta \leqslant 160°,\ h \leqslant 60\text{km})$$

式中，A 是为垂直向面波地面运动位移的振幅，单位是纳米（nm）；T 为相对应的周期，单位为秒（s），要求 $18\text{s}<T<22\text{s}$；Δ 为震中距，单位为度（°）。

5. 宽频带面波震级 $M_{S(BB)}$

测定宽频带面波震级 $M_{S(BB)}$，在垂直向速度型宽频带记录上直接量取面波速度的最大值，其计算公式如下：

$$M_{S(BB)} = \lg\left(\frac{V_{max}}{2\pi}\right) + 1.66\lg(\Delta) + 0.3 \tag{22.6}$$
$$(3s < T < 60s,\ 2° \leqslant \Delta \leqslant 160°,\ h \leqslant 60km)$$

式中，V_{max}为垂直向面波速度的最大值，单位为纳米/秒（nm/s）；T为相对应的周期，单位为秒（s）；Δ为震中距，单位为度（°）。

6. 矩震级 M_W

测定矩震级M_W，其计算公式如下：

$$M_W = \frac{2}{3}(\lg M_0 - 9.1) \tag{22.7}$$

式中，M_0为地震矩，单位为牛顿·米（N·m）。如果M_0单位为达因·厘米（dyn·cm），则矩震级的计算公式为：

$$M_W = \frac{2}{3}(\lg M_0 - 16.1) \tag{22.8}$$

7. Lg 波震级 m_{bLg}

Lg 波是 S 波或 P-S 转换波在地壳内多次反射叠加形成的体波，也可认为是在地壳内叠加形成的高频高阶面波。因此，Lg 波是被约束在地壳中传播具有剪切性质的区域波。周期小于 3s 的 Lg 短周期面波是在地震记录上常见的地震波，是大陆型地壳结构所特有的地震波。Lg 波是非常复杂的地震波，具有多种短周期面波震型，群速度大约为 3.5km/s。

m_{bLg}为地方性和区域性地震的震级，测定m_{bLg}时要将宽频带数字地震记录仿真成世界标准地震台网（WWSSN）短周期（SP）位移记录，在垂直向记录上量取清晰的 1s 左右周期 Lg 波的最大地动位移振幅，其计算公式如下：

$$m_{bLg} = \lg(A) + 0.833\lg(\Delta) + 0.4343\gamma(\Delta - 10) - 0.87 \tag{22.9}$$

式中，A为 Lg 波最大振幅，与其相对应的群速度为 3.2～3.6km/s，所对应的周期 0.7～1.3s，单位是纳米（nm）；Δ是震中距，单位是 km；γ是衰减系数，单位是 km^{-1}，γ与Q值有关，$\gamma = \pi/(Q \cdot U \cdot T)$，$U$是群速度，$T$是 Lg 波的周期，$\gamma$与区域结构密切相关。

第三节 中国地震台网的应用

《IASPEI 震级标准》提出以后，在鲍曼和刘瑞丰的组织下，我们利用国家地震台网 48 个台站的宽频带数字地震资料，首次将新标准在中国地震台网应用，以检验其应用效果。我们使用2001—2007年的地震波形数据资料，震的震级范围是3.8<M_S<8.7，共531个地震，地震分布如图22.1。

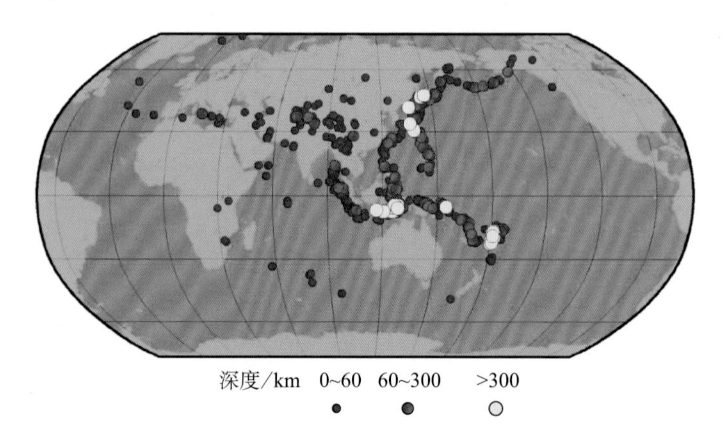

图22.1 《IASPEI震级标准》应用于中国地震台网所使用的地震分布图

为了能够详细研究各种新震级的基本特性，我们利用同一套软件，人工测定了每一个地震的中国传统震级和IASPEI震级，人工测量了每一种震级所使用的振幅A及其相应的周期T、台站的震中距Δ和方位角A_Z等基础数据，并收集了美国哈佛大学和哥伦比亚大学拉蒙特—多赫蒂地球观象台共同测定的矩震级M_W，并做好相关震级的分析对比工作。

一、宽频带震级的特点

在《IASPEI震级标准》中，$m_{B(BB)}$和$M_{S(BB)}$分别是宽频带体波震级和宽频带面波震级，这两个宽频带震级标度的建立主要基于以下考虑，一是充分利用数字地震仪器具有宽频带、大动态的特点；二是在原始速度型宽频带记录上直接测定，便于计算机自动测定，适宜地震参数快速测定。

1. 宽频带体波震级$m_{B(BB)}$

图22.2是宽频带体波震级$m_{B(BB)}$的周期T与震中距Δ之间的实际测定值之间的关系图。从测定结果看，周期的变化在0.3~21.5s之间；对于8.0级以上地震，T>10.0s；当震中距Δ>60°时，很少有T<1.5s，这是由于体波随震中距的强烈衰减造成的；震中距在20°~50°范围内，我们经常会观测到15~21s长周期体波，这是由于中国地震台网记录到俯冲带的中源地震和深源地震。

图22.3是宽频带体波震级$m_{B(BB)}$的周期T与震级实际测量值之间的关系图，红色圆圈是每个台站测定的周期T，绿色和蓝色圆点是对应不同震级的平均周期值，实线是平均值的拟合曲线。从图22.3可以看出，对于6.0级以下地震，平均周期几乎是个常数，而对于6.0级以上地震，平均周期随震级的增加几乎按指数增加，对于7.5级和8.5级地震，其平均周期分别为7.5s和16.0s，最大可达21.5s。

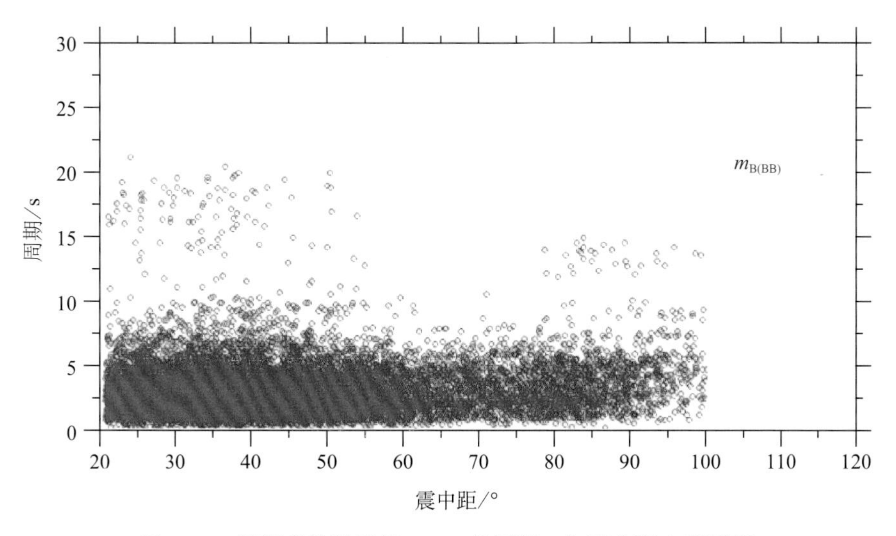

图 22.2 宽频带体波震级 $m_{B(BB)}$ 的周期 T 与震中距 Δ 实测值

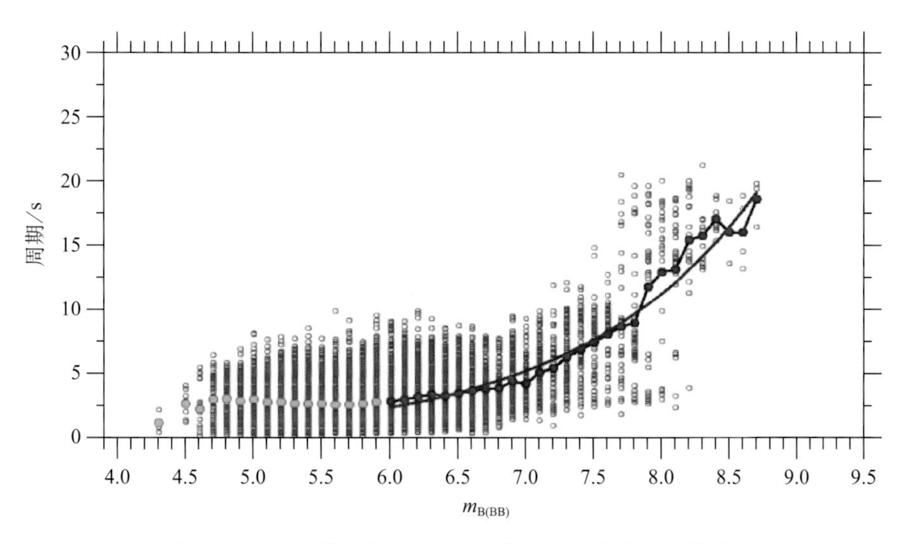

图 22.3 宽频带体波震级 $m_{B(BB)}$ 的周期 T 与震级实测值

我们分析的最大地震是 2004 年 12 月 26 日印度尼西亚苏门答腊岛—安达曼西北海域 M_W9.0 地震，测定的 $m_{B(BB)}$ 为 8.3，平均周期为（16.7±2.4）s。研究结果表明该地震震源破裂时间约为 120s，也就是说其震源破裂时间约为宽频带体波震级平均周期的 7 倍，主要原因是对于这样强烈的地震，其震源破裂过程不是一次完成，而是多次破裂叠加而成。此时，$m_{B(BB)}$ 已处于完全饱和状态，即便如此 $m_{B(BB)}$ 也能达到 8.3。由震源谱图 11.1 可以看出，对于 $T_C \approx$120s 和 17s，$m_{B(BB)}$ 与 M_W 相差在 1.0 级左右，由此可以估计出该地震的矩震级在 M_W9.0 以上。由于测定 $m_{B(BB)}$ 只需要 P 波头段的地震波形，测定时间较短，可以为地震海啸预警赢得宝贵的时间，这就是宽频带体波震级 $m_{B(BB)}$ 的优势。

对于不同的 $m_{B(BB)}$，其优势周期不同，图 22.4 是不同宽频带体波震级的优势周期，从

上到下对应的 $m_{B(BB)}$ 分别是 4.0～5.0、5.0～6.0、6.0～7.0、7.0～8.0 和 8.0 级以上地震，左图是不同震级对应的周期值，右图是不同周期对应的地震数量。

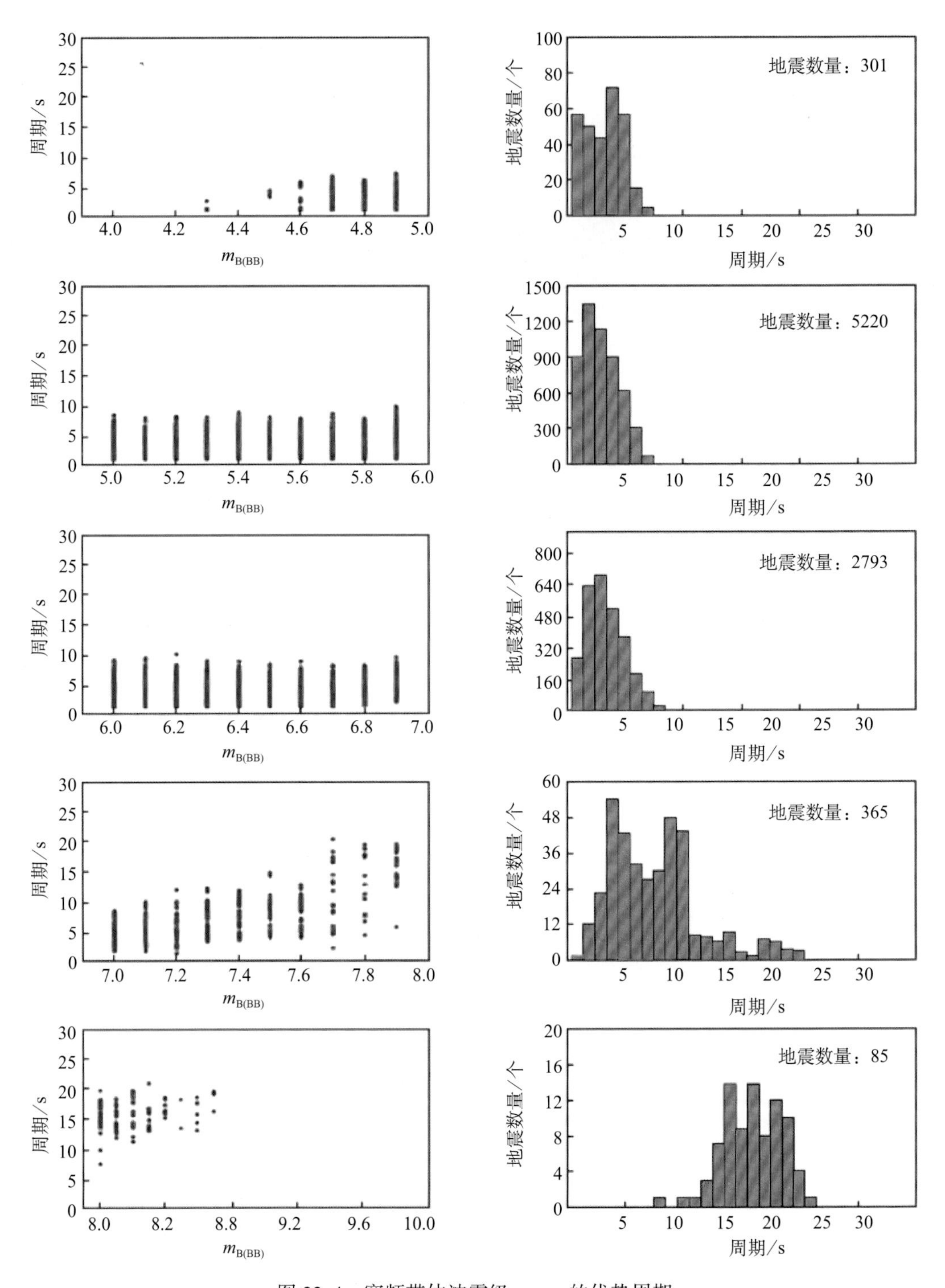

图 22.4　宽频带体波震级 $m_{B(BB)}$ 的优势周期

2. 宽频面波震级 $M_{S(BB)}$

面波最大振幅周期与震源深度、地震波艾里震相（Airy）在地壳与上地幔传播路径、地震台的台基有关，这些综合因素的效果是面波最大振幅周期与面波震级的大小有密切的关系。在实际的 $M_{S(BB)}$ 测定过程中，使用了531个地震资料，台站记录是9752个。图22.5表示的是测定的 $M_{S(BB)}$ 与瑞利波最大振幅所对应的周期 T 的关系图，红色圆圈是每一个台站测定的面波震级与面波最大振幅所对应的周期。

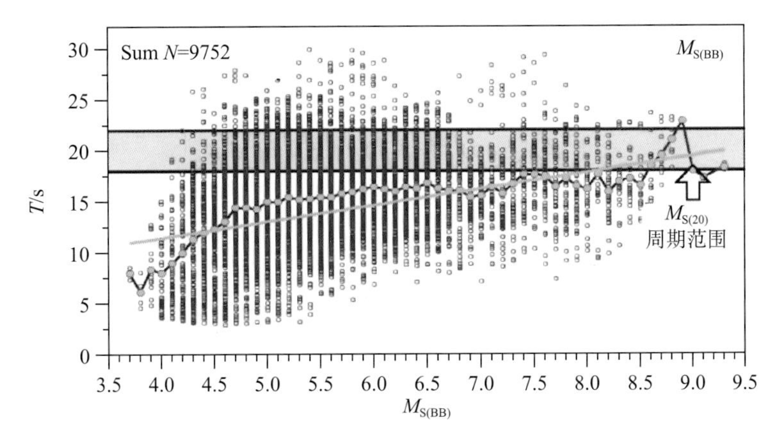

图22.5 瑞利波速度最大值的周期 T 与宽频带面波震级的关系图

（引自 Bormannand Liu，2009）

在图22.5中绿色实心点表示对应于不同震级面波最大振幅的平均周期，蓝色折线是平均周期的连接线。从实际观测数据可以看出地震的震级大，面波最大振幅的周期也大，根据不同震级所对应的平均周期，我们利用线性回归的方法给出了宽频带面波震级与其平均周期之间的关系，这是一条直线，即图中绿色直线。

$$T_{av}(sec) = 1.61M_{S(BB)} + 4.99 \tag{22.10}$$

图22.6是瑞利波速度最大值的周期 T 与震中距 Δ 的关系图，台站记录的震中距2°~102°，周期在1s~30s之间，在图中蓝色区域是20s面波震级 $M_{S(20)}$ 对应的周期变化范围，绿色矩型是卡尔尼克（Kárník，1962）和威尔莫（Willmore，1979）得到的对应不同震级的 A_{max} 或 V_{max} 的周期变化范围，黄色五角星表示的是用本文得到的对应于不同震中距，A_{max} 或 V_{max} 的平均周期值。我们发现在10°以内平均面波周期在8s以内，在60°以内面波平均周期在18s以内，对于远震周期 $T<8.0$s 的 A_{max} 或 V_{max} 很少被观测到，原因是短周期面波随震中距的增加而被很快衰减。

测定宽频带面波震级所对应的面波最大振幅的周期变化范围较大，周期在1s~30s之间，周期小于18s的占74%，周期在18s到22s之间的占21%，周期大于22 s的占5%，短周期

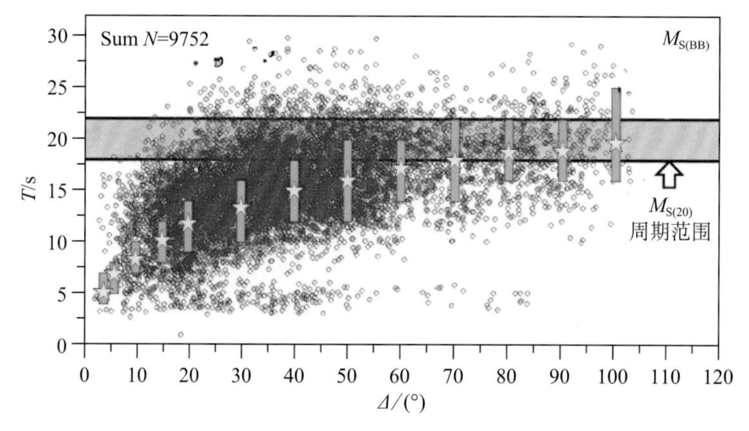

图 22.6　瑞利波速度最大值的周期 T 与震中距的关系图（引自 Bormann and Liu，2009）

面波占的比例很大。蓝色区域表示的是 20s 面波震级 $M_{S(20)}$ 对应的周期变化范围，这也正是美国 NEIC 目前所使用的周期范围，该范围仅占资料的 21%，也就是说 NEIC 根本不使用短周期面波（$T<18$s）和长周期面波（$T>22$s），这样 NEIC 所测定的面波震级就不能正确表示大地震和中小地震的震级大小。例如：从图 22.6 可以看出，当震中距在 8°左右时，A_{max} 或 V_{max} 的平均周期是 6.5s，而不是 20s 左右，如果用比值 A/T 计算面波震级，使用 6.5s 就会比 20s 计算的震级偏高 0.5 级左右。从图 22.5 可以看出，对于 4.5 级地震，A_{max} 或 V_{max} 的平均周期是 12s，此时 $M_{S(BB)}$ 要比 $M_{S(20)}$ 偏高 0.3 级左右；对于 6.5 级以上地震，A_{max} 或 V_{max} 的平均周期 $T>16$s，比较接近 20s，此时 $M_{S(BB)}$ 与 $M_{S(20)}$ 偏差 0.1 级以内，在图 22.6 中对应的震中距 $\Delta>50°$。

因此，20s 周期不能表示大多数大陆传播路径或区域小地震短周期面波 A_{max} 或 V_{max} 的周期，而宽频带面波震级 $M_{S(BB)}$ 却能较好地适应面波 A_{max} 或 V_{max} 周期变化较大的范围，既适合于小地震，也适合于大地震；既适合于区域小地震，也适合大的远震。

对于不同的 $M_{S(BB)}$，其优势周期不同，图 22.7 是不同宽频带面波震级的优势周期，从上到下对应的 $M_{S(BB)}$ 分别是 4.0~5.0、5.0~6.0、6.0~7.0、7.0~8.0 和 8.0 级以上地震，左图是不同震级对应的周期值，右图是不同周期对应的地震数量。

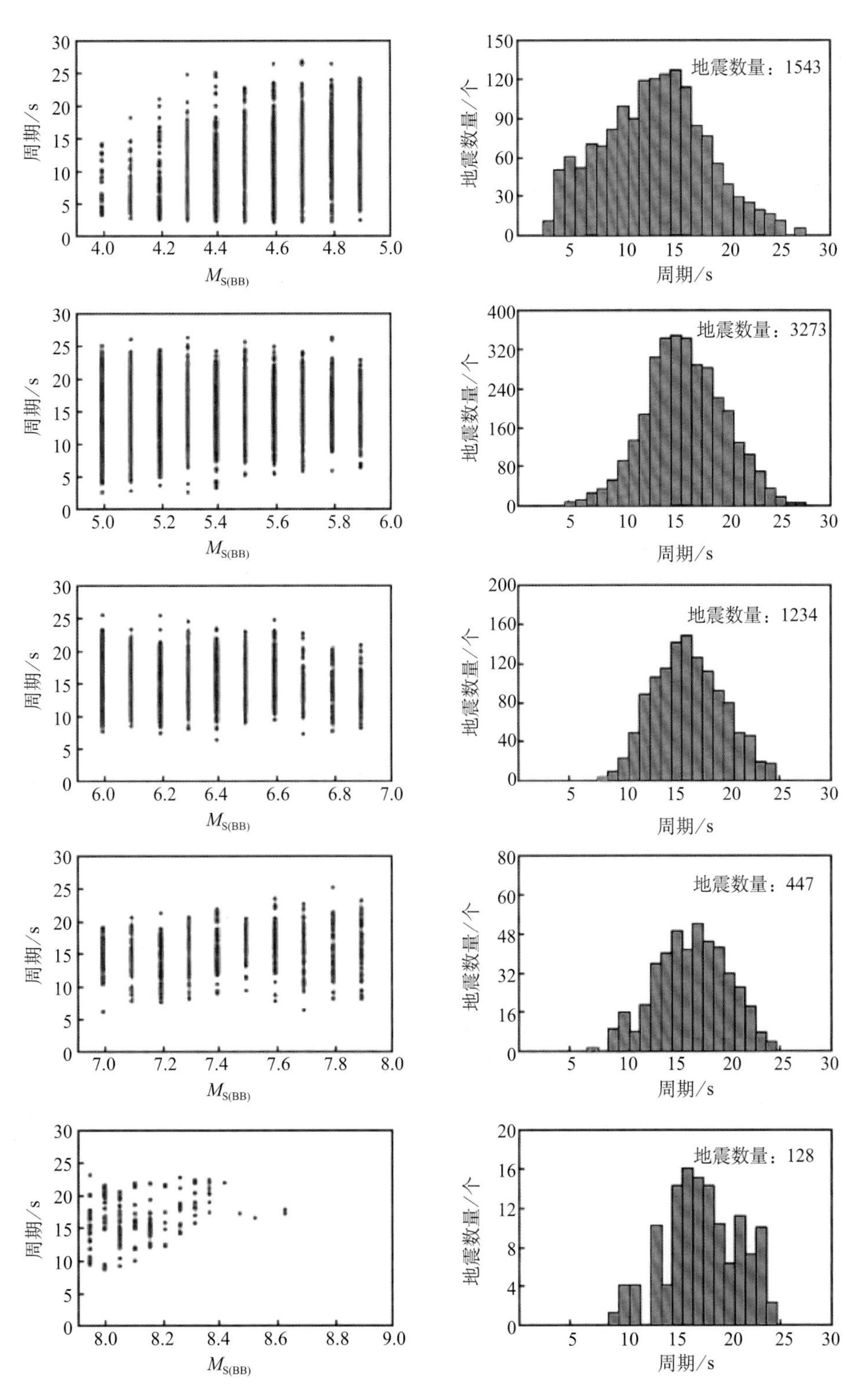

图 22.7 宽频带面波震级 $M_{S(BB)}$ 的优势周期

二、《IASPEI 震级标准》与中国传统震级

为了表述清楚，对于远震，中国传统震级用 $m_{b(CENC)}$、$m_{B(CENC)}$、$M_{S7(CENC)}$ 和 $M_{S(CENC)}$ 表示，《IASPEI 震级标准》分别用 m_b、$m_{B(BB)}$、$M_{S(20)}$ 和 $M_{S(BB)}$ 表示。

1. $M_{S(BB)}$ 和 $M_{S(CENC)}$

$M_{S(CENC)}$ 的计算公式为式（4.19），是将宽频带记录仿真成基式（SK）中长地震仪记录，在两水平向记录上测定；$M_{S(BB)}$ 是在原始的宽频带记录垂直向直接测定，计算公式为式（22.6）。我们所用的资料是 2001—2007 年共计 418 个地震，得到的 $M_{S(BB)}$ 与 $M_{S(CENC)}$ 之间的关系见图 22.8，通过正交回归的方法得到的结果是：

$$M_{S(CENC)} = 1.09M_{S(BB)} - 0.34 \tag{22.11}$$

$M_{S(CENC)}$ 和 $M_{S(BB)}$ 相关程度很高，相关系数 RXY = 0.989。由公式（22.11）得到的 $M_{S(CENC)}$ 和 $M_{S(BB)}$ 对照见表 22.1。可以看出 $M_{S(CENC)}$ 比 $M_{S(BB)}$ 系统偏高，震级较大时二者之间的差别也较大。

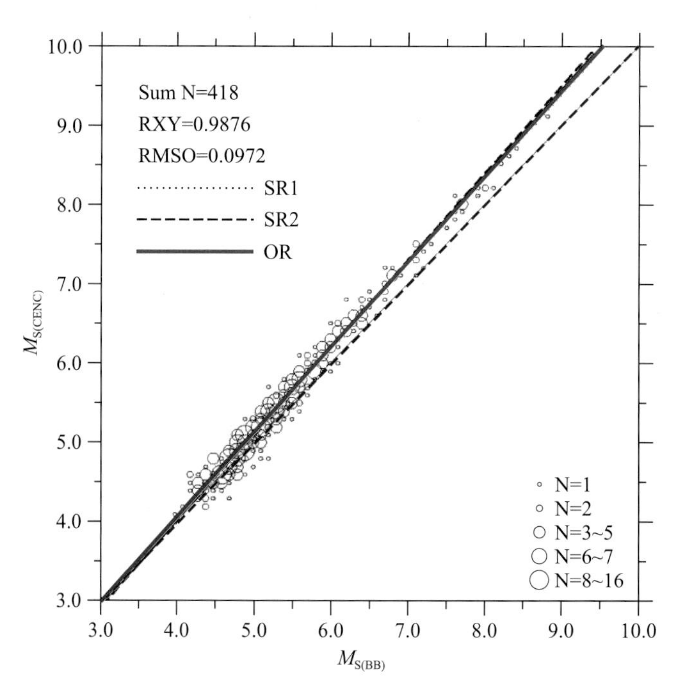

图 22.8　$M_{S(BB)}$ 与 $M_{S(CENC)}$ 之间的关系图

表 22.1 $M_{S(CENC)}$ 与 $M_{S(BB)}$ 对照表

$M_{S(BB)}$	4.00	4.50	5.00	5.50	6.00	6.50	7.00	7.50	8.00	8.50	9.00
$M_{S(CENC)}$	4.02	4.57	5.11	5.66	6.20	6.75	7.29	7.84	8.38	8.93	9.47
$M_{S(BB)}-M_{S(CENC)}$	-0.02	-0.07	-0.11	-0.16	-0.20	-0.25	-0.29	-0.34	-0.38	-0.43	-0.47

$M_{S(CENC)}$偏高的原因有三点。一是两者使用的量规函数不一样，从式（4.19）和式（22.6）可以看出两者使用的量规函数相差 0.2，这是 M_S 偏高的主要原因；二是公式 $M_{S(BB)}$ 使用的是垂直向记录，而公式 $M_{S(CENC)}$ 使用的是两水平方向记录；三是使用的面波周期和台站震中距不同，公式 $M_{S(BB)}$ 使用的面波周期范围为 3s 至 60s，台站的震中距范围为 2°~160°，而公式 $M_{S(CENC)}$ 使用的面波周期范围为 3s 至 25s，台站的震中距范围为 1°~130°。

2. $M_{S(20)}$ 与 $M_{S7(CENC)}$

$M_{S7(CENC)}$的计算公式为式（4.20），是将宽频带记录仿真成 763 长周期（WWSSN-LP）记录，在垂直向测定；$M_{S(20)}$的计算公式为式（22.5），也是将宽频带记录仿真成 763 长周期（WWSSN-LP）记录，在垂直向测定。我们使用 415 个地震的资料，通过正交回归的方法得到的结果是：

$$M_{S7(CENC)} = 0.99\ M_{S(20)} + 0.14 \tag{22.12}$$

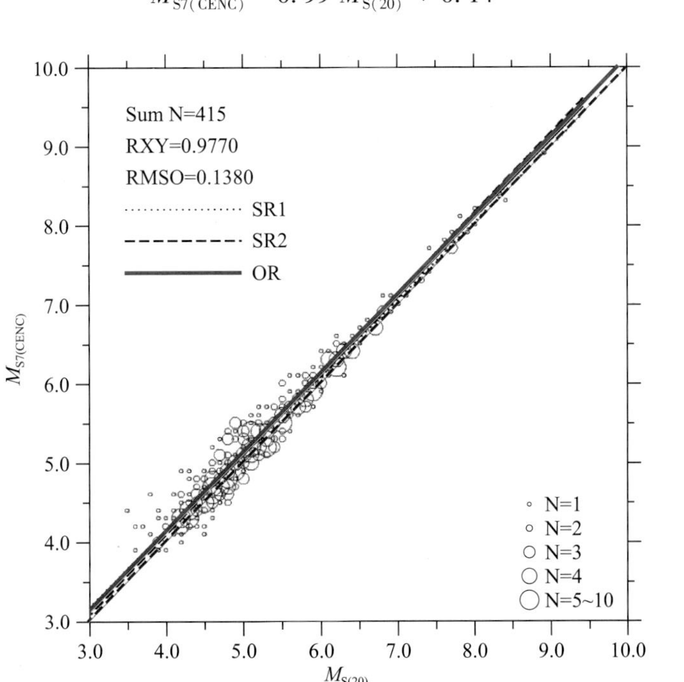

图 22.9 $M_{S(20)}$ 与 $M_{S7(CENC)}$ 之间的关系图

$M_{S(20)}$与$M_{S7(CENC)}$相关系数为0.978（图22.9），由式（22.12）得到的$M_{S(20)}$与$M_{S7(CENC)}$对照见表22.2，从表22.2可以看出在4.0到9级地震之间，M_{S7}比$M_{S(20)}$偏大0.1以内，不存在系统差，这是因为两者都是基于WWSSN-LP记录，只是$M_{S7(CENC)}$测定的震中距范围大于$M_{S(20)}$。由此可见，$M_{S(20)}$与$M_{S7(CENC)}$基本一致，二者之间没有系统偏差。

表22.2　$M_{S7(CENC)}$与$M_{S(20)}$对照表

$M_{S(20)}$	4.00	4.50	5.00	5.50	6.00	6.50	7.00	7.50	8.00	8.50
$M_{S7(CENC)}$	4.10	4.60	5.09	5.59	6.08	6.58	7.07	7.57	8.06	8.56
$M_{S(20)}-M_{S7(CENC)}$	-0.1	-0.1	-0.09	-0.09	-0.08	-0.08	-0.07	-0.07	-0.06	-0.06

3. m_b 和 $m_{b(CENC)}$

$m_{b(CENC)}$的计算公式为式（5.11），是将宽频带记录仿真成DD-1短周期位移记录，在垂直向记录上测定；m_b的计算公式为式（22.3），将宽频带记录仿真世界标准地震台网（WWSSN）短周期（SP）位移记录，在垂直向记录上测定。我们对557个地震事件同时测定了m_b和$m_{b(CENC)}$，通过正交回归方法得到如下关系：

$$m_{b(CENC)} = 0.82m_b + 0.87 \tag{22.13}$$

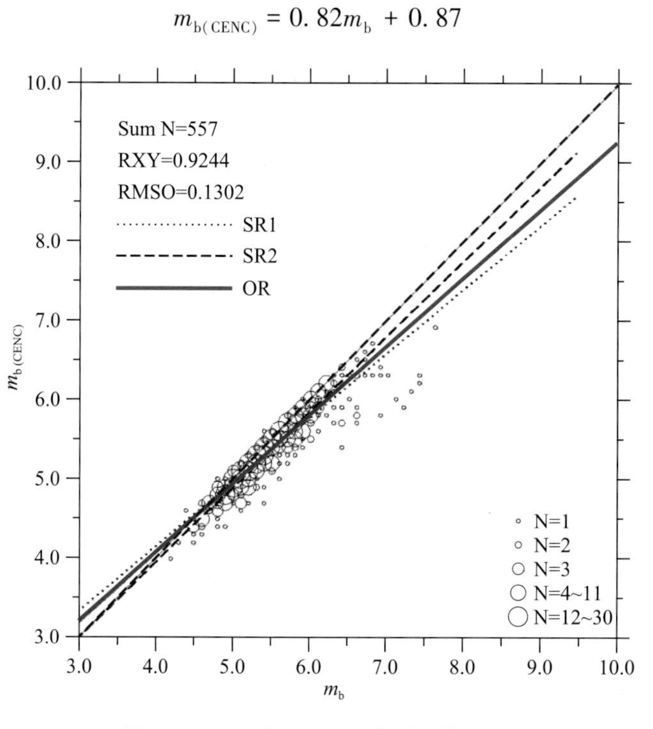

图22.10　m_b与$m_{b(CENC)}$的对比关系图

m_b 与 $m_{b(CENC)}$ 之间的关系见图 22.10，由式（22.13）得到 m_b 与 $m_{b(CENC)}$ 的对照见表 22.3，由分析表 22.3 与图 22.10 可得：对于 m_b6.0 以下地震，m_b 和 $m_{b(CENC)}$ 符合很好，而对于 m_b6.0 以上地震，m_b 比 $m_{b(CENC)}$ 偏大。这是因为对于 6 级以上地震，地震破裂时间大于 6s，而中国地震台网测定时，只取 P 波到时后 5s 之内的最大振幅，而在测定 m_b 时则量取 P 波震相序列的最大振幅。因此对于 2004 年 12 月 26 日的印度尼西亚苏门答腊岛—安达曼西北海域地震，其最大振幅在震源破裂之后 90s 才到达，致使二者的震级差达到 1.0，即 $m_{b(CENC)}=6.3$，$m_b=7.3$。

表 22.3　m_b 与 $m_{b(CENC)}$ 对照表

m_b	4.00	4.50	5.00	5.50	6.00	6.50	7.00	7.50
$m_{b(CENC)}$	4.14	4.55	4.96	5.37	5.78	6.19	6.60	7.01
$m_b-m_{b(CENC)}$	-0.14	-0.05	-0.04	0.13	0.12	0.32	0.40	0.49

m_b 与 $m_{b(CENC)}$ 出现偏差主要与量取 P 波最大振幅时所选时间窗的长短有关，量取较小地震的振幅受时间窗影响不大，但对较大地震的影响比较大，对于 6 级以上地震，地震破裂时间大于 6s，按地震台网观测技术规范要求，中国地震台网在测定 $m_{b(CENC)}$ 时只取 P 波到时后 5s 之内的最大振幅，而在测定 m_b 时则量取 P 波震相序列的最大振幅，时间窗的长短没有限制。根据我们的研究结果，m_b 震级比 $m_{b(CENC)}$ 体波震级更不容易达到饱和状态，通常我国传统体波震级的饱和震级为 6.5，而通过计算可以得到体波震级 m_b 的饱和震级为 7.5，相比我国传统体波震级可以更准确地衡量地震的大小，尤其对于高辐射能量的特大地震更为精确。另外，对于中小地震 m_b 与 M_W 基本一致，这证明 m_b 震级可以准确衡量中小地震的大小。

4. $m_{B(BB)}$ 与 $m_{B(CENC)}$

$m_{B(CENC)}$ 的计算公式为式（5.11），是将宽频带记录仿真成基式（SK）中长地震仪记录，在垂直向记录上测定；$m_{B(BB)}$ 的计算公式为式（22.4），在原始宽频带记录上直接测定。本文对 444 个地震同时测定了 m_B（CENC）和 $m_{B(BB)}$，用正交回归方法得到：

$$m_{B(CENC)} = 1.10m_{B(BB)} - 0.84 \tag{22.14}$$

由于计算公式和测定方法的差异，新的 $m_{B(BB)}$ 与我国传统的 $m_{B(CENC)}$ 存在一定的差别。根据我们的对比研究（图 22.11），新的 $m_{B(BB)}$ 与我国传统的 $m_{B(CENC)}$ 转换公式见式（22.14），由式（22.14）得到的 $m_{B(BB)}$ 和 $m_{B(CENC)}$ 对照见表 22.4。

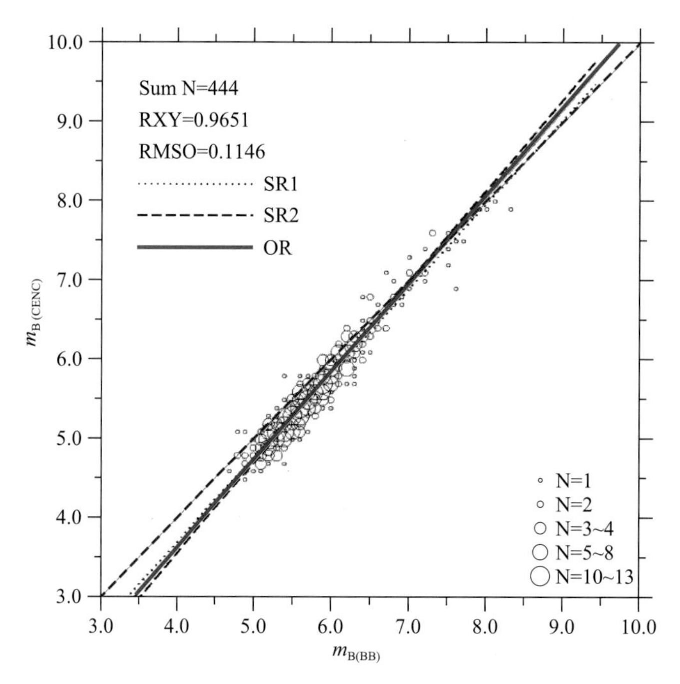

图 22.11 $m_{B(BB)}$ 和 $m_{B(CENC)}$ 的对比关系图

表 22.4 $m_{B(BB)}$ 与 $m_{B(CENC)}$ 对照表

$m_{B(BB)}$	4.50	5.00	5.50	6.00	6.50	7.00	7.50	8.00	8.50	9.00
$m_{B(CENC)}$	4.13	4.69	5.24	5.79	6.34	6.90	7.45	8.00	8.55	9.10
$m_{B(BB)}-m_{B(CENC)}$	0.37	0.31	0.26	0.21	0.16	0.10	0.05	0.00	-0.05	-0.10

对于 $m_{B(BB)}$ 7.0 级以下地震，$m_{B(BB)}$ 比 $m_{B(CENC)}$ 偏大 0.2~0.4，对于 $m_{B(BB)}$ 7.0 级以上地震 $m_{B(CENC)}$ 和 $m_{B(BB)}$ 基本一致。这是由于较小地震高频成分占主体地位，所以不同的振幅量取方式对震级的测定影响较大。而对于较大地震其震源破裂持续时间较长，中国地震台网在测定 $m_{B(CENC)}$ 时，P 波最大振幅的量取时间窗允许在 P 波到达后 20s 之内，大地震允许延长至 60s。在测定 $m_{B(BB)}$ 时选取的是 P 波震相序列的最大振幅，时间窗基本没有限制。因此对于较大地震，$m_{B(CENC)}$ 与 $m_{B(BB)}$ 的测定值存在较小的偏差。

三、《IASPEI 震级标准》与矩震级

为了能够定量给出《IASPEI 震级标准》中的远震震级与矩震级的关系，我们收集了哈佛大学和哥伦比亚大学拉蒙特—多赫蒂地球观象台共同测定的全球地震的矩心矩张量解（GCMT）。

1. $M_{S(20)}$，$M_{S(BB)}$ 与 M_W

我们共收集到 383 个地震的面波震级和矩震级资料，通过正交回归的方法对 $M_{S(20)}$ 与

M_W，$M_{S(BB)}$ 与 M_W 进行了分析，得到的结果明显分为两段（图 22. 12、图 22. 13）。

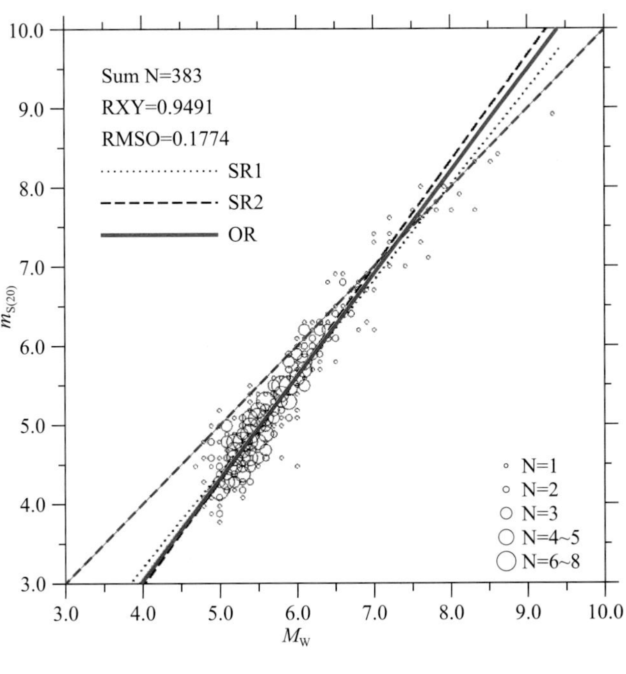

图 22. 12 M_W 与 $M_{S(20)}$ 之间的关系图

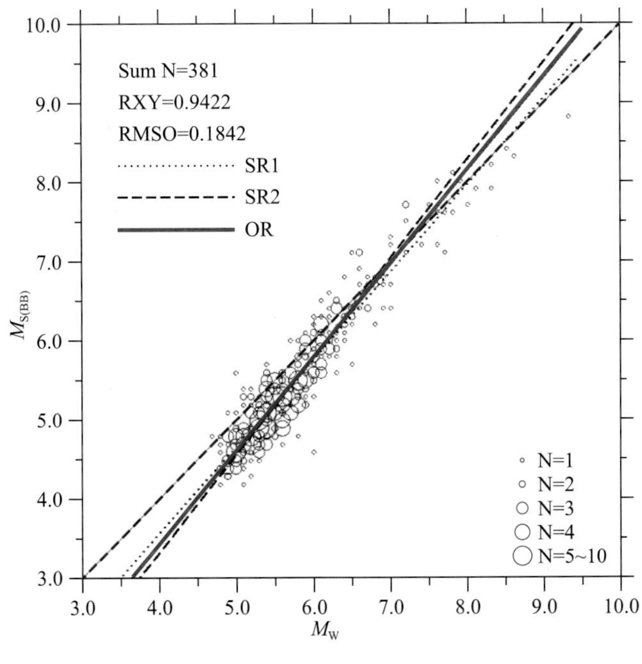

图 22. 13 M_W 与 $M_{S(BB)}$ 之间的关系图

（1）对于 $M_W \geq 6.8$，$M_{S(20)}$ 与 M_W，$M_{S(BB)}$ 与 M_W 偏差不大，两者正交拟合直线的斜率分别是 1.06 和 1.04，这说明对于 M_W6.8 以上地震，$M_{S(20)}$ 和 $M_{S(BB)}$ 与 M_W 相一致。

（2）对于 $M_W<6.8$，$M_{S(20)}$ 与 M_W 正交拟合直线的斜率是 1.50，而 $M_{S(BB)}$ 与 M_W 正交拟合直线的斜率是 1.34。这说明对于 M_W6.8 以下地震，$M_{S(BB)}$ 比 $M_{S(20)}$ 更能准确地表示出地震的大小。

$$M_{S(20)} = 1.50M_W - 3.27 \quad (M_W < 6.8) \tag{22.15}$$

$$M_{S(20)} = 1.06M_W - 0.61 \quad (M_W \geq 6.8) \tag{22.16}$$

$$M_{S(BB)} = 1.34M_W - 2.19 \quad (M_W < 6.8) \tag{22.17}$$

$$M_{S(BB)} = 1.04M_W - 0.39 \quad (M_W \geq 6.8) \tag{22.18}$$

由式（22.15）到式（22.18）得到的 $M_{S(20)}$，$M_{S(BB)}$ 和 M_W 对照见表 22.5 和表 22.6，也可以看出：对于 4.0~6.8 级地震，面波震级 $M_{S(BB)}$ 和 $M_{S(20)}$ 低估了较小地震的震级，对于 6.8~9.0 级地震，面波震级 $M_{S(BB)}$ 和 $M_{S(20)}$ 都可以较好地测定出较大地震的震级，而 $M_{S(BB)}$ 比 $M_{S(20)}$ 更接近 M_W，二者之差小于 0.1。

总之，对于 IASPEI 推荐的 2 种面波震级 $M_{S(BB)}$ 和 $M_{S(20)}$，$M_{S(BB)}$ 与 1962 年 Vaněk 等人提出的原始面波震级 M_S 定义最为接近。研究结果表明，$M_{S(BB)}$ 在未经滤波的宽频带记录上测定，其标准差要小于 $M_{S(20)}$。测定 $M_{S(BB)}$ 的震中距范围要比 $M_{S(20)}$ 宽得多，可以到地方震。另外，无论是 6.8 级以上地震，还是 6.8 级以下的地震，$M_{S(BB)}$ 要比 $M_{S(20)}$ 也更接近于矩震级 M_W。

表 22.5 M_W 与 $M_{S(20)}$ 对照表

M_W	4.00	4.50	5.00	5.50	6.00	6.50	7.00	7.50	8.00	8.50
$M_{S(20)}$	2.73	3.48	4.23	4.98	5.73	6.48	6.81	7.34	7.87	8.40
$M_W-M_{S(20)}$	1.27	1.02	0.77	0.52	0.27	0.02	0.19	0.16	0.13	0.10

表 22.6 M_W 与 $M_{S(BB)}$ 对照表

M_W	4.00	4.50	5.00	5.50	6.00	6.50	7.00	7.50	8.00	8.50
$M_{S(BB)}$	3.17	3.84	4.51	5.18	5.85	6.52	6.89	7.41	7.93	8.45
$M_W-M_{S(BB)}$	0.83	0.66	0.49	0.32	0.15	-0.02	0.11	0.09	0.07	0.05

2. m_b，$m_{B(BB)}$ 与 M_W

我们收集到 513 个地震的体波震级和矩震级资料，应用正交回归方法对 M_W 与 IASPEI 新标准体波震级 m_b、$m_{B(BB)}$ 进行分析，得到

$$m_b = 0.73M_W + 1.37 \tag{22.19}$$

$$m_{B(BB)} = 0.82M_W + 1.16 \tag{22.20}$$

m_b 和 M_W 相关系数为 0.8825（图 22.14），m_b 与 M_W 对照见表 22.7。对于 M_W6.0 以下的地震，m_b 与 M_W 基本一致，震级偏差 0.2 左右；对于 M_W6.0 以上地震，震级偏差较大，最大达 1.0 左右。

$m_{B(BB)}$ 与 M_W 相关系数为 0.9019（图 22.15），由公式（22.20）得到的 $m_{B(BB)}$ 和 M_W 对照见表 22.8。

表 22.7　M_W 与 m_b 对照表

M_W	4.50	5.00	5.50	6.00	6.50	7.00	7.50	8.00	8.50
m_b	4.65	5.01	5.38	5.74	6.11	6.47	6.83	7.20	7.56
M_W-m_b	-0.15	-0.01	0.12	0.26	0.39	0.53	0.67	0.80	0.94

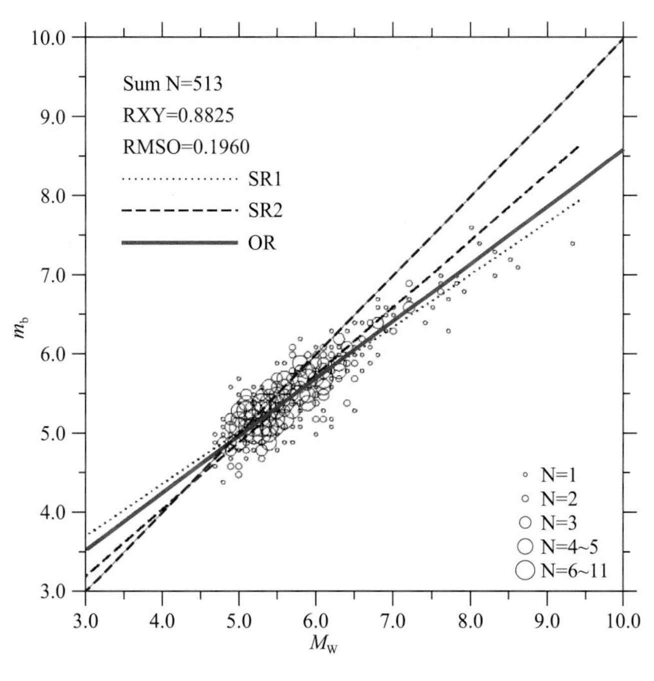

图 22.14　m_b 与 M_W 的对比关系图

表 22.8　M_W 与 $m_{B(BB)}$ 对照表

M_W	4.50	5.00	5.50	6.00	6.50	7.00	7.50	8.00	8.50
$m_{B(BB)}$	4.84	5.25	5.66	6.07	6.48	6.89	7.30	7.71	8.12
$M_W-m_{B(BB)}$	-0.34	-0.25	-0.16	-0.07	0.02	0.11	0.20	0.29	0.38

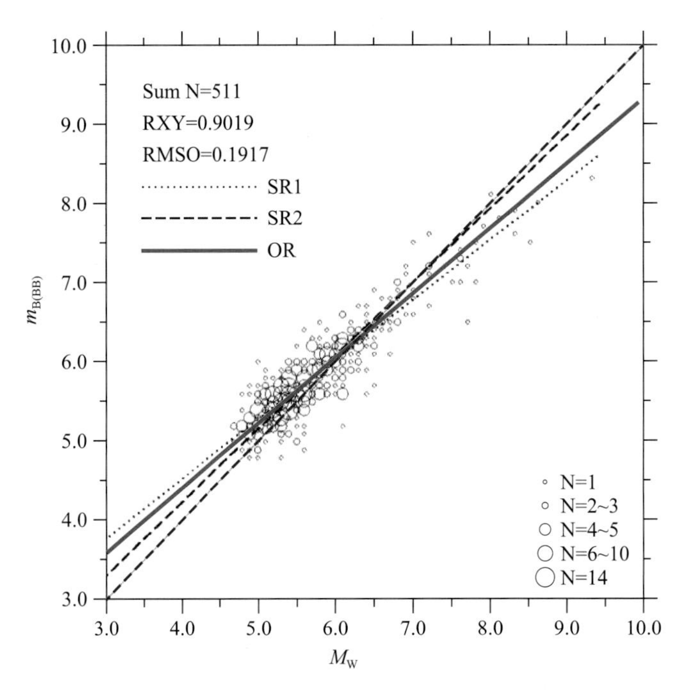

图 22.15　$m_{B(BB)}$ 与 M_W 的对比关系图

从式（22.19）、式（22.20）和表 22.7、表 22.8 可以得出以下结论：

（1）对于 M_W5.0 左右的地震，m_b 与 M_W 基本一致，而对于 M_W6.0 以上地震，m_b 普遍小于 M_W，也就是说 m_b 低估了 6.0 级以上地震的震级。

（2）对于 $4.5 < M_W < 8.0$ 地震，$m_{B(BB)}$ 和 M_W 基本一致；尽管测定 $m_{B(BB)}$ 与 M_W 方法原理不同，但 $m_{B(BB)}$ 和 M_W 的测定结果基本相同。从测定所需时间上看，比较准确地测定 M_W 需要 30 分钟，而准确测定 $m_{B(BB)}$ 大约需要 3 分钟。总体来说，$m_{B(BB)}$ 震级能快速准确衡量地震的大小。因此，在对较大地震进行快速评估时，可首先选用 $m_{B(BB)}$。$m_{B(BB)}$ 可以用于地震海啸预警中的震级快速测定，在德国援建的印度尼西亚地震台网中，就是采用快速测定 $m_{B(BB)}$ 的方法进行地震海啸预警，为大地震的快速反应节省时间。

我们的主要研究结果已收录到由德国地学研究中心（GFZ）鲍曼教授主编的《新地震观测实践手册》（NMSOP）一书中，如果要了解更详细内容，请参见该手册的第三章“震源与震源参数”：Seismic Sources and Source Parameters（http://bib.telegrafenberg.de/en/publishing/distribution/nmsop/)。

四、主要应用结果

2007 年，为了验证《IASPEI 震级标准》的准确性，我们在全球首次采用该标准测定了 531 个地震震级，并与中国传统震级进行了对比研究，主要结果如下（Bormann and Liu, 2009）。

（1）用地方性震级 M_L 可以较好地表示 4.5 级以下地震的大小；

（2）用宽频带面波震级 $M_{S(BB)}$ 可以较好地表示 4.5 级以上浅源地震的大小，尤其是对于 6.5 级以上浅源地震，$M_{S(BB)}$ 与 M_W 最为接近，差值在 0.1 以内；

（3）用短周期体波震级 m_b 或宽频带体波震级 $m_{B(BB)}$ 可以较好地表示中源地震和深源地震的大小；

（4）由于测定方法的改变，对于大地震，短周期体波震级 m_b 的饱和震级要比中国传统的短周期体波震级 $m_{b(CENC)}$ 偏大 0.5 左右。对于 M_W5.5 以下地震，m_b 能够较好地表示出地震的大小；

（5）对于 $4.5 < M_W < 8.0$ 地震，$m_{B(BB)}$ 与 M_W 基本一致，也就是说 $m_{B(BB)}$ 在比较大的范围内，都能正确表示地震的大小；当震级 M_W 大于 8.3 级时，宽频带体波震级 $m_{B(BB)}$ 才出现饱和现象，这使得在矩震级发布之前，宽频带体波震级可以用于快速估计大地震的震级，能够在地震海啸预警中发挥作用；

（6）矩震级是与面波震级对接的震级，对于 $6.8 \leq M_W \leq 8.5$，$M_{S(20)}$ 与 M_W，$M_{S(BB)}$ 与 M_W 偏差不大，这说明对于 M_W6.8 以上地震，$M_{S(20)}$ 和 $M_{S(BB)}$ 与 M_W 相一致，对于 $M_W<6.8$，$M_{S(20)}$ 与 M_W 正交拟合直线的斜率是 1.50，而 $M_{S(BB)}$ 与 M_W 正交拟合直线的斜率是 1.34。这说明对于 M_W6.8 以下地震，$M_{S(BB)}$ 比 $M_{S(20)}$ 更能准确地表示出地震的大小；

（7）由于所采用的计算公式和测量方法一致，$M_{S7(CENC)}$ 和 $M_{S(20)}$ 不存在系统偏差，在 4.0 到 9.0 级地震之间，$M_{S7(CENC)}$ 比 $M_{S(20)}$ 偏大 0.1 以内；

（8）对于近场中小地震，其最大面波的周期一般小于 16s，同 20s 面波震级 $M_{S(20)}$ 相比，宽频带面波震级 $M_{S(BB)}$ 更适合测定中小地震的面波震级；

（9）$m_{B(BB)}$ 和 $M_{S(BB)}$ 是在原始的速度型宽频带记录上直接测定，它们之间既能满足古登堡传统的 m_B 和 M_S 之间的关系式，也能满足地震能量 E_S 与 m_B 之间的关系式。因此，也很容易建立 $m_{B(BB)}$ 和 $M_{S(BB)}$ 与矩震级 M_W 和能量震级 M_e 之间的关系；

（10）我国传统使用的震级 $m_{B(CENC)}$、$M_{S7(CENC)}$、$M_{S(CENC)}$ 与 IASPEI 新震级 $m_{B(BB)}$、$M_{S(20)}$、$M_{S(BB)}$ 有很好的对应关系，特别是 4.0~9.0 级地震，同类震级之间的偏差在 0.1 以内。这也是中国传统震级的测定方法对 IASPEI 新震级标度的确立做出的重要贡献。因此，对于上述三种远震震级来说，我国采用新 IASPEI 标度，既能够继续保持我国传统使用的震级的特点，又可以与国际接轨。

第四节　国际主要地震机构的应用

《IASPEI 震级标准》发布以后，国际主要地震机构和很多国家的地震台网中心升级软件系统，采用新的震级标准测定震级，并将矩震级作为对外发布的首选震级。

一、美国国家地震信息中心

2006 年，美国国家地震信息中心（NEIC）全部采用新标准对地震数据处理系统 HYDRA 升级，震级测定采用《IASPEI 震级标准》，震相名称采用《IASPEI 标准震相表》（IASPEI Seismic Phase List），震级和震相输出格式采用《IASPEI 地震格式》（IASPEI Seismic Format），震级的输出最多为 5 个字母。另外，HYDRA 软件还测定《IASPEI 震级标准》以外的震级，还测定其他震级，例如利用宽频带体波测定的矩震级 M_{Wb}，利用宽频带面波测定的矩震级 M_{Wc}，以及根据邦纳等人提出的适用于区域地震和远震可变周期的面波震级 M_{S}（Bonner et al.，2006）。图 22.16 是 HYDRA 软件的输出格式。

```
BEGIN IMS1.0
MSG_TYPE DATA
MSG_ID 30000Z9N_43 HYDRA_ORANGE

DATA_TYPE BULLETIN IMS1.0:SHORT
The following is an UNCHECKED, FULLY AUTOMATIC LOCATION from the USGS/NEIC Hydra System
Event    15694
   Date         Time          Err   RMS Latitude Longitude  Smaj   Smin  Az Depth
2009/09/29 17:48:13.26    2.94  1.45 -15.5267 -172.0703   6.5    5.8 133  28.4

Magnitude  Err Nsta Author      OrigID
Mb_Lg   6.0 0.5    1 NEIC            0
Ms_VX   8.2 0.1   23 NEIC            0
mb      7.2 0.0  243 NEIC            0
Mwp     7.8 0.0  179 NEIC            0
mB_BB   7.7 0.0  246 NEIC            0
Ms_BB   8.3 0.1  134 NEIC            0
Mwb     7.7 0.0   97 NEIC            0


Sta     Dist  EvAz Phase        Time            Amp     Per  Magnitude     ArrID
KNTN   12.68    1.6 IAmb_Lg   17:55:00.090      7785.9  0.98   Mb_Lg   6.0 BHZIU00
KNTN   12.68    1.6 IVMs_BB   17:56:03.398   2169276.1 10.00   Ms_BB   7.7 LHZIU00
TARA   22.39 317.2 P          17:53:11.829                             BHZIU00
TARA   22.39 317.2 IAmb       17:53:45.055     12080.1  1.25   mb      7.2 BHZIU00
TARA   22.39 317.2 MMwp       17:53:53.279   1728974.9 41.45   Mwp     7.6 BHZIU00
TARA   22.39 317.2 IVmB_BB    17:54:07.329    206688.6  5.40   mB_BB   7.8 BHZIU00
OUZ    23.45 210.6 P          17:53:22.710                             HHZNZ10
OUZ    23.45 210.6 IAmb       17:53:47.450     11261.4  1.22   mb      7.3 HHZNZ10
OUZ    23.45 210.6 IVmB_BB    17:53:49.880    314772.2  9.74   mB_BB   8.0 HHZNZ10
OUZ    23.45 210.6 IAMs_20    18:01:02.679      6314.2 20.00   Ms_20   8.1 LHZNZ10
OUZ    23.45 210.6 IVMs_BB    18:02:47.679   3821858.4 16.00   Ms_BB   8.4 LHZNZ10
OUZ    23.45 210.6 AMs_VX     18:02:54.449   6326077.5 15.00   Ms_VX   8.3 LHZNZ10
```

图 22.16　NEIC 地震数据处理系统 HYDRA 的输出格式

二、其他国家

2013 年，德国地学研究中心（GFZ）采用《IASPEI 震级标准》对实时地震分析软件 SeisComp3 进行升级，通过实际应用已显示出《IASPEI 震级标准》的优势，尤其是测定宽频带面波震级 $M_{S(BB)}$ 和宽频带体波震级 $m_{B(BB)}$ 是基于面波和体波速度最大值 V_{max}，而不是位移最大值 A_{max} 和周期 T，适合计算出自动处理，并且测定精度明显提高。

SeisComp3 实时地震分析软件在德国科伦地球观象台（CLL）交互地震分析系统中应用，已在德国、美国、英国、法国、日本、韩国、印度尼西亚等国家使用，对于有影响的地震，可以在 1~2 分钟内自动测定出 $M_{S(BB)}$ 和 $m_{B(BB)}$，SeisComp3 已在印度尼西亚的地震海啸预警中发挥了重要作用。

2013 年 5 月，挪威卑尔根大学地球科学研究所和丹麦地质调查局采用《IASPEI 震级标准》，对地震分析软件 SEISAN 进行升级，图 22.17 是用该软件分析 2001 年 11 月 14 日一个地震的输出结果。卑尔根大学免费提供该软件，用户可以在 http://www.uib.no/rg/geodyn/artikler/2010/02/softwar 下载。目前全球很多国家都在使用该软件。

```
2001 1114  926  0.0 D                         TES                   1
ACTION:UP  11-10-20 20:49 OP:sw    STATUS:            ID:20011114092600    I
011114_0926.bhz                                                     6
STAT  SP IPHASW    D HRMM  SECON CODA AMPLIT PERI AZIMU VELO AIN AR TRES W DIS CAZ7
CLL   BZ IP          935  46.37
CLL   BZ IVmB_BB     936   5.04       9581.4 4.69
CLL   BZ IAmb        937  24.18        736.8 1.42
CLL   BZ IVMs_BB   10  1  40.06       25.2e4 18.1
CLL   BZ IAMs_20   10  1  45.48       70.7e4 18.6
```

图 22.17　SEISAN 软件的输出格式

第二十三章　震级国家标准

为了使我国的震级测定与发布同国际接轨，2012 年，中国地震局开始对国家标准《地震震级的规定》进行修订。2017 年 5 月 12 日，国家质量监督检验检疫总局、国家标准化管理委员会发布“中华人民共和国国家标准公告 2017 年第 11 号”公告，发布了强制性国家标准《地震震级的规定》（GB 17740—2017）（以下简称“新国标”）。本章主要介绍该标准的主要内容和技术要点。

第一节　震级国家标准修订的必要性

《中华人民共和国防震减灾法》（以下简称《防震减灾法》）第二十五条规定：“国务院地震工作主管部门建立健全地震监测信息共享平台，为社会提供服务”，震级与地震灾害密切相关，是启动《国家地震应急预案》的依据，快速准确地测定和发布地震的震级是地震监测系统的重要职责。修订《地震震级的规定》（GB 17740—1999）是中国地震局依法履行对地震监测职责的要求，也是进一步加强防震减灾社会管理、提高对社会公共服务能力的重要途径和措施。

构建震级标度体系是我国防震减灾各项工作的基础，不但要考虑地震台网在震级测定的每一个具体的环节，也要考虑到地震应急、地震灾害评估、科学研究和科普宣传等方面的应用需求。GB 17740 的组织起草部门是中国地震局，该项标准的首个版本为 GB 17740—1999，实施后规范了地震震级的测定方法和使用规定，在地震监测、地震应急、新闻报道、震害防御等相关工作中发挥了重要作用，取得了良好的社会效益和社会效益。

对 GB 17740—1999 修订主要有以下 3 方面的原因。一是经过十几年的发展，我国的地震观测系统实现了数字化和网络化的历史性突破，到 2007 年底，我国正式运行的所有地震台站都是数字化的台站，仪器特性、数据传输方式、震级测定方法和时效性都发生了根本的变化。二是 GB 17740—1999 实施以来，我国已经积累了大量的地震观测资料，在震级测定方法和发布规则方面有了新的认识。三是国际上在震级测定方法和发布规则上取得了重要进展，并逐步得到应用。

本次对 GB 17740—1999 修订，重点要解决我国在震级测定和发布方面存在的以下 3 方面问题。

（1）面波震级测定存在系统偏差。

为了规范各个国家的震级测定，1967 年在苏黎世召开的 IASPEI 会议上，IASEI 向全世界推荐了震级测定公式，国际地震中心（ISC）、美国国家地震信息中心（NEIC）等国际机构和国家都采用了 IASPEI 推荐的震级公式，使得不同机构测定的震级一致性较好。然而，由于多方面的原因，我国一直都没有采用 1967 年 IASPEI 推荐的震级。

1978 年，国家地震局开始进行国际地震资料交换，随后便发现我国测定的震级与国际主要地震机构测定的震级存在系统偏差，我国测定的面波震级 M_S 平均偏高 0.2 级左右，而对于 5.0~7.0 级地震我国测定的面波震级平均偏大 0.3~0.4 级（许绍燮，1999）。

（2）日常工作未能测定矩震级。

2000 年以后，国际主要地震机构把矩震级 M_W 作为日常工作测定的重要震级，并将 M_W 作为对外发布的首选震级，而我国地震台网在日常工作中没有测定矩震级，把面波震级 M_S 作为对外发布的震级，从而造成我国地震台网与国际主要地震机构发布的震级存在偏差。例如 2017 年 8 月 8 日四川九寨沟地震，我国发布的面波震级 M_S 为 7.0。美国国家地震信息中心（NEIC）发布的矩震级 M_W 为 6.5。因此新闻媒体、政府官员和社会公众都认为我国发布的震级偏大 0.5。

（3）震级转换造成的偏差。

在开展地震速报时，我国曾经对于不能测定面波震级 M_S 的地震采取“震级转换”的方式发布震级。也就是对于较小的地震将地方性震级 M_L 换算成面波震级 M_S，对于中源地震和深源地震将体波震级 m_b 转换成面波震级 M_S，然后对外发布。

2007 年，我国的地震观测系统实现“数字化、网络化”以后，随着台站密度的增加，地震速报能力的提高，由震级换算所造成震级的偏差越来越突出。

例如 2019 年 4 月 7 日北京海淀地震，测定的地方性震级 M_L 为 3.5，转换成面波震级 M_S 为 2.9，对外发布震级 M 为 2.9，地震预测研究所测定的矩震级 M_W 为 3.4。对于较小的地震，将地方性震级 M_L 换算成面波震级 M_S，导致震级偏低 0.5~0.7，使得对外发布的 3.0~4.5 级地震数量明显偏少，从而造成地震活动偏低的假象。

矩震级 M_W 是用震源参数测定的震级，能够表示不同类型地震的大小，没有震级饱和问题。目前矩震级已成为世界上大多数地震台网和地震机构优先使用的震级标度。我国地震台网在日常工作中要测定矩震级，并将矩震级作为对外发布的首选震级。

第二节 主要内容

在地震台网的日常工作中，一方面必须确保各种震级测定的科学性和规范性，另一方面要及时向政府机关和社会公众发布唯一的、不会造成困惑的地震震级，这是地震监测社会职能的体现。对震级的“测定方法”和“使用规定”进行修订是本次震级国家标准修订工作的两个关键环节，并且属于强制性内容。

一、测定方法

GB 17740—2017 的第一部分规定了地方性震级 M_L、短周期体波震级 m_b、宽频带体波震级 $m_{B(BB)}$、面波震级 M_S、宽频带面波震级 $M_{S(BB)}$ 和矩震级 M_W 的测定方法。

1. 地方性震级

测定地方性震级 M_L 应使用仿真成 DD-1 短周期地震仪两水平向记录 S 波（或 Lg 波）的最大振幅，该最大振幅应大于干扰水平 2 倍以上，按照式（23.1）计算：

$$M_L = \lg A + R(\Delta),\ A = \frac{A_N + A_E}{2} \tag{23.1}$$

式中，A 为最大振幅，单位为微米（μm）；A_N 为北南向 S 波或 Lg 波最大振幅，单位为微米（μm）；A_E 为东西向 S 波或 Lg 波最大振幅，单位为微米（μm）；Δ 为震中距，单位为千米（km）；$R(\Delta)$ 为地方性震级的量规函数，不同的地区要使用不同的量规函数，见附录 1。

2. 面波震级

测定浅源地震的面波震级 M_S，应将原始宽频带记录仿真成基式（SK）中长周期地震仪记录，使用水平向面波质点运动位移的最大值及其周期，按照式（23.2）计算：

$$M_S = \lg\left(\frac{A}{T}\right) + 1.66\lg(\Delta) + 3.5 \tag{23.2}$$

$$(2° < \Delta < 130°,\ 3\text{s} < T < 25\text{s},\ h \leqslant 60\text{km})$$

式中，A 水平向面波最大质点运动位移，取两水平向质点运动位移矢量和的模，单位为微米（μm）；Δ 为震中距，单位为度（°）；T 为 A 对应的周期，单位为秒（s）。

3. 宽频带面波震级

测定浅源地震的宽频带面波震级 $M_{S(BB)}$，应在垂直向速度型宽频带记录上量取面波质点运动速度的最大值，按式（23.3）计算：

$$M_{S(BB)} = \lg\left(\frac{V_{max}}{2\pi}\right) + 1.66\lg(\Delta) + 3.3 \quad (23.3)$$

$$(2° < \Delta < 160°,\ 3s < T < 60s,\ h \leqslant 60km)$$

式中，V_{max}为垂直向面波质点运动速度的最大值，单位为微米每秒（μm/s）；T 为 V_{max}对应的周期，单位为秒（s）；Δ 为震中距，单位为度（°）。

4. 短周期体波震级

测定短周期体波震级 m_b，应将垂直向宽频带记录仿真成 DD-1 短周期地震仪记录，测量 P 波波列（包括 P，pP，sP，甚至可以为 PcP 及其尾波，一般取在 PP 波之前）质点运动位移的最大值，按式（23.4）计算：

$$m_b = \lg\left(\frac{A}{T}\right) + Q(\Delta,\ h) \quad (23.4)$$

$$(5° < \Delta < 100°,\ T < 3s,\ 0 < h < 700km)$$

式中，A 为 P 波波列质点运动位移的最大值，单位为微米（μm）；T 为 A 对应的周期，单位为秒（s）；Δ 为震中距，单位为度（°）；h 为震源深度，单位千米（km）；$Q(\Delta,\ h)$ 为垂直向 P 波体波震级的量规函数，见附录 2。

5. 宽频带体波震级

测定宽频带体波震级 $m_{B(BB)}$，应在垂直向速度型宽频带记录上测量 P 波波列（包括 P，pP，sP，甚至可以为 PcP 及其尾波，一般取在 PP 波之前）质点运动速度的最大值，按照式（23.5）计算：

$$m_{B(BB)} = \lg\left(\frac{V_{max}}{2\pi}\right) + Q(\Delta,\ h) \quad (23.5)$$

$$(5° < \Delta < 100°,\ 0.2s < T < 30s,\ 0 < h < 700km)$$

式中，V_{max}为整个 P 波波列质点运动速度的最大值，单位为微米每秒（μm/s）；T 为 V_{max}对应的周期，单位为秒（s）；Δ 为震中距，单位为度（°）；$Q(\Delta,\ h)$ 为垂直向 P 波体波震级的量规函数，见附录 2。

6. 矩震级

矩震级 M_W 应使用测定的地震矩 M_0，按照式（23.6）计算：

$$M_W = \frac{2}{3}(\lg M_0 - 9.1) \quad (23.6)$$

式中，M_0 为地震矩，单位为牛顿·米（N·m）。

二、使用规定

新国标的第二部分是震级的使用规定，对震级测定、震级发布等地震台网日常工作，以及新闻报道、地震应急等与地震震级有关的社会应用给出了明确的要求。

1. 震级测定

（1）负责日常地震监测的各类地震台网（站），应按照上述方法测定可能测到的地方性震级 M_L、短周期体波震级 m_b、宽频带体波震级 $m_{B(BB)}$、面波震级 M_S、宽频带面波震级 $M_{S(BB)}$ 和矩震级 M_W。

（2）测定的震级之间不应相互换算。

2. 震级发布

（1）地震台网对外发布的震级用 M 表示。

（2）地震台网在发布地震速报信息时，对能及时测定地震矩 M_0 的地震，应优先选择矩震级 M_W 作为发布震级 M。

（3）地震台网在发布地震速报信息时，对不能及时测定地震矩 M_0 的地震，应按“震级优选”的方法确定对外发布的震级；

（4）地震台网在编制地震目录时，应同时列出所有测定的震级和对外发布震级 M。

3. 新闻报道

电视台、广播电台、报刊、杂志和网站等新闻媒体在发布地震信息时，应使用发布震级 M。

4. 地震应急

根据《国家地震应急预案》的要求，地震灾害发生以后，各级政府应依据发布震级 M 启动地震应急预案，开展地震应急工作。

第三节　技术要点

为便于使用，本节主要介绍 GB 17740—2017 在测定方法和使用规定方面上的技术要求，也有一些基本概念需要明确。

一、震级表示方法

从地震监测的角度看，震级分为测定震级和发布震级。测定震级是地震台网在日常工作中测定的震级，一个地震可测多个震级；发布震级是地震台网对社会发布的震级，一个地震只发布一个震级。

在表示方法上，测定震级有下角标，如：地方性震级 M_L、短周期体波震级 m_b、宽频带体波震级 $m_{B(BB)}$、面波震级 M_S、宽频带面波震级 $M_{S(BB)}$ 和矩震级 M_W 等。发布震级没有下角标，用 M 表示。

二、震中距的表示方法

震中距（Epicentral distance）是指震中至某一指定地点的地面距离。在地震监测中指定地点一般是地震台站。

震中距有两种表示方法，一种是用震中到地震台站的地面距离表示，以千米（km）为单位；另一种是以地面大圆弧的地心张角表示，以度（°）为单位。震中距的表示方法见图23.1，如果A是震中位置，B是地震台站的位置，Δ 是震中距，θ 是 Δ 对应的地心张角，R_0 是地球半径，$R_0=6371\text{km}$，$1°\approx111.2\text{km}$，例如震中距 $\Delta=15°$，约为1667.9km。

在测定地方性震级 M_L 时，震中距（Δ）用地面距离表示，以km为单位；在测定短周期体波震级 m_b、宽频带体波震级 $m_{B(BB)}$、面波震级 M_S 和宽频带面波震级 $M_{S(BB)}$ 时，Δ 用地球大圆弧的地心张角表示，单位为（°）。

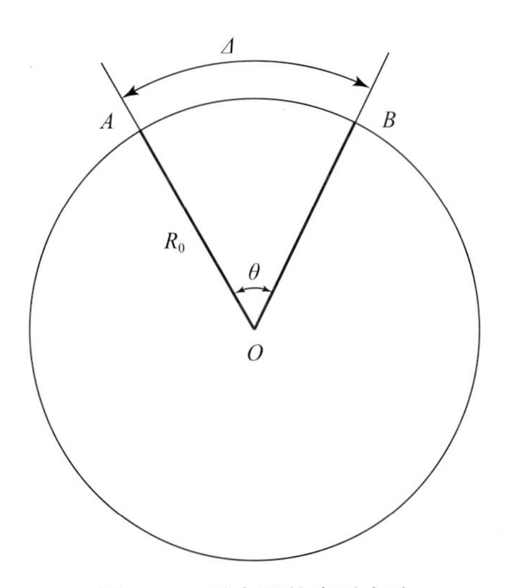

图23.1 震中距的表示方法

三、震中距与震源距

震源距（Hypocentral distance）是指震源至某一指定点的距离（图23.2）。

在测定地方性震级 M_L 时，里克特给出的量规函数为 $R_0(\Delta)$，因为美国南加利福尼亚州的地震一般为浅源地震，大多数地震的震源深度小于15km。而在全球其他地区的震源有可能深很多，因此在量规函数中应该包括震源深度 h，即量规函数应该是震中距 Δ 和震源深度

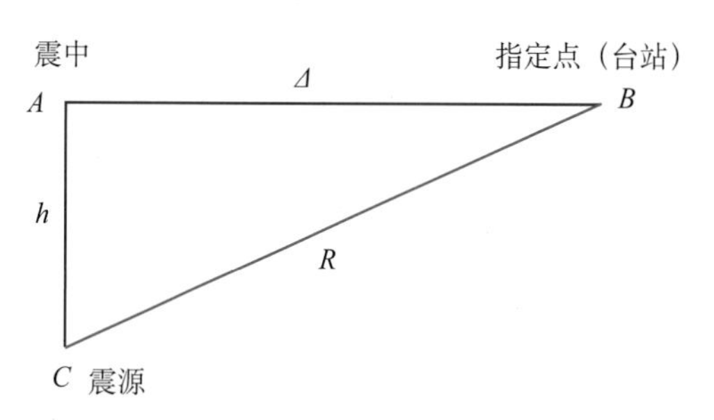

图 23.2　震中距与震源距（近场）

h 的函数 $R_0(\Delta, h)$，或至少用“倾斜”的震源距 $R=\sqrt{\Delta^2+h^2}$ 来代替震级公式中的震中距 Δ。在《IASPEI 震级标准》中，地方性震级 M_L 的量规函数使用的就是震源距 R。由于 M_L 是地方性震级，不同地区的地震波衰减特性差异很大，震源深度差别也很大。因此，不同地区的 M_L 没有可比性，在全球范围内不做统一的规定。

在 GB 17740—2017 中，测定地方性震级 M_L 的量规函数中也没有包括震源深度 h，主要原因是我国地震属于板内大陆地震，基本都是浅源地震。

四、地方性震级 M_L

地方性震级用 M_L 表示，这里的 L 表示地方性（Local）。M_L 是 1935 年里克特提出的第一个震级标度，英文名称为“Local magnitude”，用于测定震中距从 30km 到 600km 范围内地震的大小。而在中国测定 M_L 的震中距范围拓展到 1000km，适合于表示地方震和近震的大小，因而在一些资料和观测技术规范中也称 M_L 为近震震级，现在认为 M_L 还是回归其原始定义叫“地方性震级”为好。

（1）在 GB 17740—1999 宣贯教材中（许绍燮等，1999）称 M_L 为“地方性震级”。

（2）在英文中就没有与“近震震级”相一致的词。

在里克特和古登堡的文章（Richter，1935；Gutenberg and Richter，1956a，1956b）和里克特的书中《Elementary Seismology》（Richter，1958）使用的都是“Local magnitude”或“Magnitude for local shocks”。从原始的 M_L 计算公式可以看出，在量规函数 $[-\lg A_0(\Delta)]$ 中没有考虑与震源深度的关系，因为美国加州的地震一般为浅源地震，大多数深度小于 15km。对于其他的地方，如果地震的震源深度、地震波衰减特性与美国加州不一样，M_L 的计算公式和量规函数都会有所差别，也就是说不同地区的 M_L 具有地方性差异，这才是 Local 的真正含义。而这种差异与震中距范围是 600km 还是 1000km 关系并不大，强调的是 M_L 在不同地区的地方性差异。

在《IASPEI 震级标准》中，以及在《New Manual of Seismological Observatory Practice》（Bormann，2012）、《Modern Global Seismology》（Lay and Wallace，1995）、《An introduction to seismology，earthquake，and earth structure》（Stein and Wysession，2003）、《Principles of seismology》（Udias，1999）等相关书中均称 M_L 为“Local magnitude”，即“地方性震级”。

五、面波震级 M_S 与 $M_{S(BB)}$

GB 17740—2017 规定要测定 2 种面波震级，即面波震级 M_S 和宽频带面波震级 $M_{S(BB)}$，主要从以下几个方面考虑：

（1）测定 M_S 要使用两水平向记录，测定 $M_{S(BB)}$ 要使用垂直向记录，一方面可以从不同的维度描述地震的大小，另一方面能够充分利用震源辐射的具有不同振动方向的面波信息，从不同的维度反映震源的特性。

（2）M_S 的测定方法没有改变，一方面是为了继续保持我国几十年来面波震级测定的连续性，另一方面是由于两水平向面波包括具有扭转和剪切成分勒夫波，也包括具有膨胀成分的瑞利波，而垂直方向只有膨胀成分的瑞利波。因此，M_S 所包含的震源信息更丰富。

（3）用垂直向资料测定 $M_{S(BB)}$，一是所使用面波的频带宽，周期范围为 3~60s，充分发挥了宽频带数字地震资料的特点；二是研究结果表明对于 6.0 级以上地震 $M_{S(BB)}$ 与矩震级 M_W 相差较小，一般在 0.1 以内（刘瑞丰等，2015）；三是直接用速度量测定，不用仿真，便于计算机自动处理，适用于地震速报；四是在测定方法上与国际接轨，在测定结果上不会与国际主要地震机构存在系统偏差。

六、体波震级 m_b 与 $m_{B(BB)}$

GB 17740—2017 规定要测定 2 种体波震级，即短周期体波震级 m_b 和宽频带体波震级 $m_{B(BB)}$，主要技术要点如下：

（1）测定 m_b 和 $m_{B(BB)}$ 时，只使用 P 波波列（包括 P，pP，sP，甚至可以为 PcP 及其尾波，一般取在 PP 波之前），而不使用 PP 和 S 波。量取 P 波最大振幅时，取消了量取 P 波到时之后 5s 的限制，量取的是 P 波波列的最大振幅，使得 m_b 和 $m_{B(BB)}$ 的饱和震级变大，这有利于快速测定大地震的体波震级。我们测定 2004 年 12 月 26 日印度尼西亚苏门答腊岛—安达曼西北海域地震的宽频带体波震级 $m_{B(BB)}$ 为 8.3，$m_{B(BB)}$ 的饱和震级明显变大。

（2）测定 $m_{B(BB)}$ 时直接用速度量，不用仿真，便于计算机自动处理。研究结果表明对于 6.0~8.0 级地震，$m_{B(BB)}$ 与 M_W 的差别不大，在一般情况下测定 $m_{B(BB)}$ 只需 1 分钟左右的时间，而测定 M_W 需要大约 20 分钟的时间（Bormann and Liu，2009）。德国 GFZ 在援建印度尼西亚的地震海啸预警台网时，已将 $m_{B(BB)}$ 在地震海啸预警中应用，取得了很好的效果。

七、振幅和周期的测量方法

为了测定震级，要从地震记录上量取地震波的振幅 B 和周期 T，振幅 B 可以是质点运动位移 A，也可以是质点运动速度 V。

对于模拟记录，振幅 B 是质点运动位移 A。测定面波震级和体波震级要使用地震波质点

运动的最大速度 $(A/T)_{max}$，而不是质点运动的最大位移。为了在地震图上找出 $(A/T)_{max}$，需要量取几组记录振幅极大值计算 (A/T)，然后在它们当中选取最大的 $(A/T)_{max}$。

对于数字记录，振幅 B 是质点运动速度 V，通过仿真的方法可以将 V 变成 A。对于速度平坦型地震记录，有如下关系：

$$\left(\frac{A}{T}\right)_{max} = \frac{V_{max}}{2\pi} \tag{23.7}$$

测定宽频带面波震级 $M_{S(BB)}$ 和宽频带体波震级 $m_{B(BB)}$ 时，直接使用 $\frac{V_{max}}{2\pi}$；而在测定面波震级 M_S、短周期体波震级 m_b 和地方性震级 M_L 时，要将速度平坦型地震记录仿真成位移记录的基式（SK）中长周期地震仪记录或 DD-1 短周期仪记录，在仿真以后的地震波记录上反映的是地动位移。GB 17740—2017 要求在测定 M_S 和 m_b 时，要量取的地震波质点运动位移的最大值 A_{max}，这样更便于实际应用和计算机自动测定，这就是新标准与原标准（规范）的区别。

在地震记录上，振幅 B 被定义为偏离记录基线的最大峰（谷）值。周期 T 是两个波峰（波谷）之间（即所测振幅两次跨过基线）的时间，以 s 为单位。

八、体波振幅和周期

对于体波震相，大部分振动相对于基线是对称的，有的也不对称（只在基线的一侧），B 是偏离基线的最大值，见图 23.3（b）。但是，对于大地震的震源过程有可能是复杂的多次破裂，有可能地震体波震相具有最大振幅的时间 t_{max} 在地震初动后的一段时间内。

在测定体波震级时，只使用 P 波波列震相，而不再使用 PP 和 S 波震相，对测量 P 波波列震相具有最大振幅的时间 t_{max} 没有限制，只要求能够测定其质点运动最大速度或质点运动最大位移。

图 23.3 是测定体波振幅 B 和周期 T 的示意图，其中：（a）是简单对称振幅；（b）是简单不对称偏离振幅；（c）和（d）对应的是复杂震源过程，持续时间较长的 P 波组，可能是多次破裂过程。

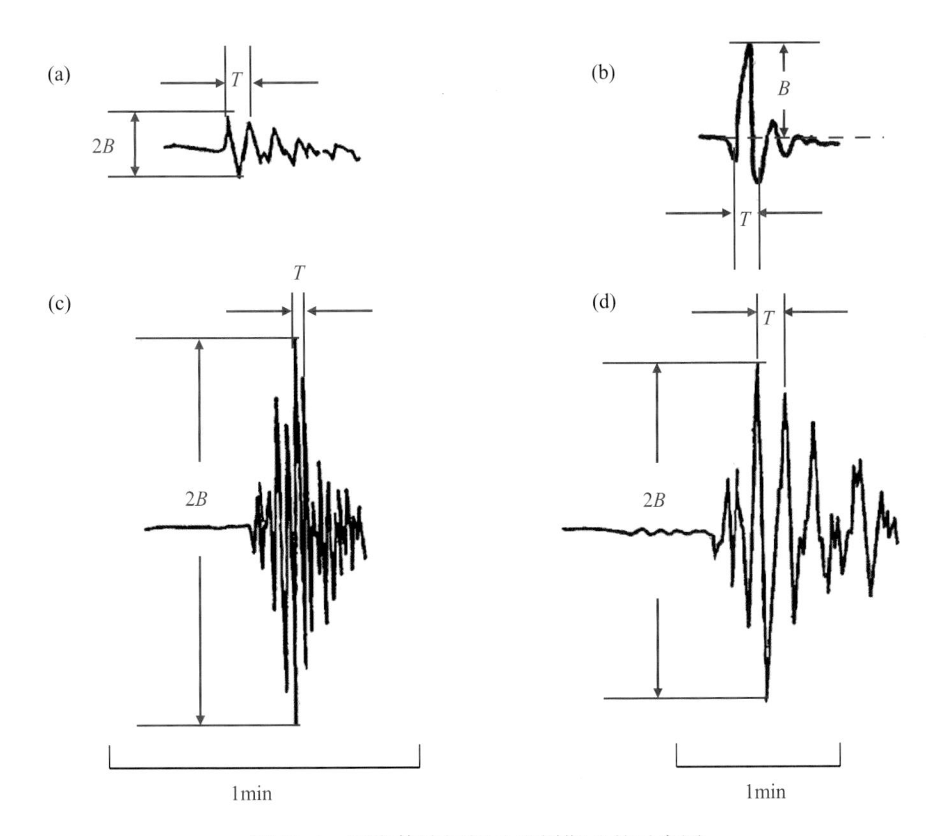

图 23.3 测定体波振幅 B 和周期 T 的示意图

（a）简单对称振幅；（b）简单不对称偏离振幅；（c）和（d）复杂震源过程

九、面波振幅和周期

对于面波震相，振幅和周期的测量过程大体与体波相同。对于远震的面波，振动相对于基线是对称的，既可以从基线到波峰（或波谷）测量振幅 B，也可以从波峰到波谷测量双振幅 $2B$。

当震中距 $\Delta>20°$时，较短周期面波和较长周期面波都会与最大振幅有关，Airy 震相因频散而位于波列的尾部。图 23.4 是测定面波振幅 B 和周期 T 的示意图。

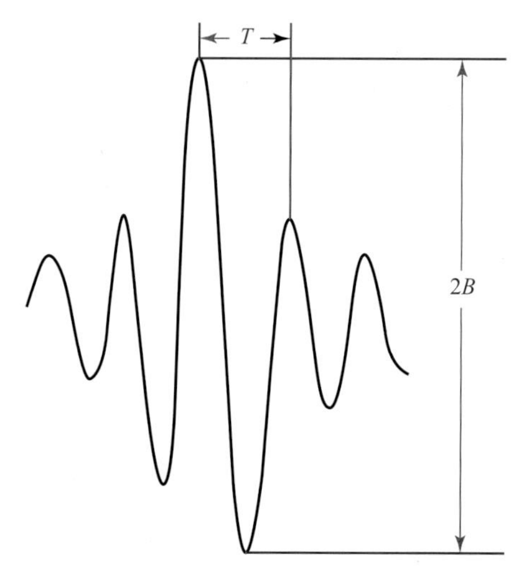

图 23.4　测定面波振幅 B 和周期 T 的示意图

十、算术平均值与矢量和

在测定地方性震级 M_L 时，要在仿真 DD-1 短周期地震仪记录上测定两水平向记录 S 波（或 Lg 波）的最大振幅，北南向最大振幅 A_N 与东西向最大振幅 A_E 可以是同一时刻，也可以是不同时刻，在计算公式中 A 是 A_N 和 A_E 的算术平均值，即 $A = \frac{A_N + A_E}{2}$。

1958 年，里克特指出利用两水平向振幅的平均值测定 M_L 的方法，要用两水平向振幅的矢量和测定 M_L，这是因为两水平向最大振动不一定相同的波，也不一定在同一时刻出现（Richter，1958）。研究结果表明，用两水平向振幅平均值测定的 M_L，要比用矢量和偏小至少 0.15 级，如果两水平向振幅相差较大，则偏差会更大（Bormann，2002）。

在测定面波震级 M_S 时，要在仿真基式（SK）中长周期地震仪记录上测定两水平向面波质点运动位移，北南向面波质点运动位移 A_N 和东西向面波质点运动位移 A_E 应取同一时刻，如果 A_N 和 A_E 的振幅不在同一时刻，要取周期相差在 1/8 周期之内的振动。最大质点运动位移 A 是 A_N 和 A_E 矢量和的模，即 $A = \sqrt{A_N^2 + A_E^2}$。在通常情况下，如果 A_N 和 A_E 的最大振幅在同一时刻或周期相差不大时，计算其矢量和才有实际意义。

十一、m_b 与 $m_{B(BB)}$ 的选择方法

对于中源地震和深源地震，宜选择短周期体波震级 m_b 或宽频带体波震级 $m_{B(BB)}$ 为发布的震级 M。在一般情况下，对于 5.0 级以上地震，在宽频带记录上就可以看到清晰的体波震相，而对于 5.0 级以下地震在宽频带记录上看到的体波震相可能不清晰，但仿真成 DD-1 短周期记录以后，体波震相就比较容易识别。

因此，对于5.0级以下地震，宜选择短周期体波震级 m_b 为发布的震级 M；对于5.0级以上地震，$m_{B(BB)}$ 与 M_W 基本一致，宜选择宽频带体波震级 $m_{B(BB)}$ 为发布的震级 M，这使得在矩震级发布之前，快速测定宽频带体波震级 $m_{B(BB)}$ 就可以表示出较大地震的震级。

十二、量值传递与量值溯源

震级是对地震大小的量度，从计量学的角度看，震级测定方法要遵从量值传递和量值溯源的规则。

量值传递就是通过对计量器具的检定或校准，将计量基准（标准）所复现的计量单位量值，通过计量标准逐级传递到工作计量器具，以保证对被测对象所得量值的准确一致，这一过程称之为量值传递。量值传递是由国家最高标准去统一各级计量标准，再由各级计量标准去统一测量仪器，来实现量值准确一致的过程。传递一般是自上而下，由高等级向低等级传递，有强制性的特点。量值传递是统一计量器具量值的重要手段，是保证计量结果准确可靠的基础。任何一种计量器具，由于种种原因，都具有不同程度的误差。新制造的计量器具，由于设计、加工、装配和元件质量等各种原因引起的误差是否在允许范围内，必须用适当等级的计量标准来检定，判断其是否合格。经检定合格的计量器具，经过一段时间使用后，由于环境的影响或使用不当、维护不良、部件的内部质量变化等因素将引起计量器具的计量特性发生变化，所以需定期用规定等级的计量标准对其进行检定，根据检定结果作出进行修理或继续使用的判断，经过维修后的计量器具是否达到规定的要求，也须用相应的计量标准进行检定。因此，量值传递的必要性是显而易见的。

量值溯源是通过一条不间断的比较链，使测量结果或测量标准的值能够与规定的参考标准（通常是国家计量基准或国际计量基准）联系起来。量值溯源和量值传递的主要区别在于量值溯源是自下而上的活动，带有主动性；量值传递是自上而下的活动，带有强制性。

震级有严格的测定方法和零级地震的规定，由于有多种震级标度，在震级发展的过程中不同震级之间的测量标准（方法）首先要遵守量值传递和溯源的规则，这样才能保证与地震观测仪器之间量值传递。

地震台站的地震仪器就是测量地震大小的计量器具，由于地震仪器在设计、加工、安装和元器件质量等方面的原因会使震级测定产生误差，因此必须对地震台站的地震仪器进行计量检测，在不同地区建立基准地震台站。另外，经过一段时间使用以后，由于环境的影响或使用不当、仪器部件老化等因素的影响，也会使测定的震级产生误差，所以要定期对地震仪器进行标定，对不合格的仪器进行维修或更换。

第四节　宽频带数字地震资料的仿真

GB 17740—2017 要求，测定地方性震级 M_L 和短周期体波震级 M_b 时，要将速度型数字地震观测记录仿真成 DD-1 短周期记录；测定面波震级 M_S 时，要将速度型数字地震观测记录仿真成基式中长周期记录。下面介绍一下宽频带数字地震记录仿真的方法和模拟记录地震仪器的传递函数。

一、方法概述

仿真就是将给定的一种地震仪记录图映射成另一种地震仪记录图。

如果知道了宽频带地震仪器的传递函数和传统模拟记录地震仪器的传递函数，那么就能够从宽频带记录仿真传统的模拟记录。

1. 仿真条件

为了确保仿真后的地震记录不失真，要求宽频带地震仪器满足以下条件（Bormann，2012）。

（1）频带范围要大于被仿真仪器的频带范围；

（2）动态范围要大于被仿真仪器的动态范围；

（3）很低的仪器自噪声；

（4）可准确解析的传递函数。

2. 仿真方法

数字地震记录仿真的方法很多，如：傅里叶分析法、时间域数字滤波法、现代控制论法等，我们介绍的是比较简单易行的傅里叶分析法，主要步骤如下：

（1）首先将宽频带记录去除仪器响应，得到实际地面运动速度记录 $V(t)$。

（2）将地面运动速度记录 $V(t)$ 积分为地面运动位移记录 $A(t)$，该过程在频率域上更容易实现，即：

$$A(\omega) = \frac{V(\omega)}{i\omega} \tag{23.8}$$

式中，$\omega = 2\pi f$。

（3）在频率域，将地面运动位移记录 $A(\omega)$ 仿真为模拟位移记录 $A_1(\omega)$，即：

$$A_1(\omega) = A(\omega) \cdot H(\omega) \tag{23.9}$$

式中，$H(\omega)$ 是模拟记录仪器的传递函数。

（4）利用逆傅里叶变换将频率域上的位移记录转换到时间域，就可得到模拟位移记录：

$$A_1(t) = F^{-1}[A_1(\omega)] \tag{23.10}$$

式中，$A_1(t)$ 就是我们要得到的模拟位移记录。

二、模拟记录地震仪器传递函数

在国家地震台网使用的模拟记录地震仪器主要有 DD-1 短周期地震仪器、基式（SK）中长周期地震仪器和 763 长周期地震仪器。

1. DD-1 短周期地震仪器

DD-1 短周期地震仪器由 3 台 DS-1 型地震计和 1 台 DJ-1 地震记录器组成，DS -1 型地震计把地动信号转换成电信号，经 DJ -1 型记录器的放大器放大后，推动记录笔在记录纸上画出放大后的波形。

（1）仪器参数。

拾震器固有周期：$T_1 = 1.0\text{s}$；

拾震器阻尼常数：$D_1 = 0.45$；

记录笔固有周期：$T_3 = 0.05\text{s}$；

记录笔阻尼常数：$D_3 = 0.707$。

（2）传递函数。

DD-1 短周期地震仪器属于电子放大笔绘记录地震仪，由地震计、电子线路和记录笔 3 部分组成，其传递函数的计算方法请参见相关文献（王广福，1984）。根据薛兵研究员对 DD-1 传递函数的研究结果（中国地震局监测预报司，2016），DD-1 短周期地震仪对地动位移响应的归一化传递函数为：

$$H(\omega) = \frac{s^3}{(s^2 + 5.655s + 39.48)(s + 4.545)} \cdot \frac{15791}{s^2 + 177.7s + 15791} \tag{23.11}$$

式中，$s = i\omega$，$\omega = 2\pi f$，$i = \sqrt{-1}$，f 是频率，单位为赫兹（Hz）。DD-1 短周期地震仪器的幅频特性和相频特性见图 23.5。

2. 基式（SK）中长周期地震仪器

基式地震仪由地震计、电流计、照相记录器和 GDJ-A 光记录报警器组成。二台水平向地震计通过两组电阻网络，分别与二台短周期检流计耦合；而一台竖直向地震计则通过一组电阻网络与一台短周期检流计连接。地震计的工作阻尼小于临界阻尼，形成所需的位移平坦特性。

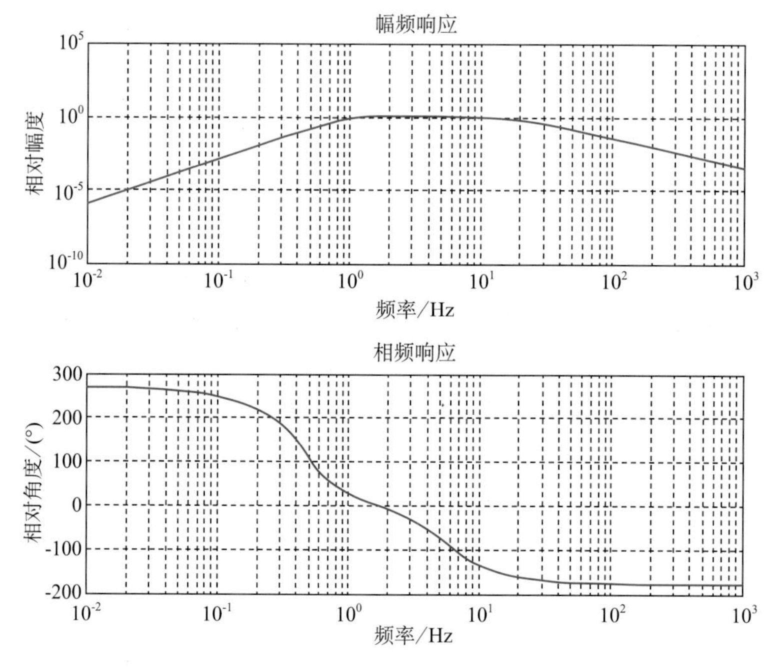

图 23.5　DD-1 短周期仪器的幅频特性与相频特性

（1）仪器参数：

拾震器固有周期：$T_1=12.5\mathrm{s}$；

拾震器阻尼常数：$D_1=0.45$；

电流计固有周期：$T_2=1.2\mathrm{s}$；

电流计阻尼常数：$D_2=5.0$；

耦合系数：$\sigma^2=0.1$（水平向），$\sigma^2=0.3$（垂直向）。

（2）传递函数：

基式地震仪器传递函数的计算方法请参见相关文献（王广福，1983），根据薛兵研究员对 SK 地震仪器传递函数的研究结果（中国地震局监测预报司，2016），SK 地震仪器水平向对地动位移的归一化传递函数为：

$$H(\omega)=\frac{s^2}{s^2+0.4472s+0.2693}\cdot\frac{52.36s}{s^2+52.36s+25.72}\tag{23.12}$$

基式中长周期地震仪器水平向的幅频特性和相频特性见图 23.6。

垂直向对地动位移的归一化传递函数为：

$$H(\omega)=\frac{s^2}{s^2+0.4167s+0.2693}\cdot\frac{52.40s}{s^2+52.40s+22.10}\tag{23.13}$$

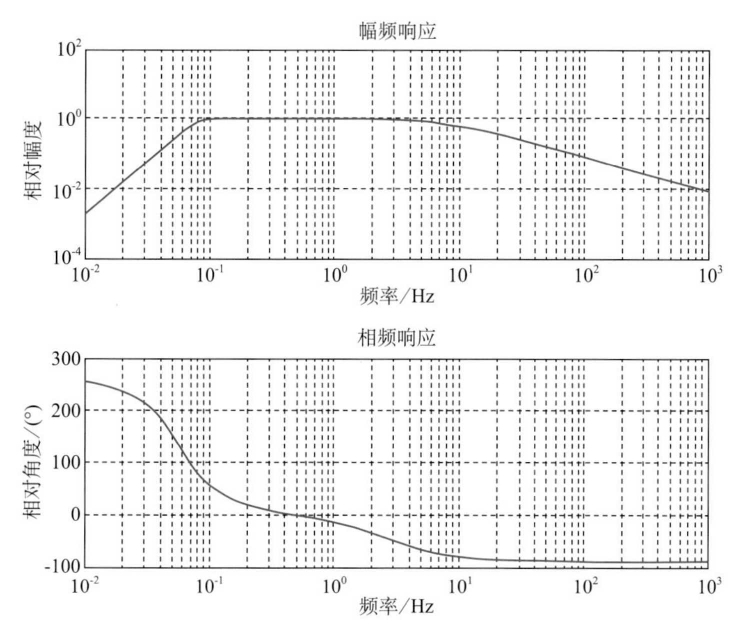

图 23.6　基式中长周期仪器水平向的幅频特性与相频特性

基式中长周期地震仪器垂直向的幅频特性和相频特性见图 23.7。

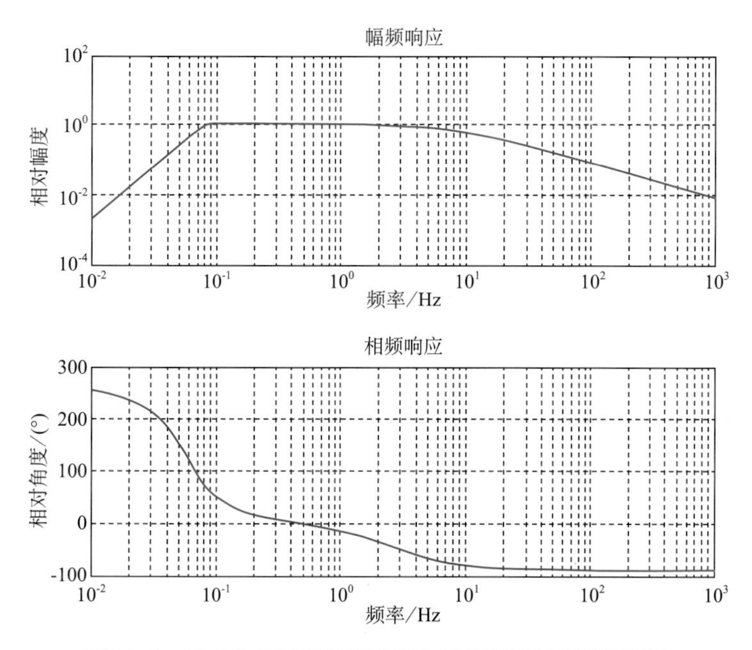

图 23.7　基式中长周期仪器垂直向的幅频特性与相频特性

3. 763 长周期地震仪器

763 长周期地震仪是为了记录远震激发的长周期地震波而设计的，该地震仪是一套三分向光记录地震观测系统。两台水平向地震计和一台垂直向地震计通过电阻网络，分别与长周期检流计匹配。

（1）仪器参数：

拾震器固有周期：$T_1 = 15.0\text{s}$；

拾震器阻尼常数：$D_1 = 1.0$；

电流计固有周期：$T_2 = 100.0\text{s}$；

电流计阻尼常数：$D_2 = 1.0$；

耦合系数：$\sigma^2 = 0.1$。

（2）传递函数：

763 长周期地震仪器传递函数的计算方法请参见相关文献（王广福，1983），根据薛兵研究员的研究结果（中国地震局监测预报司，2016），763 地震仪器对地动位移的归一化传递函数为：

$$H(\omega) = \frac{s^2}{s^2 + 0.8227s + 0.1539} \cdot \frac{0.8497s}{s^2 + 0.1407s + 0.004501} \tag{23.14}$$

763 长周期地震仪器的幅频特性和相频特性见图 23.8。

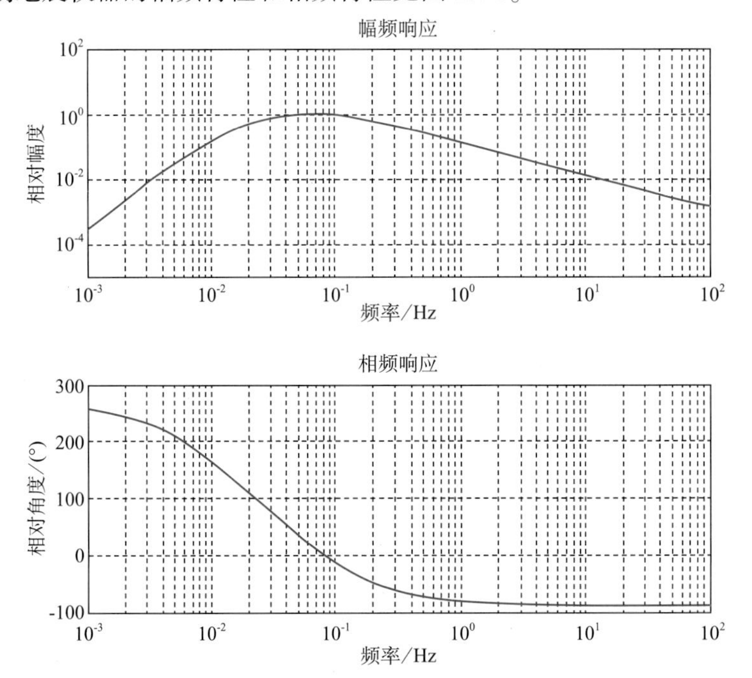

图 23.8　763 长周期仪器的幅频特性与相频特性

第五节 发布震级的检验

为了检验发布震级的效果，我们收集了2016—2020年中国地震台网统一编目国内0~7.0级地震共345026个，震中分布见图23.9。按新的震级国家标准确定发布震级的不同震级段地震数量统计见表23.1。从统计表可以看出，我国地震台网平均每年测定0级以上地震数量为690052个，而每年能够测定宽频带面波震级$M_{S(BB)}$的地震只有几十个，绝大部分地震只能测定地方性震级M_L。

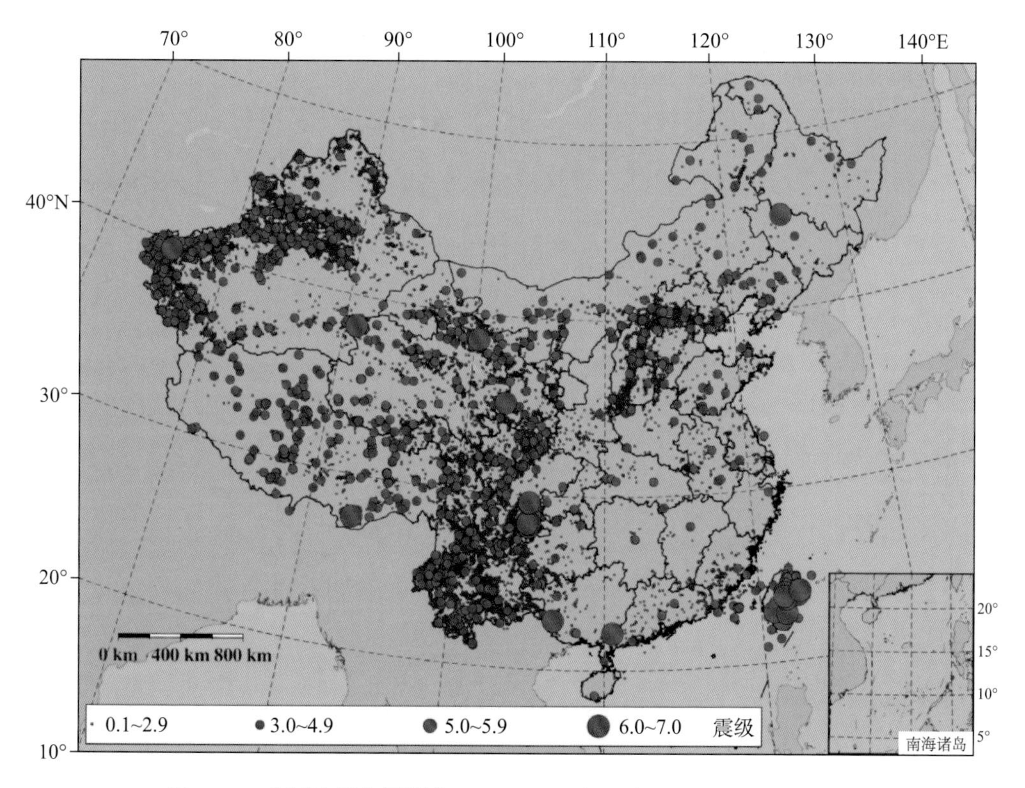

图23.9 中国地震台网测定2016—2020年国内0级以上地震分布图

表23.1 中国大陆2016—2020年不同震级段地震数量统计表

年份	0.0~0.9	1.0~1.9	2.0~2.9	3.0~3.9	4.0~4.4	4.5~4.9	5.0~5.9	6.0~6.9	7.0~8.0	合计
2016	16870	26920	7649	1177	185	46	24	10	0	52881
2017	19360	32209	9257	1302	167	43	18	2	1	62359
2018	19627	35362	9545	1407	214	67	31	6	0	66259

续表

年份	0.0~0.9	1.0~1.9	2.0~2.9	3.0~3.9	4.0~4.4	4.5~4.9	5.0~5.9	6.0~6.9	7.0~8.0	合计
2019	30689	42206	10175	1517	215	57	24	4	0	84887
2020	25395	40795	10554	1613	207	51	22	3	0	78640
合计	111941	177492	47180	7016	988	264	119	25	1	345026

我们利用表 23.1 中的地震数量，得到国内 0 级以上地震的震级—频度关系见图 23.10，得到国内的 G—R 关系为：

$$\lg N = 6.39 - 0.86M \tag{23.15}$$

由此得到中国大陆的平均 b 值是 0.86。

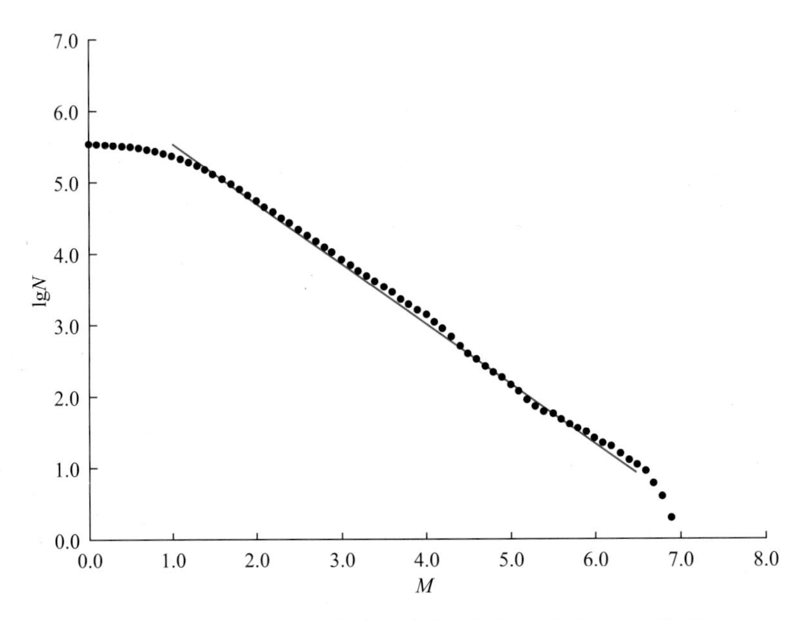

图 23.10　2016—2020 年中国大陆 0 级以上地震 G—R 关系

从图 23.10 可以看出，国内 0 级以上地震的震级—频度满足 G—R 关系，这说明新的震级国家标准中选择 M_L 和 $M_{S(BB)}$ 的分界线为 M_L4.5 是科学、合理的，由此确定的发布震级满足 G—R 关系。从图 23.10 也可以看出，中国地震台网监测国内地震的最小完整性震级约为 1.5 级左右。GB 17740—2017 的实施，使我国的震级测定方法更科学，测定结果更准确，测定速度更快捷，发布规则更合理。

第二十四章　震级的社会应用

破坏性地震发生以后，新闻媒体、各级政府等社会各界会根据地震部门发布的地震信息，开展新闻报道和地震应急工作。社会各界正确使用震级，对于有效减轻地震造成的损失具有重要意义。

第一节　新闻报道

有影响的地震发生以后，电视台、广播电台、报刊、杂志和网站等新闻媒体要快速、准确地发布地震信息，使社会公众能够及时了解地震发生的时间、地点和大小，对于维护社会正常生产、生活秩序至关重要。新闻媒体在发布地震信息时，要注意以下问题。

1. 一个地震只发布一个震级

根据国家标准《地震震级的规定》（GB 17740—2017）中 4.2 的要求，地震发生以后，地震部门要及时测定地方性震级 M_L、面波震级 M_S、宽频带面波震级 $M_{S(BB)}$、短周期体波震级 m_b、宽频带体波震级 $m_{B(BB)}$ 和矩震级 M_W 等多种震级，并确定发布震级 M。

从地震学研究的角度看，一个地震可以有多个震级。而对于新闻媒体而言，只采用地震部门发布的震级 M 发布地震信息，即一个地震只发布一个震级。对于政府机关和社会公众，一个地震只有一个震级 M，称为“地震震级”或“震级”，而不必说明震级的类型。

2. 表述方法

新闻媒体在发布地震信息时的表述方法为：“据中国地震台网测定，北京时间 2014 年 8 月 3 日 16 时 30 分，在云南省鲁甸县发生 6.5 级地震，震源深度 12 千米……”。

一些中外媒体有时画蛇添足，喜欢加上“里氏”称谓的喜好，称“里氏 6.5 级地震”，这是不正确的。主要原因有 2 点：

（1）里克特于1935年最先提出的地方性震级即原始形式的地方性震级 M_L，称作里氏震级（Richter magnitude）或里氏（震级）标度（Richter scale）。由于地区地壳结构差异很大，使用的地震仪器不同，M_L 的区域差异明显。只有在美国加州地区使用WA仪器测定的 M_L 才称为里氏震级，而在其他地区使用其他地震仪器测定的 M_L，则称为地方性震级。

（2）对于较大的地震对外发布的一般是宽频带面波震级 $M_{S(BB)}$ 或是矩震级 M_W，面波震级是古登堡于1945年提出的，矩震级是金森博雄于1977年提出的。

也有一些媒体加上震级类型，如："面波震级6.5级地震"或"矩震级6.5级地震"，这也是不正确的。

3. 使用我国发布的震级

电视台、广播电台、报刊、杂志和网站等新闻媒体在发布国内外地震信息时，一定要使用中国地震台网中心（CENC）发布的震级 M，确保地震信息发布的一致性和系统性。

一些新闻媒体在发布国内地震信息时，采用中国地震台网中心测定的结果，而在发布我国周边地区和国外地震信息时，有时采用美国地质调查局（USGS）国家地震信息中心（NEIC）的测定结果。这种做法是不正确的。主要原因是：

（1）CENC和NEIC的震级测定方法和发布规则有一定的差异，所使用的地震台站的资料也不同，所测定的震级也会有一定的差别。如果新闻媒体有时采用CENC的结果，有时采用NEIC的结果，可能会造成震级的系统性偏差，对地震造成的灾害不能正确判断。

（2）NEIC发布的地震信息随时都在更新，随着资料的不断增加，不同时间发布的震级会有所变化，而CENC对外发布地震信息有严格的流程，发布的震级一般不会改变。

第二节　地震应急

《地震震级的规定》（GB 17740—2017）是依据《防震减灾法》设立的地震应急管理制度要求而编制的，《防震减灾法》第四十六条规定："国务院地震工作主管部门会同国务院有关部门制定国家地震应急预案，报国务院批准。国务院有关部门根据国家地震应急预案，制定本部门的地震应急预案，报国务院地震工作主管部门备案"，地震的震级是启动《国家地震应急预案》的重要依据。

为依法科学统一、有力有序有效地实施地震应急，最大程度减少人员伤亡和经济损失，维护社会正常秩序，国务院于2012年8月28日修订了《国家地震应急预案》。根据《国家地震应急预案》的要求，地震灾害发生以后，各级政府应依据地震部门的发布震级 M 和地震灾害程度启动地震应急预案，开展地震应急工作。

1. 地震灾害分级

根据2012年8月28日修订的《国家地震应急预案》，地震灾害分为四级：特别重大、重大、较大、一般。

（1）当人口较密集地区发生7.0级以上地震，人口密集地区发生6.0级以上地震，初判为特别重大地震灾害；

（2）当人口较密集地区发生6.0级以上、7.0级以下地震，人口密集地区发生5.0级以上、6.0级以下地震，初判为重大地震灾害。

（3）当人口较密集地区发生5.0级以上、6.0级以下地震，人口密集地区发生4.0级以上、5.0级以下地震，初判为较大地震灾害。

（4）当人口较密集地区发生4.0级以上、5.0级以下地震，初判为一般地震灾害。

根据地震灾害分级情况，将地震灾害应急响应分为Ⅰ级、Ⅱ级、Ⅲ级和Ⅳ级。

2. 地震应急响应

地震应急响应分为Ⅰ级、Ⅱ级、Ⅲ级和Ⅳ级。

（1）应对特别重大地震灾害，启动Ⅰ级响应。由灾区所在省级抗震救灾指挥部领导灾区地震应急工作；国务院抗震救灾指挥机构负责统一领导、指挥和协调全国抗震救灾工作。

（2）应对重大地震灾害，启动Ⅱ级响应。由灾区所在省级抗震救灾指挥部领导灾区地震应急工作；国务院抗震救灾指挥部根据情况，组织协调有关部门和单位开展国家地震应急工作。

（3）应对较大地震灾害，启动Ⅲ级响应。在灾区所在省级抗震救灾指挥部的支持下，由灾区所在市级抗震救灾指挥部领导灾区地震应急工作。应急管理部协调有关部门和单位根据灾区需求，协助做好抗震救灾工作。

（4）应对一般地震灾害，启动Ⅳ级响应。在灾区所在省、市级抗震救灾指挥部的支持下，由灾区所在县级抗震救灾指挥部领导灾区地震应急工作。应急管理部等国家有关部门和单位根据灾区需求，协助做好抗震救灾工作。

Ⅰ级、Ⅱ级响应报国务院批准后启动，Ⅲ级、Ⅳ级响应由国务院抗震救灾指挥部办公室启动。

第三节 科普宣传

随着我国现代化进程的不断加快，必将推进国家防震减灾治理体系和治理能力现代化，全面提升地震安全保障能力面临新要求，防震减灾事业发展面临新形势。随着我国城镇化水平的不断推进，一方面要提高政府防震减灾公共服务水平，有针对性地提升社会组织和公众的防震减灾意识和技能，形成地震灾害群防共治的局面；另一方面要普及地震科学知识、提高全民族的防震减灾意识，这是有效应对地震灾害的重要举措。防震减灾知识的普及，可以提高公众对地震这种自然现象的认识，正确识别地震谣言，维护社会正常生产、生活秩序，科学应对地震灾害，从而减轻地震造成的人员伤亡和经济损失。

根据 GB 17740—2017 的要求，各级地震工作部门或机构对外发布地震信息、进行科普宣传等工作时，应使用地震部门发布的震级 M。对于社会公众而言，一个地震只有一个震级。

第二十五章　未来展望——震级回归能量

震级是地震固有的属性，是对地震大小的简单量度。地震学家很早就认识到地震能量是量度地震大小最理想的物理量，物理意义清楚。里克特当初提出震级的概念，是因为在当时模拟记录时代测定地震能量 E_S 几乎很难做到，地震矩 M_0 的概念还没有提出，1956 年古登堡和里克特建立了面波震级 M_S 与地震能量 E_S 经验关系：$\lg E_S=1.5M_S+4.8$，1977 年金森博雄建立了矩震级 M_W 与地震矩 M_0 的关系：$\lg M_0=1.5M_W+9.1$。

在模拟记录时代，建立在"单一频率"地震波振幅基础上的传统震级奠定了定量研究地震的基础。在数字记录时代，建立在表示震源静态特性与动态特性的现代震级开启了定量研究地震的新时代。进入 21 世纪，随着数字地震台网的建设与发展，已有越来越多的地震台网测定地震矩 M_0 和矩震级 M_W。在未来一段时间，随着地震学研究的不断深入，为测定地震能量 E_S，进而测定能量震级 M_e 创造了条件。

第一节　多种自然现象的强度

地震、台风、闪电、火山爆发、海啸是不同的自然现象，这些自然现象都是地球系统中的重要组成部分，都有各自表示其强度的参数。由于这些自然现象的复杂性，对它们研究的深度也不一样，有的是定量的，有的是定性的，相互之间可比性不强。然而，地球系统中的不同自然现象之间却是相互作用、相互关联，火山喷发总伴随地震的发生；在海域发生的大地震可能会引发海啸；大地震的发生，会把地球的部分质量推近地轴，使地球自转速度加快，使地球自转轴有小幅度摆动；在月球和太阳引力作用下，可以引起海水周期性涨落，从而形成了潮汐；由于风的季节性变化，地球自转速度有季节性的周期变化，在北半球春天变慢，秋天变快，此外还有年周期的变化，变化的振幅约为 20~25ms。因此，研究不同自然现象之间的相互作用，对于研究地球系统的演化与发展具有重要意义。

一、地震

全球的地震台网每年记录到的地震约 500 万次，表示地震大小的参数是“震级”。震级与地震能量之间的关系只是一个粗略的对数关系，面波震级 M_S 每差 1 级，能量差约 31.6 倍，面波震级 M_S 每差 2 级，能量差约 1000 倍。

1966 年 3 月 22 日邢台地震的面波震级 M_S 为 7.2，辐射能量约为 4.0×10^{15}J，2008 年 5 月 12 日汶川地震的面波震级 M_S 为 8.0，辐射能量约为 6.4×10^{16}J，这两个地震的面波震级相差 0.8 级，而辐射能量相差约 16 倍。

全球大约 90%地震的辐射能量是由 7.0 级以上大地震释放出来的，全球一年的地震总释放能量大约 10^{18} ~ 10^{19}J，而地震释放能量的效率（地震波能量占地震总应变能之比）仅约 1%~5%。

二、台风

台风属于热带气旋的一种，热带气旋是发生在热带或副热带洋面上的低压涡旋，是一种威力强大的“热带天气系统”。表示风力强弱的参数用“级”。

根据国家标准《热带气旋等级》（GB/T 19201—2006），我国把南海与西北太平洋的热带气旋按其底层中心附近最大平均风力（风速）大小划分超强台风、强台风、台风、强热带风暴、热带风暴、热带低压等 6 个等级，其中中心附近风力达 12 级或以上的，统称为台风。根据中国气象局“关于实施热带气旋等级国家标准”GB/T 19201—2006 的通知，超强台风（Super TY）：底层中心附近最大平均风速≥51.0m/s，也即 16 级或以上；强台风（STY）：底层中心附近最大平均风速 41.5~50.9m/s，即 14~15 级；台风（TY）：底层中心附近最大平均风速 32.7~41.4m/s，即 12~13 级；强热带风暴（STS）：底层中心附近最大平均风速 24.5~32.6m/s，即 10~11 级；热带风暴（TS）：底层中心附近最大平均风速17.2~24.4m/s，即 8~9 级；热带低压（TD）：底层中心附近最大平均风速 10.8~17.1m/s，即 6~7 级。据统计，南海与西北太平洋海域平均每年有 26.5 个台风生成，出现最多的月份是 8 月，其次是 7 月和 9 月。

台风所蕴含的巨大能量可以从它所带来的降水来说明，平均每个台风 1 天可在 665km 的范围内降水 15mm。一个中等强度的台风所释放的能量相当于 10 亿吨 TNT 炸药释放的能量。

三、闪电

闪电是云与云之间、云与地之间或者云体内各部位之间的强烈放电现象，据估计每年全世界遭受到的闪电次数高达 10 亿次以上。一道闪电的长度可能只有数百米（最短的为 100m），但最长可达数千米。闪电的温度，从摄氏 17000 度至 28000 度不等，约等于太阳表面温度的3~5倍，闪电的放电电压高达百万伏特以上，瞬间电流超过10万安培。闪电的极度高热使沿途空气剧烈膨胀。空气移动迅速，因此形成波浪并发出声音。闪电强度等级定性地划分为极强、强、中等和弱4个等级（曾金全，2016）。

一次闪电过程历时约0.25s，在此短时间内，闪电要释放巨大的能量，因而形成强烈的爆炸。闪电的能量在100兆焦到3万兆焦之间，通常在1000兆焦到5000兆焦之间。中等闪电产生的电力约为10亿瓦特，而极强闪电产生的电力则至少有1000亿瓦特，甚至可能达到万亿至100000亿瓦特。

四、火山喷发

全球每年平均有几十座火山喷发，大部分活动火山分布在环太平洋火山带上，约占全球火山喷发的80%。2020年全球共有89座火山出现喷发活动，这些火山分布在27个国家，喷发活动共发生875次。

火山喷发的强度用火山喷发指数（VEI）表示，由火山喷出物体积和喷发柱高度来确定。非爆炸性喷发的火山的VEI为0，爆炸性喷发的火山VEI从1到8，喷发指数每增加1，其释放的能量就增加1个量级。

1980年5月18日，美国华盛顿州斯卡梅尼亚县境内的圣海伦火山发生了一次重大爆发，其火山喷发指数为5。1980年3月15日起火山区发生了多次轻微地震，两天时间里一共录得了174次2.6级以上地震，最大的地震5.1级。火山爆发的喷发柱冲入大气层24400m高，喷出的火山灰在11个州沉积。与此同时，火山上的冰、雪和多个整块的冰川被迅速融化，形成一系列大型火山泥流（火山泥石流）一直冲到了西南方向近80km外的哥伦比亚河，导致57人遇难，200幢房屋、27座桥梁、24km铁路和298km高速公路被摧毁。

此次圣海伦火山爆发总计释放了2400万吨爆炸当量的能量，其中700万吨以爆发直接释放，其余以热能释放。

五、海啸

大多数海啸由海底地震引发，全球的海啸发生区大致与地震带一致，全球有记载的破坏性海啸有260次左右，平均大约六七年发生一次。

根据国家标准《海啸等级》（GB/T 39419—2020）的规定，根据海啸的平均波幅和影响程度，海啸强度等级分为6级，Ⅰ级为重大灾害海啸，Ⅱ级为非常强烈海啸，Ⅲ级为强烈海啸，Ⅳ级为中等海啸，Ⅴ级为轻微海啸，Ⅵ级为非常轻微海啸。

2004年12月26日，在印度尼西亚苏门答腊岛—安达曼西北海域发生了M_W9.0强烈地震，此次地震引发了印度洋强烈海啸，造成印度尼西亚、斯里兰卡、缅甸、泰国、马尔代夫、索马里等国家22.6万人死亡，200多万人无家可归，这是世界近200多年来死伤最惨重的海啸灾难。

2004年12月26日印度洋强烈海啸是由9.0级海底地震引发，释放的能量超过了美国一个月所消耗能量的总和，9.0级地震大约相当于7.5颗美国最大的核弹（约2500万吨）释放的能量。

第二节　能量是沟通不同自然现象的桥梁

地震、台风、闪电、火山爆发、海啸等自然现象的强度都与其自身的能量有关，如果各自的强度都与能量建立关系，通过能量就可以提供一条通道，架起一座桥梁，把客观世界的不同现象联系起来，揭示它们间的相互作用关系。

1891年，美国天文学家钱德勒发现地球自转轴相对于地球表面有小幅度运动，振幅时大时小，会在地表摆动3~9m，该运动周期的变化范围为425~440天，这就是钱德勒摆动(Chandler wobble)。研究表明：由于大地震的发生，会把地球的部分质量推近地轴，使地球自转速度加快，使地球自转轴有小幅度摆动。2004年12月26日苏门答腊岛—安达曼西北海域M_W9.0地震，由于断层的垂直运动，使得地球的质心偏移，地球轴心相对于地球表面倾斜了大约2cm，使地球一天的时长缩短了6.8微秒；2010年2月27日智利M_W8.8地震，地震矩为2.1×10^{22}J，地球自转轴相对于地球表面偏移了约8cm，日长缩短了1.26微秒；2011年3月11日日本东北部海域M_W9.1地震，地震矩为4.2×10^{22}J，也改变了地球自转的角速度，日长缩短了1.8微秒；1960年5月22日智利M_W9.5地震，地震矩约为2.3×10^{23}J，地震引发了巨大的海啸，这是世界上影响范围最大、也是最严重的一次海啸灾难。以上这些地震的地震矩都已经达到了钱德勒摆动10^{22}~10^{24}J的理论数量级，这些结果为揭示钱德勒摆动的激发机制提供了基础资料（Preisig and Joseph，2018）。

地球是活动的星体，地震是发生在地球上的重要事件，其重要性可以从地震释放的能量就可以看出。地球上能量最大的事件，如天外行星撞击地球，其释放的能量可达10^{25}J，但这是几千万年一遇的罕见事件；闪电释放的能量不大，大约10^{9}J左右，而且受影响的地区十分有限，但每年发生闪电的次数很多；破坏性地震释放的能量介于两者之间，约在10^{15}~10^{19}J范围之内，但地震发生的频度和人的生命长度是可以相比的，而且地震多发生在人类居住的地球表面附近，地震的发生是地球系统活动演化的结果（陈颙，2000）。

从未来的发展看，能量能够把自然界的不同现象联系起来，揭示他们间相互转换的关系。全球地震辐射的能量主要是由较大地震释放出来，在地震台网的日常工作中，如果能够准确测定5.0级以上地震的能量E_S，将是地震定量研究中的又一里程碑。如果台风、闪电、火山爆发、海啸等自然现象的强度都逐步用各自释放的能量来表示，从而使得不同自然现象之间关系也随之清晰起来，并且可以逐步建立地震与这些自然现象的定量关系，以定量研究地球不同系统之间相互作用关系。

另外，对于地下核爆炸、矿山爆炸事故、化工厂爆炸事故等非天然地震事件，如果能快速、准确地测定出爆炸能量 E_S，就可以直接测定出爆炸当量 Y，这样就能为国家经济建设、国家安全和突发事件应急提供更精准的服务。

能量是物质所具有的基本物理属性之一，是物质运动的统一量度。能量守恒定律是自然界普遍的基本定律之一，是人类认识客观事物所遵循的基本准则。各种自然现象的产生、发展及相互作用必定满足能量守恒定律。

附录 1

新的地方性震级量规函数分为$R_{11}(\Delta)$、$R_{12}(\Delta)$、$R_{13}(\Delta)$、$R_{14}(\Delta)$、$R_{15}(\Delta)$，所适用的区域分别为：

$R_{11}(\Delta)$：适用于黑龙江、吉林、辽宁、内蒙古、北京、天津、河北、山西、山东、河南、宁夏、陕西。

$R_{12}(\Delta)$：适用于福建、广东、广西、海南、江苏、上海、浙江、江西、湖南、湖北、安徽。

$R_{13}(\Delta)$：适用于云南、四川、重庆、贵州。

$R_{14}(\Delta)$：适用于青海、西藏、甘肃。

$R_{15}(\Delta)$：新疆。

地方性震级量规函数表

Δ/km	R_{11}	R_{12}	R_{13}	R_{14}	R_{15}
0~5	1.9	1.8	2.0	2.0	2.0
10	2.0	1.9	2.0	2.1	2.1
15	2.2	2.1	2.1	2.2	2.2
20	2.3	2.2	2.2	2.3	2.3
25	2.5	2.4	2.4	2.5	2.5
30	2.7	2.6	2.6	2.6	2.6
35	2.9	2.8	2.7	2.8	2.8
40	2.9	2.9	2.8	2.9	2.8
45	3.0	3.0	2.9	3.0	2.9
50	3.1	3.1	3.0	3.1	3.0

续表

Δ/km	R_{11}	R_{12}	R_{13}	R_{14}	R_{15}
55	3. 2	3. 2	3. 1	3. 2	3. 1
60	3. 3	3. 3	3. 2	3. 2	3. 2
70	3. 3	3. 3	3. 2	3. 2	3. 2
75	3. 4	3. 4	3. 3	3. 3	3. 3
85	3. 3	3. 3	3. 3	3. 4	3. 3
90	3. 4	3. 4	3. 4	3. 5	3. 4
100	3. 4	3. 4	3. 4	3. 5	3. 4
110	3. 5	3. 5	3. 5	3. 6	3. 6
120	3. 5	3. 5	3. 5	3. 6	3. 6
130	3. 6	3. 6	3. 6	3. 7	3. 6
140	3. 6	3. 6	3. 6	3. 7	3. 6
150	3. 7	3. 7	3. 7	3. 8	3. 7
160	3. 7	3. 7	3. 7	3. 7	3. 7
170	3. 8	3. 8	3. 8	3. 8	3. 8
180	3. 8	3. 7	3. 8	3. 8	3. 8
190	3. 9	3. 8	3. 9	3. 9	3. 9
200	3. 9	3. 9	3. 9	3. 9	3. 9
210	3. 9	4. 0	3. 9	4. 0	3. 9
220	3. 9	4. 0	3. 9	4. 0	4. 0
230	4. 0	4. 1	4. 0	4. 1	4. 0
240	4. 1	4. 1	4. 0	4. 1	4. 0
250	4. 1	4. 2	4. 0	4. 1	4. 1
260	4. 1	4. 2	4. 1	4. 1	4. 1
270	4. 2	4. 2	4. 2	4. 2	4. 2
280	4. 2	4. 3	4. 1	4. 1	4. 1
290	4. 3	4. 4	4. 2	4. 2	4. 2
300	4. 2	4. 4	4. 3	4. 2	4. 3
310	4. 3	4. 5	4. 4	4. 3	4. 4
320	4. 3	4. 4	4. 4	4. 3	4. 4
330	4. 4	4. 5	4. 5	4. 4	4. 4

续表

Δ/km	R_{11}	R_{12}	R_{13}	R_{14}	R_{15}
340	4.4	4.5	4.5	4.4	4.4
350	4.4	4.5	4.5	4.5	4.5
360	4.5	4.6	4.5	4.5	4.5
370	4.5	4.6	4.5	4.4	4.5
380	4.5	4.6	4.6	4.5	4.5
390	4.5	4.6	4.6	4.5	4.5
400	4.6	4.7	4.7	4.5	4.6
420	4.6	4.7	4.7	4.6	4.7
430	4.6	4.7	4.8	4.7	4.7
440	4.6	4.7	4.8	4.75	4.8
450	4.6	4.7	4.8	4.75	4.8
460	4.6	4.7	4.8	4.75	4.8
470	4.7	4.7	4.8	4.8	4.8
500	4.8	4.7	4.8	4.8	4.8
510	4.8	4.8	4.9	4.9	4.9
530	4.8	4.8	4.9	4.9	4.9
540	4.8	4.8	4.9	4.9	4.9
550	4.8	4.8	4.9	4.9	4.9
560	4.9	4.9	4.9	4.9	4.9
570	4.8	4.9	4.9	4.9	4.9
580	4.9	4.9	4.9	4.9	4.9
600	4.9	4.9	4.9	4.9	4.9
610	5.0	5.0	5.0	5.0	5.0
620	5.0	5.0	5.0	5.0	5.0
650	5.1	5.1	5.1	5.1	5.1
700	5.2	5.2	5.2	5.2	5.2
750	5.2	5.2	5.2	5.2	5.2
800	5.2	5.2	5.2	5.2	5.2
850	5.2	5.2	5.2	5.2	5.2
900	5.3	5.3	5.3	5.3	5.3
1000	5.3	5.3	5.3	5.3	5.3

附录 2

$Q(\Delta, h)$ 值表

Δ/°	h/km																
	0.0	25	50	75	100	150	200	250	300	350	400	450	500	550	600	650	700
5	5.9	5.9	5.9	5.9	5.9	6.0	6.1	6.1	5.9	5.9	6.0	6.1	6.2	6.2	6.2	6.0	5.8
10	6.0	6.0	6.0	6.0	6.0	6.1	6.2	6.2	6.0	6.0	6.1	6.2	6.3	6.3	6.3	6.1	5.9
20	6.1	6.1	6.1	6.1	6.1	6.2	6.3	6.3	6.1	6.1	6.2	6.3	6.4	6.4	6.4	6.2	6.0
21	6.1	6.2	6.1	6.1	6.1	6.2	6.3	6.3	6.1	6.1	6.2	6.3	6.4	6.4	6.4	6.2	6.0
22	6.2	6.2	6.2	6.2	6.1	6.2	6.3	6.3	6.1	6.1	6.2	6.3	6.4	6.4	6.4	6.3	6.1
23	6.3	6.3	6.2	6.2	6.1	6.2	6.4	6.3	6.2	6.1	6.2	6.3	6.4	6.4	6.4	6.3	6.1
24	6.4	6.3	6.3	6.2	6.2	6.3	6.4	6.3	6.2	6.1	6.2	6.3	6.3	6.4	6.4	6.4	6.1
25	6.5	6.4	6.3	6.2	6.2	6.3	6.4	6.3	6.2	6.1	6.2	6.3	6.3	6.4	6.4	6.4	6.2
26	6.5	6.4	6.3	6.3	6.3	6.4	6.5	6.4	6.2	6.1	6.2	6.2	6.3	6.4	6.4	6.4	6.2
27	6.5	6.4	6.4	6.3	6.3	6.4	6.5	6.4	6.2	6.1	6.2	6.2	6.3	6.4	6.4	6.4	6.3
28	6.6	6.5	6.4	6.4	6.4	6.5	6.5	6.4	6.3	6.1	6.1	6.2	6.3	6.4	6.4	6.4	6.3
29	6.6	6.5	6.4	6.4	6.4	6.5	6.5	6.4	6.3	6.1	6.1	6.2	6.3	6.4	6.4	6.4	6.3
30	6.6	6.6	6.5	6.5	6.5	6.5	6.5	6.4	6.3	6.1	6.1	6.2	6.3	6.4	6.4	6.4	6.3
31	6.7	6.6	6.5	6.5	6.5	6.5	6.5	6.4	6.3	6.1	6.1	6.2	6.3	6.4	6.4	6.4	6.3
32	6.7	6.7	6.6	6.6	6.5	6.6	6.4	6.4	6.3	6.1	6.1	6.2	6.3	6.4	6.4	6.4	6.4
33	6.7	6.7	6.6	6.6	6.6	6.5	6.4	6.4	6.3	6.1	6.1	6.2	6.3	6.4	6.4	6.4	6.4
34	6.7	6.7	6.7	6.7	6.6	6.5	6.4	6.4	6.3	6.1	6.1	6.2	6.3	6.4	6.4	6.4	6.3
35	6.6	6.7	6.7	6.7	6.7	6.5	6.4	6.3	6.3	6.1	6.1	6.2	6.3	6.4	6.4	6.3	6.3

续表

Δ/°	h/km																
	0.0	25	50	75	100	150	200	250	300	350	400	450	500	550	600	650	700
36	6.6	6.7	6.7	6.7	6.7	6.5	6.4	6.3	6.3	6.1	6.1	6.2	6.3	6.4	6.4	6.3	6.3
37	6.5	6.6	6.7	6.7	6.7	6.5	6.4	6.3	6.2	6.1	6.1	6.2	6.3	6.4	6.4	6.3	6.3
38	6.5	6.6	6.7	6.7	6.7	6.5	6.4	6.3	6.2	6.1	6.1	6.2	6.3	6.4	6.3	6.3	6.3
39	6.4	6.5	6.6	6.7	6.6	6.5	6.4	6.3	6.1	6.0	6.1	6.2	6.3	6.4	6.3	6.3	6.3
40	6.4	6.5	6.6	6.7	6.6	6.5	6.3	6.2	6.1	6.0	6.1	6.2	6.3	6.4	6.3	6.2	6.3
41	6.5	6.5	6.5	6.6	6.6	6.4	6.3	6.2	6.0	6.0	6.1	6.2	6.3	6.3	6.3	6.2	6.3
42	6.5	6.5	6.5	6.6	6.6	6.4	6.3	6.2	6.0	6.0	6.1	6.2	6.3	6.3	6.3	6.2	6.3
43	6.5	6.5	6.5	6.6	6.6	6.4	6.3	6.1	6.0	6.0	6.1	6.2	6.3	6.3	6.3	6.2	6.3
44	6.6	6.6	6.5	6.6	6.6	6.4	6.3	6.1	6.1	6.0	6.1	6.2	6.3	6.3	6.3	6.2	6.2
45	6.7	6.7	6.6	6.6	6.6	6.4	6.2	6.1	6.1	6.0	6.1	6.2	6.3	6.3	6.3	6.2	6.2
46	6.8	6.7	6.7	6.7	6.6	6.4	6.2	6.1	6.1	6.0	6.1	6.2	6.3	6.3	6.3	6.2	6.2
47	6.9	6.8	6.7	6.7	6.6	6.4	6.2	6.1	6.1	6.0	6.1	6.2	6.3	6.3	6.3	6.2	6.2
48	6.9	6.8	6.8	6.7	6.6	6.5	6.2	6.1	6.1	6.0	6.1	6.2	6.2	6.3	6.3	6.2	6.2
49	6.8	6.8	6.8	6.8	6.7	6.5	6.2	6.2	6.1	6.1	6.1	6.2	6.2	6.3	6.3	6.2	6.2
50	6.7	6.8	6.8	6.8	6.8	6.5	6.3	6.2	6.1	6.1	6.1	6.1	6.2	6.3	6.3	6.1	6.1
51	6.7	6.7	6.8	6.8	6.8	6.5	6.3	6.2	6.2	6.1	6.1	6.1	6.2	6.2	6.2	6.1	6.1
52	6.7	6.7	6.8	6.8	6.8	6.5	6.4	6.2	6.2	6.1	6.1	6.1	6.1	6.2	6.2	6.1	6.1
53	6.7	6.7	6.8	6.8	6.8	6.6	6.4	6.2	6.2	6.1	6.1	6.1	6.1	6.1	6.2	6.1	6.1
54	6.8	6.8	6.8	6.8	6.8	6.6	6.4	6.3	6.2	6.1	6.1	6.1	6.1	6.1	6.1	6.1	6.0
55	6.8	6.8	6.8	6.8	6.8	6.6	6.5	6.3	6.2	6.2	6.1	6.1	6.1	6.1	6.1	6.0	6.0
56	6.8	6.8	6.8	6.8	6.8	6.7	6.5	6.3	6.2	6.2	6.1	6.1	6.1	6.1	6.1	6.0	6.0
57	6.8	6.8	6.8	6.9	6.8	6.7	6.5	6.4	6.2	6.2	6.2	6.2	6.1	6.1	6.0	6.0	6.0
58	6.8	6.8	6.9	6.9	6.8	6.7	6.5	6.4	6.3	6.2	6.2	6.2	6.1	6.1	6.0	6.0	6.0
59	6.9	6.9	6.9	6.9	6.9	6.7	6.5	6.4	6.3	6.2	6.2	6.2	6.2	6.1	6.0	6.0	6.0
60	6.9	6.9	6.9	6.9	6.9	6.7	6.5	6.4	6.3	6.3	6.2	6.2	6.2	6.1	6.0	6.0	6.0
61	6.9	6.9	6.9	6.9	6.8	6.7	6.5	6.4	6.3	6.3	6.3	6.3	6.2	6.2	6.1	6.0	6.0
62	7.0	6.9	6.9	6.9	6.8	6.7	6.6	6.4	6.4	6.3	6.3	6.3	6.3	6.2	6.1	6.1	6.0
63	7.0	6.9	6.9	6.8	6.7	6.7	6.6	6.5	6.4	6.4	6.4	6.3	6.3	6.2	6.2	6.1	6.0
64	7.0	6.9	6.8	6.7	6.7	6.7	6.6	6.5	6.5	6.4	6.4	6.4	6.4	6.3	6.2	6.1	6.1

续表

Δ/°	h/km																
	0.0	25	50	75	100	150	200	250	300	350	400	450	500	550	600	650	700
65	7.0	6.9	6.8	6.7	6.7	6.7	6.6	6.5	6.5	6.5	6.4	6.4	6.4	6.3	6.2	6.1	6.1
66	7.0	6.9	6.8	6.7	6.7	6.7	6.5	6.5	6.5	6.5	6.5	6.4	6.4	6.3	6.2	6.2	6.1
67	7.0	6.9	6.8	6.7	6.7	6.6	6.5	6.5	6.5	6.5	6.5	6.4	6.4	6.3	6.3	6.2	6.1
68	7.0	6.9	6.8	6.7	6.7	6.6	6.5	6.5	6.5	6.5	6.5	6.4	6.4	6.3	6.3	6.2	6.2
69	7.0	6.9	6.7	6.7	6.6	6.6	6.5	6.5	6.5	6.5	6.4	6.4	6.4	6.3	6.3	6.2	6.2
70	6.9	6.9	6.7	6.7	6.6	6.6	6.5	6.5	6.5	6.5	6.4	6.4	6.3	6.3	6.3	6.2	6.2
71	6.9	6.9	6.7	6.7	6.6	6.6	6.5	6.5	6.5	6.5	6.4	6.4	6.3	6.3	6.3	6.3	6.2
72	6.9	6.8	6.7	6.7	6.6	6.5	6.5	6.5	6.5	6.5	6.4	6.4	6.3	6.3	6.3	6.3	6.2
73	6.9	6.8	6.7	6.7	6.6	6.5	6.5	6.5	6.5	6.5	6.4	6.4	6.3	6.3	6.3	6.3	6.3
74	6.8	6.8	6.7	6.7	6.6	6.5	6.5	6.5	6.5	6.5	6.4	6.4	6.3	6.3	6.3	6.3	6.3
75	6.8	6.8	6.7	6.7	6.6	6.5	6.5	6.5	6.5	6.5	6.5	6.4	6.3	6.2	6.3	6.3	6.3
76	6.9	6.8	6.7	6.7	6.6	6.5	6.5	6.5	6.5	6.5	6.5	6.4	6.3	6.2	6.3	6.3	6.3
77	6.9	6.8	6.8	6.7	6.6	6.5	6.5	6.5	6.5	6.6	6.5	6.4	6.2	6.2	6.2	6.3	6.3
78	6.9	6.8	6.8	6.7	6.6	6.5	6.5	6.5	6.5	6.6	6.5	6.4	6.2	6.2	6.2	6.3	6.3
79	6.8	6.8	6.7	6.7	6.6	6.5	6.5	6.5	6.6	6.6	6.5	6.4	6.2	6.2	6.2	6.3	6.3
80	6.7	6.8	6.7	6.7	6.6	6.5	6.5	6.5	6.6	6.6	6.5	6.4	6.2	6.2	6.2	6.3	6.3
81	6.8	6.8	6.7	6.7	6.6	6.5	6.5	6.5	6.6	6.6	6.5	6.4	6.3	6.3	6.3	6.3	6.3
82	6.9	6.8	6.8	6.7	6.6	6.5	6.5	6.5	6.6	6.6	6.5	6.4	6.3	6.3	6.3	6.3	6.3
83	7.0	6.9	6.8	6.7	6.7	6.6	6.5	6.5	6.6	6.6	6.5	6.5	6.3	6.3	6.3	6.4	6.3
84	7.0	7.0	6.8	6.8	6.7	6.6	6.5	6.6	6.6	6.6	6.5	6.5	6.4	6.4	6.4	6.4	6.3
85	7.0	7.0	6.9	6.8	6.7	6.6	6.5	6.6	6.6	6.6	6.6	6.5	6.4	6.4	6.4	6.4	6.4
86	6.9	7.0	7.0	6.8	6.8	6.6	6.6	6.6	6.6	6.7	6.6	6.5	6.5	6.5	6.5	6.5	6.4
87	7.0	7.0	7.0	6.9	6.8	6.7	6.6	6.6	6.7	6.7	6.6	6.5	6.5	6.5	6.5	6.5	6.4
88	7.1	7.1	7.0	6.9	6.8	6.8	6.6	6.6	6.7	6.7	6.6	6.6	6.6	6.6	6.6	6.5	6.4
89	7.0	7.1	7.1	7.0	6.9	6.8	6.7	6.7	6.7	6.7	6.6	6.6	6.6	6.7	6.7	6.6	6.5
90	7.0	7.0	7.1	7.0	6.9	6.8	6.7	6.7	6.7	6.7	6.6	6.7	6.7	6.7	6.7	6.7	6.5
91	7.1	7.1	7.2	7.1	7.0	6.9	6.8	6.7	6.7	6.7	6.7	6.7	6.7	6.8	6.8	6.7	6.6
92	7.1	7.2	7.2	7.2	7.1	6.9	6.8	6.8	6.7	6.8	6.7	6.8	6.8	6.8	6.8	6.8	6.7
93	7.2	7.2	7.2	7.2	7.1	7.0	6.9	6.8	6.8	6.8	6.8	6.8	6.8	6.9	6.8	6.9	6.7

续表

Δ/°	h/km																
	0.0	25	50	75	100	150	200	250	300	350	400	450	500	550	600	650	700
94	7.1	7.2	7.2	7.2	7.2	7.0	6.9	6.9	6.9	6.9	6.9	6.9	6.9	6.9	7.0	6.9	6.8
95	7.2	7.2	7.2	7.2	7.2	7.1	7.0	7.0	6.9	6.9	6.9	6.9	6.9	7.0	7.0	7.0	6.9
96	7.3	7.2	7.3	7.3	7.3	7.2	7.1	7.0	7.0	7.0	6.9	7.0	7.0	7.0	7.0	7.0	6.9
97	7.4	7.3	7.3	7.3	7.3	7.2	7.1	7.1	7.0	7.0	7.0	7.0	7.1	7.1	7.1	7.0	7.0
98	7.5	7.3	7.3	7.3	7.3	7.3	7.2	7.1	7.1	7.1	7.1	7.1	7.1	7.1	7.1	7.1	7.0
99	7.5	7.3	7.3	7.3	7.4	7.3	7.2	7.2	7.2	7.1	7.1	7.2	7.2	7.2	7.2	7.1	7.0
100	7.3	7.3	7.3	7.4	7.4	7.3	7.2	7.2	7.2	7.2	7.2	7.2	7.2	7.2	7.2	7.2	7.1

参 考 文 献

安镇文，郭祥云，边银菊，魏富胜，2008. 核爆炸与地震识别研究进展. 国际地震动态，8：22-31.

包淑娴，刘瑞丰，孙丽，王丽艳，杨辉，邹立晔，2016. 地震台站面波震级台基校正值. 地震地磁观测与研究，37（4）：49~56.

边银菊，2005. Fisher 方法在震级 m_b/M_S 判据识别中的应用研究. 地震学报，27（4）：414-422.

常利军，丁志峰，王椿镛，2010. 2010 年玉树 7.1 级地震震源区横波分裂的变化特征. 地球物理学报，53（11）：2613-2619，DOI：10.3969/j. issn. 001 5733. 2010. 11. 009.

陈立军，1997. 禾青井动水位对断层蠕动与慢地震过程的响应初析. 华南地震，17（2），40~44.

陈培善，1982. 地震震级的综合评述. 地震地磁观测与研究，3（3）：14-19.

陈培善，叶文华，1987. 论中国地震台网测得的面波震级. 地球物理学报，30（1）：39-51.

陈培善，左兆荣，肖洪才，1988. 用 763 长周期地震台网测定面波震级. 地震学报，10（1）：11-23.

陈培善，1989. 面波震级测定的发展过程概述. 地震地磁观测与研究，10（6）：1-9.

陈运泰，吴忠良，王培德，王培德，许力生，李鸿吉，2000. 数字地震学. 北京：地震出版社.

陈运泰，刘瑞丰，2004. 地震的震级. 地震地磁观测与研究，25（6）：1-12.

陈运泰，2008. 汶川地震的成因断层、破裂过程与成灾机理.《中国科学院第十四次院士大会学部学术报告汇编》，2008 年 6 月，38-39.

陈运泰，许力生，张勇，杜海林，冯万鹏，刘超，李春来，张红霞，2008. 2008 年 5 月 12 日汶川特大地震震源特性分析报告，中国地震信息网（http：//www. csi. ac. cn）.

陈运泰，顾浩鼎，2023. 震源理论基础. 北京：科学出版社.

陈运泰，刘瑞丰，2018. 矩震级及其计算. 地震地磁观测与研究，39（2）：1-9.

陈运泰，2019. 地震浅说. 北京：地震出版社.

陈颙，2000. 防震减灾与社会发展，院士专家谈地震. 北京：地震出版社.

傅承义，陈运泰，祁贵仲，1985. 地球物理学基础. 北京：科学出版社，1-447.

傅征祥，刘桂萍，邵志刚，石军，晏锐，马宏生，2009. 板块构造和地震活动性. 北京：地震出版社.

郭履灿，庞明虎，1981. 面波震级和它的台基校正值. 地震学报，3（3）：312-320.

韩绍卿，李夕海，安跃文，刘代志，2010. 核爆、化爆、地震识别研究综述. 地球物理学进展，25（4）：1206-1218，DOI：10.3969/j. issn. 004-2903. 2010. 04. 009.

何少林，杨大克，温瑞智，任叶飞，崔建文，王湘南，胡斌，朱海燕，尹志文，周正红，黄腾浪，闫民正，2015. 地震台站建设规范　地震烈度速报与预警台站（DB/T 60—2015）. 北京：地震出版社.

胡进军，谢礼立，2011. 地震超剪切破裂研究现状. 地球科学进展，26（1）：39-47.

范娜，赵连锋，谢小碧，姚振兴，2013. 朝鲜核爆的 Rayleigh 波震级测量. 地球物理学报，56（3）：906-915.

冯锐，2020. 趣味地震学（13）：震级，向能量标度靠拢. 地震科学进展，50（1）：40-48. doi：10.3969/j. issn. 2096-7780. 2020. 01. 005.

傅承义，陈运泰，祁贵仲，1985. 地球物理学基础. 北京：科学出版社.

华卫，2007. 中小地震震源参数标定关系研究，博士学位论文，中国地震局地球物理研究所.

靳玉贞，林木金，范晓瑜，刘晓萍，何佳，杨世英，孟彩菊，2015. 山西地区爆破、塌陷（矿震）特殊地震动特征识别. 地震地磁观测与研究, 36 (3): 63-66.

兰从欣, 刘杰, 郑斯华, 2005. 北京地区中心地震震源参数反演. 地震学报, 27 (5): 498-507.

梁建宏, 刘瑞丰译, 陈运泰校, 2004. 美国广播公司的节目"10.5"与一个古老的地震学问题. 地震地磁观测与研究, 25 (6): 109-110.

雷建成, 高孟潭, 俞言祥. 2006. 西南地区近代地震的震中烈度与有感地震的统计研究. 震灾防御技术, 1 (2): 137-145.

雷建成, 高孟潭, 俞言祥. 2007. 四川及邻区地震动衰减关系. 地震学报, 29 (5): 500-511.

李善邦, 1960. 中国地震目录. 北京: 科学出版社.

李善邦, 1981. 中国地震. 北京: 地震出版社.

李琦, 谭凯, 赵斌, 鲁小飞, 张彩红, 王东振, 2019. 2018年印尼帕卢 M_W7.5地震——一次超剪切破裂事件. 地球物理学报, 62 (8): 3017-3023, doi: 10.6038/cjg2019M0616.

李世愚, 和雪松, 张少泉, 陆其鹄, 蒋秀琴, 佟晓辉等, 李铁, 管恩福, 左艳, 孙学会, 李国基, 2004. 矿山地震监测技术的进展及最新成果. 地球物理学进展, 19 (4), 853-859.

李小军, 温瑞智, 崔建文, 王玉石, 兰日清, 李山有, 周正华, 于海英, 俞言祥, 王湘南, 2018. 地震台站建设规范 强震动台 (DB/T 7—2018). 北京: 地震出版社.

李学政, 王海军, 雷军, 2003. 近场震级起算函数确定与爆炸余震震级计算. 中国地震, 19 (2): 117-124.

李正一, 1985. 滇西地区震级与地震矩标度. 地震研究, 8 (6): 617-632.

林大超, 白春华, 2007. 爆炸地震效应. 北京: 地质出版社.

刘超, 张勇, 许力生, 陈运泰, 2008. 一种矩张量反演新方法及其对2008年汶川 M_S8.0地震序列的应用. 地震学报, 30 (4): 329-339.

刘丽芳, 杨晶琼, 华卫, 苏有锦, 刘杰, 2011. 云南地区中小地震静力学和动力学参数定标关系. 中国地震, 27 (3): 268-279.

刘敏, 曲保安, 刘金海, 张修峰, 张志高, 徐放艳, 张寅, 刘瑞峰, 周银兴, 陈传华, 王超, 蔡伟光, 2020. 煤矿地震监测台网技术要求 (DB37/T 4294—2020), 山东省市场监督管理局发布.

刘瑞丰, 党京平, 陈培善, 1996. 利用速度型数字地震仪记录测定面波震级. 地震地磁观测与研究, 17, (2): 17-21.

刘瑞丰, 陈运泰, Peter Bormann, 任枭, 侯建民, 邹立晔, 2006. 中国地震台网与美国地震台网测定震级的对比—Ⅱ. 面波震级, 地震学报, 28, (1): 1-7.

刘瑞丰, 陈运泰, 任枭, 徐志国, 孙丽, 杨辉, 梁建宏, 任克新, 2007. 中国地震台网震级的对比. 地震学报, 29, (5): 467-476.

刘瑞丰, 陈运泰, 许绍燮, 任枭, 徐志国, 薛峰, 冯义钧, 郑秀芬, 杨辉, 王丽艳, 王晓欣, 邹立晔, 陈宏峰, 张立文, 任克新, 孙丽, 韩雪君, 和锐, 2017. 地震震级的规定 (GB 17740—2017), 北京: 中国标准出版社.

刘祖荫, 苏有锦, 秦嘉政, 李忠华, 张俊伟, 2002. 20世纪云南地震活动. 北京: 地震出版社.

孔韩东, 王婷婷, 2018. 爆炸当量研究综述. 国际地震动态, (2): 9-25.

孔韩东, 刘瑞丰, 边银菊, 李赞, 王子博, 胡岩松, 2022. 地震辐射能量测定方法研究及其在汶川8.0级地震中的应用. 地球物理学报, 65 (12): 4775-4788, Doi: 10.6038/cjg2022Q0169.

江文彬，陈颙，彭菲，2020. 2019年3月江苏响水化工厂爆炸当量的估计. 地球物理学报，63（2）：541-550. Doi：10.6038/cjg2020N0314.

靳平，王红春，朱号锋，徐恒垒，2017. 岩石损伤对地下核爆炸震源特性影响研究. 地震学报，39（6），860-869. Doi：10.11939/jass.2017.08.004.

金星，张红才，李军，韦永祥，马强，2012. 地震预警震级确定方法研究. 地震学报，34（5）：593-610.

金星，2021. 地震预警与烈度速报—理论与实践. 北京：科学出版社.

马强，2008. 地震预警技术研究及应用. 哈尔滨：中国地震局工程力学研究所.

马宗晋，2010. 地震—汶川海地智利玉树. 北京：人民邮电出版社.

彭远黔，刘素英，1997. 承德黑山铁矿矿山爆破地震动效应. 山西地震，90（3）：18-23.

秦嘉政，阚荣举，1986. 用近震尾波估算昆明及其周围地区的 Q 值和地震矩. 地球物理学报，29（2）：145-156.

田红旭，毛玉平，钱晓东，2014. 云南地震序列最大余震的估计. 地震研究，37（1）：9-15.

田有，柳云龙，刘财，郑确，2015. 朝鲜2009年和2013年两次核爆的地震学特征对比研究. 地球物理学报，58（3）：809-820.

孙景江，袁一凡，温增平，李小军，杜玮，林均岐，李山有，张令心，刘爱文，赵凤新，孟庆利，吕红山，2020. 地震烈度表（GB/T 17742—2008），中国标准化管理委员会.

王丽艳，刘瑞丰，杨辉，2016. 全国分区地方性震级量规函数的研究. 地震学报，38，（5）：522~528.

王迪晋，李正媛，吕品姬，2007. 慢地震研究综述. 大地测量与地球动力学，27，21~25.

王子博，刘瑞丰，李赞，胡岩松，孔韩东，2023. 2022年1月8日青海源 M_S6.9地震的静态和动态震源参数测定. 地球物理学报，66（6）：2420-2430，doi：10.6038/cjg2022Q0105.

王子博，刘瑞丰，李赞，孔韩东，袁乃荣. 2021. 2014—2019年浅源中强地震辐射能量的快速测定. 地震学报，43（2）：194~203. doi：10.11939/jass.20200077.

王子博，刘瑞丰，李赞，孔韩东，胡岩松，2023. 利用区域地震记录测定地震辐射能量. 地球物理学报，66（2）：626-637. Doi：10.6038/cjg2022P0866.

魏富胜，2000. 识别震源性质的一种新方法. 地震地磁观测与研究，21（6）：32-38.

吴佳翼，曹学锋，1987. 全球地震活动性的定量研究（二）——1964至1983年全球6级以上地震活动的分析9（3）：225-238.

吴淑才，覃子建，1994. 浅析贵州矿山地震活动. 贵州师范大学学报 自然科学版，12（1），49-58.

吴忠良，陈运泰，牟其铎，1994. 核爆炸地震学概要. 北京：地震出版社.

吴忠良，2003. 地震辐射能量和震源谱，地震参数——数字地震学在地震预测中的应用. 北京：地震出版社.

吴忠良，2001. 地震学中的“暗物质”——“静地震”与地震预测研究的未来. 国际地震动态，（9）：1-5.

吴忠良，许忠淮，2013. 地震学百科知识（四）——慢地震. 国际地震动态，413（5），39-42.

谢小碧，赵连锋，2018. 朝鲜地下核试验的地震学观测. 地球物理学报，61（3）：889-904，doi：10.6038/cjh2018L0677.

徐果明，许忠淮，2013. 地震学百科知识（一）——地震波. 国际地震动态，（1）：25-33.

徐世芳，李博主编，2000. 地震学辞典. 北京：地震出版社.

徐彦，张俊伟，苏有锦，2011. 反投影全球子台网P波记录研究2010年4月14日玉树地震破裂过程. 地球物理学报，54（5）：1243-1250.

许力生，2003. 震源时间函数与震源破裂过程，地震参数—数字地震学在地震预测中的应用. 北京：地震出版社.

许绍燮，陆远忠，郭履灿，陈培善，1999. 地震震级的规定（GB 17740—1999）. 北京：中国标准出版社.

许绍燮，1999. 地震震级的规定（GB 17740—1999）宣贯教材. 北京：地震出版社.

许忠淮，阎明，赵仲和，1983. 由多个小地震推断的华北地区构造应力场方向. 地震学报，5（3）：268-279.

杨志高，2009. 首都圈地区地震视应力的计算及其定标率和时空分布的研究，硕士学位论文，中国地震局地震预测研究所.

叶家鑫，1981. 佘山地震台测定 MD 震级的公式. 地震地磁观测与研究，2（3）：39-48.

阴朝民，2001. 防震减灾技术系统的建设与发展. 地震地磁观测与研究，22（6）：1-12.

于福江，董剑希，许富祥，2016. 中国近海海洋—海洋灾害. 北京：海洋出版社.

原廷宏，冯希杰，2010. 一五五六年华县特大地震. 北京：地震出版社.

袁一凡，田启文，2012. 地震工程学. 北京：地震出版社.

张成科，张先康，赵金仁等，2002. 长白山天池火山区及邻近地区壳幔结构探测研究. 地球物理学报，45（6）：812-820.

张红才，金星，李军，韦永祥，马强，2012. 地震预警震级计算方法研究综述. 地球物理学进展，27（2）：464-474.

张丽芬，FatchurochmanI，姚运生，李井冈，廖武林，王秋良，2014. 2010 年玉树超剪切破裂地震破裂过程反演. 地震地质，36（1）：52-61.

张少泉，张诚. 1993. 矿山地震研究述评. 地球物理学进展（3 期），69-85.

张思萌，2021. 鹤岗地区地震、爆破与矿震记录的识别. 地震地磁观测与研究，42（6）：82-88.

张勇，冯万鹏，许力生，周成虎，陈运泰，2008. 2008 年汶川大地震的时空破裂过程. 中国科学 D 辑：地球科学，38（10）：1186-1194.

张勇，许力生，陈运泰，2010. 2010 年 4 月 14 日青海玉树地震破裂过程快速反演. 地震学报，32（3）：361-365.

张伟清，刘瑞丰，琴朝智，吕金水，张海，梁建宏，2006. 地震台站建设规范测震台（DB/T 16—2006）. 北京：地震出版社.

张晁军，石耀霖，马丽，2005. 慢地震研究中的一些问题. 中国科学院研究生院学报，22（3）：258-269.

张喆，许力生. 2021. 2021 年青海玛多 M_W7.5 地震矩心矩张量解. 地震学报，43（3）：387-391.

朱守彪，崔泽飞. 2022. 为什么自然界中超剪切破裂的地震是如此之少？地球物理学报，65（1）：51-66，doi：10.6038/cjg2022P0828.

曾金全，杨超，王颖波，曾金全，杨超，王颖波，2016. 基于统计分布特征的闪电强度等级划分. 暴雨灾害，35（6）：585-589.

赵志新，尾池和夫，松村一男，徐纪人，1992. 中国大陆性地震的余震活动的 p 值. 地震学报，14（1）：9-16.

周慧兰，1984. 中国历史大地震的矩震级. 地球物理学报，27（4）：360-370.

左兆荣，吴建平，1992. 论地幔波震级. 地震地磁观测与研究，13，61-70.

朱守彪，袁杰，缪淼，2017. 青海玉树地震（M_S=7.1）产生超剪切破裂过程的动力学机制研究. 地球物理学报，60（10）：3832-3843，doi：10.6038/cjg20171013.

国家地震局，1978，地震台站观测规范. 北京：地震出版社.

国家地震局，1990，地震台站观测规范. 北京：地震出版社.

国家地震局地球物理研究所，1977. 近震分析. 北京：地震出版社.

国家地震局震害防御司，1990. 地震工作手册. 北京：地震出版社.

国家地震局震害防御司，1995. 中国历史强震目录（公元前23世纪—公元1911年）. 北京：地震出版社.

中国地震局，2001. 地震及前兆数字观测规范（地震观测）. 北京：地震出版社.

中国科学院地球物理研究所，1977. 近震分析. 北京：地震出版社.

中国地震局，2003. 中国昆仑山口西8.1级地震图集. 北京：地震出版社.

Abe，K.，1981. Magnitudes of large shallow earthquakes from 1904 to 1980. *Phys. Earth Planet. Interi*，27，72-92.

Abe，K.，1989. Quantification of tsunami genic earthquake by the Mt scale. *Tectonophysics*，166，27-34.

Aki，K.，1966. Generation and propagation of G waves from Niigata earthquake of June 16，1964. Estimation of earthquake movement，released energy and stress-strain drop from G wave spectrum. *Bull. Earthq. Res. Inst.*，*Tokyo Univ.* 44：23-88.

Aki，K.，1967. Scaling law of seismic spectrum. J. Geophys. Res.，72，1217-1231.

Aki，K. and Richards，P. G.，1980. *Quantitative Seismology. Theory and Methods*. 1 and 2. San Francisco：W. H. Freeman. 1-932.

Alsaker，A.，Kvamme，L. B.，Hansen，A.，Dahle，A.，Bungum，H.，1991. The M_L in Norway. *Bull. Seismol. Soc. Am.* 81，2，379-389.

Ambrasey，N. R.，Hendron，A. J.，1968. Dynamic behaviour of rock masses. In：Rock mechanics in engineering practice. New York：John Wiley and Sons，203-236.

Andrews，D. J.，1986. Objective determination of source parameters and similarity of earthquakes of different size. In：Das，S.，Boatwright，J. and Scholz，C. H.（eds.），earthquakesourceMechanics. Washington，D. C.，AGU，259-267.

Archuleta R. J.，1984. A faulting mode；for the 1979 Imperial Valley earthquake. Journal of Geophysical Research，89：4559-4585

Bahce，T. C.，1982. Estimating the yield of underground nuclear explosions，*Bull. Seismol. Soc. Am.* 72，(6)，part B，S131-S168.

Bao，H.，Ampuero，J. P.，Meng，L.，et al.，2019. Early and persistent supershear rupture of the 2018 magnitude 7.5 Palu earthquake [J]. Nature Geoscience，12：200-205.

Bao H，Xu L，Meng L，*et al*. 2022. Global frequency of oceanic and continental supershear earthquakes. Nature Geoscience，15：942-949.

Bakun，W. H.，Joyner，W.，1984. The M_L scale in Central California. Bull. Seism. Soc. Am.，74，5，1827-1843.

Båth，M.，1973. Introduction to seismology. Birkhauser Verlag. Basel. 巴特著，许立达译，1978. 地震学引论. 北京：地震出版社.

Benjamin，F. H.，1990. *An introduction to seismological research*：history and development. Cambridge University

Press. 小本杰明著，柳百琪译，1998. 地震学史 . 北京：地震出版社 .

Beresnev，I. ，2009. The reality of the scaling law of earthquake-source spectra? J Seismol 13：433－436，doi：10. 1007/s10950-008-9136-9.

Beroza G C. and Jordan T H. ，1990. Searching for slow a n d silent earthquakes using free oscillations ［J］. J. Geophys Res. 95（B3），2485-2510.

Bindi，D. ，Spallarossa，D. ，Eva，C. ，Cattaneo. ，M. ，2005. Local and duration magnitudes in Northwestem Italy，and seismic moment versus magnitude relationships. *Bull. Seismol. Soc. Am.* 95，592-604.

Bisztricsany，E. ，1958. A new method for the determination of the magnitude of earthquake. Geofiz. Kozl. ，7，69-96（in Hungarian with English abstract）.

Boatwright，J. ，Choy. G. L. ，1986. Teleseismic estimates of the energy radiated by shallow earthquakes. J. Geophys. Res. ，91，2095-2112，doi：10. 1029/JB091iB02p02095.

Boatwright，J. ，and Fletcher，J. B. ，1984. The partition of radiated energy between *P* and *S* waves. *Bulletin of the Seismological Society of America*，74（2）：361-376.

Bolt，B. A. ，1993. *Earthquakes and Geologocal Discovery*，Scientific American Library. 马杏垣等译，石耀霖等校，2000. 地震九讲 . 北京：地震出版社 .

Bonner，J. L. ，Russel，D. R. ，Harkrider，D. G. ，Reiter，D. T. ，and Herrmann，R. B. ，2006. Development of a time-domain，variable-period surface-wave magnitude measurement procedure for application at regional and teleseismic distances，part II：Application and M_S-m_b performance. Bull. Seism. Soc. Am. 96，2，678-696，doi：10. 1785/0120050056.

Bormann，P. ，2002. *New Manual of Seismological Observatory Practice.* GeoForschungsZentrum，Potsdam.

Bormann，P. and Khalturin，V. I. ，1975. Relations between differnet kinds of magnitude determinations and their regional variations. Proceed. XIVth General Assembly of the European Seismological Commission，Trieste，16—22 September 1974. Nationalkomitee für Geodäsie und Geophysik，AdW der DDR，Berlin，27-39.

Bormann，P. ，and Wylegalla，K. ，1975. Investigation of the correlation relationships between various kinds of magnitude determination at station Moxa depending on the type of instrument and on the source area（in German）. Public. Inst. Geophys. Polish Acad. Sci. ，93，160-175.

Bormann，P. ，and Wylegalla，K. ，2005. Quick estimator of the size of great earthquake. *EOS*，Transactions，American Geophysical Union，86（46）：464.

Bormann，P. ，Liu，R. F. ，Ren，X. ，Gutdeutsch R. ，Kaiser D. ，and Castellaro S. ，2007. Chinese National Network Magnitudes，Their Relation to NEIC Magnitudes，and Recommendations for New IASPEI Magnitude Standards. *Bull. Seism. Soc. Am.* 97（1B）：114-127.

Bormann，P. ，and Saul，J. ，2008. The new iaspei standard broadband magnitude mB，Seism. Res. Lett. 79（5），698-705；doi：10. 1785/gssrl. 79. 5. 698.

Bormann，P. ，and Saul，J. ，2009. A fast，non-saturating magnitude estimator for great earthquakes，Seism. Res. Lett. 80（5），808-816；doi：10. 1785/gssrl. 80. 5. 808.

Bormann，P. ，Liu，R. F. ，Xu，Z. G. ，Ren，K. X. ，Zhang，L. W. ，Wendt，S. ，2009. First Application of the New IASPEI Teleseismic Magnitude Standards to Data of the China National Seismographic

Network. Bull. Seism. Soc. Am. 99, (3): 1868-1891.

Bormann, P., Giacomo, D., 2011. The moment magnitude M_W and the energy magnitude Me: common roots and differences. J Seismol. 15: 411-427.

Bormann, P., 2011. Earthquake magnitude. In: Harsh Gupta (ed.). Encyclopedia of Solid Earth Geophysics, Springer, 207-218, doi: 10.1007/978-90-481-8702-7.

Bormann, P., Baumbach, M., Bock, G., Grosser, H., Choy, G. L., Boatwright, J., 2012. Seismic sources and source parameters, in IASPEI New Manual of Seismological Observatory Practice, Vol. 1, Chapter 3, ed. Bormann, P., GeoForschungsZentrum, Potsdam

Bouchon, M., 1982. The complete synthesis of seismic crustal phases at regional distances, J. Geophys. Res. 78, 1735-1741.

Bouchon, M., Toksoz, z., Karabulut, H., 2000. Seismic imaging of the 1999 Izmit (Turkey) rupture inferred from the near-fault recordings. Geophysical Research Letters, 27: 3013-3016.

Bouchon, M., Bouin, M. P., Karabulut, H., 2001. How fast is rupture the during an earthquake? New insights from the 1999 Turkey earth quakes. Geophysical Research Letters, 28: 2723-2726.

Bouchon, M., Vallee, M., 2003. Observation of long supershear rupture during the magnitude 8.1 Kunlunshan earthquake. Science, 301: 824-826.

Bouchon, M., Karabulut, H., 2008. Earthquakes the aftershock signature of supershear. Science, 320: 1323-1325.

Bouin, M., P., Bouchon, M., Karabulut, H., 2004. Rupture process of the 1999 november 12 Duzce (Turkey) earthquake deduced from strong motion and global positioningsy stem measurements. Geophysical Journal International, 159: 207-211.

Brune, J. N., and King, C. Y., 1967. Excitation of Mantle Rayleigh waves of period 100s as a function of magnitude, Bull. Seism. Soc. Am., 57: 1355-1265.

Brune, J. N., and Engen, G. R., 1969. Excitation of Mantle Love waves and definition of mantle wave magnitude, Bull. Seism. Soc. Am., 59: 923-933.

Brune, J. N., 1970. Tectonic stress and the spectra of shear waves from earthquakes. *J. Geophy. Res.*, 75: 4997-5009.

Brune, J. N., 1971. Correction. J. Geophys. Res., 76, 5002.

Burdick L. 1981. A comparison of the upper mantle structure beneath North America and Europe. *Journal of Geophysical Research: Solid Earth*, 86 (B7): 5926-5936. DOI: 10.1029/JB086iB07p05926

Carpenter, E. W., Savill, R. A., Wright, J. K., 1962. The dependence of seismic signal amplitudes on the size of underground explosions. Geophys. J. Royal Astron. Soc., 6, 426-440.

Carroll, R. I., and Ruppert, D., 1996. The use and misuse of orthogonal regression in linear errors-in-variables models. *The American Statistician*, 50 (1): 1-6.

Chen, P. and Chen, H. 1989, Scaling law and its aoolications to earthquake statistical relations. Tectonophysics, 166, 53-72.

Chinnery, M. A., 1969. Earthquake magnitude and source parameters. Bull. Seism. Soc. Am., 59, 5, 1969-1982.

Chinnery, M. A. and North, R. G., 1975. The frequency of very large earthquake, Science, 190, 1197-1198.

Choy, G. and Boatwright, J. L., 1995. Global patterns of readiated seismic energy and apparent stress. *J. Geophys. Res.*, 100, B9: 18205-18228.

Choy, G. L., and Kirby, S., 2004. Apparent stress, fault maturity and seismic hazard for normal-fault earthquakes at subduction zones. Geophys. J. Int., 159, 991-1012.

Choy, G. L., McGarr, A., Kirby, S. H., and Boatwright, J., 2006. An overview of the global variability in radiated energy and apparent stress; in: Abercrombie R., McGarr, A., and Kanamori, H. (eds): Radiated energy and the physics of earthquake faulting, AGU Geophys. Monogr. Ser. 170, 43-57.

Choy, G. L., Kirby, S. & Boatwright, J., 2006. An overview of the global variability in radiated energy and apparent stress, inEarthquakes: Radiated Energy and the Physics of Faulting, Vol. 170, pp. 43-57, eds Abercrombie, R. et al., Geophysical Monograph Series.

Choy, G. L., 2012. IS 3.5: Stress conditions inferable from modern magnitudes: development of a model of fault maturity, 10 pp., DOI: 10.2312/GFZ. NMSOP-2_ IS_ 3.5; In: Bormann, P. (Ed.) (2012). New Manual of Seismological Observatory Practice (NMSOP-2), IASPEI, GFZ German Research Centre for Geosciences, Potsdam; http: //nmsop. gfz-potsdam. de; DOI: 10.2312/GFZ. NMSOP-2.

Christoskov, L., 1978. Magnitude dependent calibrating functions of surface wave for Sofia. Studia Geoph. Et Geod., Vol. 9, pp. 331-340.

Christoskov, L., Kondorskaya, N. V. and Vanek, J., 1985. Magnitude calibration functions for a multidimensional homogengeous system of reference stations. *Tectonophysics*, 118: 213-226.

Convers J A, Newman A V. 2011. Global evaluation of the large earthquake energy from 1997 through mid-2010. *Journal of Geophysical Research: Solid Earth*, 116 (B8): B08304, doi: 10.1029/2010JB007928.

Convers, J. A., Newman, A. V. 2013. Rapid earthquake rupture duration estimates from teleseismic energy rates, with application to real-time warning. Geophysical research letters, 40 (22), 5844-5848.

Denny M D, Johnson L R. 1991. The explosion seismic source function: Models and scaling laws reviewed. Taylor S R, Patton H j, Richards P G eds. Explosion Source Phenomenology. Washington, D. C.: Geophysical Monograph Series, 1-24.

Duda, S., Kaiser, D., 1989. Spectral magnitudes, magnitude spectra and earthquake quantification; the stability issue of the corner period and of the maximum magnitude for a given earthquake. Tectonophysics 166: 205-219.

Duda, S. J., 1989. Earthquakes: Magnitude, energy, and intensity. In: James, D. (ed.), Encyclopedia of Solid Earth Geophysics, 272-288. New York: Van Nostrand-Reinhold.

Duda, S. J. and Yanovskaya, T. B., 1993, Spectral amplitude-distance curves for *P*-waves: effects of velocity and *Q*-distribution. *Tectonophysics*, 217: 255-265.

Dziewonski, A. M., Chou, T. A., Woodhouse, J. H., 1981. Determination of earthquake source parameters from waveform data for studies of global and regional seismicity. *J Geophys Res*, 86: 2825-2852.

Dziewonski, A. M. and Woodhouse, J. H., 1983. An experiment in systematic study of global seismicity: centroid-moment tensor solutions for 201 moderate and large earthquakes of 1981. J. Geophys. Res., 88 (B4): 3247-3271.

Eaton, J. P., 1992. Determination of amplitude and duration magnitude and site residuals from short-period seismographs in Northern California. *Bull. Seism. Soc. Amer.* 82 (2): 533–579.

Ebel, J. E., 1982. ML measurements for northeastern United States earthquakes. *Bull. Seism. Soc. Amer.* 72: 1367–1378.

Eberhart, D., Haeussler, P. J., Freymueller, J. T., 2002. Denali fault earthquake, Alaska: A large magnitude, slippartitioned event. Science, 300: 113–1118.

Ellsworth, W. L., Celebi, A. M., Eeri, A. M., 2002. Near-field ground motion of 2002 Denali fault, Alaska, earthquake recorded at Pump station 10. Earthquake Spectra, 20 (3): 597–615.

Ekström, G., and Dziewonski, A. M., 1988. Evidence of bias in estimations of earthquake size. Nature, 332, 319–323.

Evernden, J. F., 1971. Variation of Rayleigh-wave amplitude with distance. *Bull. Seism. Soc. Amer.* 61: 231–240.

Fernandez, L., M., Van der Heever, P. K., 1984. Ground movement and damage accompanying a large seismic event in the Klerksdorp district. In Rock bursts and Seismicity in Mines. Dymp. Ser. No. 6, PP 193–198.

Flynn, E. C., Stump, B. W., 1988. Effects of source depth on near source seismograms. Journal of Geophysical Research: Solid Earth, 93 (B5): 4820–4834.

Geller, R. J., 1976. Scaling Relations for Earthquake Source Parameters and Magnitudes, Bull. Seismol. Soc. Am. 66, 1501–1523.

Giacomo, D., Parolai, S., Bormann P., Grosser, H., Saul, J., Wang, R., and Zschau, J., 2010. Suitability of rapid Energy magnitude estimations for emergency response purposes. Geophys. J. Int., 180, 361–374; doi: 10.1111/j.1365–246X.2009.04416.x.

Giacomo, D., Grosser, H., Parolai, S., Bormann, P., Wang, R., 2008. Rapid determination of Me for strong to great shallow earthquakes, Geophysical Research Letters, 35, 1–5, L10308, doi: 10.1029/2008GL033505

Gibowicz, S. J., 1979. Space and time variations of the frequency-magnitude relation for mining tremors in the Szombierki coal mine in Upper Silesia, Poland. Acta Geophys Pol. 27, 39–49.

Gibowitcz S. J., Kijko A., 1994. An Introduction to Mining Seismicty. Beijing: Academic Press, Inc.

Greenhalgh, S. A., and Singh, R., 1986. A revised magnitude scale for South Australian earthquakes. Bull. Seism. Soc. Am., 76, 3, 757–769.

Grünthal, G., 1998. European Macroseismic Scale 1998, Cahiers du Centre Europèen de Gèodynamique et de Seismologie, 15, Conseil del Europe, Luxembourg, 99 pp.

Grünthal, G., Wahlström, R., and Stromeyer, D., 2009. Harmonization check of M_W within the central, northern, and nortwestern European earthquake catalogue (CENEC). J. Seismology, 13 (4), 613–623.

Gutenberg, B. and Richter, C. F., 1936., On Seismic Waves (third paper), Gerlands Beitr. z. Geophysik, 47: 73–131.

Gutenberg, B., 1945a. Amplitudes of surface waves and magnitudes of shallow earthquakes. *Bull. Seism. Soc. Amer.* 35: 3–12.

Gutenberg, B., 1945b. Amplitudes of P, PP and S and magnitude of shallow earthquakes. *Bull. Seism. Soc. Amer.* 35: 57–69.

Gutenberg, B. 1945c. Magnitude determination for deep-focus earthquakes. *Bull. Seism. Soc. Amer.* 35: 117-130.

Gutenberg, B. and Richter, C. F., 1942. Earthquake magnitude, intensity, energy and acceleration. *Bull. Seism. Soc. Amer.* 32: 163-191.

Gutenberg, B. and Richter, C. F., 1944. Frequency of earthquakes in California. *Bull. Seism. Soc. Amer.* 34: 185-188.

Gutenberg, B. and Richter, C. F., 1941. Seismicity of the Earth, Geol. Soc. Am., Spec. Pap. 34: 1-133.

Gutenberg, B. and Richter, C. F., 1954. Seismicity of the Earth and Associated Phenomena. 2nd edition, Princeton: Princeton University Press.

Gutenberg, B. and Richter, C. F., 1956a. Earthquake magnitude, intensity, energy and acceleration (second paper). *Bull. Seism. Soc. Amer.* 46: 105-145.

Gutenberg, B. and Richter, C. F., 1956b. Magnitude and energy of earthquakes. Annali di Geofisica. 9: 1-15.

Habberjam, G. H. & Whetton, J. T., 1952. On the relationship between seismic amplitude and charge of explosive fired in routine blasting operations, Geophysics, 17 (I), 116-128.

Hanks, T. C. andKanamori, H., 1979. A moment magnitude Scale, J. Geophy. Res., 84 (B5), 2348-2349.

Hansen, R. A., Ringdal, F., and Richards, P. G., 1990. The stability of RMS Lg measurements and their potential for accurate estimation of the yields of Soviet underground nuclear explosions. Bull. Seism. Soc. Am., 80 (6), 2006-2126.

Haskell, N. A., 1964. Total energy and energy spectral density of elastic wave radiation from propagation faults. *Bull. Seism. Soc. Am.* 54: 1811-1841.

Haskell, N. A., 1967. Analytic approximation for the elastic radiation from a contained underground explosion. Journal of Geophysical Research, 72 (10): 2583-2587.

Hatzidimitriou, P., Papazachos, C., Kiratzi, A., and Theodulidis, N., 1993. Estimation of attenuation structure and local earthquake magnitude based on acceleration records in Greece. Tectonophysics, 217, 243-253.

Heki, K., Miyazaki, S., and Tsuji, H., 1997. Silent fault slip following an interpolate thrust earthquake at the Japan Trench. Nature, 386, 595-598.

Herrmann, R., B., 1975. The use of duration as a measure of seismic moment and magnitude. *Bull. Seism. Soc. Am.* 65: 899-913.

Hileman, J. A., C. R. Allen, and J. M. Nordquist. 1973. Seismicity of of the Northern California Region 1 January 1932 to 31 December 1972, report, Seismol. Lab., Calif. Inst. of Technol., Pasadena.

Hirose, H., and Obara, K., 1999. Repeating short-and long-term slow slip events with deep tremor activity around the Bungo Channel region, southwest Japan. Earth, Planets and Space, 57, 961-972.

Houston, H., and Kanamori, H., 1986. Source spectra of great earthquakes: teleseismic constraints on rupture process and strong motion. Bull. Seism. Soc. Am., 76, 19-42.

Huang Y, Ampuero J P, Helmberger D V. The potential for supershear earthquakes in damaged fault zones-theory and observations [J]. *Earth and Planetary Science Letters*, 2016, 433: 109-115.

Hunter, R. N., 1972. Use of LPZ for magnitude. In: NOAA Technical Report ERL 236ESL21, J. Taggart, Editor, U. S. Dept. Commerce, Boulder, Colorado.

Hutton, L. K., and Boore, D. M., 1987. The ML scale in Southern California. Bull. Seism. Soc. Am., 77, 6,

2074-2094.

Hutton, L. K., and Jones, L. M., 1993. Local magnitudes and apparent variations in seismicity rates in Southern California. Bull. Seism. Soc. Am., 83, 2, 313-329.

IASPEI , 2005. Summary of Magnitude Working Group recommendations on standard procedures for determining earthquake magnitudes from digital data. http: //www. iaspei. org/commissions/CSOI/summary_ of_ WG_ recommendations_ 2005. pdf.

IASPEI , 2013). Summary of Magnitude Working Group recommendations on standard procedures for determining earthquake magnitudes from digital data. http: //www. iaspei. org/commissions/CSOI/Summary_ WG_ recommendations_ 20130327. pdf, http: //www. iaspei. org/commissions/CSOI. html#wgmm ISC.

Ide, S., Beroza, G. C., Shelly, D. R., Uchide, T., 2007. A scaling law for slow earthquakes. Nature, 47, doi: 10. 1038/nature05780.

Kárník, V., Kondorskaya, N. V., Riznichenko, Y. V., Savarensky, Y. F., Soloviev, S. L., Shebalin, N. V., Vanek, J., Zatopek, A. 1962. Standardisation of the earthquake magnitude scale. *Studia Geophysica et Geodaetica*, (6): 41-48

Kárník, V., 1972, Differences in magnitudes, vorträge des soproner symposiums der 4 subkommission von KAPG 1970, Budapest 69-80.

Kanamori, H., 1972. Mechanism of tsunami earthquakes. Physics of the Earth and Planetry Interiors, 6, 346-359.

Kanamori, H., and Cipar, J., 1974. Focal process of the great Chilean earthquake May 22, 1960. Physics of the Earth and Planetary Interiors, 9, 127-136.

Kanamori, H., 1977. The energy release in great earthquakes. *J. Geophys. Res.* 82: 2981-2987.

Kanamori, H., Anderson, D. L., 1975. Theoretical basis of some empirical relations in seismology. Bulletin of the seismological society of America, 65 (5), 1073-1095.

Kanamori, H., 1978. Quantification of earthquakes. Nature 271 (2): 411-414.

Kanamori, H., and Stewart, G. S., 1979. A slow earthquake. Physics of the Earth and Planetary Interiors, 18, 167-175.

Kanamori, H., 1983. Magnitude scale and quantification of earthquakes. *Tectonophics*, 93: 185-199.

Kanamori, H., and Jennings, D. L., 1978. Determination of local magnitude, ML, from strom motion accelerograms. Bull, Seism. Soc. Am., 68, 471-485.

Kanamori, H., and Kikuchi, M., 1993. The 1992 Nicaragua earthquake: a slow tsunami earthquake associated with subducted sediments, Nature, 361, 714-716.

Kanamori, H., and Kikuchi, M., 1993. The 1992 Nicaragua earthquake: a slow tsunami earthquake associated with subducted sediments. Nature, 361, 714-716.

Kanamori, H., Haukssnn, E., Heaton, T., 1997. Real time seismology and earthquake hazard mitigalion. Nature, 390: 461-464.

Kanamori, H., and Heaton, T. H., 2000. Microscopic and macroscopic physics of earthquakes. In: GeoComplexity and the Physics of Earthquakes, edited by J. B. Rundle, D. L. Turcotte, and W. Klein, Washington, D. C., AGU, 147-163.

Kanamori, H., 2005. Real time seismology and earthquake damage mitigation. Annu Rev Eart Planet Sci, 33, 195-214.

Kanamori., H., 2014. The diversity of large earthquakes and its implications for hazard mitigation. Annu Rev Earth Planet Sci, 42, 7-26

Katsumata, A., 1996. Comparison of magnitudes estimated by the Japan Meteorological Agency with moment magnitudes for intermediate and deep earthquakes. Bull, Seism. Soc. Am., 86 (3), 832-842.

Kawasumi, H., 1951. Measures of earthquake danger and expectancy of maximum intensity throughout Japan as inferred from the seismic activity in historical times. Bull. Earthq. Res. Inst., 29, 469-482.

Katsumata, A., 1964. A method to determine the magnitude of deep focus earthquakes in and near Japan. (in Japanese), Zisin, II, vol. 17, 158-165.

Kennett, B. L. N., 1985. On regional S, Bull. Seism. Soc. Am., 75, 1077-1086.

Kikuchi, M., and Fukao, Y., 1988. Seismic wave energy inferred from long-period body wave inversion. Bull. Seism. Soc. Am., 78, 5, 1707-1724.

Kilb, D., Gomberg, J., 1999. The initial subevent of the 1994 Northridge, California, earthquake: Is earthquake size predictable?. *J Seismol.* 3 (4) : 409-420.

Kizawa, T., 1972. The recorders of the gravitational instruments before and after large earthquake. Overseas Earthquakes, (1): 39-41.

Knoll, P., Kuhnt, W., 1990. Seismological and geotechnical investigations of the mechanics of rock bursts. In Rock bursts and Seismicity in Mines. PP 129-138.

Knopoff, L., Schwab, F., and Kansel, E., 1973. Interpretation of Lg. Geophys. J. R. Astr. Soc., 33, 389-404.

Kostrov B V. 1964. Self-similar problems of propagation of shear cracks. J Appl. Math. Mech., 28: 1077-1087.

Koyama. J., Takemura, M., and Suzuki., Z., 1982. A scaling model for quantification of earthquakes in and near Japan. Tectonophysics. 84: 3-16.

Kwiatek. G., Plenkers, K. Naketani, M., Yabe, Y., Dresen, G., and JAGUARS-group, 2010. Frequency-magnitude characteristics down to magnitude-4. 4 for included seismicity recorded at Mponeng gold mine South Africa. *Bull. Seism. Soc. Am.* 100 (3): 1165-1172.

Kirpatrick, J., D., Fagereng., A. and Shelly, D. R., 2021. Geological constraints on the mechanisms of slow earthquakes. Neture Reviews Earth Envirment, 2 (4), 285-301.

Latter, A. L., Martinelli, E. A., Teller, E., 1959. Seismic scaling law for underground explosions, Physics of Fluids, 2, 280-282

Lay, T., 1985. Estimating explosion yield by analytical waveform comparison. Geophys. J. R. Astr. Soc., 82: 1-30.

Lay, T., and Wallace, T. C., 1995. Modern Global Seismology. ISBN 0-12-732870-X, Academic Press, 1-521.

Lazareva, A. P. and Yanovskaya, T. B., 1975. The effect of the lateral velocity on the surface wave amplitudes. Proc. Intern. Symp. Seismology and Solid-Earth Physics, Jena April 1-6, 1974. Veröff. Zentralinstitut für Physik d. Erde, 2 (31): 433-440.

Lee, W. H. K., Bennet, R. and Meagher, K., 1972. A method of estimating magmitude of local earthquake from signal duration. U. S. Geol. surv. Open-File Rep., 1-28.

Lee, V., Trifunac, M., Herak, M., Živčić, M., and Herak, D., 1990. ML^{SM} computed from strong motion accelerograms recorded in Yugoslavia. Earthq. Engin. Structur. Dyn., 19, 1167-1179.

Linde, A. T., and Silver, P. G., 1989. Elevation changes and the great 1960 Chilean earthquake: support for aseismic slip. Geophysical Research Letters, 16, 1305-1308.

Lomax, A., and A. Michelini, 2009. Mwpd: A duration-amplitude procedure for rapid determination of earthquake magnitude and tsunamigenic potential from P waveforms, Geophys. l J. Int., 176, 200-214; doi: 10. 1111/j. 1365-246X. 2008. 03974. x.

Lomax, A., & Michelini, A., 2013. Tsunami early warning within five minutes. Pure and Applied Geophysics, 170 (9), 1385-1395.

Madariaga, R., 1976. Dynamics of an expanding circular fault. Bull. Seism. Soc. Am., 66, 639-666.

Marshall, P. D., D. L. Springer, and H. C. Rodean, 1979. Magnitude corrections for attenuation in the upper mantle, Geophys. J. R. Astron. Soc., 57, 609-638.

Mayeda, K., 1993. Mb (LgCoda): A stable single station estimator of magnitude. Bull. Seism. Soc. Am., 83, 851-861.

McGarr, A., Spottiswoode, S. M., Gay, N. C., Ortlepp, W. D., 1979. Observations relevant to seismic driving stress. Stress drop, and efficiency. J. Geophys. Res. 84, 2251-2261.

Miyazaki, S., Segall, P., McGuire, J. J., Kato, T., and Hatanaka, Y., 2006. Spatial and temporal evolution of stress and slip rate during the 2000 Tokai slow earthquake. Journal of Geophysical Research, 111, B03409, doi: 10. 1029/2004JB003426.

Montagner, J. P., Kennett, B. L. N., 1996. How to reconcile body-wave and normal-mode reference Earth models? Geophys. J. Int., 125, 229-248.

Mori, J., Kanamori, H., 1996. Rupture initiations of microearthquakes in the 1995 Ridgecrest , California, sequence. Geophys Res Lett, 23: 2437-2440.

Murphy, J. R., 1977. Seismic source functions and magnitude determinations for underground nuclear detonations, Bull. Seism. Soc. Am. 67, 135-158.

Nakamura, Y., 1988. On the urgent earthquake detection and alarm system (UrEDAS). Proc. Ninth world Conf. Earthq. Eng., 7: 673-678.

Newman A V, Okal E A. 1998. Teleseismic estimates of radiated seismic energy: The E/M_0 for tsunami earthquakes. *Journal of Geophysical Research*, 103 (B11): 26885-26897. DOI: 10. 1029/98JB02236

Newman, A. V., Hayes, G., Wei, Y., & Convers, J., 2011. The 25 october 2010 mentawai tsunami earthquake, from real-time discriminants, finite-fault rupture, and tsunami excitation. Geophysical Research Letters, 38 (5).

Nuttli, O. W., 1973. Seismic wave attenuation and magnitude relations for eastern North America. *J. Geophys. Res.* 78: 976-885.

Nuttli, O. W., 1985. Average seismic source-parameter relations for plate-margin earthquakes. Tectonophysics, 118, 161-174.

Nuttli, O . W., 1986a. Yield estimates of Nevada Test Site explosions obtained from seismic Lg waves, J.

Geophys. Res., 91, 2137-2151.

Nuttli, O. W., 1986b. Lg magnitudes of selected East Kazakhstan underground explosions, Bull. Seism. Soc. Am., 76, 1241-1251.

Newman, A. V., Okal, E. A., 1998. Teleseismic estimates of radiated seismic energy: the E/M0 discriminant for tsunami earthquakes, J. geophys. Res., 103 (B11), 26 885-26 898.

Obara, K., and Hirose, H., 2006. Non-volcanic deep low-frequency tremors accompanying slow slips in the south-west Japan subduction zone. Tectonophysics, 417, 33-51.

Obara, K., and Kato, A., 2016. Connecting slow earthquakes to huge earthquakes,. Science, 353 (6296), 253-257.

O' Brien, P. N. S., 1960. Seismic energy from explosions. Geophys. J., 3, 29-44.

Olson, E. L., and R. Allen, 2005. The deterministic nature of earthquake rupture. *Nature* 438: 212-215.

Okal, E. A., Talandier, J., 1989. Mm: a variable period mantle magnitude. J Geophys Res 94: 4169-4193.

Okal, E. A., 1992. A student's guide to teleseismic body wave amplitudes. *Seismological Research Letters*, 63 (2): 169-180. DOI: 10. 1785/gssrl. 63. 2. 169

Ozawa, S., Murakami, M., Kaidzu, M., Tada, T., Hatanaka, Y., Yarai, H., and Nishimura, T., 2002. Detection and monitoring of ongoing aseismic slip in the Tokai region, central Japan. Science, 298, 1009-1012.

Patton, H. J., Taylor, S. R., 2011. The apparent explosion moment: Inferences of volumetric moment due to source medium damage by underground nuclear explosions. J. Geophys. Res, 116 (B3): B03310. Doi: 10. 1029/2010JB007937.

Patton, H. J., and J. Schlittenhardt, 2005. A transportable mb (Lg) scale for central Europe and implications for low-magnitude M_S-m_b discrimination. Geophys. J. Int., 163, 126-140.

Pelayo, A. M., Wiens, D. W., 1992. Tsunami earthquake: Slow thrust-faulting events in the accretionary wease. J. Geophs. Res. 97 (B11): 15321-15337.

Polet, J., Kanamori, H., 2022. Tsunami earthquakes. Complexity in Tsunamis, Volcanoes, and their Hazards, 3-23.

Preisig, Joseph R M, 2018, Relationships of Earthquakes (and Earthquake-Associated Mass Movements) and Polar Motion as Determined by Kalman Filtered, Very-Long-Baseline-Interferometry Group Delays, NASA Technical Memorandum 100711, http: //ntrs. nasa. gov/search. jsp? R = 19890012059 2018-11-15T21: 59: 26+00: 00Z

Prieto, G. A. 2007. Improving earthquake source spectrum estimation using multitaper techniques. University of California, San Diego.

Polet J., and H. Kanamori, 2000. Shallow subduction zone earthquakes and their tsunamigenic potential. Geophys-icalJournalInternational 142, 684-702.

Rautian, T. G., 1960. Energy of earthquakes, in Y. V. Riznichenko (editor), Methods for the Detailed Study of Seismicity, Moscow: Izdatel'stvo Akademii Nauk SSSR, 75-114. (in Russian)

Rautian, T. G., Khalturin, V. I., Dotsev, N. T., and Sarkisyan, N. M., 1989. Macroseismic magnitude. In: Voprosy inzhenneroy seismologigii, iss. 30, 98-109.

Rexman, F., 1935. Zeit Geophys II, Quoted in Heiland, Geophysical Fxporation, 1-492.

Richard, P., 2002. Seismological methods of monitoring compliance with the Comprehensive Nuclear Test Ban Treaty. In: Lee, W. H. K., Kanamori, H., Jennings, P. C., and Kisslinger, C. (Eds.) (2002). International Handbook of Earthquake and Engineering Seismology, Part A. Academic Press, Amsterdam, 369-382.

Richter, C. F., 1935. An instrumental earthquake magnitude scale. *Bull. Seism. Soc. Amer.* 25: 1-32.

Richter, C. F., 1958. Elementary Seismology. SanFrancisco: W. H. Freeman, 1-768.

Riznichenko, Yu. V., 1992. Problems of seismology. Mir and Springer Publishers, Moscow and Berlin-Heidelberg-New York, 445 pp. (English translation of the original Russian publication of 1985).

Rogers, G., and Dragart, H., 2003. Episodic tremor and slip on the Cascadia subduction zone: the chatter of silent slip. Science, 300, 1942-1943.

Roeloffs, E. A., 2006. Evidence for aseismic deformation rate changes prior to earthquakes. Annual Review of Earth and Planetary Sciences, 34, 591-627.

Sadovsky, M. A., Kedrov, O. K., and Pasechnik, I. P., 1986. On the question of energetic classification of earthquakes (in Russian). Fizika Zemli, Moscow, 2, 3-10.

Salamon, M. D. G., 1983. Rockburst hazard and the fight for its alleviation in South Africa. Proc. Symp. Rockburst: prediction and Control. Inst. Min. Metal., London. pp. 11-36.

Satake, K., Tanioka, Y., 1999. Sources of tsunami and tsunamigenic earthquakes in subduction zones. Pure and Applied Geophysics, 154 (3), 467-483.

Scholz C H, Aviles C A, Wesnousky S G. 1986. Scaling differences between large interplate and intraplate earthquakes. Bulletin of the Seismological Society of America, 76 (1): 65 - 70. DOI: 10. 1785/BSSA0760010065

Scholz, C. H., 2002. The Mechanics of Earthquakes and Faulting. Cambridge/New York: Cambridge University Press. 471 pp.

Shin, T. C., 1993. The calculation of local magnitude from simulated Wood-Anderson seismograms of the short-period seismograms in the Taiwan area. Tao, 4: 155-170.

Stein, S. and Wysession, M., 2003. *An Introduction to Seismology, Earthquakes, and Earth Structure.* Blackwell: Blackwell Publishing. 1-498.

Stevens, J. L., and McLaughlin, K. L., 2001. Optimization of Surface Wave Identification and Measurement, Pure appl. Geophys., 158, 1547-1582.

Soloviev, S. L., 1955. Classification of earthquake in order of energy (in Russian). Trudy Geofiz. Inst. AN SSSR, 39157, 3-31.

Stroujkova, A., Leidig, M., Bonner, J. L., 2015. Effect of the detonation velocity of explosives on seismic radiation. *Bull. Seism. Soc. Amer.* 105 (2A): 599-611.

Soloviev, S. L. and Shebalin, N. V., 1957. Opredelenic intrnsivnosti zemletryaseniya posmeshcheniyu pochvy vpoverkhnostynhk, (Determination of intensity of earthquakes according to ground displacements in the surface waves.), lzv, An SSSR, ser. geopfize., No. 7, pp. 926-930.

Thoenen, J. R., Windes, S. L., 1942. Seismic Effects of Quoted Blasting, U. S. Bureau of Mines Bull,

1-442.

Teruyuki K., 2011. Slow Earthquake, ENCYCLOPEDIA of SOLID EARTH GEOPHYSICS, Published by Springer P. O. Box 17, 3300 AA Dordrecht, The Netherlands, 1374-1381.

Tsapanos, T. M., 1990. Spatial distribution of the magnitudes of the main shock and the largest aftershock in the circum-pacific belt. *Bull. Seism. Soc. Amer.* 80 (5): 1180-1189.

Tsuboi, S., K. Abe, K. Takano, and Y. Yamanaka (1995). Rapid determination of M_W from broadband P waveforms, *Bull. Seism. Soc. Am.* 85, 606-613.

Tsuboi, S., P. M. Whitmore, and T. J. Sokolowski (1999). Application of M_Wp to deep and teleseismic earthquakes, *Bull. Seism. Soc. Am.* 89, 1345-1351.

Tsuboi, C., 1954. Determination of the Gutenberg-Richter's magnitude of earthquakes occurring in and near Japan. Zisin. (J. seim. Soc. Japan), Ser. II, 7: 185-193.

Tsumara, K., 1967. Determination of earthquake magnitude from total duration of oscillation. *Bull. Earthq. Res. Inst.*, Tokyo, 45: 7-18.

Udías, A., 1999. *Principles of Seismology*. Cambridge University Press, United Kingdom, 1-475.

Uhrhammer, R. A., and Collins, E. R., 1990. Synthesis of Wood-Anderson seismograms from broadband digital records. *Bull. Seism. Soc. Amer.* 80: 702-716.

Utsu, T., 2002. Sattistical features of seismicity, International Handbook of Earthquake and Engineering Seismology, edited by W. H. Lee, H. Kanampri, Jennings, P. C., Kisslinger, C., Part A, p. 719 - 732, Academic Press. Amsterdam, Boston, New York, Oxford, Paris, San Diego, San Francisco, Singaprore, Sydney, Tokyo.

USGS, 2002. New USGS earthquake magnitude policy. MCEER Information Service News. 1-3.

Vallée, M., Dunham, E. M., 2012. Observation of far-field Mach waves generated by the 2001 Kokoxili supershear earthquake [J]. *Geophysical Research Letters*, 39 (5).

Vanek, J., and Stelzner, J. 1959. Determination of the magnitude function for Jena. Gerl. Beitr. Zur Geophys., Bd 77, pp. 105-119.

Veith, K. F. and Clawson, G. E., 1972. Mangitude from short-period *P*-wave data. *Bull. Seism. Soc. Am.* 62: 435-452.

Venkataraman, A., and Kanamori, H., 2004a. Effect of directivity on estimates of radiated seismic energy. *J. Geophys. Res.*, 109, B04301; doi: 10. 1029/2003JB002548.

Venkataraman, A., and Kanamori, H., 2004b. Observational constraints on the fracture energy of subduction zone earthquakes. *J. Geophys. Res.*, 109, B04301, doi: 0431. 01029JB002549.

Wahlström, R., and Strauch, W., 1984. A regional magnitude scale for Central Europe based on crustal wave attenuation. Seismological Dep. Univ. of Uppsala, Report No. 3-84, 16 pp.

Wang, R., 1999. A simple orthonormalization method for stable and efficient computation of Green's functions, Bull. Seism. Soc. Am. 89 (3), 733-741

Weinstein, S. A., and Okal, E. A., 2005. The mantle wave magnitude Mmand the slowness parameter Θ: five years of real-time use in the context of tsunami warning. Bull Seismol Soc Am 95: 779 - 799. doi: 10.

1785/0120040112.

Willmore, P. L., 1979. Manual of Seismological Observatpry Practice. World Data Center A for Solid Earth Geophysics, Report SE-20, September 1979, Boulder, Colorade.

Wu F T. 1966. Lower Limit of the Totol Energy of Earchquakes and Partitioning of Energy Among Seismic Waves. PhD Theses, California Institute Of Technology, Pasadena.

Wu, Y. M., Kanamori, H., 2005. Experiment on an onsite early warning method for the Taiwan early warning system. Bull. Seism. Soc. Am., 95 (1): 347-353.

Wu, Y. M., Li, Z., 2006. Magnitude estimation using the first three seconds P wave amplitude in earthquake early warning. Geophys Res Lett, 33: L16312, doi: 10. 1029/2006GL026871.

Wu, Y. M., Kanamori, H., Richad, M. A., Hauksson, E., 2007. Determination of earthquake early warning parameters τ_c and P_d, for southern California. *Geophys J Int*, 170: 711- 717.

Wu, Y. M., Kanamori H., 2008. Development of an earthquake early warning system using real time strong motionsignals. Sensors, 8 (1): 1- 9.

Xie, X. B. and T. Lay, 1994. The excitation of Lg waves by explosions: a finite-difference investigation. Bull Seism. Soc. Am., 84, 324-342.

Xie, X. B., and Lay, Th., 1995. The log (rms Lg) $-m_b$ scaling law slope. Bull. Seism. Soc. Am., 85 (3), 834-844.

Yamamoto, S., Rydelek, P., Horiuehi, S., 2008. On the estimation of seismic intensity in earthquake early warning systems. Geophysical Resea rch Letters. 35: L07302.

Yao, J., Tian, D., Sun, L., Wen, L., 2018. Source characteristics of North Korea's 3 September 2017 nuclear test, Seismol. Res. Lett., 89, 6, 2078-2084.

Ye, L., Lay, T., Kanamori, H., 2012. Intraplate and interpalate faulting interactions during the August 31, 2012 Philippine Trench earthquake (M_W7. 6) sequence. Geophys. Res. Let. 39: L24310.

Ye, L., Lay, T., Kanamori, H., 2013. Ground shakeing and seismic source spectra for large earthquakes around the megathrust fault pffshore of northeastern Honshu, Japan. Bull. Seism. Soc. Am., 103: 1221-1241.

Zhan, Z. W., Helmberger, D. V., Kanamori, H., 2014. Supershear rupture in a M_W6. 7 aftershock of the 2013 sea of Okhotsk earthquake. Science, 345 (6193): 204-207, Doi: 10. 1126/science. 1252717.

Zhao, L. F., Xie, X. B., Wang, W. M. and Yao, Z. X., 2008. Regional seismic characteristics of the 9 October 2006 North Korean nuclear test. Bull. Seism. Soc. Am., 98 (6), 2571-2589.

Zhao L. F., Xie, X. B., Wang, W. M., and Yao, Z. X., 2012. Yield estimation of the 25 May 2009 North Korean nuclear explosion, Bull. Seismol. Soc. Am. 102 (1), 467-478.

Zhao, L. F., Xie, X. B., Wang, W. M. and Yao, Z. X., 2014. The 12 February2013 NorthKoreanunderg-roundnucleartest, Seism. Res. Lett. 85, 130-134.

Alsaker, A., Kvamme, L. B., Hansen, A., Dahle, A., Bungum, H., 1991. The ML in Norway. *Bull. Seismol. Soc. Am.* 81, 2, 379-389.

Bindi, D., Spallarossa, D., Eva, C., Cattaneo., M., 2005. Local and duration magnitudes in Northwestem Italy, and seismic moment versus magnitude relationships. *Bull. Seismol. Soc. Am.* 95, 592-604.

Shin, T. C., 1993. The calculation of local magnitude from simulated Wood-Anderson seismograms of the short-period seismograms in the Taiwan area. Tao, 4: 155-170.